“十三五”国家重点出版物出版规划项目

名校名家基础学科系列

线性代数

上海交通大学数学科学学院　组编

蒋启芬　马　俊　编

机械工业出版社

本书从刚进入大学的大一新生的知识结构和基础出发，以线性方程组为主线编写而成，内容包括线性方程组、矩阵、n 维向量、线性空间与线性变换、矩阵的对角化、实二次型等线性代数的基本知识和理论.

本书在课程思政类学习目标上做了一些尝试，每章的内容以前情提要、正文部分和延展阅读的结构呈现，帮助读者明确知识点从哪里来到哪里去，从而激发学生的好奇心和求知欲，同时注重科学思维方法的训练，帮助读者建立探索未知、追求真理、勇攀科学高峰的责任感和使命感。书末还给出了利用数学软件解决线性代数应用中的实际问题的部分练习题.

同时，本书利用新形态教材平台，提供重要知识点的讲授短视频，短视频中融入提问和点评等学习任务，在读者观看时增加了动脑和动手的学习机会，提升视频的学习效果。

读者对每章的前情提要和延展阅读部分可适当取舍，不影响正文基本知识点的完整性. 本书可作为高等院校各专业“线性代数”课程的教材，也可供教师备课和学生学习之参考.

图书在版编目（CIP）数据

线性代数/上海交通大学数学科学学院组编；蒋启芬，马俊编. —北京：机械工业出版社，2020.8（2023.7 重印）

“十三五”国家重点出版物出版规划项目　名校名家基础学科系列

ISBN 978-7-111-65851-1

Ⅰ. ①线…　Ⅱ. ①上…②蒋…③马…　Ⅲ. ①线性代数－高等学校－教材　Ⅳ. ①O151. 2

中国版本图书馆 CIP 数据核字（2020）第 102366 号

机械工业出版社（北京市百万庄大街 22 号　邮政编码 100037）

策划编辑：韩效杰　责任编辑：韩效杰　李　乐

责任校对：王　欣　封面设计：鞠　杨

责任印制：李　昂

河北宝昌佳彩印刷有限公司印刷

2023 年 7 月第 1 版第 5 次印刷

184mm×260mm · 16 印张 · 385 千字

标准书号：ISBN 978-7-111-65851-1

定价：45.00 元

前　言

线性代数是理工类和经管类各专业的一门主要的公共基础课，其目的是使学生掌握线性代数的基本概念、基本原理与基本计算方法，培养学生分析问题、解决问题的能力，从而为学生学习后继课程、从事工程技术、开拓新技术领域等打下坚实的基础. 在这个课程目标的引领下，我们在上海交通大学进行过多年教学实践和改革探索，在此基础上，从刚进入大学的大一新生的知识结构和基础出发，以学生为主体，经过系统总结，编写了本书.

本书共6章. 第1章介绍线性方程组与矩阵，包括线性方程组的消元法、矩阵的概念和矩阵的初等行变换、线性方程组解的判别与求法等内容. 第2章介绍矩阵，包括矩阵的运算、方阵的行列式、可逆矩阵、分块矩阵、初等矩阵与矩阵的秩、分块矩阵的初等变换等内容. 第3章介绍 n 维向量与线性方程组解的结构，包括 n 维向量、向量的线性关系、向量组的秩、线性方程组解的结构等内容. 第4章介绍线性空间与线性变换，包括线性空间的概念，线性空间的基、维数与坐标，欧氏空间，线性变换，线性变换的矩阵等内容. 第5章介绍矩阵的相似对角化，包括矩阵的特征值与特征向量、相似矩阵和矩阵的对角化、实对称矩阵的相似对角化等内容. 第6章介绍实二次型，包括实二次型的基本概念及化二次型为标准形、惯性定理与正定二次型等内容. 每章习题分为两类：一类是基本题目，另一类是难度较高的题目，并附有数学软件 MATLAB 的自学要求. 书后附有习题答案.

党的二十大报告指出："教育、科技、人才是全面建设社会主义现代化国家的基础性、战略性支撑." 本书在选材上以基本概念与基本方法为核心，注重基本理论的完整性，注重科学思维方法的训练，帮助读者建立探索未知、追求真理、勇攀科学高峰的责任感和使命感. 本书设计有知识点背景介绍的前情提要，也有重难点的解析和扩展思维的延展阅读. 本书力图使学生"懂得"，知其然而知其所以然，满足学生对自我学习的个性化要求，同时易于教学. 党的二十大报告还指出"育人的根本在于立德." 本教材在每章的前情提要或正文的相关知识点旁边设置了视频观看学习任务，一方面使学生体会所学知识在科技强国中的基础作用，另一方面帮助学生树立远大理想，立志做有理想、敢担当、能吃苦、肯奋斗，具有家国情怀的新时代好青年." 在习题配置上，既注意基本内容的训练，又有适当数量的提高题. 书末还给出了部分实际应用练习题.

本书可作为高等院校工科、理科（非数学专业）与经济管理学科线性代数课程的教材，每章的前情提要和延展阅读可自由取舍，不影响正文基本知识点的完整性，因此课内 36 ~ 64 学时的都可选用.

本书由上海交通大学数学科学学院组织编写. 第1、2、3章由蒋启芬编写，第4、5、6章由马俊编写，由蒋启芬统稿，刘小军参与了部分原稿的计算机录入工作. 由于编者水平有限，不妥甚至谬误之处在所难免，恳请读者批评指正！

本书的出版得到了机械工业出版社的鼎力帮助与上海交通大学数学学院的关心和支持. 感谢课程组老师们的教学交流促进我们的想法，特别感谢张晓东教授和崔振老师对本书的编写给予了许多具体的帮助和建议.

编者

于上海交通大学

目　录

前情提要

代数的发展由初等代数开始，初等代数从最简单的一元一次方程开始，进而讨论二元、三元一次方程(组)及可转化为二次的方程(组). 研究方程组的问题是代数学中一个基本而又中心的问题，这个问题可以从两个方面进行探讨：

(1) 增加一元一次方程变元的次数，探讨一元高次方程根的问题，这个问题的探究是代数学中的另一门课程“近世代数”的起源，这里暂不讨论.

(2) 增加一元一次方程变元的个数，形成多元一次方程(组)，探讨与之相关的问题。

多元一次方程组又叫作线性方程组，是我们这本《线性代数》书的一个主线. 在中学里，求解二元、三元线性方程组的加减消元法本质上就是从第一个方程开始，逐个消去它下面方程的未知量，使方程组达到一个阶梯状结构，然后求解. 这就是高斯消元法的思想，只是在中学里没有提出这个术语，而且碰到的线性方程组通常是唯一解的情况. 现在我们要把中学里的消元法加以推广，推广到任意有限多个方程、有限多个未知数的线性方程组，那么就有如下问题需要解决：

- 线性方程组是否有解?
- 高斯消元法得到的新方程组与原方程组为什么同解?
- 对一般的线性方程组如何用高斯消元法求解?
- 当线性方程组有多个解时，解之间的关系是怎样的?

在这些问题的引领下，本书的第 1 章至第 3 章将会通过引进一些新的工具和方法循序渐进地解决这些问题. 在第 1 章里，我们沿着中学解方程组的足迹，把消元法推广到一般的线性方程组，称之为高斯消元法，先认同高斯消元法得到的新方程组与原方程组同解(在第 2 章给出证明)，然后利用矩阵这个工具，解决线性方程组是否有解，以及在有解的情况下，如何用高斯消元法去求解的问题.

在我国古代数学名著《九章算术》中就有一次方程组问题的解法. 从无到有，中国人民的这种探寻创造精神从古至今从未停歇. 如现代时期，我们的“探月精神”. 在西方，大约在公元 1800 年，德国数学家、天文学家和物理学家高斯(Gauss, 1777—1855)提出了高斯消元法并用它解决了天体计算方面的一些问题.

探月精神

第1章 线性方程组与矩阵

数学的各个分支以及自然科学、工程技术、经济学等领域中，绝大多数问题都离不开线性方程组，因此探讨线性方程组的求解是大家普遍关心的问题，也是线性代数的一个中心问题.

本章首先讨论系数取自数域 F 里的中学学习中碰到的线性方程组的消元法，然后让它和数表对应，从而引出矩阵的概念、矩阵的行阶梯形，以及一般线性方程组的高斯消元法、线性方程组解的判定及具体求法.

1.1 线性方程组的消元法

在这一节里，为方便叙述，先给出将一直伴随着我们的一个基本概念——数域，然后回顾线性方程组的一些基本概念及中学里学习的线性方程组的消元法.

1.1.1 数域

在本书中，分别用 $\mathbb{N}$，$\mathbb{Z}$，$\mathbb{Q}$，$\mathbb{R}$ 与 $\mathbb{C}$ 表示自然数、整数、有理数、实数与复数的集合. 复数集合(复数集)的非空子集叫作数集. 显然这些数集有如下的包含关系：

$$\mathbb{N}\subset\mathbb{Z}\subset\mathbb{Q}\subset\mathbb{R}\subset\mathbb{C}.$$

在复数集中，通常的加法、减法、乘法及除法四种运算称为四则运算.

定义 1.1 设 F 为一个数集，如果 F 中任意两个数作某种运算的结果仍属于 F，称数集 F 对这种运算封闭.

例 1.1 $\forall a, b\in\mathbb{N}$，则 $a+b$，$a\cdot b\in\mathbb{N}$，即 $\mathbb{N}$ 对加法和乘法封闭，但 $\mathbb{N}$ 对减法和除法不封闭。

$\forall a, b\in\mathbb{Z}$，则 $a\pm b$，$a\cdot b\in\mathbb{Z}$，即 $\mathbb{Z}$ 对加法、减法和乘法封

闭，但 $\mathbb{Z}$ 对除法不封闭。

数集 $\mathbb{Q}$，$\mathbb{R}$，$\mathbb{C}$ 对加、减、乘、除均封闭，即对四则运算封闭：

$\forall a,b\in\mathbb{Q}(\mathbb{R},\mathbb{C})$，则 $a\pm b$，$a\cdot b$，$a/b(b\neq 0)\in\mathbb{Q}(\mathbb{R},\mathbb{C})$.

定义 1.2　设 F 是包含 0 和 1 的数集，若 F 对四则运算封闭，则称 F 为一个数域，记为 F.

由例 1.1 知道，$\mathbb{Q}$，$\mathbb{R}$，$\mathbb{C}$ 均为数域，分别叫作有理数域、实数域和复数域.

由上述定义可知，任何数域必包含有理数域. 在本书中，除非特别声明，用 F 表示数域.

例 1.2　证明数集 $\mathbb{Q}(\sqrt{2})=\{a+b\sqrt{2}\mid a,\ b\in\mathbb{Q}\}$ 是一个数域.

证明：显然 $0,\ 1\in\mathbb{Q}(\sqrt{2})$.

$\forall x_1=a_1+b_1\sqrt{2},\ x_2=a_2+b_2\sqrt{2}\in\mathbb{Q}(\sqrt{2})$，易得 $x_1\pm x_2$，$x_1x_2\in\mathbb{Q}(\sqrt{2})$.

它们的商（此时 a_2，b_2 不同时为零）：

$$\frac{x_1}{x_2}=\frac{a_1+b_1\sqrt{2}}{a_2+b_2\sqrt{2}}=\frac{(a_1+b_1\sqrt{2})(a_2-b_2\sqrt{2})}{a_2^2-2b_2^2}=\frac{a_1a_2-2b_1b_2}{a_2^2-2b_2^2}+\frac{(a_2b_1-a_1b_2)\sqrt{2}}{a_2^2-2b_2^2}.$$

由于 a_1，a_2，b_1，$b_2\in\mathbb{Q}$，所以

$$\frac{a_1a_2-2b_1b_2}{a_2^2-2b_2^2},\ \frac{a_2b_1-a_1b_2}{a_2^2-2b_2^2}\in\mathbb{Q}.$$

即 $\frac{x_1}{x_2}\in\mathbb{Q}(\sqrt{2})$，故 $\mathbb{Q}(\sqrt{2})$ 是一个数域.　□

1.1.2　线性方程组的基本概念

我们知道，在中学的平面几何里，直线方程的一般形式为 $ax+by=c$，a，b，$c\in F$，a，b 不全为 0. 它涉及的只是未知变量 x，y 与数的乘法和未知变量间的加法，且未知变量的最高次数为一次，这就是两个变量的线性方程. 三个变量的线性方程 $ax+by+cz=d$（a，b，c 不全为 0）在三维空间里表示一张平面.

一般的，n 个变量的线性方程的形式为 $a_1x_1+a_2x_2+\cdots+a_nx_n=b$，$a_i(i=1,\ 2,\ \cdots,\ n)$，$b\in F$，把 m 个这样的方程放在一起. 为了书写的简洁和使用的方便，我们对未知变量的系数采用双足标的写法，于是给出如下线性方程组的定义.

定义 1.3 形如

$$\begin{cases} a_{11}x_1 + a_{12}x_2 + \cdots + a_{1n}x_n = b_1, \\ a_{21}x_1 + a_{22}x_2 + \cdots + a_{2n}x_n = b_2, \\ \quad\vdots \\ a_{m1}x_1 + a_{m2}x_2 + \cdots + a_{mn}x_n = b_m \end{cases} \tag{1.1}$$

的方程组称为一个 m 个方程 n 个未知量的**线性方程组**，简记为 $m\times n$ 的线性方程组或线性系统. 其中 $a_{ij}, b_i \in F, i=1,2,\cdots,m;$ $j=1,2,\cdots,n, x_1, x_2, \cdots, x_n$ 为未知变量，a_{ij}表示第 i 个方程中第 j 个未知量 x_j 前面的系数，b_i 称为第 i 个方程的常数项.

在方程组(1.1)中，方程的个数 m 与未知量的个数 n 可以相等，也可以不等. 如果方程组(1.1)中常数项全为0，即 $b_i=0(i=1,2,\cdots,m)$，称

$$\begin{cases} a_{11}x_1 + a_{12}x_2 + \cdots + a_{1n}x_n = 0, \\ a_{21}x_1 + a_{22}x_2 + \cdots + a_{2n}x_n = 0, \\ \quad\vdots \\ a_{m1}x_1 + a_{m2}x_2 + \cdots + a_{mn}x_n = 0 \end{cases} \tag{1.2}$$

为齐次线性方程组，否则称之为非齐次线性方程组. 例如，

$$\begin{cases} 2x_1 + x_2 = 0, \\ 4x_1 + 3x_2 = 0 \end{cases} \quad 和 \quad \begin{cases} x_1 + 2x_2 - 2x_3 = 1, \\ 2x_1 + 5x_2 + x_3 = 9 \end{cases}$$

分别是 2×2 的齐次线性方程组和 2×3 的非齐次线性方程组.

定义 1.4 若存在一组数 $c_1, c_2, \cdots, c_n \in F$ 满足方程组(1.1)的每个方程，则称 $x_1=c_1, x_2=c_2, \cdots, x_n=c_n$ 为方程组(1.1)的一组解或一个解，记为$(c_1, c_2, \cdots, c_n)$. 方程组(1.1)的全体解所构成的集合称为该方程组的解集.

例如，2×2 的线性方程组

$\begin{cases} 2x_1 + x_2 = 3, \\ 4x_1 + 3x_2 = 5, \end{cases}$ $(2,-1)$是它唯一的一组解.

$\begin{cases} 2x_1 + x_2 = 3, \\ 4x_1 + 2x_2 = 5, \end{cases}$ x_1，x_2 取任意值都不满足方程组，即它无解.

$\begin{cases} 2x_1 + x_2 = 3, \\ 4x_1 + 2x_2 = 6, \end{cases}$ $(0,3)$，$(1,1)$，$\left(\dfrac{3}{2},0\right)$等都是方程组的解.

明显地，对齐次线性方程组(1.2)，当未知数的取值全为零

时，满足方程组. 所以$(0,0,\cdots,0)$一定是齐次线性方程组(1.2)的一个解，称之为零解.

定义 1.5　如果两个方程组的解集相同，则称这两个方程组为同解方程组或称两个方程组同解.

例如，线性方程组

$$\begin{cases} x_1+x_2=1, \\ x_1-x_2=0 \end{cases} \text{与} \begin{cases} x_1+\ \ x_2=1, \\ \quad -2x_2=-1 \end{cases} \text{的解均为}\left(\frac{1}{2},\frac{1}{2}\right),$$

所以它们是同解方程组.

1.1.3　线性方程组的消元法

我们先回顾初等数学中求解二元线性方程组的消元法：

例 1.3

$$\begin{cases} x-2y=1, & ① \\ 3x+2y=11. & ② \end{cases}$$

方程①×(-3)加到方程②上，方程②变为方程③：$8y=8$，即消掉了原来方程②中的x，现在方程组变为

$$\begin{cases} x-2y=1, & ① \\ \quad\ \ 8y=8. & ③ \end{cases} \tag{1.3}$$

从最后一个方程③观察$8\neq 0$，所以立即可得$y=1$，把$y=1$往回代入方程①，得到$x=3$. 于是这个方程组的解为$(x,y)=(3,1)$，这是唯一的一组解.

从这里可以清楚地看到，消元的过程产生了一个阶梯状结构的线性方程组(1.3)(这就是目标)，然后观察这个线性方程组的最后一个方程，从下往上，求出变量的值逐个往回代入，从而求得解.

按照这个消元法，改变上面这个线性方程组中某些系数，会有什么样的情况产生呢?

例如，设方程组为

$$\begin{cases} x-2y=1, \\ 3x-6y=11, \end{cases}$$

第一个方程的-3倍加到第二个方程上，消去方程组中第二个方程中的变量x，得到阶梯状结构方程组

$$\begin{cases} x-2y=1, \\ \quad\ \ 0y=8, \end{cases}$$

由于底部的方程$0y=8$没有解，从而方程组无解.

再如，设方程组为

$$\begin{cases} x-2y=1, \\ 3x-6y=3, \end{cases}$$

同理，第一个方程的 -3 倍加到第二个方程上，消去变量 x，此时阶梯状结构的方程组为

$$\begin{cases} x-2y=1, \\ \quad\ 0y=0. \end{cases}$$

由于任意的 y 值都满足底部方程 $0y=0$，即 y 是自由变量．往回代入 $x-2y=1$，可得 x 的无穷多个值．事实上，此时只有一个有效方程 $x-2y=1$，它代表平面上的一条直线，直线上的每个点都满足方程组，所以原方程组有无穷多组解．

为了更进一步地看清线性方程组消元法的步骤，下面再来求解一个三元线性方程组．

例 1.4

$$\begin{cases} x+2y-z=1, & ① \\ 4x+9y-3z=8, & ② \\ -2x-3y+7z=10. & ③ \end{cases}$$

第一步：消去方程组中方程②、方程③中的变量 x．

方程①×(-4)+方程②，方程②变为方程②′：$y+z=4$．方程①×2+方程③，方程③变为方程③′：$y+5z=12$，此时原方程组变为

$$\begin{cases} x+2y-z=1, & ① \\ \quad y+z=4, & ②' \\ \quad y+5z=12. & ③' \end{cases}$$

第二步：消去方程③′中的变量 y．

方程②′×(-1)+方程③′，方程③′变为方程④′：$4z=8$，此时方程组变为阶梯状结构：

$$\begin{cases} x+2y-z=1, \\ \quad y+z=4, \\ \qquad 4z=8. \end{cases}$$

目标达到．

第三步：从下往上，逐个求变量的值往回代入，不难得到方程组的唯一解为 $(x,y,z)=(-1,2,2)$．

虽然上面的消元法是对 2×2，3×3 的线性方程组来描述的，但实际上对任意的 $m\times n$ 的线性方程组同样适用．

下面我们再来求解一个 3×4 的线性方程组．

例 1.5

$$\begin{cases} 2x_1+4x_2-6x_3+x_4=2, \\ x_1-x_2+4x_3+x_4=1, \\ -x_1+x_2-x_3+x_4=0. \end{cases}$$

为了计算方便，先交换第一个方程与第二个方程的位置，方程组变为

$$\begin{cases} x_1-x_2+4x_3+x_4=1, & ① \\ 2x_1+4x_2-6x_3+x_4=2, & ② \\ -x_1+x_2-x_3+x_4=0. & ③ \end{cases}$$

在这个方程组中，方程①×(−2)倍加到方程②，方程①×1 倍加到方程③，得方程组

$$\begin{cases} x_1-x_2+4x_3+x_4=1, \\ 6x_2-14x_3-x_4=0, \\ 3x_3+2x_4=1. \end{cases}$$

此为阶梯状结构方程组. 观察最后一个方程 $3x_3+2x_4=1$，两个未知量，其中一个变量可自由取值，往回代入，由此可得其余变量的值. 从而原方程组有无穷多解.

由上面的例 1.3 ~ 例 1.5，对一般的 $m\times n$ 的线性方程组的消元法，现归纳总结如下：

(1) 把第一个变量的系数不为 0 的方程作为方程组的第一个方程，用第一个方程的倍数加到其余方程，使其余方程的第一个变量消失，化为新方程组；

(2) 在新方程组中，选择第二个变量的系数不为 0 的方程作为新方程组的第二个方程，用此第二个方程的倍数加到下面其余方程，使第二个变量消失；

(3) 继续这样的步骤，有限步之后得到阶梯状结构的方程组；

(4) 观察此阶梯状结构方程组中的最后一个非零方程，从而可判断方程组解的情况：唯一解、无解、无穷多解.

1.2 矩阵的概念和矩阵的初等行变换

1.2.1 矩阵的定义

从上一节的线性方程组的消元法的过程可以看出，消元的运算实际上是发生在方程组中未知量的系数及常数项上，未知数并没有发生改变，因此为了简洁，对一个线性方程组可以只写出它的系数和常数项，按照在方程组中的次序排成一张数的表格，简

称数表. 因而一个线性方程组就由一张数表唯一确定，所以研究线性方程组的各种问题都可以通过研究这张数表来实现. 另一方面，数表在数学的很多分支和许多实际问题中都有着很强的应用，因此我们给出它的一般性的定义：

定义 1.6 由 $m\times n$ 个数 $a_{ij}\in F$，$i=1,2,\cdots,m$；$j=1,2,\cdots,n$ 排成的 m 行 n 列的数表，形如

$$\begin{pmatrix} a_{11} & a_{12} & \cdots & a_{1n} \\ a_{21} & a_{22} & \cdots & a_{2n} \\ \vdots & \vdots & & \vdots \\ a_{m1} & a_{m2} & \cdots & a_{mn} \end{pmatrix} \text{或} \begin{bmatrix} a_{11} & a_{12} & \cdots & a_{1n} \\ a_{21} & a_{22} & \cdots & a_{2n} \\ \vdots & \vdots & & \vdots \\ a_{m1} & a_{m2} & \cdots & a_{mn} \end{bmatrix},$$

称为数域 F 上一个 $m\times n$ 的**矩阵**. 其中每个数称为矩阵的一个元素，a_{ij}表示第 i 行第 j 列交叉位置上的元素，也说成(i,j)位置上的元素，$i=1,2,\cdots,m$；$j=1,2,\cdots,n$. 记为$(a_{ij})_{m\times n}$或$[a_{ij}]_{m\times n}$.

通常也用大写的黑体英文字母$\boldsymbol{A},\boldsymbol{B},\boldsymbol{C}$，…表示矩阵. 如矩阵$\boldsymbol{A}_{m\times n}$，或$\boldsymbol{A}=(a_{ij})_{m\times n}$. 特别地，$1\times1$ 的矩阵与数等同，即$(a)_{1\times1}=a$（这是因为如果 1×1 的矩阵能和其他矩阵进行运算，其效果就是把它看作数进行运算的效果）. 如果 $a_{ij}\in\mathbb{R}$，则称$(a_{ij})_{m\times n}$为实矩阵；如果 $a_{ij}\in\mathbb{C}$(复数)，则称$(a_{ij})_{m\times n}$为复矩阵.

例如，$\begin{pmatrix} 1 & -3 & -1 \\ 0 & 1 & 2 \end{pmatrix}$为 2×3 的实矩阵，$\begin{pmatrix} 1 & -1 \\ 0 & \mathrm{i} \\ 2+\mathrm{i} & 0 \end{pmatrix}$为 3×2 的复矩阵，其中 $\mathrm{i}=\sqrt{-1}$是虚数单位.

有了矩阵这个概念，在线性方程组中，未知量前的系数按照在方程组中的位置排成的矩阵，称之为方程组的系数矩阵. 在系数矩阵的基础上，添上方程组的常数项作为最后一列，称此矩阵为方程组的增广矩阵.

例如线性方程组(1.1)中，系数矩阵

$$\boldsymbol{A}=\begin{pmatrix} a_{11} & a_{12} & \cdots & a_{1n} \\ a_{21} & a_{22} & \cdots & a_{2n} \\ \vdots & \vdots & & \vdots \\ a_{m1} & a_{m2} & \cdots & a_{mn} \end{pmatrix},$$

增广矩阵

$$\widetilde{A}=\left(\begin{array}{cccc:c} a_{11} & a_{12} & \cdots & a_{1n} & b_1 \\ a_{21} & a_{22} & \cdots & a_{2n} & b_2 \\ \vdots & \vdots & & \vdots & \vdots \\ a_{m1} & a_{m2} & \cdots & a_{mn} & b_m \\ \hdashline \multicolumn{4}{c}{\text{系数矩阵}} & \text{常数项列} \end{array}\right).$$

例如，线性方程组$\begin{cases} x-2y=1, \\ 3x+2y=11 \end{cases}$的增广矩阵为$\begin{pmatrix} 1 & -2 & 1 \\ 3 & 2 & 11 \end{pmatrix}$.

反之，设 2×3 的矩阵$\begin{pmatrix} 2 & 1 & 3 \\ 4 & 3 & 5 \end{pmatrix}$是一个线性方程组的增广矩阵，则对应的线性方程组为$\begin{cases} 2x_1+x_2=3, \\ 4x_1+3x_2=5. \end{cases}$

由此可知，线性方程组与其增广矩阵一一对应.

定义 1.7　设矩阵 $\boldsymbol{A}=(a_{ij})_{m\times n}$，$\boldsymbol{B}=(b_{ij})_{s\times t}$，如果 $m=s$，$n=t$，则称矩阵 $\boldsymbol{A}$ 与 $\boldsymbol{B}$ **同型**. 若矩阵 $\boldsymbol{A}$ 与 $\boldsymbol{B}$ 同型，且 $a_{ij}=b_{ij}$，$i=1,2,\cdots,m$，$j=1,2,\cdots,n$，则称矩阵 $\boldsymbol{A}$ 与 $\boldsymbol{B}$ **相等**，记为$\boldsymbol{A}=\boldsymbol{B}$.

例 1.6　若参数 a，b，c，d 满足$\begin{pmatrix} a+1 & 2 \\ 0 & b-2 \end{pmatrix}=\begin{pmatrix} b+1 & c-1 \\ d & 2a-1 \end{pmatrix}$，求 a，b，c，d 的值.

解：由矩阵相等的定义，必有$\begin{cases} a+1=b+1, \\ 2=c-1, \\ d=0, \\ b-2=2a-1, \end{cases}$

所以$\begin{cases} a=b=-1, \\ c=3, \\ d=0. \end{cases}$

为了今后使用的方便，下面列出一些常用的矩阵.

1.2.2　几种常用的矩阵

(1) 零矩阵：元素全为零的矩阵称为零矩阵，记为$\boldsymbol{O}_{m\times n}$或$\boldsymbol{O}$. 例如，$2\times 4$ 的零矩阵

$$\boldsymbol{O}=\begin{pmatrix} 0 & 0 & 0 & 0 \\ 0 & 0 & 0 & 0 \end{pmatrix}.$$

(2) 行矩阵和列矩阵：仅有一行(列)的矩阵，称为行(列)矩阵，也称为行(列)向量.

例如，

$$\boldsymbol{A}=(a_1,a_2,\cdots,a_n)\text{为行矩阵，}\boldsymbol{B}=\begin{pmatrix}b_1\\b_2\\\vdots\\b_m\end{pmatrix}\text{为列矩阵.}$$

（3）方阵：行数和列数相同的矩阵.

例如，$n\times n$ 的矩阵

$$\boldsymbol{A}=\begin{pmatrix}a_{11}&a_{12}&\cdots&a_{1n}\\a_{21}&a_{22}&\cdots&a_{2n}\\\vdots&\vdots&&\vdots\\a_{n1}&a_{n2}&\cdots&a_{nn}\end{pmatrix}$$

简称 n 阶方阵，记为 $\boldsymbol{A}_n$. 在 n 阶方阵 $\boldsymbol{A}$ 中，从 $(1,1)$ 位置到 (n,n) 位置的直线称为方阵的主对角线. 主对角线上的元素称为主对角元. 所以 $a_{11},a_{22},\cdots,a_{nn}$ 为主对角元.

（4）对角矩阵：n 阶方阵 $\boldsymbol{A}=(a_{ij})_n$ 中，$a_{ij}=0$，$i\neq j$，称 $\boldsymbol{A}$ 为对角矩阵，简称对角阵. 即

$$\boldsymbol{A}=\begin{pmatrix}a_{11}&&&\\&a_{22}&&\\&&\ddots&\\&&&a_{nn}\end{pmatrix}\text{，未标出的元素为 0.}$$

简记为 $\boldsymbol{A}=\mathbf{diag}(a_{11},a_{22},\cdots,a_{nn})$.

例如，三阶对角矩阵

$$\mathbf{diag}(1,\ 2,\ 3)=\begin{pmatrix}1&&\\&2&\\&&3\end{pmatrix}=\begin{pmatrix}1&0&0\\0&2&0\\0&0&3\end{pmatrix}.$$

（5）单位矩阵：主对角元全为 1 的对角阵称为单位矩阵，记为 $\boldsymbol{E}$ 或 $\boldsymbol{I}$.

例如，n 阶单位矩阵

$$\boldsymbol{E}_n=\begin{pmatrix}1&&&\\&1&&\\&&\ddots&\\&&&1\end{pmatrix}.$$

（6）数量矩阵：主对角元全相等的对角阵称为数量矩阵，记为 $k\boldsymbol{E}$ 或 $k\boldsymbol{E}_n$.

例如，

$$A = \begin{pmatrix} k & & & \\ & k & & \\ & & \ddots & \\ & & & k \end{pmatrix}, \text{ 其中 } k \in F.$$

这是一个 n 阶数量矩阵. 由此可知，单位矩阵是特殊的数量矩阵.

(7) 三角矩阵：主对角线的下(上)方元素全为 0 的方阵，称为上(下)三角矩阵.

例如，n 阶上三角矩阵

$$\begin{pmatrix} a_{11} & a_{12} & \cdots & a_{1n} \\ & a_{22} & \cdots & a_{2n} \\ & & \ddots & \vdots \\ & & & a_{nn} \end{pmatrix}, \quad a_{ij}=0, \ i>j; \ i,j=1,2,\cdots,n.$$

特别地，如果 $a_{ij}=0$，$i \geqslant j$，$i,j=1,2,\cdots,n$，称为严格上三角矩阵.

n 阶下三角矩阵

$$\begin{pmatrix} a_{11} & & & \\ a_{21} & a_{22} & & \\ \vdots & \vdots & \ddots & \\ a_{n1} & a_{n2} & \cdots & a_{nn} \end{pmatrix}, \quad a_{ij}=0, \ i<j; \ i,j=1,2,\cdots,n.$$

特别地，如果 $a_{ij}=0$，$i \leqslant j$，$i,j=1,2,\cdots,n$，称为严格下三角矩阵.

(8) 对称与反对称矩阵：在方阵 $\boldsymbol{A}=(a_{ij})_n$ 中，如果 $a_{ij}=a_{ji}$，$i,j=1,2,\cdots,n$，则称 $\boldsymbol{A}$ 为对称矩阵. 如果 $\boldsymbol{A}$ 还是实矩阵，则称 $\boldsymbol{A}$ 为实对称矩阵. 如果 $a_{ij}=-a_{ji}$，$i,j=1,2,\cdots,n$，则称 $\boldsymbol{A}$ 为反对称矩阵.

例如，三阶实对称矩阵

$$\begin{pmatrix} 1 & 2 & 0 \\ 2 & -1 & 3 \\ 0 & 3 & -2 \end{pmatrix}$$

即关于主对角线对称.

三阶实反对称矩阵

$$\begin{pmatrix} 0 & 2 & -3 \\ -2 & 0 & 1 \\ 3 & -1 & 0 \end{pmatrix}$$

即关于主对角线上下两块对应位置上的元素互为相反数.

1.2.3 矩阵的初等行变换

下面我们先通过例子观察：求解线性方程组的消元法过程与它的增广矩阵的变化过程是怎么对应起来的.

例 1.7 求解线性方程组 $\begin{cases} 3x_1+4x_2-6x_3=4, \\ x_1-x_2+4x_3=1, \\ -x_1+2x_2-7x_3=0. \end{cases}$

解：

线性方程组 ⟷ 增广矩阵

$$\begin{cases} 3x_1+4x_2-6x_3=4, & ① \\ x_1-x_2+4x_3=1, & ② \\ -x_1+2x_2-7x_3=0 & ③ \end{cases} \longleftrightarrow \begin{pmatrix} 3 & 4 & -6 & 4 \\ 1 & -1 & 4 & 1 \\ -1 & 2 & -7 & 0 \end{pmatrix}$$

方程①和方程②交换；$r_1 \leftrightarrow r_2$，1，2 行交换

$$\begin{cases} x_1-x_2+4x_3=1, & ① \\ 3x_1+4x_2-6x_3=4, & ② \\ -x_1+2x_2-7x_3=0 & ③ \end{cases} \longleftrightarrow \begin{pmatrix} 1 & -1 & 4 & 1 \\ 3 & 4 & -6 & 4 \\ -1 & 2 & -7 & 0 \end{pmatrix}$$

方程①×(−3)+方程②，方程①×1+方程③；$r_2+(-3)r_1$，r_3+1r_1

$$\begin{cases} x_1-x_2+4x_3=1, & ① \\ 7x_2-18x_3=1, & ② \\ x_2-3x_3=1 & ③ \end{cases} \longleftrightarrow \begin{pmatrix} 1 & -1 & 4 & 1 \\ 0 & 7 & -18 & 1 \\ 0 & 1 & -3 & 1 \end{pmatrix}$$

方程②和方程③交换；$r_2 \leftrightarrow r_3$

$$\begin{cases} x_1-x_2+4x_3=1, & ① \\ x_2-3x_3=1, & ② \\ 7x_2-18x_3=1 & ③ \end{cases} \longleftrightarrow \begin{pmatrix} 1 & -1 & 4 & 1 \\ 0 & 1 & -3 & 1 \\ 0 & 7 & -18 & 1 \end{pmatrix}$$

(−7)×方程②+方程③；$r_3+(-7)r_2$

$$\begin{cases} x_1-x_2+4x_3=1, & ① \\ x_2-3x_3=1, & ② \\ 3x_3=-6 & ③ \end{cases} \longleftrightarrow \begin{pmatrix} 1 & -1 & 4 & 1 \\ 0 & 1 & -3 & 1 \\ 0 & 0 & 3 & -6 \end{pmatrix}$$

阶梯状结构　　　　阶梯形

$\frac{1}{3}$×方程③；$\frac{1}{3}r_3$

$$\begin{cases} x_1-x_2+4x_3=1, \\ x_2-3x_3=1, \\ x_3=-2 \end{cases} \longleftrightarrow \begin{pmatrix} 1 & -1 & 4 & 1 \\ 0 & 1 & -3 & 1 \\ 0 & 0 & 1 & -2 \end{pmatrix}$$

往回代入，得到

$$r_2 + 3r_3,\ r_1 + (-1)r_2$$

$$\begin{cases} x_1 = 4, \\ \quad x_2 = -5, \\ \quad\quad x_3 = -2. \end{cases} \longleftrightarrow \begin{pmatrix} 1 & 0 & 0 & 4 \\ 0 & 1 & 0 & -5 \\ 0 & 0 & 1 & -2 \end{pmatrix}$$

由此看到，解线性方程组的消元法的三种行为（交换某两个方程；某个方程非零常数倍；某个方程的常数倍加到另一个方程）——对应地反映在它的增广矩阵行的变换上（交换某两行；某行非零常数倍；某行常数倍加到另一行），于是一般性地给出如下定义：

> **定义 1.8**　矩阵的下面三种行为，称之为矩阵的初等行变换（简称行变换）：
>
> （1）交换矩阵的 i，j 两行，记为 $r_i \leftrightarrow r_j$；
>
> （2）矩阵的第 i 行非零常数 k 倍，记为 kr_i；
>
> （3）矩阵第 i 行的常数 k 倍加到第 j 行，记为 $r_j + kr_i$（注意不可写为 $kr_i + r_j$）。

从上面的例子也看到，阶梯形结构的方程组对应于线性方程组的增广矩阵的阶梯状结构，往回代入求解的过程对应于阶梯状矩阵从下往上的行变换过程，于是给出下面的定义.

> **定义 1.9**　满足下面两个条件的矩阵称为行阶梯形矩阵，简称阶梯形矩阵：
>
> （1）零行（元素全为零的行）排在所有非零行的下方；
>
> （2）每个非零行的第一个（从左至右）非零元（称为主元）的列标号，从上到下，严格递增.

例如，上面线性方程组的增广矩阵消元后的结果就是阶梯形矩阵

$$\begin{pmatrix} 1 & -1 & 4 & 1 \\ 0 & 1 & -3 & 1 \\ 0 & 0 & 1 & -2 \end{pmatrix},\ \begin{pmatrix} 1 & 0 & 0 & 4 \\ 0 & 1 & 0 & -5 \\ 0 & 0 & 1 & -2 \end{pmatrix}.$$

再如，以下矩阵为阶梯形矩阵：

$$\begin{pmatrix} 1 & 2 \\ 0 & 3 \end{pmatrix},\ \begin{pmatrix} 2 & 3 & 7 \\ 0 & 0 & 1 \end{pmatrix},\ \begin{pmatrix} -1 & 0 & 0 \\ 0 & 1 & 0 \\ 0 & 0 & 5 \end{pmatrix}\begin{pmatrix} 0 & 2 & 1 & 0 \\ 0 & 0 & -1 & 3 \\ 0 & 0 & 0 & 0 \end{pmatrix}.$$

矩阵的行阶梯形、规范阶梯形、标准形

定义 1.10 一个阶梯形矩阵若满足下面两条，称之为(行)简化阶梯形(或行最简形、规范阶梯形、厄密特(Hermite)标准形)：

(1) 主元均为 1；

(2) 主元所在列的其他元素全为零.

例如，以下矩阵为简化阶梯形矩阵：

$$\begin{pmatrix} 1 & 2 \\ 0 & 0 \end{pmatrix},\ \begin{pmatrix} 1 & 0 & 0 \\ 0 & 1 & 0 \\ 0 & 0 & 1 \end{pmatrix},\ \begin{pmatrix} 1 & 0 & 0 & 4 \\ 0 & 1 & 0 & -5 \\ 0 & 0 & 1 & -2 \end{pmatrix}.$$

对于一个给定的矩阵，如何用初等行变换把它化为阶梯形矩阵或简化阶梯形矩阵呢？由例 1.7 可知，实际上就是把它所对应的线性方程组消元到阶梯状方程组的过程. 于是有下面的定理.

定理 1.1 任何一个矩阵都可经过初等行变换化为阶梯形矩阵或简化阶梯形矩阵.

证明：对任一非零矩阵 $\boldsymbol{A}$ 的行数 m 作归纳证明.

当 $m=1$ 时，明显结论成立.

假设对 $m-1$ 行的矩阵结论成立.

当 $\boldsymbol{A}$ 为 m 行时，如果 $\boldsymbol{A}$ 的第一列元素不全为零，则采用行的交换使(1，1)位置上的元素 $a_{11}\neq 0$，用行变换

$$r_i+\left(-\frac{a_{i1}}{a_{11}}\right)r_1,\ i=2,3,\cdots,m,$$

则 $\boldsymbol{A}$ 变成如下矩阵 $\boldsymbol{B}$：

$$\boldsymbol{B}=\begin{pmatrix} a_{11} & a_{12} & \cdots & a_{1n} \\ 0 & a_{22}-\dfrac{a_{21}}{a_{11}}a_{12} & \cdots & a_{2n}-\dfrac{a_{21}}{a_{11}}a_{1n} \\ \vdots & \vdots & & \vdots \\ 0 & a_{m2}-\dfrac{a_{m1}}{a_{11}}a_{12} & \cdots & a_{mn}-\dfrac{a_{m1}}{a_{11}}a_{1n} \end{pmatrix},$$

其中，记 $\boldsymbol{B}$ 的右下方框 $(m-1)\times(n-1)$ 的矩阵为 $\boldsymbol{B}_1$.

如果 $\boldsymbol{A}$ 的第一列元素全为零，考虑 $\boldsymbol{A}$ 的第二列，如果第二列元素全为零，就考虑第三列，依次类推.

如果 $\boldsymbol{A}$ 的第二列元素不全为零，采用行的交换使(1,2)位置上的 $a_{12}\neq 0$，用 $r_i+\left(-\dfrac{a_{i2}}{a_{12}}r_1\right)$，$i=2,3,\cdots,m$，则 $\boldsymbol{A}$ 变成如下矩阵 $\boldsymbol{C}$：

$$C=\begin{pmatrix} 0 & a_{12} & a_{13} & \cdots & a_{1n} \\ 0 & 0 & a_{23}-\dfrac{a_{22}}{a_{12}}a_{13} & \cdots & a_{2n}-\dfrac{a_{22}}{a_{12}}a_{1n} \\ \vdots & \vdots & \vdots & & \vdots \\ 0 & 0 & a_{m3}-\dfrac{a_{m2}}{a_{12}}a_{13} & \cdots & a_{mn}-\dfrac{a_{m2}}{a_{12}}a_{1n} \end{pmatrix},$$

其中，记 $\boldsymbol{C}$ 的右下方框中的 $(m-1)\times(n-2)$ 矩阵为 $\boldsymbol{C}_1$.

由于 $\boldsymbol{B}_1,\boldsymbol{C}_1,\cdots$ 都是 $m-1$ 行矩阵，由归纳假设，它们可只经初等行变换化成阶梯形矩阵 $\boldsymbol{J}_1,\boldsymbol{J}_2,\cdots$. 因此，$\boldsymbol{A}$ 可经初等行变换化成下述矩阵之一：

$$\begin{pmatrix} a_{11} & a_{12} & \cdots & a_{1n} \\ 0 & & & \\ \vdots & & \boldsymbol{J}_1 & \\ 0 & & & \end{pmatrix},\quad \begin{pmatrix} 0 & a_{12} & a_{13} & \cdots & a_{1n} \\ 0 & 0 & & & \\ \vdots & \vdots & & \boldsymbol{J}_2 & \\ 0 & 0 & & & \end{pmatrix},\ \cdots.$$

故结论成立.

例 1.8　把下列矩阵化为阶梯形矩阵与简化阶梯形矩阵：

$$\boldsymbol{A}=\begin{pmatrix} 0 & -1 & 1 & 4 \\ -2 & 1 & -4 & -11 \\ 3 & 2 & 7 & 16 \end{pmatrix}.$$

解：$$\boldsymbol{A}\xrightarrow{r_1\leftrightarrow r_2}\begin{pmatrix} -2 & 1 & -4 & -11 \\ 0 & -1 & 1 & 4 \\ 3 & 2 & 7 & 16 \end{pmatrix}\xrightarrow{r_1+r_3}\begin{pmatrix} 1 & 3 & 3 & 5 \\ 0 & -1 & 1 & 4 \\ 3 & 2 & 7 & 16 \end{pmatrix}$$

$$\xrightarrow{r_3+(-3)r_1}\begin{pmatrix} 1 & 3 & 3 & 5 \\ 0 & -1 & 1 & 4 \\ 0 & -7 & -2 & 1 \end{pmatrix}\xrightarrow{r_3+(-7)r_2}\begin{pmatrix} 1 & 3 & 3 & 5 \\ 0 & -1 & 1 & 4 \\ 0 & 0 & -9 & -27 \end{pmatrix}(\text{阶梯形})$$

$$\xrightarrow{-\frac{1}{9}r_3}\begin{pmatrix} 1 & 3 & 3 & 5 \\ 0 & -1 & 1 & 4 \\ 0 & 0 & 1 & 3 \end{pmatrix}\xrightarrow[r_1+(-3)r_3]{r_2+(-1)r_3}\begin{pmatrix} 1 & 3 & 0 & -4 \\ 0 & -1 & 0 & 1 \\ 0 & 0 & 1 & 3 \end{pmatrix}\xrightarrow{(-1)r_2}$$

$$\begin{pmatrix} 1 & 3 & 0 & -4 \\ 0 & 1 & 0 & -1 \\ 0 & 0 & 1 & 3 \end{pmatrix}\xrightarrow{r_1+(-3)r_2}\begin{pmatrix} 1 & 0 & 0 & -1 \\ 0 & 1 & 0 & -1 \\ 0 & 0 & 1 & 3 \end{pmatrix}(\text{简化阶梯形}).$$

1.3　线性方程组解的判别与求法

由 1.2 节和 1.3 节我们知道，线性方程组与矩阵一一对应，而矩阵是更直观有效的工具，所以在这一节里我们利用矩阵给出一般的线性方程组(1.1)解的判别和求法.

1.3.1 解的判别

设线性方程组(1.1)，它的系数矩阵为 $\boldsymbol{A}=(a_{ij})_{m\times n}$，增广矩阵为 $\widetilde{\boldsymbol{A}}$.

定义 1.11 线性方程组(1.1)对应的增广矩阵 $\widetilde{\boldsymbol{A}}$ 通过初等行变换化为一个(简化)阶梯形矩阵，通过(简化)阶梯形矩阵求解线性方程组的方法，称为线性方程组的高斯消元法.

定理 1.2 线性方程组的高斯消元法得到的新方程组与原方程组同解.

证明：见第 2 章. □

线性方程组有解的充要条件

定理 1.3 $m\times n$ 的线性方程组，其增广矩阵化成阶梯形矩阵有 r 个非零行，其中对应于方程组的系数矩阵部分有 s 个非零行. 则线性方程组有解的充分必要条件为 $s=r$，且

(1) $s=r=n$，原方程组有唯一解；

(2) $s=r<n$，原方程组有无穷多解；

(3) $s<r$，原方程组无解.

证明：设 $m\times n$ 的线性方程组(1.1)，其系数矩阵为 $\boldsymbol{A}$，增广矩阵为 $\widetilde{\boldsymbol{A}}$，用高斯消元法求解：

$$\widetilde{\boldsymbol{A}}_{m\times(n+1)}\xrightarrow{\text{初等行变换}}\text{阶梯形矩阵}.$$

此阶梯形矩阵中共有 r 个非零行，则 $r\leqslant m$，其中系数矩阵对应的阶梯形有 s 个非零行.

情形 1. 如果最后一个非零行形如

$$0\quad 0\quad \cdots\quad 0\quad d,\ d\neq 0$$

则阶梯形方程组中有 $0=d$，这是个矛盾方程，故原方程组无解. 显然，此时有 $s<r$.

情形 2. 如果最后一个非零行形如

$$0\quad 0\quad \cdots\quad a\quad b,\ a\neq 0$$

即主元位于第 n 列，显然有 $s=r$，此时有两种可能：

(1) $s=r=n$(未知数的个数). 则阶梯形方程组共有 n 个有效方程，n 个未知数，第 n 个方程为 $ax_n=b$，有 $x_n=\dfrac{b}{a}$，往回代入，求得前 $n-1$ 个未知数唯一的一组值，所以原方程有唯一解.

（2）$s=r<n$. 则阶梯形方程组的有效方程的个数小于未知数个数，有 $n-r$ 个待定未知数，由于待定未知数可任意取值，从而可求得方程组的无穷多解.

情形 3. 如果最后一个非零行的主元位于第 k 列，$k<n$，即$s=r<n$，继续使用矩阵的初等行变换，把阶梯形化为简化阶梯形，不妨设为

$$\begin{pmatrix} 1 & 0 & 0 & \cdots & 0 & c_{1,r+1} & c_{1,r+2} & \cdots & c_{1n} & d_1 \\ 0 & 1 & 0 & \cdots & 0 & c_{2,r+1} & c_{2,r+2} & \cdots & c_{2n} & d_2 \\ \vdots & \vdots & \vdots & & \vdots & \vdots & \vdots & & \vdots & \vdots \\ 0 & 0 & 0 & \cdots & 1 & c_{r,r+1} & c_{r,r+2} & \cdots & c_{rn} & d_r \\ 0 & 0 & 0 & \cdots & 0 & 0 & 0 & \cdots & 0 & 0 \\ \vdots & \vdots & \vdots & & \vdots & \vdots & \vdots & & \vdots & \vdots \\ 0 & 0 & 0 & \cdots & 0 & 0 & 0 & \cdots & 0 & 0 \end{pmatrix},$$

对应的方程组为

$$\begin{cases} x_1 + c_{1,r+1}x_{r+1} + \cdots + c_{1n}x_n = d_1, \\ x_2 + c_{2,r+1}x_{r+1} + \cdots + c_{2n}x_n = d_2, \\ \qquad \vdots \\ x_r + c_{r,r+1}x_{r+1} + \cdots + c_{rn}x_n = d_r, \end{cases} \tag{1.4}$$

r 个有效方程，n 个未知数，有 $n-r$ 个未知数待定（称为自由未知量）. 取 $n-r$ 个未知数 $x_{r+1},\cdots,x_n$ 为自由未知量. 任取自由未知量的一组值代入方程组（1.4），得 $x_1,x_2,\cdots,x_r$ 的一组值，从而得到方程组的一个解. 因而方程组有无穷多解.

反之，如果线性方程组有解，则其阶梯形方程组有解. 由于其系数矩阵的非零行必是其增广矩阵的非零行，所以由无解的情形知必有 $s=r$.

综上所述，定理得证. □

对于齐次线性方程组，由于其增广矩阵的最后一列全为零，所以初等行变换在这一列不会引进非零元，从而增广矩阵经初等行变换化到阶梯形矩阵时，其非零行必是系数矩阵的非零行，即 s 和 r 总是相等的. 因此把上述定理运用到齐次线性方程组，得到如下推论：

推论　$m\times n$ 的齐次线性方程组，其系数矩阵的阶梯形的非零行数为 s，则

（1）齐次线性方程组唯一零解的充分必要条件为 $s=n$；

（2）齐次线性方程组有无穷多解，即有非零解的充分必要条件为 $s<n$；

（3）如果 $m<n$，则齐次线性方程组必有非零解.

例 1.9 判别下列线性方程组解的情况(不求解):

$$(1)\begin{cases}2x_1+7x_2+3x_3+\ x_4=6,\\3x_1+5x_2+2x_3+2x_4=4,\\9x_1+4x_2+\ x_3+7x_4=2;\end{cases}$$

$$(2)\begin{cases}x_1-\ x_2+2x_3-3x_4=0,\\x_1-3x_2+2x_3-\ x_4=0,\\2x_1-4x_2+4x_3-3x_4=0,\\x_1-\ x_2+\ x_3-2x_4=0.\end{cases}$$

解:(1) 增广矩阵 $\widetilde{A}=\begin{pmatrix}2&7&3&1&6\\3&5&2&2&4\\9&4&1&7&2\end{pmatrix}\xrightarrow[r_2\leftrightarrow r_1]{r_2+(-1)r_1}$

$$\begin{pmatrix}1&-2&-1&1&-2\\2&7&3&1&6\\9&4&1&7&2\end{pmatrix}\xrightarrow[r_3+(-9)r_1]{r_2+(-2)r_1}\begin{pmatrix}1&-2&-1&1&-2\\0&11&5&-1&10\\0&22&10&-2&20\end{pmatrix}$$

$$\xrightarrow{r_3+(-2)r_2}\begin{pmatrix}1&-2&-1&1&-2\\0&11&5&-1&10\\0&0&0&0&0\end{pmatrix}.$$

因为阶梯形中,系数矩阵 $\boldsymbol{A}$ 的非零行数 $s=2=r=\widetilde{A}$ 的非零行数,小于未知数个数 4,所以原方程组有无穷多解.

(2) 类似地,对齐次线性方程组的系数矩阵作初等行变换化到阶梯形.

$$系数矩阵\boldsymbol{A}=\begin{pmatrix}1&-1&2&-3\\1&-3&2&-1\\2&-4&4&-3\\1&-1&1&-2\end{pmatrix}\xrightarrow{初等行变换}\begin{pmatrix}1&-1&2&-3\\0&-2&0&2\\0&0&-1&1\\0&0&0&1\end{pmatrix},$$

因为阶梯形中 $\boldsymbol{A}$ 的非零行数为 4,等于未知数的个数 4,所以原方程组有唯一零解.

1.3.2 线性方程组解的求法

知道了解存在性的判别,下面我们来看如何用高斯消元法求解线性方程组.

▶线性方程组的解法

1. 非齐次线性方程组的求解:

(1) 对增广矩阵作初等行变换化到阶梯形;

(2) 判断解的情况;

(3) 有解时,进一步作初等行变换化到简化阶梯形;

（4）若有唯一解，可直接写出；

（5）若有无穷多解，写出简化阶梯形对应的方程组，从而确定自由未知量，写出所有解(称为一般解).

例 1.10　利用高斯消元法求解下列非齐次线性方程组：

(1) $\begin{cases} x_1 - x_2 + 2x_3 = 0, \\ 3x_1 + x_2 + 2x_3 = 4, \\ x_1 + 2x_2 - x_3 = 3; \end{cases}$

(2) $\begin{cases} x_1 + x_2 + 2x_3 + 3x_4 = 1, \\ x_2 + x_3 - 4x_4 = 1, \\ x_1 + 2x_2 + 3x_3 - x_4 = 4, \\ 2x_1 + 3x_2 - x_3 - x_4 = -6; \end{cases}$

(3) $\begin{cases} 2x_1 + 2x_2 + 3x_3 = 1, \\ x_1 - x_2 = 2, \\ -x_1 + 2x_2 + x_3 = -2. \end{cases}$

解：(1) 增广矩阵 $\widetilde{A} = \begin{pmatrix} 1 & -1 & 2 & 0 \\ 3 & 1 & 2 & 4 \\ 1 & 2 & -1 & 3 \end{pmatrix} \xrightarrow[r_3 + (-1)r_1]{r_2 + (-3)r_1}$

$$\begin{pmatrix} 1 & -1 & 2 & 0 \\ 0 & 4 & -4 & 4 \\ 0 & 3 & -3 & 3 \end{pmatrix} \xrightarrow[\frac{1}{3}r_3]{\frac{1}{4}r_2} \begin{pmatrix} 1 & -1 & 2 & 0 \\ 0 & 1 & -1 & 1 \\ 0 & 1 & -1 & 1 \end{pmatrix} \xrightarrow{r_3 + (-1)r_2} \begin{pmatrix} 1 & -1 & 2 & 0 \\ 0 & 1 & -1 & 1 \\ 0 & 0 & 0 & 0 \end{pmatrix}$$

$$\xrightarrow{r_1 + r_2} \begin{pmatrix} 1 & 0 & 1 & 1 \\ 0 & 1 & -1 & 1 \\ 0 & 0 & 0 & 0 \end{pmatrix},$$

因为阶梯形中 $\boldsymbol{A}$ 的非零行数 $s = 2 = \widetilde{A}$ 的非零行数，小于未知数个数 3，所以原方程组有无穷多解，且有

$$\begin{cases} x_1 + x_3 = 1, \\ x_2 - x_3 = 1. \end{cases}$$

取 x_3 为自由未知量，得 $\begin{cases} x_1 = 1 - x_3, \\ x_2 = 1 + x_3, \quad x_3 \in F, \\ x_3 = x_3, \end{cases}$ 即为原方程组的无穷多解.

(2) 方程组的增广矩阵 $\widetilde{A} = \begin{pmatrix} 1 & 1 & 2 & 3 & 1 \\ 0 & 1 & 1 & -4 & 1 \\ 1 & 2 & 3 & -1 & 4 \\ 2 & 3 & -1 & -1 & -6 \end{pmatrix} \xrightarrow{\text{初等行变换}}$

$\begin{pmatrix}1&1&2&3&1\\0&1&1&-4&1\\0&0&2&1&3\\0&0&0&0&2\end{pmatrix}$，因为阶梯形中 $\boldsymbol{A}$ 的非零行数为 3，小于 $\widetilde{\boldsymbol{A}}$ 的非零行数 4，所以原方程组无解.

（3）增广矩阵 $\widetilde{\boldsymbol{A}}=\begin{pmatrix}2&2&3&1\\1&-1&0&2\\-1&2&1&-2\end{pmatrix}\xrightarrow{\text{初等行变换}}$ $\begin{pmatrix}1&0&0&-1\\0&1&0&-3\\0&0&1&3\end{pmatrix}$，因为阶梯形中 $\boldsymbol{A}$ 的非零行数 $s=3=\widetilde{\boldsymbol{A}}$ 的非零行数 = 未知数个数 3，所以原方程组有唯一解，且唯一解为 $\begin{cases}x_1=-1,\\x_2=-3,\\x_3=3.\end{cases}$

2. 齐次线性方程组的求解：

（1）对系数矩阵进行初等行变换化到阶梯形；

（2）判断解的情况；

（3）若只有零解，则直接写出；

（4）若有非零解，则写出简化阶梯形对应的方程组，从而确定自由未知量，写出所有解(称为一般解).

例 1.11 利用高斯消元法求解线性方程组

$$\begin{cases}2x_1+x_2+2x_3+3x_4=0,\\4x_1+x_2+3x_3+5x_4=0,\\2x_1+x_3+2x_4=0.\end{cases}$$

解：这是齐次线性方程组，所以写出它的系数矩阵并作初等行变换. 即

$$\boldsymbol{A}=\begin{pmatrix}2&1&2&3\\4&1&3&5\\2&0&1&2\end{pmatrix}\xrightarrow[r_3+(-1)r_1]{r_2+(-2)r_1}\begin{pmatrix}2&1&2&3\\0&-1&-1&-1\\0&-1&-1&-1\end{pmatrix}\xrightarrow{r_3+(-1)r_2}$$

$$\begin{pmatrix}2&1&2&3\\0&-1&-1&-1\\0&0&0&0\end{pmatrix}\xrightarrow[(-1)r_2]{r_1+r_2}\begin{pmatrix}2&0&1&2\\0&1&1&1\\0&0&0&0\end{pmatrix}\xrightarrow{\frac{1}{2}r_1}\begin{pmatrix}1&0&\frac{1}{2}&1\\0&1&1&1\\0&0&0&0\end{pmatrix},$$

因为阶梯形中 $\boldsymbol{A}$ 的非零行数为 2，小于未知数个数 4，所以原齐次线性方程组有非零解，即无穷多解.

则有$\begin{cases} x_1+\frac{1}{2}x_3+x_4=0, \\ x_2+x_3+x_4=0, \end{cases}$有 $4-2=2$ 个自由未知量，取 x_3,x_4 为自由未知量. 得

$$\begin{cases} x_1=-\frac{1}{2}x_3-x_4, \\ x_2=-x_3-x_4, \\ x_3=x_3, \\ x_4=x_4, \end{cases} \quad x_3,\ x_4\in F,$$ 即为原方程组的无穷多解.

由上面的例子，当线性方程组有无穷多解时，我们还需注意下面两点：

(1) 自由未知量可任意选择，如上例 1.10 中的(1)题和例 1.11，在例 1.11 中，我们也可选择 x_2,x_3 或 x_1,x_2； x_1,x_4； x_1,x_3； x_2,x_4 作为自由未知量. 由于系数矩阵化成了规范阶梯形，观察到 x_1,x_2 前的系数为 1，所以题中我们取 x_3,x_4 为自由未知量只是更方便用它们来表达 x_1,x_2 而已.

(2) 不同的自由未知量的选取会导致方程组的一般解的表达形式不一样. 那么自然就有这样一个问题：同一个线性方程组的表达式不一样的一般解是否表达同一个解集呢？带着这个问题我们继续前进！

延展阅读

1. 线性方程组的高斯消元法的本质

在一个 $m\times n$ 的线性方程组里，一个方程表达了对未知变量的一个限制条件，一共 m 个限制条件，但这些条件有些是多余的，或者说是重复的，还有些条件是矛盾的. 例如线性方程组$\begin{cases} x-2y=1, \\ 3x-6y=3 \end{cases}$中，第二个方程代表的限制条件就是多余的(称为假的限制条件)，因为它其实就是第一个方程代表的限制条件. 再如，线性方程组$\begin{cases} x-2y=1, \\ 3x-6y=11 \end{cases}$中，第二个方程代表的限制条件和第一个方程代表的限制条件是相互矛盾的. 线性方程组的高斯消元法就是一步一步消去假的限制条件或者说让矛盾的条件显现出来，留下真正对未知变量有用的限制条件(真限制条件或有效方程). 当高斯消元法把增广矩阵变到阶梯形时，这些假的限制条件就无法遁形，只能消失掉，矛盾的方程也必显现出来，通过比较阶梯形中系数矩阵和增广矩阵的非零行数，甄别出矛盾方程或留下有效方程. 解线性方程组关注的是有效方程的个数！所以我们可以诙谐地理解为：线性方程组的高斯消元法的过程就是一个“打假”的过程，阶梯形中系数矩阵的非零行数等于增广矩阵的非零行数就是有效方程的个数，如果阶梯形中系数矩阵的非零行数不等于增广矩阵的非零行数，矛盾方程显现，原方程组无解.

2. 线性方程组的几何意义

从几何的角度，可以更深刻地理解线性方程组解的意义. 以文中的二元线性方程组为例：

(1) $\begin{cases} x-2y=1, \\ 3x+2y=11, \end{cases}$ 这在平面上表示两条直线，如图 1.1 所示.

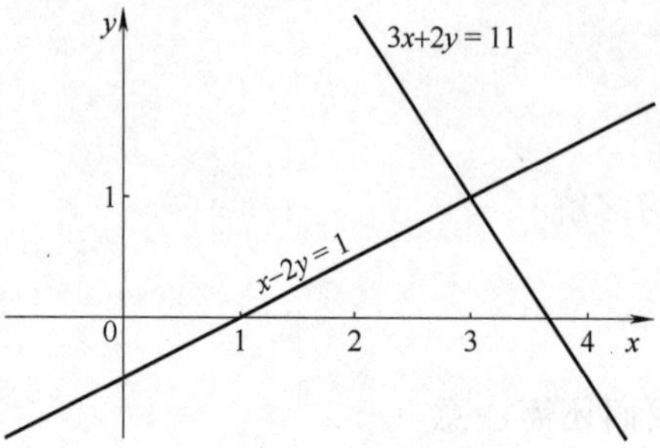

图 1.1

求解这个二元线性方程组即是求两条直线的交点. 从图 1.1 可观察到这两条直线相交，有唯一的一个交点. 事实上，由消元法消去第二个方程中的 x，则有 $\begin{cases} x-2y=1, \\ 8y=8, \end{cases}$ 如图 1.2 所示.

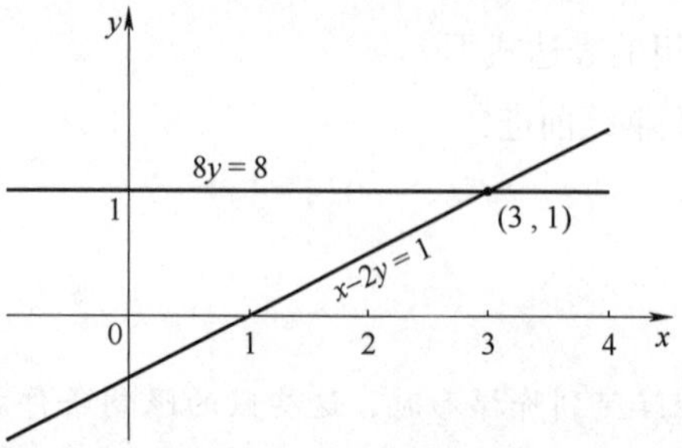

图 1.2

消元的结果把第二个方程代表的直线变成了水平直线，即绕着交点旋转到水平方向，交点没变，即原方程组的解没有改变，是唯一解.

(2) $\begin{cases} x-2y=1, \\ 3x-6y=3, \end{cases}$ 如图 1.3 所示.

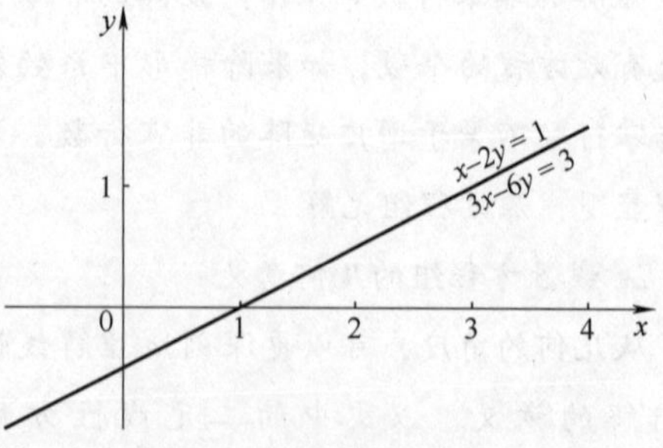

图 1.3

这两个方程代表的是同一条直线，所以直线上的点均满足方程组，即有无穷多个交点.

另一方面，由消元法，则有

$$\begin{cases} x-2y=1, \\ 0y=0. \end{cases}$$

第二个方程 $0y=0$，意味着 y 可任意取值，所以只需由第一个方程确定. 因而方程组有无穷多个解.

(3) $\begin{cases} x-2y=1, \\ 3x-6y=11, \end{cases}$ 如图 1.4 所示.

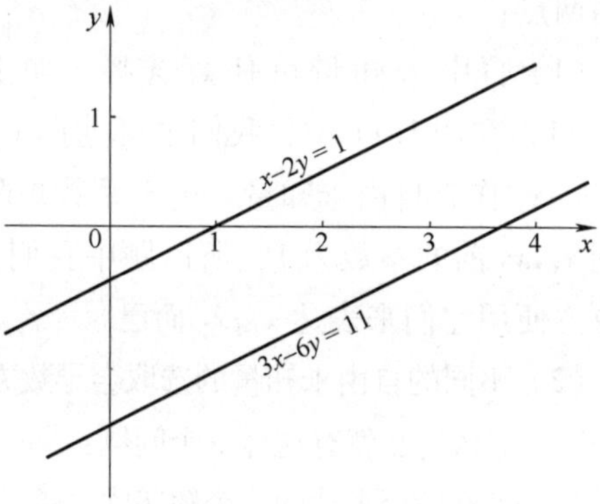

图 1.4

观察到两条直线平行，没有交点. 另一方面，由消元法，有

$$\begin{cases} x-2y=1, \\ 0y=8. \end{cases}$$

第二个方程是矛盾方程，所以原方程组无解.

由此可知，讨论 2×2 的线性方程组解的情况对应着平面上两条直线的位置关系，2×3 的线性方程组解的情况对应着三维空间里两个平面的位置关系：平行(无解)和相交(无穷多解). 同理，讨论 3×3 的线性方程组解的情况对应着三维空间里三个平面的位置关系，如图 1.5 所示.

对于更多元的线性方程组，不可能画出也不可能想象出其空间图形，但 2 元、3 元线性方程组解的特性可以推广到高维空间，利用代数的手段可以把它们算清楚，描绘清楚其结构. 这也正是代数课程的一大特点.

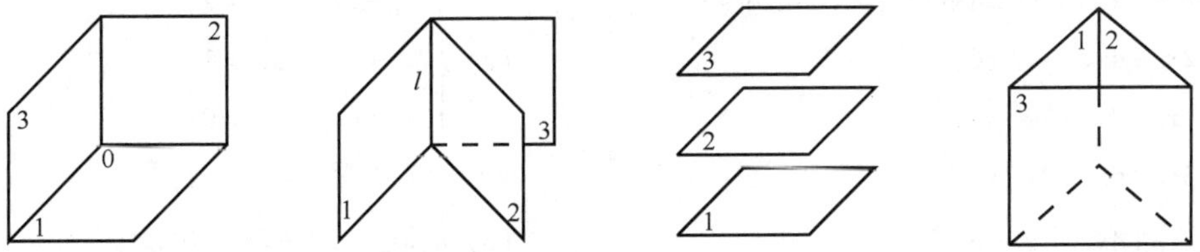

三个平面交于一点（唯一解）　三个平面交于一条直线（无穷多解）　三个平面平行（无解）　三个平面没有公共点（无解）

图 1.5

习题一

（一）

1. 试确定下列集合是否数域，并说明理由：

（1）$K_1=\{a+b\sqrt{3}\mid a,\ b\in\mathbb{Z}\}$，$\mathbb{Z}$ 为整数集；

（2）$K_2=\{a+b\sqrt{3}\mid a,\ b\in\mathbb{Q}\}$，$\mathbb{Q}$ 为有理数集；

（3）$K_3=\{a+b\mathrm{i}\mid a,\ b\in\mathbb{Z}\}$，$i=\sqrt{-1}$，$\mathbb{Z}$ 为整数集；

（4）$K_4=\{a+b\mathrm{i}\mid a,\ b\in\mathbb{Q}\}$，$i=\sqrt{-1}$，$\mathbb{Q}$ 为有理数集.

2. 写出矩阵 $\boldsymbol{A}=(a_{ij})_{m\times n}$：

（1）$m=n$，$a_{ij}=a_{i,j-1}$，$1\leqslant i,\ j\leqslant n$；

（2）$m=3$，$n=2$，$a_{ij}=\delta_{i3}\delta_{j2}$，$1\leqslant i\leqslant 3$，$1\leqslant j\leqslant 2$；其中

$$\delta_{ij}=\begin{cases}1, & i=j,\\ 0, & i\neq j;\end{cases}$$

（3）$m=n=4$，

$$a_{ij}=\begin{cases}2, & |i-j|=0,\\ -1, & |i-j|=1,\\ 0, & |i-j|>1;\end{cases}$$

（4）$m=n=4$，

$$a_{ij}=\begin{cases}0, & i<j,\\ 1, & i\geqslant j.\end{cases}$$

3. 设

$$\begin{pmatrix}a+2b & 2a-b\\ 2c+d & c-2d\end{pmatrix}=\begin{pmatrix}4 & -2\\ 4 & -3\end{pmatrix},$$

求 a，b，c，d 的值.

4. 用初等行变换把下列矩阵化为简化行阶梯形矩阵：

（1）$\begin{pmatrix}1 & 2 & 2 & -1\\ 2 & 3 & 3 & 1\\ 3 & 4 & 4 & 3\end{pmatrix}$；

（2）$\begin{pmatrix}0 & 2 & -3 & 1\\ 0 & 3 & -4 & 3\\ 0 & 4 & -7 & -1\end{pmatrix}$；

（3）$\begin{pmatrix}1 & -1 & 3 & -4 & 3\\ 3 & -3 & 5 & -4 & 1\\ 2 & -2 & 3 & -2 & 6\\ 3 & -3 & 4 & -2 & -1\end{pmatrix}$；

（4）$\begin{pmatrix}2 & 3 & 1 & -3 & -7\\ 1 & 2 & 0 & -2 & -4\\ 3 & -2 & 8 & 3 & 0\\ 2 & -3 & 7 & 4 & 3\end{pmatrix}$；

（5）$\begin{pmatrix}1 & 2 & 3 & 4\\ 2 & 3 & 4 & 5\\ 5 & 4 & 5 & 2\end{pmatrix}$；

（6）$\begin{pmatrix}1 & 1 & 3 & 3\\ 0 & 2 & -1 & 2\\ 1 & -2 & 2 & 3\\ 0 & 1 & 1 & 4\end{pmatrix}$；

（7）$\begin{pmatrix}1 & 2 & 0 & 3\\ 4 & 7 & 1 & 10\\ 0 & 1 & -1 & 2\\ 2 & 3 & 1 & 4\end{pmatrix}$；

（8）$\begin{pmatrix}1 & 1 & 3\\ -1 & 2 & 3\\ 1 & 3 & 7\end{pmatrix}$.

5. 判断下列线性方程组解的情况(不求解)：

(1) $\begin{cases}2x_1+4x_2-x_3=6,\\x_1-2x_2+x_3=4,\\3x_1+6x_2+2x_3=-1;\end{cases}$

(2) $\begin{cases}2x_1+4x_2-x_3=6,\\x_1+2x_2+x_3=4,\\3x_1+6x_2+2x_3=-1;\end{cases}$

(3) $\begin{cases}2x_1+4x_2-x_3=6,\\x_1+2x_2+x_3=3,\\3x_1+6x_2+2x_3=9;\end{cases}$

(4) $\begin{cases}3x_1-2x_2+x_3=-2,\\6x_1-4x_2+2x_3=-5,\\-9x_1+6x_2-3x_3=6;\end{cases}$

(5) a 为何值时，方程组$\begin{cases}2x_1+4x_2=a,\\3x_1+6x_2=5\end{cases}$无解？

(6) a 为何值时，方程组$\begin{cases}3x_1+ax_2=3,\\ax_1+3x_2=5\end{cases}$无解？

6. 用高斯消元法解下列齐次线性方程组：

(1) $\begin{cases}x_1+x_2+2x_3-x_4=0,\\2x_1+x_2+x_3-x_4=0,\\2x_1+2x_2+x_3+2x_4=0;\end{cases}$

(2) $\begin{cases}x_1+2x_2+x_3-x_4=0,\\3x_1+6x_2-x_3-3x_4=0,\\5x_1+10x_2+x_3-5x_4=0;\end{cases}$

(3) $\begin{cases}2x_1+3x_2-x_3+7x_4=0,\\3x_1+x_2+2x_3-7x_4=0,\\4x_1+x_2-3x_3+6x_4=0,\\x_1-2x_2+5x_3-5x_4=0;\end{cases}$

(4) $\begin{cases}3x_1+4x_2-5x_3+7x_4=0,\\2x_1-3x_2+3x_3-2x_4=0,\\4x_1+11x_2-13x_3+16x_4=0,\\7x_1-2x_2+x_3+3x_4=0.\end{cases}$

7. 用高斯消元法解下列非齐次线性方程组：

(1) $\begin{cases}x_1+2x_2+3x_3=1,\\2x_1+2x_2+5x_3=2,\\3x_1+5x_2+x_3=3;\end{cases}$

(2) $\begin{cases}x_1-2x_2-x_3=2,\\2x_1-x_2-3x_3=1,\\3x_1+2x_2-5x_3=0;\end{cases}$

(3) $\begin{cases}4x_1+2x_2-x_3=2,\\3x_1-x_2+2x_3=10,\\11x_1+3x_2=8;\end{cases}$

(4) $\begin{cases}2x_1+3x_2+x_3=4,\\x_1-2x_2+4x_3=-5,\\3x_1+8x_2-2x_3=13,\\4x_1-x_2+9x_3=-6;\end{cases}$

(5) $\begin{cases}2x_1+x_2-x_3+x_4=1,\\4x_1+2x_2-2x_3+x_4=2,\\2x_1+x_2-x_3-x_4=1;\end{cases}$

(6) $\begin{cases}2x_1+x_2-x_3+x_4=1,\\3x_1-2x_2+x_3-3x_4=4,\\x_1+4x_2-3x_3+5x_4=-2.\end{cases}$

8. 下列线性方程组中 p，q 取何值时，方程组有唯一解？有无穷多解？无解？在有解的情况下求出所有的解.

(1) $\begin{cases}-2x_1+x_2+x_3=-2,\\x_1-2x_2+x_3=p,\\x_1+x_2-2x_3=p^2;\end{cases}$

(2) $\begin{cases}x_1+2x_2=3,\\4x_1+7x_2+x_3=10,\\x_2-x_3=q,\\2x_1+3x_2+px_3=4;\end{cases}$

(3) $\begin{cases}px_1+x_2+x_3=1,\\x_1+px_2+x_3=p,\\x_1+x_2+px_3=p^2;\end{cases}$

(4) $\begin{cases}(1+p)x_1+x_2+x_3=0,\\x_1+(1+p)x_2+x_3=p,\\x_1+x_2+(1+p)x_3=p^2.\end{cases}$

(二)

9. 令 $\mathbb{Q}(\sqrt{3})=\{a+b\sqrt{3}\mid a,\ b\in\mathbb{Q}\}$，试证 $\mathbb{Q}(\sqrt{3})$是一个数域.

10. 设 P 是至少包含一个非零元的数集，且 P 对四则运算封闭，证明 P 为一个数域.

11. 证明任何一个数域必包含有理数域.

12. 若数域 P 真包含实数域，则 P 为复数域.

13. 试证 $\mathbb{C}$ 的非空子集若对减法封闭，则必对加法封闭.

14. 试证 $\mathbb{C}$ 的非空子集若对除法封闭，则必对乘法封闭.

15. $m \times n$ 的非齐次线性方程组，设其系数矩阵的阶梯形的非零行数为 s，试分别在下面两个条件下，判断此线性方程组的解.

（1）$s=n$；　（2）$s=m$.

16. 查找文献、资料自学数学软件 MATLAB 中解线性方程组的相关命令.

前情提要

在第 1 章里，我们知道，一个线性系统(线性方程组)由它的增广矩阵唯一确定. 而把多个线性系统相互连接、相互作用构成另一个新的线性系统是线性代数里的一个重要任务. 这就需要建立矩阵代数的基础理论.

“矩阵(Matrix)”这个词，来源于拉丁语，代表一排数的意思，它是由英国数学家西尔维斯特(J Sylvester，1814—1897)在 1850 年首先使用的，他是为了将数字的矩形阵列区别于行列式而发明了这个术语. 但把“矩阵”作为一个独立的数学概念提出来的是另一位英国数学家凯莱(Cayley，1821—1895)，在 1858 年他发表了关于这一课题的第一篇论文《矩阵论的研究报告》，文中系统地阐述了关于矩阵的理论，给出了现在通用的一系列定义，如矩阵相等、零矩阵、单位矩阵、矩阵运算及其运算法则、矩阵的逆矩阵、转置矩阵等，并指出矩阵加法的可交换性和可结合性，乘法一般不可交换. 再者，他用单一字母如“A”来表示矩阵，对矩阵代数的发展起着至关重要的作用. 其公式 $\det(\boldsymbol{AB}) = \det(\boldsymbol{A})\det(\boldsymbol{B})$ 为矩阵代数和行列式之间提供了一种联系. 这些内容都将在下面这一章(第 2 章)里呈现.

我们把行列式看作方阵的一种运算，因此从逻辑上，矩阵的概念应先于行列式的概念，然而历史上次序正好相反. 行列式最早是作为解线性方程组的工具出现，它是一种速记的表达式，是由日本数学家关孝和(Seki Takakazu，1642—1708)在 1683 年提出的. 1750 年，瑞士数学家克莱姆(G Cramer，1704—1752)在其著作《线性代数分析导引》中对行列式的定义和展开法则给出了比较完整、明确的阐述，并给出了求解线性方程组的克莱姆法则. 1772 年，法国数学家范德蒙德(Vandermonde，1735—1796)第一个对行列式理论做出连贯的逻辑阐述，把行列式理论与线性方程组求解相分离. 同年，法国数学家拉普拉斯(Laplace，1749—1827)推广了他的展开行列式的方法. 由于行列式在数学分析、几何学、线性方程组理论、二次型理论等多方面的应用，促使行列式理论自身在 19 世纪得到了很大发展。

矩阵最初作为一种工具，经过两个多世纪的发展，现已成为独立的一门数学分支——矩阵论. 矩阵论又可分解为矩阵方程论、矩阵分解论和广义逆矩阵论等矩阵的现代理论. 矩阵及其理论是处理离散化问题的强有力的工具，现已应用于自然科学、工程技术、社会科学等众多领域，如在观测、导航、机器人位移、化学分子结构的稳定性分析、密码通信、模糊识别、计算机层析及 X 射线照相术等方面都有广泛的应用.

数字技术的世界

第 2 章 矩 阵

第 1 章由线性方程组自然引出了矩阵的概念. 矩阵是代数学的一个主要研究对象，也是数学研究和应用的一个重要工具. 为了更好地使用这个工具，也为了解决线性方程组的一些遗留问题，必须进一步探讨矩阵的各种运算. 本章主要介绍数域 F 上的矩阵运算及其运算性质、矩阵的初等变换、矩阵的秩及矩阵的相抵标准形等.

2.1 矩阵的运算

2.1.1 矩阵的线性运算

定义 2.1 设矩阵 $\boldsymbol{A}=(a_{ij})_{m\times n}$，$a_{ij}\in F$，$i=1,2,\cdots,m$；$j=1,2,\cdots,n$，$k$ 是一个数，$k\in F$，称矩阵 $(ka_{ij})_{m\times n}$ 为矩阵 $\boldsymbol{A}$ 与数 k 的数量乘积，简称数乘，记为 $k\boldsymbol{A}$. 特别地，将 $(-1)\boldsymbol{A}$ 记为 $-\boldsymbol{A}$，称为矩阵 $\boldsymbol{A}$ 的负矩阵.

例 2.1 设矩阵 $\boldsymbol{A}=\begin{pmatrix}3&-3&6\\-6&9&12\end{pmatrix}$，计算 $\frac{1}{3}\boldsymbol{A}$，$2\boldsymbol{A}$，$(-1)\boldsymbol{A}$.

▶矩阵的线性运算

解：
$$\frac{1}{3}\boldsymbol{A}=\begin{pmatrix}\frac{1}{3}\times 3&\frac{1}{3}\times(-3)&\frac{1}{3}\times 6\\\frac{1}{3}\times(-6)&\frac{1}{3}\times 9&\frac{1}{3}\times 12\end{pmatrix}=\begin{pmatrix}1&-1&2\\-2&3&4\end{pmatrix},$$

$$2\boldsymbol{A}=\begin{pmatrix}6&-6&12\\-12&18&24\end{pmatrix},\quad (-1)\boldsymbol{A}=\begin{pmatrix}-3&3&-6\\6&-9&-12\end{pmatrix}.$$

定义 2.2 设数域 F 上的矩阵 $\boldsymbol{A}=(a_{ij})_{m\times n}$ 与 $\boldsymbol{B}=(b_{ij})_{m\times n}$ 是两个同型矩阵，称 $m\times n$ 矩阵 $\boldsymbol{C}=(a_{ij}+b_{ij})_{m\times n}$ 为矩阵 $\boldsymbol{A}$ 与 $\boldsymbol{B}$ 的和，记为 $\boldsymbol{A}+\boldsymbol{B}$. 称 $\boldsymbol{A}+(-\boldsymbol{B})$ 为矩阵 $\boldsymbol{A}$ 与 $\boldsymbol{B}$ 的差，记为 $\boldsymbol{A}-\boldsymbol{B}$.

例 2.2 $\begin{pmatrix} 3 & 2 & 0 \\ -4 & 5 & 6 \end{pmatrix}+\begin{pmatrix} 2 & -2 & 1 \\ 1 & 2 & 3 \end{pmatrix}=\begin{pmatrix} 5 & 0 & 1 \\ -3 & 7 & 9 \end{pmatrix}$.

例 2.3 $\begin{pmatrix} 3 & 2 & 0 \\ -4 & 5 & 6 \end{pmatrix}-\begin{pmatrix} 2 & -2 & 1 \\ 1 & 2 & 3 \end{pmatrix}=\begin{pmatrix} 1 & 4 & -1 \\ -5 & 3 & 3 \end{pmatrix}$.

由上述定义不难得到矩阵的加法和数乘满足如下的运算性质.

性质 2.1 设 $\boldsymbol{A}$, $\boldsymbol{B}$, $\boldsymbol{C}$ 为数域 F 上的同型矩阵, k, $l \in F$, 则

(1) $\boldsymbol{A}+\boldsymbol{B}=\boldsymbol{B}+\boldsymbol{A}$. (加法交换律)

(2) $(\boldsymbol{A}+\boldsymbol{B})+\boldsymbol{C}=\boldsymbol{A}+(\boldsymbol{B}+\boldsymbol{C})$. (加法结合律)

(3) $\boldsymbol{A}+\boldsymbol{O}=\boldsymbol{O}+\boldsymbol{A}=\boldsymbol{A}$. (其中 $\boldsymbol{O}$ 是与 $\boldsymbol{A}$ 同型的零矩阵)

(4) $\boldsymbol{A}+(-\boldsymbol{A})=\boldsymbol{O}$.

(5) $1\boldsymbol{A}=\boldsymbol{A}$.

(6) $k(l\boldsymbol{A})=(kl)\boldsymbol{A}=(lk)\boldsymbol{A}=l(k\boldsymbol{A})$.

(7) $k(\boldsymbol{A}+\boldsymbol{B})=k\boldsymbol{A}+k\boldsymbol{B}$.

(8) $(k+l)\boldsymbol{A}=k\boldsymbol{A}+l\boldsymbol{A}$.

矩阵的加法和矩阵的数乘统称为矩阵的线性运算，由此可以看出，矩阵的线性运算的运算性质与数域里数的加法和数的乘法(数的线性运算)的运算性质是一致的.

2.1.2 矩阵的乘法

在这里，矩阵的引入主要是为了更好地研究线性方程组，因此，一个自然的想法是：如何用矩阵的运算把一个线性方程组完全表达出来呢?

首先看数域 F 上的一元一次方程 $ax=b$，a,x,b 均可看作是 1×1 的矩阵，a 是其 1×1 的系数矩阵，x 是未知数构成的 1×1 的矩阵，b 是常数项构成的 1×1 的矩阵，则 $ax=b$ 可表达为系数矩阵乘以未知数构成的矩阵等于常数项构成的矩阵.

推广这个看法，使其能表达 $m\times n$ 的线性方程组.

再看数域 F 上的二元一次方程 $a_{11}x_1+a_{12}x_2=b_1$，其系数矩阵 $\boldsymbol{A}=(a_{11},a_{12})$，如果令

$$\boldsymbol{X}=\begin{pmatrix} x_1 \\ x_2 \end{pmatrix},\ \boldsymbol{A}\cdot\boldsymbol{X}=(a_{11}\quad a_{12})\begin{pmatrix} x_1 \\ x_2 \end{pmatrix}=a_{11}x_1+a_{12}x_2,$$

则这个方程可表达为 $\boldsymbol{AX}=b_1$.

现考虑数域 F 上的 $m\times n$ 的线性方程组(1.1)：

$$\begin{cases} a_{11}x_1 + a_{12}x_2 + \cdots + a_{1n}x_n = b_1, \\ a_{21}x_1 + a_{22}x_2 + \cdots + a_{2n}x_n = b_2, \\ \qquad\vdots \\ a_{m1}x_1 + a_{m2}x_2 + \cdots + a_{mn}x_n = b_m, \end{cases}$$

其系数矩阵 $\boldsymbol{A} = (a_{ij})_{m\times n}$. 如果令

$$\boldsymbol{X} = \begin{pmatrix} x_1 \\ x_2 \\ \vdots \\ x_n \end{pmatrix} \text{为 } n\times 1 \text{ 的矩阵}, \quad \boldsymbol{b} = \begin{pmatrix} b_1 \\ b_2 \\ \vdots \\ b_m \end{pmatrix} \text{为 } m\times 1 \text{ 的矩阵},$$

矩阵乘法

则

$$\boldsymbol{A}\cdot\boldsymbol{X} = \begin{pmatrix} a_{11} & a_{12} & \cdots & a_{1n} \\ \vdots & \vdots & & \vdots \\ a_{i1} & a_{i2} & \cdots & a_{in} \\ \vdots & \vdots & & \vdots \\ a_{m1} & a_{m2} & \cdots & a_{mn} \end{pmatrix} \cdot \begin{pmatrix} x_1 \\ \vdots \\ x_i \\ \vdots \\ x_n \end{pmatrix} = \begin{pmatrix} a_{11}x_1 + a_{12}x_2 + \cdots + a_{1n}x_n \\ \vdots \\ a_{i1}x_1 + a_{i2}x_2 + \cdots + a_{in}x_n \\ \vdots \\ a_{m1}x_1 + a_{m2}x_2 + \cdots + a_{mn}x_n \end{pmatrix},$$

系数矩阵的第 i 行与未知数的 $n\times 1$ 的矩阵对应乘积之和正好是第 i 个方程的左边，因此 $m\times n$ 的线性方程组就可表达为 $\boldsymbol{AX} = \boldsymbol{b}$.

另一方面，如果给定数域 F 上的两个线性方程组(为简单计，考虑二元的)：

$$\begin{cases} a_{11}x_1 + a_{12}x_2 = b_1, \\ a_{21}x_1 + a_{22}x_2 = b_2, \end{cases} \tag{2.1}$$

$$\begin{cases} x_1 = b_{11}y_1 + b_{12}y_2, \\ x_2 = b_{21}y_1 + b_{22}y_2, \end{cases} \tag{2.2}$$

则关于 y_1，y_2 的线性方程组就需要把方程组(2.2)代入方程组(2.1)，有

$$\begin{cases} (a_{11}b_{11} + a_{12}b_{21})y_1 + (a_{11}b_{12} + a_{12}b_{22})y_2 = b_1, \\ (a_{21}b_{11} + a_{22}b_{21})y_1 + (a_{21}b_{12} + a_{22}b_{22})y_2 = b_2, \end{cases} \tag{2.3}$$

设方程组(2.1)和方程组(2.2)的系数矩阵分别为

$$\boldsymbol{A} = \begin{pmatrix} a_{11} & a_{12} \\ a_{21} & a_{22} \end{pmatrix}, \quad \boldsymbol{B} = \begin{pmatrix} b_{11} & b_{12} \\ b_{21} & b_{22} \end{pmatrix},$$

方程组(2.3)的系数矩阵为

$$\boldsymbol{C} = \begin{pmatrix} a_{11}b_{11} + a_{12}b_{21} & a_{11}b_{12} + a_{12}b_{22} \\ a_{21}b_{11} + a_{22}b_{21} & a_{21}b_{12} + a_{22}b_{22} \end{pmatrix}.$$

观察到矩阵 $\boldsymbol{C}$ 中(i,j)位置上的元素正好是 $\boldsymbol{A}$ 中第 i 行的元素与 $\boldsymbol{B}$ 中第 j 列的元素对应乘积之和，i，$j = 1$，2. 如 $\boldsymbol{C}$ 中$(1,1)$位置.

由此给出矩阵乘法的定义.

定义 2.3 设数域 F 上的矩阵 $\boldsymbol{A}=(a_{ij})_{m\times n}$，$\boldsymbol{B}=(b_{ij})_{n\times s}$，$\boldsymbol{C}=(c_{ij})_{m\times s}$，其中

$$c_{ij}=a_{i1}b_{1j}+a_{i2}b_{2j}+\cdots+a_{in}b_{nj}=\sum_{k=1}^{n}a_{ik}b_{kj},$$
$$i=1,2,\cdots,m;\ j=1,2,\cdots,s,$$

即

$$\begin{pmatrix} * & * & \cdots & * \\ \vdots & \vdots & & \vdots \\ a_{i1} & a_{i2} & \cdots & a_{in} \\ \vdots & \vdots & & \vdots \\ * & * & \cdots & * \end{pmatrix}\begin{pmatrix} * & \cdots & b_{1j} & \cdots & * \\ \vdots & & \vdots & & \vdots \\ * & \cdots & b_{ij} & \cdots & * \\ \vdots & & \vdots & & \vdots \\ * & \cdots & b_{nj} & \cdots & * \end{pmatrix}=\begin{pmatrix} & & * & & \\ & & \vdots & & \\ * & \cdots & c_{ij} & \cdots & * \\ & & \vdots & & \\ & & * & & \end{pmatrix},$$

称矩阵 $\boldsymbol{C}$ 为矩阵 $\boldsymbol{A}$ 与矩阵 $\boldsymbol{B}$ 的乘积，记为 $\boldsymbol{C}=\boldsymbol{AB}$.

例 2.4

$$\boldsymbol{A}=\begin{pmatrix} 4 & 2 & -1 \\ -5 & 3 & 0 \end{pmatrix},\ \boldsymbol{X}=\begin{pmatrix} x_1 \\ x_2 \\ x_3 \end{pmatrix},\ \text{则}\ \boldsymbol{A}\cdot\boldsymbol{X}=\begin{pmatrix} 4x_1+2x_2-x_3 \\ -5x_1+3x_2 \end{pmatrix}.$$

由矩阵乘法的定义可知，$m\times n$ 的线性方程组可表示为 $\boldsymbol{A}_{m\times n}\boldsymbol{X}=\boldsymbol{b}$，其中 $\boldsymbol{A}_{m\times n}$ 为线性方程组的系数矩阵，$\boldsymbol{X}$ 为未知数排成的 $n\times 1$ 矩阵，$\boldsymbol{b}$ 为常数项排成的 $m\times 1$ 的矩阵.

例 2.5

$$\boldsymbol{A}=\begin{pmatrix} -3 & -1 \\ 2 & -5 \\ 4 & -1 \end{pmatrix},\ \boldsymbol{B}=\begin{pmatrix} 2 \\ 4 \end{pmatrix},\ \text{计算}\ \boldsymbol{AB}.$$

解：
$$\boldsymbol{AB}=\begin{pmatrix} -3\times 2+(-1)\times 4 \\ 2\times 2+(-5)\times 4 \\ 4\times 2+(-1)\times 4 \end{pmatrix}=\begin{pmatrix} -10 \\ -16 \\ 4 \end{pmatrix}.$$

例 2.6

$$\boldsymbol{A}=\begin{pmatrix} 3 & 0 & 4 \\ -1 & 5 & 2 \end{pmatrix},\ \boldsymbol{B}=\begin{pmatrix} 1 & 0 \\ 0 & -1 \\ 1 & 1 \end{pmatrix},\ \text{计算}\ \boldsymbol{AB},\ \boldsymbol{BA}.$$

解：
$$\boldsymbol{AB}=\begin{pmatrix} 7 & 4 \\ 1 & -3 \end{pmatrix},\ \boldsymbol{BA}=\begin{pmatrix} 3 & 0 & 4 \\ 1 & -5 & -2 \\ 2 & 5 & 6 \end{pmatrix}.$$

明显地，$\boldsymbol{AB}\neq\boldsymbol{BA}$. 此例说明两个矩阵相乘不能随意交换位置.

例 2.7

$$A=\begin{pmatrix}1&0&0\\0&-2&0\\0&0&3\end{pmatrix},\ B=\begin{pmatrix}2&0&0\\0&5&0\\0&0&-6\end{pmatrix},\text{ 计算 } AB,\ BA.$$

解：$AB=\begin{pmatrix}2&0&0\\0&-10&0\\0&0&-18\end{pmatrix}$，$BA=\begin{pmatrix}2&0&0\\0&-10&0\\0&0&-18\end{pmatrix}$.

此例说明两个对角矩阵相乘的结果是对角线上对应元素相乘得到的对角矩阵，从而在这个例子里有 $AB=BA$.

例 2.8

$$A=(1\quad 2\quad 3),\ B=\begin{pmatrix}4\\5\\-6\end{pmatrix},\text{ 计算 } AB.$$

解：由矩阵乘积的定义有 $AB=-4$.

此例说明：行矩阵和列矩阵若能相乘，相乘的结果为一阶方阵，直接写成这个数.

例 2.9

$$A=\begin{pmatrix}1&2&-3\\0&-1&0\\0&0&2\end{pmatrix},\ B=\begin{pmatrix}-2&5&4\\0&3&-6\\0&0&-5\end{pmatrix},\text{ 计算 } AB.$$

解：$AB=\begin{pmatrix}-2&11&7\\0&-3&6\\0&0&-10\end{pmatrix}$.

此例说明两个同阶的上三角矩阵的乘积还是上三角矩阵. 事实上对于这个结论，可以给出一般性的证明，留给读者自行验证.

注：矩阵乘积的定义反映出如下三条信息：

(1) 不是任何两个矩阵都可以相乘，可乘条件为：左边矩阵的列数应等于右边矩阵的行数；

(2) 在可乘的情况下，乘积结果是一个矩阵：其行数为左边矩阵的行数，列数为右边矩阵的列数；

(3) 乘积规则为：左边行的元素与右边列的元素对应乘积之和.

关于矩阵的乘法，有如下的运算性质：

性质 2.2 设矩阵 A，B，C，$k\in F$ 为数，假设以下运算均可进行. 则

(1) $A_{m\times n}O_{n\times s}=O_{m\times s}$，$O_{s\times m}A_{m\times n}=O_{s\times n}$.

(2) $E_mA_{m\times n}=A_{m\times n}$，$A_{m\times n}E_n=A_{m\times n}$.

(3) $A(BC)=(AB)C$.（乘法结合律）

(4) $(kA)B=k(AB)=A(kB)$.

(5) $A(B+C)=AB+AC$(左分配律), $(B+C)A=BA+CA$(右分配律).

证明：由矩阵乘法的乘积规则知，性质(1)(2)和(4)明显成立. 下面证明性质(3)和(5).

(3) 设 $A=(a_{ij})_{m\times n}$, $B=(b_{ij})_{n\times p}$, $C=(c_{ij})_{p\times s}$, 则等式两边的结果均为 $m\times s$ 的矩阵. 现比较等式两边 $(i,\ j)$ 位置上的元素：左边 $A(BC)$ 的 $(i,\ j)$ 位置元素为

$$\sum_{k=1}^{n}a_{ik}\Big(\sum_{l=1}^{p}b_{kl}c_{lj}\Big)=\sum_{l=1}^{p}\Big(\sum_{k=1}^{n}a_{ik}b_{kl}\Big)c_{lj},\ i=1,2,\cdots,m;\ j=1,2,\cdots,s,$$

而 $\sum_{l=1}^{p}\Big(\sum_{k=1}^{n}a_{ik}b_{kl}\Big)c_{lj}$ 正好是右边 $(AB)C$ 中 $(i,\ j)$ 位置上的元素. 由矩阵相等的定义知 $A(BC)=(AB)C$.

(5) 设 $A=(a_{ij})_{m\times n}$, $B=(b_{ij})_{n\times p}$, $C=(c_{ij})_{n\times p}$, 令 $D=A(B+C)$ 和 $F=AB+AC$, 则 $D=(d_{ij})$ 和 $F=(f_{ij})$ 均为 $m\times p$ 的矩阵，且有

$$d_{ij}=\sum_{k=1}^{n}a_{ik}(b_{kj}+c_{kj})=\sum_{k=1}^{n}a_{ik}b_{kj}+\sum_{k=1}^{n}a_{ik}c_{kj},$$

$$f_{ij}=\sum_{k=1}^{n}a_{ik}b_{kj}+\sum_{k=1}^{n}a_{ik}c_{kj},$$

所以 $d_{ij}=f_{ij}$, $i=1,2,\cdots,m$; $j=1,2,\cdots,p$, 故 $D=F$. 即 $A(B+C)=AB+AC$.

类似可证 $(B+C)A=BA+CA$. □

需要注意的是：矩阵的乘法不同于通常的数的乘法，其特殊性体现在：

(1) 矩阵的乘法不满足交换律.

这是因为一方面可乘条件的限制，两个矩阵交换位置未必能相乘；另一方面，即使交换可以相乘，它们的结果也未必相等. 如例 2.6.

因此，在作矩阵乘法时，应指明相乘的次序，如 AB 读作“A 左乘 B”或“B 右乘 A”.

(2) 两个非零矩阵的乘积可能是零矩阵.

例如，

$$A=\begin{pmatrix}0&1\\0&0\end{pmatrix},\ A\neq O,\ 但\ A\cdot A=O.$$

再如，

$$A=\begin{pmatrix}1 & 2\\-1 & -2\end{pmatrix},\ B=\begin{pmatrix}2 & 2\\-1 & -1\end{pmatrix},\ A\neq O,\ B\neq O,\ 但\ AB=O.$$

(3) 矩阵的乘法不满足消去律，即 $AB=AC$，$A\neq O\nRightarrow B=C$.

例如，$A=\begin{pmatrix}-1 & 1\\1 & -1\end{pmatrix}$，$B=\begin{pmatrix}1 & 2\\-1 & 3\end{pmatrix}$，$C=\begin{pmatrix}2 & 4\\0 & 5\end{pmatrix}$，

$$AB=AC=\begin{pmatrix}-2 & 1\\2 & -1\end{pmatrix},\ 但\ B\neq C.$$

定义 2.4 两个矩阵 A，B，如果 $AB=BA$，那么称矩阵 A，B 相乘可换，简称 A，B 可换..

事实上，由矩阵乘法的定义及运算性质 2.2 易知：

(1) 若 A，B 相乘可换，则 A，B 必是同阶方阵；

(2) 单位矩阵与任何与之同阶的方阵相乘可换；

(3) 数量矩阵同与之同阶的方阵相乘可换；

(4) 同阶对角矩阵相乘可换

例 2.10 设 $A=\begin{pmatrix}2 & 1\\0 & 1\end{pmatrix}$，求所有与 A 相乘可换的矩阵.

解：设矩阵 $B=\begin{pmatrix}b_{11} & b_{12}\\b_{21} & b_{22}\end{pmatrix}$ 且 $AB=BA$，则有

$$AB=\begin{pmatrix}2b_{11}+b_{21} & 2b_{12}+b_{22}\\b_{21} & b_{22}\end{pmatrix}=\begin{pmatrix}2b_{11} & b_{11}+b_{12}\\2b_{21} & b_{21}+b_{22}\end{pmatrix}=BA,$$

由矩阵对应相等有 $\begin{cases}b_{21}=0,\\2b_{12}+b_{22}=b_{11}+b_{12},\end{cases}$ 所以 $\begin{cases}b_{21}=0,\\b_{12}+b_{22}=b_{11}.\end{cases}$

故所有与 A 可换的矩阵为 $B=\begin{pmatrix}b_{11} & b_{12}\\0 & b_{11}-b_{12}\end{pmatrix}$，$b_{11}$，$b_{12}\in F$.

2.1.3 方阵的幂

如果数域 F 上的矩阵 A 是一个方阵，则 A 与它自己可以相乘，多个 A 相乘是有意义的，于是给出如下定义.

定义 2.5 设 A 是 n 阶方阵，k 为正整数，k 个 A 相乘称为 A 的 k 次幂，记为 A^k. 即 $A^k=\underbrace{A\cdot A\cdot\cdots\cdot A}_{k个A}$.

规定 $A^0=E_n$.

例如，$\boldsymbol{A}=\begin{pmatrix} a_1 & & \\ & a_2 & \\ & & a_3 \end{pmatrix}$，则 $\boldsymbol{A}^k=\begin{pmatrix} a_1^k & & \\ & a_2^k & \\ & & a_3^k \end{pmatrix}$.

特别的，单位矩阵的任意正整数次幂等于单位矩阵自己.

关于方阵的幂运算，下列运算性质是明显的.

性质 2.3 设 $\boldsymbol{A}$ 为方阵，k，l 为非负整数，则

$$\boldsymbol{A}^k\cdot\boldsymbol{A}^l=\boldsymbol{A}^{k+l},\ (\boldsymbol{A}^k)^l=\boldsymbol{A}^{kl}.$$

需要注意的是：由于矩阵乘法不满足交换律，所以通常情况下$(\boldsymbol{AB})^k\neq\boldsymbol{A}^k\boldsymbol{B}^k$.

定义 2.6 设$f(x)=a_mx^m+a_{m-1}x^{m-1}+\cdots+a_0$，$a_i\in F$，$i=0,1,2,\cdots,m$，是数域 F 上关于 x 的 m 次多项式，$\boldsymbol{A}$ 是方阵，$\boldsymbol{E}$ 为与 $\boldsymbol{A}$ 同阶的单位矩阵，称$f(\boldsymbol{A})=a_m\boldsymbol{A}^m+a_{m-1}\boldsymbol{A}^{m-1}+\cdots+a_0\boldsymbol{E}$ 是由$f(x)$决定的方阵 $\boldsymbol{A}$ 的多项式.

例 2.11 设 $\boldsymbol{A}=\begin{pmatrix}1&1\\1&1\end{pmatrix}$，求 $\boldsymbol{A}^n$.（n 为任意的正整数）

解法一：数学归纳法. 先计算低次幂，找规律，归纳结果.

$$\boldsymbol{A}^2=\boldsymbol{A}\cdot\boldsymbol{A}=\begin{pmatrix}1&1\\1&1\end{pmatrix}\begin{pmatrix}1&1\\1&1\end{pmatrix}=\begin{pmatrix}2&2\\2&2\end{pmatrix},$$

$$\boldsymbol{A}^3=\boldsymbol{A}^2\cdot\boldsymbol{A}=\begin{pmatrix}2&2\\2&2\end{pmatrix}\begin{pmatrix}1&1\\1&1\end{pmatrix}=\begin{pmatrix}4&4\\4&4\end{pmatrix}=\begin{pmatrix}2^2&2^2\\2^2&2^2\end{pmatrix},$$

归纳可得

$$\boldsymbol{A}^n=\begin{pmatrix}2^{n-1}&2^{n-1}\\2^{n-1}&2^{n-1}\end{pmatrix}.$$

解法二：利用矩阵乘法的结合律(由行乘列是一个数，简化成数乘).

因为 $\boldsymbol{A}=\begin{pmatrix}1\\1\end{pmatrix}(1\quad 1)\overset{令}{=\!=}\boldsymbol{PQ}$，其中 $\boldsymbol{P}=\begin{pmatrix}1\\1\end{pmatrix}$，$\boldsymbol{Q}=(1\quad 1)$，

有 $\boldsymbol{QP}=(1\quad 1)\begin{pmatrix}1\\1\end{pmatrix}=2$，所以

$$\begin{aligned}\boldsymbol{A}^n&=\underbrace{\boldsymbol{PQPQ}\cdots\boldsymbol{PQ}}_{n个\boldsymbol{PQ}}=\boldsymbol{P}\underbrace{(\boldsymbol{QP})(\boldsymbol{QP})\cdots(\boldsymbol{QP})}_{n-1个\boldsymbol{QP}}\boldsymbol{Q}=2^{n-1}\boldsymbol{PQ}\\&=2^{n-1}\boldsymbol{A}=\begin{pmatrix}2^{n-1}&2^{n-1}\\2^{n-1}&2^{n-1}\end{pmatrix}.\end{aligned}$$

例 2.12

设 $\boldsymbol{A}=\begin{pmatrix} a & & \\ 1 & a & \\ 0 & 1 & a \end{pmatrix}$，$a\in F$，求 $\boldsymbol{A}^n(n\geqslant 2)$.

解：矩阵 $\boldsymbol{A}$ 可分解为 $\boldsymbol{A}=a\boldsymbol{E}+\boldsymbol{B}$，其中 $\boldsymbol{B}=\begin{pmatrix} 0 & 0 & 0 \\ 1 & 0 & 0 \\ 0 & 1 & 0 \end{pmatrix}$，且有

$$\boldsymbol{B}^2=\begin{pmatrix} 0 & 0 & 0 \\ 0 & 0 & 0 \\ 1 & 0 & 0 \end{pmatrix},\ \boldsymbol{B}^3=\boldsymbol{O}.$$

由于 $a\boldsymbol{E}$ 为数量矩阵，所以 $a\boldsymbol{E}$ 与 $\boldsymbol{B}$ 相乘可换，从而

$$\begin{aligned}\boldsymbol{A}^n &=(a\boldsymbol{E}+\boldsymbol{B})^n=\mathrm{C}_n^0(a\boldsymbol{E})^n\boldsymbol{B}^0+\mathrm{C}_n^1(a\boldsymbol{E})^{n-1}\boldsymbol{B}^1+\mathrm{C}_n^2(a\boldsymbol{E})^{n-2}\boldsymbol{B}^2\\ &=a^n\boldsymbol{E}+na^{n-1}\boldsymbol{B}+\frac{n(n-1)}{2}a^{n-2}\boldsymbol{B}^2\\ &=\begin{pmatrix} a^n & 0 & 0 \\ na^{n-1} & a^n & 0 \\ \frac{n(n-1)}{2}a^{n-2} & n\,a^{n-1} & a^n \end{pmatrix}.\end{aligned}$$

2.1.4 矩阵的转置

定义 2.7　设数域 F 上的矩阵 $\boldsymbol{A}=(a_{ij})_{m\times n}$，称 $n\times m$ 的矩阵

$$\begin{pmatrix} a_{11} & a_{21} & \cdots & a_{m1} \\ a_{12} & a_{22} & \cdots & a_{m2} \\ \vdots & \vdots & & \vdots \\ a_{1n} & a_{2n} & \cdots & a_{mn} \end{pmatrix}$$

为矩阵 $\boldsymbol{A}$ 的转置矩阵，记为 $\boldsymbol{A}^{\mathrm{T}}$ 或 $\boldsymbol{A}'$.

例如，

$$\begin{pmatrix} 1 & 2 & 3 \\ -1 & 0 & 2 \end{pmatrix}^{\mathrm{T}}=\begin{pmatrix} 1 & -1 \\ 2 & 0 \\ 3 & 2 \end{pmatrix},\quad \begin{pmatrix} a_1 & & \\ & a_2 & \\ & & a_3 \end{pmatrix}^{\mathrm{T}}=\begin{pmatrix} a_1 & & \\ & a_2 & \\ & & a_3 \end{pmatrix}.$$

矩阵的转置运算有下面的运算性质：

性质 2.4　设 $\boldsymbol{A},\boldsymbol{B},\boldsymbol{C},\boldsymbol{A}_1,\boldsymbol{A}_2,\cdots,\boldsymbol{A}_m$ 均为矩阵，$k\in F$，假设下列运算均可进行，则

(1) $(\boldsymbol{A}^{\mathrm{T}})^{\mathrm{T}}=\boldsymbol{A}$.

(2) $(\boldsymbol{B}+\boldsymbol{C})^{\mathrm{T}}=\boldsymbol{B}^{\mathrm{T}}+\boldsymbol{C}^{\mathrm{T}}$.

(3) $(kA)^{\mathrm{T}}=kA^{\mathrm{T}}$.

(4) $(AB)^{\mathrm{T}}=B^{\mathrm{T}}A^{\mathrm{T}}$, $(A_1A_2\cdots A_m)^{\mathrm{T}}=A_m^{\mathrm{T}}A_{m-1}^{\mathrm{T}}\cdots A_2^{\mathrm{T}}A_1^{\mathrm{T}}$.

(5) 若 A 为方阵，则$(A^m)^{\mathrm{T}}=(A^{\mathrm{T}})^m$，$m$ 为正整数.

(6) A 为对称矩阵$\Leftrightarrow A^{\mathrm{T}}=A$，$A$ 为反对称矩阵$\Leftrightarrow A^{\mathrm{T}}=-A$.

证明：由定义，(1)(2)(3)(6)的证明是直接的，留给读者. (5)可由(4)得到.

下面我们证明(4)的第一式.

设 $A=(a_{ij})_{m\times n}$，$B=(b_{ij})_{n\times s}$，$C=AB=(c_{ij})_{m\times s}$，$(AB)^{\mathrm{T}}=(d_{lt})_{s\times m}$，$B^{\mathrm{T}}A^{\mathrm{T}}=(e_{lt})_{s\times m}$，则

$$c_{ij}=\sum_{k=1}^{n}a_{ik}b_{kj}=d_{ji},\ i=1,2,\cdots,m;\ j=1,2,\cdots,s,$$

$$e_{ji}=\sum_{k=1}^{n}b_{kj}a_{ik}=\sum_{k=1}^{n}a_{ik}b_{kj}=c_{ij}=d_{ji},\ j=1,2,\cdots,s;\ i=1,2,\cdots,m,$$

所以$(AB)^{\mathrm{T}}=B^{\mathrm{T}}A^{\mathrm{T}}$. □

例 2.13 证明任何一个 n 阶方阵 A 可表示为一个对称矩阵和一个反对称矩阵的和.

证明：因为 $A=\frac{A+A^{\mathrm{T}}}{2}+\frac{A-A^{\mathrm{T}}}{2}$，而

$$\left(\frac{A+A^{\mathrm{T}}}{2}\right)^{\mathrm{T}}=\frac{A^{\mathrm{T}}+(A^{\mathrm{T}})^{\mathrm{T}}}{2}=\frac{A+A^{\mathrm{T}}}{2},\ \left(\frac{A-A^{\mathrm{T}}}{2}\right)^{\mathrm{T}}=\frac{A^{\mathrm{T}}-(A^{\mathrm{T}})^{\mathrm{T}}}{2}=\frac{-(A-A^{\mathrm{T}})}{2},$$

所以$\frac{A+A^{\mathrm{T}}}{2}$是对称矩阵，$\frac{A-A^{\mathrm{T}}}{2}$是反对称矩阵. 故结论得证. □

2.1.5 方阵的迹

定义 2.8 设数域 F 上的方阵 $A=(a_{ij})_{n\times n}$，称 $\sum_{i=1}^{n}a_{ii}$ 为方阵 A 的迹，记为 $\mathrm{tr}(A)$. 即 $\mathrm{tr}(A)=\sum_{i=1}^{n}a_{ii}$.

例如，$A=\begin{pmatrix}1&2\\3&4\end{pmatrix}$，则 $\mathrm{tr}(A)=a_{11}+a_{22}=1+4=5$.

方阵的迹有如下的运算性质：

性质 2.5 设 A 和 B 均为数域 F 上的 n 阶方阵，$k\in F$，则

(1) $\mathrm{tr}(A+B)=\mathrm{tr}(A)+\mathrm{tr}(B)$.

(2) $\mathrm{tr}(kA)=k\mathrm{tr}(A)$.

(3) $\mathrm{tr}(\boldsymbol{AB})=\mathrm{tr}(\boldsymbol{BA})$.

(4) $\mathrm{tr}(\boldsymbol{A}^{\mathrm{T}})=\mathrm{tr}(\boldsymbol{A})$.

证明：我们只证明(3)，其余是明显的，留给读者自行证明.

设 $\boldsymbol{A}=(a_{ij})_{n\times n}$，$\boldsymbol{B}=(b_{ij})_{n\times n}$，$\boldsymbol{AB}=(c_{ij})_{n\times n}$，$\boldsymbol{BA}=(d_{ij})_{n\times n}$，则有

$$\mathrm{tr}(\boldsymbol{AB})=\sum_{i=1}^{n}c_{ii}=\sum_{i=1}^{n}\left(\sum_{k=1}^{n}a_{ik}b_{ki}\right)=\sum_{k=1}^{n}\left(\sum_{i=1}^{n}b_{ki}a_{ik}\right)=\sum_{k=1}^{n}d_{kk}=\mathrm{tr}(\boldsymbol{BA}).$$

故 $\mathrm{tr}(\boldsymbol{AB})=\mathrm{tr}(\boldsymbol{BA})$. □

例 2.14　设 $\boldsymbol{A}$ 为 $m\times n$ 阶实矩阵. 若 $\mathrm{tr}(\boldsymbol{AA}^{\mathrm{T}})=0$，证明 $\boldsymbol{A}=\boldsymbol{O}$.

证明：设　$\boldsymbol{A}=(a_{ij})_{m\times n}$，$a_{ij}\in\mathbb{R}$，$\boldsymbol{AA}^{\mathrm{T}}=(c_{ij})_{m\times m}$，

由 $\mathrm{tr}(\boldsymbol{AA}^{\mathrm{T}})=0$，有　$\sum\limits_{i=1}^{m}c_{ii}=\sum\limits_{i=1}^{m}\left(\sum\limits_{k=1}^{n}a_{ik}^{2}\right)=0.$

又因为 $a_{ij}\in\mathbb{R}$，所以 $\sum\limits_{k=1}^{n}a_{ik}^{2}\geqslant 0$，有 $\sum\limits_{k=1}^{n}a_{ik}^{2}=0$，从而 $a_{ik}=0$，$k=1,2,\cdots,n$；$i=1,2,\cdots,m$.

故 $\boldsymbol{A}=\boldsymbol{O}$. □

2.2　方阵的行列式

方阵的行列式是因求解线性方程组的需要而产生的，它在数学和其他科学分支上都有广泛的应用. 本节将采用归纳法来定义 n 阶行列式，并研究它的基本性质.

方阵的行列式

2.2.1　二、三阶行列式

我们先来求解一个 2×2 的线性方程组

$$\begin{cases}a_{11}x_1+a_{12}x_2=b_1,\\ a_{21}x_1+a_{22}x_2=b_2,\end{cases}\tag{2.4}$$

利用消元法，可得

$$\begin{cases}(a_{11}a_{22}-a_{12}a_{21})x_1=a_{22}b_1-a_{12}b_2,\\ (a_{11}a_{22}-a_{12}a_{21})x_2=a_{11}b_2-a_{21}b_1,\end{cases}$$

明显的，当 $a_{11}a_{22}-a_{12}a_{21}\neq 0$ 时，原方程组有唯一解

$$\begin{cases}x_1=\dfrac{a_{22}b_1-a_{12}b_2}{a_{11}a_{22}-a_{12}a_{21}},\\[2ex] x_2=\dfrac{a_{11}b_2-a_{21}b_1}{a_{11}a_{22}-a_{12}a_{21}}.\end{cases}$$

注意到解的分母都是 $a_{11}a_{22}-a_{12}a_{21}$，原方程组(2.4)的系数矩阵为$\begin{pmatrix} a_{11} & a_{12} \\ a_{21} & a_{22} \end{pmatrix}$. 为方便记忆这个解的结构和进一步推广，一个自然的想法是：把这个数 $a_{11}a_{22}-a_{12}a_{21}$ 作为二阶方阵$\begin{pmatrix} a_{11} & a_{12} \\ a_{21} & a_{22} \end{pmatrix}$的某种运算的结果，这种运算称为行列式运算. 下面我们先给出二阶行列式的定义.

定义 2.9　设二阶方阵 $\boldsymbol{A}=(a_{ij})_{2\times 2}$，称 $\begin{vmatrix} a_{11} & a_{12} \\ a_{21} & a_{22} \end{vmatrix}=a_{11}a_{22}-a_{12}a_{21}$ 为二阶方阵 $\boldsymbol{A}$ 的行列式，称为二阶行列式，记为 $|\boldsymbol{A}|$ 或 $\det\boldsymbol{A}$，相应的 a_{ij} 称为该行列式的元素. 通常用字母 D 来表示行列式.

为了更好地记忆二阶行列式等号右边的结果，从视觉上可以看作是对角线法则：主对角线(从左上方到右下方这条线)上元素的乘积减去副对角线(从右上方到左下方这条线)上元素的乘积，即

$$|\boldsymbol{A}|=\begin{vmatrix} a_{11} & a_{12} \\ a_{21} & a_{22} \end{vmatrix}=a_{11}a_{22}-a_{12}a_{21}.$$

有了二阶行列式的概念，上面的方程组(2.4)的解可表示为

$$\begin{cases} x_1=\dfrac{\begin{vmatrix} b_1 & a_{12} \\ b_2 & a_{22} \end{vmatrix}}{\begin{vmatrix} a_{11} & a_{12} \\ a_{21} & a_{22} \end{vmatrix}}, \\ x_2=\dfrac{\begin{vmatrix} a_{11} & b_1 \\ a_{21} & b_2 \end{vmatrix}}{\begin{vmatrix} a_{11} & a_{12} \\ a_{21} & a_{22} \end{vmatrix}}. \end{cases}$$

若令系数行列式 $D=\begin{vmatrix} a_{11} & a_{12} \\ a_{21} & a_{22} \end{vmatrix}$ 和

$$D_1=\begin{vmatrix} b_1 & a_{12} \\ b_2 & a_{22} \end{vmatrix},\ D_2=\begin{vmatrix} a_{11} & b_1 \\ a_{21} & b_2 \end{vmatrix},$$

注意到 $D_1(D_2)$ 正好是 D 中第一(二)列换成方程组(2.4)中常数项列构成的.

如果 $D\neq 0$，则方程组(2.4)的唯一解为

$$x_1=\frac{D_1}{D},\ x_2=\frac{D_2}{D}.$$

例 2.15　利用二阶行列式求解 2×2 的线性方程组

$$\begin{cases}3x_1+2x_2=2,\\ x_1+4x_2=3.\end{cases}$$

解：系数行列式 $D=\begin{vmatrix}3&2\\1&4\end{vmatrix}=10\neq0$，$D_1=\begin{vmatrix}2&2\\3&4\end{vmatrix}=2$，$D_2=\begin{vmatrix}3&2\\1&3\end{vmatrix}=7$.

所以 $x_1=\dfrac{D_1}{D}=\dfrac{2}{10}=\dfrac{1}{5}$，$x_2=\dfrac{D_2}{D}=\dfrac{7}{10}$.

对于 3×3 的线性方程组可先转化为 2×2 的线性方程组，然后利用二阶行列式求解.

设 3×3 的线性方程组为

$$\begin{cases}a_{11}x_1+a_{12}x_2+a_{13}x_3=b_1, & ①\\ a_{21}x_1+a_{22}x_2+a_{23}x_3=b_2, & ②\\ a_{31}x_1+a_{32}x_2+a_{33}x_3=b_3, & ③\end{cases}\tag{2.5}$$

不妨设 $a_{13}\neq0$，由方程①知 $x_3=\dfrac{b_1-a_{11}x_1-a_{12}x_2}{a_{13}}$，代入方程②和方程③，得 2×2 的线性方程组

$$\begin{cases}(a_{13}a_{21}-a_{11}a_{23})x_1+(a_{13}a_{22}-a_{12}a_{23})x_2=a_{13}b_2-a_{23}b_1,\\ (a_{13}a_{31}-a_{11}a_{33})x_1+(a_{13}a_{32}-a_{33}a_{12})x_2=b_3a_{13}-a_{33}b_1,\end{cases}$$

利用二阶行列式求解. 为了简洁，只写出其中一个表达式，化简得

$$[a_{11}(a_{22}a_{33}-a_{23}a_{32})-a_{12}(a_{21}a_{33}-a_{31}a_{23})+a_{13}(a_{21}a_{32}-a_{22}a_{31})]x_1$$
$$=b_1(a_{22}a_{33}-a_{23}a_{32})-a_{12}(b_2a_{33}-b_3a_{23})+a_{13}(b_2a_{32}-b_3a_{22}).$$

注意到 x_1 前的系数正好是方程组(2.5)的三阶系数矩阵的第一行的元素分别乘上一个二阶行列式的代数和. 于是利用二阶行列式可给出三阶行列式的定义.

定义 2.10　设三阶方阵 $\boldsymbol{A}=\begin{pmatrix}a_{11}&a_{12}&a_{13}\\a_{21}&a_{22}&a_{23}\\a_{31}&a_{32}&a_{33}\end{pmatrix}$，称

$$|\boldsymbol{A}|=\begin{vmatrix}a_{11}&a_{12}&a_{13}\\a_{21}&a_{22}&a_{23}\\a_{31}&a_{32}&a_{33}\end{vmatrix}=a_{11}\begin{vmatrix}a_{22}&a_{23}\\a_{32}&a_{33}\end{vmatrix}-a_{12}\begin{vmatrix}a_{21}&a_{23}\\a_{31}&a_{33}\end{vmatrix}+a_{13}\begin{vmatrix}a_{21}&a_{22}\\a_{31}&a_{32}\end{vmatrix}$$

为三阶方阵 $\boldsymbol{A}$ 的行列式，称为三阶行列式，可记为 $|a_{ij}|_3$，其中的二阶行列式依次为划去 $a_{1j}(j=1,2,3)$ 所在的行(第 1 行)和列(第 j 列)，剩下的元素按原来的相对位置不动构成的二阶行列式.

利用二阶行列式的对角线法则，可得三阶行列式的展开式为

$$|a_{ij}|_3=a_{11}a_{22}a_{33}+a_{12}a_{23}a_{31}+a_{13}a_{21}a_{32}-a_{13}a_{22}a_{31}-a_{12}a_{21}a_{33}-a_{11}a_{23}a_{32}.$$

它是 $|\boldsymbol{A}|$ 中所有来自不同行不同列的 3 个元素乘积的代数和，这样的乘积共 6 项. 这个结果也可用三阶行列式的对角线法则得到，展示如下：

如图 2.1 所示，沿主对角线方向每一条实线上的三个元素乘积带正号，沿副对角线方向每一条虚线上的三个元素的乘积带负号，所得 6 项的代数和即为行列式的值. 简单记忆为：主对角线方向的元素的乘积和减去副对角线方向元素的乘积和.

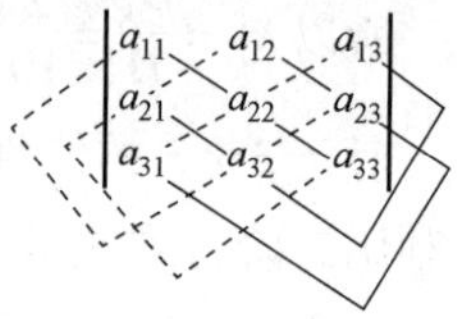

图 2.1

例 2.16

计算三阶行列式 $D=\begin{vmatrix}2 & 0 & -1\\ 1 & -5 & -3\\ 3 & 4 & -2\end{vmatrix}$.

解：由三阶行列式的对角线法则知

$$\begin{aligned}D&=2\times(-5)\times(-2)+1\times4\times(-1)+3\times(-3)\times0-(-1)\times\\&\quad(-5)\times3-(-3)\times4\times2-(-2)\times1\times0\\&=20-4-15+24=25.\end{aligned}$$

有了三阶行列式的概念，可类似求解 3×3 的线性方程组. 这里不再举例.

2.2.2 n 阶行列式

由二阶行列式可定义三阶行列式，依次我们可以定义 4 阶、5 阶、…方阵的行列式. 一般可归纳地定义出 n 阶方阵的行列式. 现假定 $n-1$ 阶方阵的行列式已定义，为书写的简洁和使用的方便，我们先给出一个预备定义.

定义 2.11 设 n 阶方阵

$$\boldsymbol{A}=\begin{pmatrix}a_{11} & \cdots & a_{1j} & \cdots & a_{1n}\\ \vdots & & \vdots & & \vdots\\ a_{i1} & \cdots & a_{ij} & \cdots & a_{in}\\ \vdots & & \vdots & & \vdots\\ a_{n1} & \cdots & a_{nj} & \cdots & a_{nn}\end{pmatrix}$$

划去 a_{ij} 所在的行(第 i 行)和列(第 j 列)，剩下的元素按原来的相对位置不动构成 $n-1$ 阶方阵，它的行列式

$$\begin{vmatrix} a_{11} & \cdots & a_{1,j-1} & a_{1,j+1} & \cdots & a_{1n} \\ \vdots & & \vdots & \vdots & & \vdots \\ a_{i-1,1} & \cdots & a_{i-1,j-1} & a_{i-1,j+1} & \cdots & a_{i-1,n} \\ \vdots & & \vdots & \vdots & & \vdots \\ a_{i+1,1} & \cdots & a_{i+1,j-1} & a_{i+1,j+1} & \cdots & a_{i+1,n} \\ \vdots & & \vdots & \vdots & & \vdots \\ a_{n1} & \cdots & a_{n,j-1} & a_{n,j+1} & \cdots & a_{nn} \end{vmatrix}$$

称之为元素 a_{ij} 的余子式，记为 M_{ij}.

称 $(-1)^{i+j}M_{ij}$ 为元素 a_{ij} 的代数余子式，记为 A_{ij}，即 $A_{ij}=(-1)^{i+j}M_{ij}$.

例如，三阶行列式 $D=\begin{vmatrix} 2 & 0 & -1 \\ 1 & -5 & -3 \\ 3 & 4 & -2 \end{vmatrix}$ 中，$a_{32}=4$ 的余子式和代数余子式分别为

$$M_{32}=\begin{vmatrix} 2 & -1 \\ 1 & -3 \end{vmatrix}=2\times(-3)-(-1)\times 1=-5,\ A_{32}=(-1)^{3+2}M_{32}=5.$$

$a_{22}=-5$ 的余子式和代数余子式分别为

$$M_{22}=\begin{vmatrix} 2 & -1 \\ 3 & -2 \end{vmatrix}=-1,\ A_{22}=(-1)^{2+2}M_{22}=-1.$$

用代数余子式的语言，前面的二、三阶行列式可写成

$$\begin{vmatrix} a_{11} & a_{12} \\ a_{21} & a_{22} \end{vmatrix}=a_{11}A_{11}+a_{12}A_{12},\quad \begin{vmatrix} a_{11} & a_{12} & a_{13} \\ a_{21} & a_{22} & a_{23} \\ a_{31} & a_{32} & a_{33} \end{vmatrix}=a_{11}A_{11}+a_{12}A_{12}+a_{13}A_{13}.$$

由此我们归纳定义 n 阶方阵的行列式，即 n 阶行列式.

定义 2.12 设 n 阶方阵 $\boldsymbol{A}=(a_{ij})_{n\times n}$，称

$$\begin{vmatrix} a_{11} & a_{12} & \cdots & a_{1n} \\ a_{21} & a_{22} & \cdots & a_{2n} \\ \vdots & \vdots & & \vdots \\ a_{n1} & a_{n2} & \cdots & a_{nn} \end{vmatrix}$$

为 n 阶方阵 $\boldsymbol{A}$ 的行列式，即 n 阶行列式，记为 $|a_{ij}|_n$ 或 $|\boldsymbol{A}|$ 或 $\det\boldsymbol{A}$.

当 $n=1$ 时，$|\boldsymbol{A}|=|a_{11}|=a_{11}$.

当 $n\geqslant 2$ 时，$|\boldsymbol{A}|=a_{11}A_{11}+a_{12}A_{12}+\cdots+a_{1n}A_{1n}=\sum\limits_{k=1}^{n}a_{1k}A_{1k}=\sum\limits_{k=1}^{n}(-1)^{1+k}a_{1k}M_{1k}$,

其中 A_{1k} 是 a_{1k} 的代数余子式，M_{1k} 是 a_{1k} 的余子式.

例 2.17 设 $\boldsymbol{A}$ 是 n 阶下三角方阵

$$\boldsymbol{A}=\begin{pmatrix} a_{11} & 0 & \cdots & 0 \\ a_{21} & a_{22} & \cdots & 0 \\ \vdots & \vdots & & \vdots \\ a_{n1} & a_{n2} & \cdots & a_{nn} \end{pmatrix},$$

则 $|\boldsymbol{A}|=a_{11}a_{22}\cdots a_{nn}$.

证明：用数学归纳法证明.

当 $n=1$ 时，结论成立.

设 $n-1$ 阶时结论成立，即

$$A_{11}=(-1)^{1+1}M_{11}=\begin{vmatrix} a_{22} & 0 & \cdots & 0 \\ a_{32} & a_{33} & \cdots & 0 \\ \vdots & \vdots & & \vdots \\ a_{n2} & a_{n3} & \cdots & a_{nn} \end{vmatrix}=a_{22}a_{33}\cdots a_{nn}.$$

则由 n 阶行列式的定义和归纳假设有

$$|\boldsymbol{A}|=a_{11}A_{11}+0\cdot A_{12}+\cdots+0\cdot A_{1n}=a_{11}A_{11}=a_{11}a_{22}a_{33}\cdots a_{nn}.$$

故结论成立. □

特别地，对角矩阵的行列式

$$\begin{vmatrix} a_{11} & & & \\ & a_{22} & & \\ & & \ddots & \\ & & & a_{nn} \end{vmatrix}=a_{11}a_{22}\cdots a_{nn}.$$

通常，上(下)三角矩阵的行列式称为上(下)三角行列式，对角矩阵的行列式称为对角行列式.

仔细观察二、三阶行列式的展开式可知：展开式也可看作第一列的元素与它们自己的代数余子式乘积之和得到. 那么 n 阶行列式是否也有这样的表现呢？这就是下面的 n 阶行列式的等价定义.

定义 2.13

$$|\boldsymbol{A}| = |a_{ij}|_n = \sum_{i=1}^{n}(-1)^{i+1}a_{i1}M_{i1} = \sum_{i=1}^{n}a_{i1}A_{i1}.$$

证明：对 $\boldsymbol{A}$ 的阶数用数学归纳法证明.

当 $n=1$，2 时，显然成立. 假设 $n-1$ 时成立，当阶数为 n 时，由行列式的定义 2.12 有

$$|\boldsymbol{A}| = \sum_{j=1}^{n}(-1)^{1+j}a_{1j}M_{1j} = a_{11}M_{11} + \sum_{j=2}^{n}(-1)^{1+j}a_{1j}M_{1j}.$$

设 $(M_{1j})_{i1}$ 是 M_{1j} 中 a_{i1} 的余子式，即是 $\boldsymbol{A}$ 中划去第 1 行，第 i 行，第 j 列，第 1 列后得到的 $n-2$ 阶方阵的行列式. 因此，明显有

$$(M_{1j})_{i1} = (M_{i1})_{1j}.$$

注意到在 $n-1$ 阶行列式 M_{1j} 中，元素 a_{i1} 的行标号为 $i-1$，在 $n-1$ 阶行列式 M_{i1} 中，元素 a_{1j} 的列标号为 $j-1$. 从而由归纳假设有

$$\begin{aligned}
|\boldsymbol{A}| &= a_{11}M_{11} + \sum_{j=2}^{n}(-1)^{1+j}a_{1j}M_{1j} \\
&= a_{11}M_{11} + \sum_{j=2}^{n}(-1)^{1+j}a_{1j}\sum_{i=2}^{n}(-1)^{i}a_{i1}(M_{1j})_{i1} \\
&= a_{11}M_{11} + \sum_{i=2}^{n}\sum_{j=2}^{n}(-1)^{i+j+1}a_{1j}a_{i1}(M_{i1})_{1j} \\
&= a_{11}M_{11} + \sum_{i=2}^{n}\sum_{j=2}^{n}(-1)^{i+1}(-1)^{(j-1)+1}a_{i1}a_{1j}(M_{i1})_{1j} \\
&= a_{11}M_{11} + \sum_{i=2}^{n}(-1)^{i+1}a_{i1}M_{i1} \\
&= \sum_{i=1}^{n}(-1)^{i+1}a_{i1}M_{i1} = \sum_{i=1}^{n}a_{i1}A_{i1},
\end{aligned}$$

故结论成立. □

2.2.3 行列式的性质

既然行列式是方阵的一种运算，那么矩阵的有关运算以及矩阵的初等行变换对方阵的行列式有什么影响呢？这就是将要讨论的行列式的性质.

性质 2.6 $\boldsymbol{A}$ 是方阵，$\boldsymbol{A}^{\mathrm{T}}$ 是其转置矩阵，则 $|\boldsymbol{A}| = |\boldsymbol{A}^{\mathrm{T}}|$.

例如，

$$\boldsymbol{A} = \begin{pmatrix} 2 & -3 \\ 5 & -6 \end{pmatrix}，\text{则 } \boldsymbol{A}^{\mathrm{T}} = \begin{pmatrix} 2 & 5 \\ -3 & -6 \end{pmatrix},$$

有

$$|\boldsymbol{A}|=\begin{vmatrix}2&-3\\5&-6\end{vmatrix}=3,\ |\boldsymbol{A}^{\mathrm{T}}|=\begin{vmatrix}2&5\\-3&-6\end{vmatrix}=3=|\boldsymbol{A}|.$$

下面给出一般性的证明.

证明：对 $\boldsymbol{A}$ 的阶数 n 作归纳证明. 当 $n=1$ 时，显然性质成立. 设阶为 $n-1$ 时成立，当 $\boldsymbol{A}$ 的阶为 n 时，由行列式定义 2.12 有

$$|\boldsymbol{A}|=\sum_{j=1}^{n}(-1)^{1+j}a_{1j}M_{1j},$$

其中 M_{1j} 为 $n-1$ 阶方阵的行列式. 由归纳假设有 $M_{1j}=M_{1j}^{\mathrm{T}}$. 由转置矩阵的定义可知，$M_{1j}^{\mathrm{T}}$ 即为 $\boldsymbol{A}^{\mathrm{T}}$ 里的 $(j,1)$ 位置上元素的余子式，记作 M_{j1}^{T}. a_{1j} 即为 $\boldsymbol{A}^{\mathrm{T}}$ 里的 $(j,1)$ 位置上的元素，为了区别，记为 a_{j1}^{T}.

所以，由行列式的等价定义 2.13 有

$$|\boldsymbol{A}|=\sum_{j=1}^{n}(-1)^{1+j}a_{1j}M_{1j}=\sum_{j=1}^{n}(-1)^{1+j}a_{j1}^{\mathrm{T}}M_{j1}^{\mathrm{T}}=|\boldsymbol{A}^{\mathrm{T}}|.$$

□

这个性质说明在行列式中，行和列的地位是平等的. 因此只要对行成立的性质对列也同样成立，所以下面只叙述对行的性质.

例 2.18 证明上三角行列式

$$|\boldsymbol{A}|=\begin{vmatrix}a_{11}&a_{12}&\cdots&a_{1n}\\0&a_{22}&\cdots&a_{2n}\\\vdots&\vdots&&\vdots\\0&0&\cdots&a_{nn}\end{vmatrix}=a_{11}a_{22}\cdots a_{nn}.$$

证明：由性质 2.6 有

$$|\boldsymbol{A}|=|\boldsymbol{A}^{\mathrm{T}}|=\begin{vmatrix}a_{11}&0&\cdots&0\\a_{12}&a_{22}&\cdots&0\\\vdots&\vdots&&\vdots\\a_{1n}&a_{2n}&\cdots&a_{nn}\end{vmatrix}=a_{11}a_{22}\cdots a_{nn}.$$

□

性质 2.7 交换一个方阵的某两行，则它的行列式的值改变符号.

例如，

$$\boldsymbol{A}=\begin{pmatrix}2&-3\\5&-6\end{pmatrix}\xrightarrow{r_1\leftrightarrow r_2}\begin{pmatrix}5&-6\\2&-3\end{pmatrix}=\boldsymbol{B},$$

则有

$$|\boldsymbol{A}|=\begin{vmatrix}2&-3\\5&-6\end{vmatrix}=3,\ |\boldsymbol{B}|=\begin{vmatrix}5&-6\\2&-3\end{vmatrix}=-3.$$

即 $|\boldsymbol{B}| = -|\boldsymbol{A}|$.

性质 2.7 的一般性的证明方法类似于性质 2.6，仍对方阵 $\boldsymbol{A}$ 的阶数作归纳证明，此处限于篇幅，详细证明请参见本章的“延展阅读”.

由性质 2.7，下面的推论则是明显的.

推论　如果一个方阵有两行对应元素相同，则其行列式的值为 0.

证明：设方阵 $\boldsymbol{A}$ 的 i，j 两行对应元素相同，则 $\boldsymbol{A} \xrightarrow{r_i \leftrightarrow r_j} \boldsymbol{A}$，由性质 2 有 $|\boldsymbol{A}| = -|\boldsymbol{A}|$，即 $2|\boldsymbol{A}| = 0$，故 $|\boldsymbol{A}| = 0$. □

性质 2.8　方阵 $\boldsymbol{A}$ 的某一行的所有元素乘以数 k，即 $\boldsymbol{A} \xrightarrow{kr_i} \boldsymbol{B}$，则 $|\boldsymbol{B}| = k|\boldsymbol{A}|$.

例如，

$$\boldsymbol{A} = \begin{pmatrix} 2 & -3 \\ 5 & -6 \end{pmatrix} \xrightarrow{3r_1} \begin{pmatrix} 6 & -9 \\ 5 & -6 \end{pmatrix} = \boldsymbol{B},$$

有

$$|\boldsymbol{A}| = \begin{vmatrix} 2 & -3 \\ 5 & -6 \end{vmatrix} = 3, \quad |\boldsymbol{B}| = \begin{vmatrix} 6 & -9 \\ 5 & -6 \end{vmatrix} = 9 = 3|\boldsymbol{A}|.$$

证明：如果 $i = 1$，则由行列式的定义 2.12 有

$$|\boldsymbol{B}| = \sum_{j=1}^{n} (-1)^{1+j} k a_{1j} M_{1j} = k \sum_{j=1}^{n} (-1)^{1+j} a_{1j} M_{1j} = k|\boldsymbol{A}|.$$

如果 $i \neq 1$，则有

$$\boldsymbol{A} \xrightarrow{kr_i} \boldsymbol{B} \xrightarrow{r_i \leftrightarrow r_1} \boldsymbol{B}_1 \xleftarrow{kr_1} \boldsymbol{A}_1 \xleftarrow{r_i \leftrightarrow r_1} \boldsymbol{A}.$$

由性质 2.7 及 $i = 1$ 的结果，有

$$|\boldsymbol{B}| = -|\boldsymbol{B}_1| = -k|\boldsymbol{A}_1| = -k(-|\boldsymbol{A}|) = k|\boldsymbol{A}|.$$

故性质 2.8 得证. □

推论 1　行列式中某行有公因子，可提到行列式符号外面.

推论 2　行列式中某两行对应成比例，则此行列式的值为 0.

推论 3　行列式中有某行的元素全为 0，则此行列式的值为 0.

性质 2.9　行列式中某行的所有元素都是两个元素的和，则此行列式可分解为两个行列式的和，即

$$\begin{vmatrix} a_{11} & \cdots & a_{1n} \\ \vdots & & \vdots \\ a_{i1}+b_1 & \cdots & a_{in}+b_n \\ \vdots & & \vdots \\ a_{n1} & \cdots & a_{nn} \end{vmatrix} = \begin{vmatrix} a_{11} & \cdots & a_{1n} \\ \vdots & & \vdots \\ a_{i1} & \cdots & a_{in} \\ \vdots & & \vdots \\ a_{n1} & \cdots & a_{nn} \end{vmatrix} + \begin{vmatrix} a_{11} & \cdots & a_{1n} \\ \vdots & & \vdots \\ b_1 & \cdots & b_n \\ \vdots & & \vdots \\ a_{n1} & \cdots & a_{nn} \end{vmatrix}.$$

例如，$\boldsymbol{A}=\begin{pmatrix} 2 & -3 \\ 5-2 & -6+1 \end{pmatrix}$，$|\boldsymbol{A}|=\begin{vmatrix} 2 & -3 \\ 3 & -5 \end{vmatrix}=-1$.

$$|\boldsymbol{A}|=\begin{vmatrix} 2 & -3 \\ 5-2 & -6+1 \end{vmatrix}=\begin{vmatrix} 2 & -3 \\ 5 & -6 \end{vmatrix}+\begin{vmatrix} 2 & -3 \\ -2 & 1 \end{vmatrix}$$
$$=3+(-4)=-1.$$

对于性质 2.9 的一般性的证明，其方法类似于性质 2.8 的证明，留给读者练习.

例 2.19　设 4 阶方阵 $\boldsymbol{A}=(\boldsymbol{\alpha}_1\ \ \boldsymbol{\alpha}_2\ \ \boldsymbol{\alpha}_3\ \ \boldsymbol{\beta}_1)$，$\boldsymbol{B}=(\boldsymbol{\alpha}_1\ \ \boldsymbol{\alpha}_2\ \ \boldsymbol{\alpha}_3\ \ \boldsymbol{\beta}_2)$，其中 $\boldsymbol{\alpha}_1,\boldsymbol{\alpha}_2,\boldsymbol{\alpha}_3,\boldsymbol{\beta}_1,\boldsymbol{\beta}_2$ 均为 4×1 的矩阵，且 $|\boldsymbol{A}|=-4$，$|\boldsymbol{B}|=2$，求 $|\boldsymbol{A}+\boldsymbol{B}|$.

解：由矩阵加法，有 $\boldsymbol{A}+\boldsymbol{B}=(2\boldsymbol{\alpha}_1\ \ 2\boldsymbol{\alpha}_2\ \ 2\boldsymbol{\alpha}_3\ \ \boldsymbol{\beta}_1+\boldsymbol{\beta}_2)$. 由性质 2.8 及性质 2.9，有

$$|\boldsymbol{A}+\boldsymbol{B}|=|2\boldsymbol{\alpha}_1\ \ 2\boldsymbol{\alpha}_2\ \ 2\boldsymbol{\alpha}_3\ \ \boldsymbol{\beta}_1+\boldsymbol{\beta}_2|=2\times2\times2|\boldsymbol{\alpha}_1\ \ \boldsymbol{\alpha}_2\ \ \boldsymbol{\alpha}_3\ \ \boldsymbol{\beta}_1+\boldsymbol{\beta}_2|$$
$$=8(|\boldsymbol{\alpha}_1\ \ \boldsymbol{\alpha}_2\ \ \boldsymbol{\alpha}_3\ \ \boldsymbol{\beta}_1|+|\boldsymbol{\alpha}_1\ \ \boldsymbol{\alpha}_2\ \ \boldsymbol{\alpha}_3\ \ \boldsymbol{\beta}_2|)$$
$$=8(|\boldsymbol{A}|+|\boldsymbol{B}|)=8(-4+2)=-16.$$

性质 2.10　方阵 A 的某行 k 倍加到另一行，得到方阵 $\boldsymbol{B}$，$\boldsymbol{A}\xrightarrow{r_j+kr_i}\boldsymbol{B}$，则 $|\boldsymbol{B}|=|\boldsymbol{A}|$.

由性质 2.9 和性质 2.8 的推论 2 即可知性质 2.10 成立.

例如，

$$\boldsymbol{A}=\begin{pmatrix} 2 & -3 \\ 5 & -6 \end{pmatrix}\xrightarrow{r_2+3r_1}\begin{pmatrix} 2 & -3 \\ 11 & -15 \end{pmatrix}=\boldsymbol{B},$$

有

$$|\boldsymbol{A}|=\begin{vmatrix} 2 & -3 \\ 5 & -6 \end{vmatrix}=3,\quad |\boldsymbol{B}|=\begin{vmatrix} 2 & -3 \\ 11 & -15 \end{vmatrix}=3.$$

即 $|\boldsymbol{B}|=|\boldsymbol{A}|$.

例 2.20　计算 4 阶行列式

$$D=\begin{vmatrix}2&-5&1&2\\-3&7&-1&4\\5&-9&2&7\\4&-6&1&2\end{vmatrix}.$$

解：充分利用行列式的性质，特别是性质 2.10，把行列式化为上(下)三角行列式，从而得到结果．这是计算行列式的主要而又基本的方法．

$$D\xlongequal{r_1+r_2}\begin{vmatrix}-1&2&0&6\\-3&7&-1&4\\5&-9&2&7\\4&-6&1&2\end{vmatrix}\xlongequal[r_3+5r_1,\ r_4+4r_1]{r_2+(-3)r_1}\begin{vmatrix}-1&2&0&6\\0&1&-1&-14\\0&1&2&37\\0&2&1&26\end{vmatrix}$$

$$\xlongequal[r_4+(-2)r_2]{r_3+(-1)r_2}\begin{vmatrix}-1&2&0&6\\0&1&-1&-14\\0&0&3&51\\0&0&3&54\end{vmatrix}\xlongequal{r_4+(-1)r_3}\begin{vmatrix}-1&2&0&6\\0&1&-1&-14\\0&0&3&51\\0&0&0&3\end{vmatrix}$$

$=-1\times1\times3\times3=-9.$

性质 2.11　设方阵 $\boldsymbol{A}=(a_{ij})_{n\times n}$，则 $|\boldsymbol{A}|$ 等于 $\boldsymbol{A}$ 中任一行的所有元素与它们各自的代数余子式乘积之和．即

$$|\boldsymbol{A}|=\sum_{k=1}^{n}(-1)^{i+k}a_{ik}M_{ik}=\sum_{k=1}^{n}a_{ik}A_{ik},\ i=1,2,\cdots,n.$$

证明：当 $i=1$ 时，即为 n 阶行列式的定义．

当 $i\geqslant2$ 时，将 $\boldsymbol{A}$ 的第 i 行逐次与第 $i-1$ 行，第 $i-2$ 行，…，第 1 行交换，得矩阵 $\boldsymbol{B}$．则 $\boldsymbol{B}$ 中第一行的元素与 $\boldsymbol{A}$ 中第 i 行的元素对应相等，且 $\boldsymbol{B}$ 中第一行元素的余子式与 $\boldsymbol{A}$ 中第 i 行对应元素的余子式也相等．则由行列式的性质 2.7 及 n 阶行列式的定义，有

$$|\boldsymbol{A}|=(-1)^{i-1}|\boldsymbol{B}|=(-1)^{i-1}\sum_{k=1}^{n}a_{ik}(-1)^{1+k}M_{ik}$$

$$=\sum_{k=1}^{n}a_{ik}(-1)^{i+k}M_{ik}=\sum_{k=1}^{n}a_{ik}A_{ik},$$

故结论成立．　□

此性质称为行列式按某行(第 i 行)展开．

行列式中，某行的所有元素与另一行对应元素的代数余子式乘积之和的结果是什么呢？我们来看下面的推论．

推论 设方阵 $\boldsymbol{A}=(a_{ij})_{n\times n}$，则 $\boldsymbol{A}$ 的第 i 行的所有元素与第 $j(j\neq i)$ 行对应元素的代数余子式乘积之和等于零. 即

$$a_{i1}A_{j1}+a_{i2}A_{j2}+\cdots+a_{in}A_{jn}=\sum_{k=1}^{n}a_{ik}A_{jk}=0(i\neq j).$$

证明：由性质 2.11，有

$$|\boldsymbol{A}|=|a_{ij}|_n=\begin{vmatrix}a_{11}&a_{12}&\cdots&a_{1n}\\a_{21}&a_{22}&\cdots&a_{2n}\\\vdots&\vdots&&\vdots\\a_{i1}&a_{i2}&\cdots&a_{in}\\\vdots&\vdots&&\vdots\\a_{j1}&a_{j2}&\cdots&a_{jn}\\\vdots&\vdots&&\vdots\\a_{n1}&a_{n2}&\cdots&a_{nn}\end{vmatrix}=\sum_{k=1}^{n}a_{jk}A_{jk}.$$

等式两边用 a_{ik} 代替 a_{jk}，则左边行列式中的 i,j 两行元素相同，由性质 2 的推论有

$$\sum_{k=1}^{n}a_{ik}A_{jk}=\begin{vmatrix}a_{11}&a_{12}&\cdots&a_{1n}\\a_{21}&a_{22}&\cdots&a_{2n}\\\vdots&\vdots&&\vdots\\a_{i1}&a_{i2}&\cdots&a_{ik}\\\vdots&\vdots&&\vdots\\a_{i1}&a_{i2}&\cdots&a_{ik}\\\vdots&\vdots&&\vdots\\a_{n1}&a_{n2}&\cdots&a_{nn}\end{vmatrix}=0.$$

故结论成立. □

性质 2.11 及其推论可用如下式子表达：

$$\sum_{k=1}^{n}a_{ik}A_{jk}=\begin{cases}|\boldsymbol{A}|, & i=j,\\ 0, & i\neq j.\end{cases}\tag{2.6}$$

例如，$\boldsymbol{A}=\begin{pmatrix}1&2&3\\0&-1&-2\\3&-4&5\end{pmatrix}$，由行列式的定义有

$$\begin{aligned}|\boldsymbol{A}|&=1\times(-1)^{1+1}\begin{vmatrix}-1&-2\\-4&5\end{vmatrix}+2\times(-1)^{1+2}\begin{vmatrix}0&-2\\3&5\end{vmatrix}+\\&\quad 3\times(-1)^{1+3}\begin{vmatrix}0&-1\\3&-4\end{vmatrix}\\&=-13+(-2)\times6+3\times3=-16.\end{aligned}$$

另一方面，由性质 2.11 按第 3 行展开有

$$3\times(-1)^{3+1}\begin{vmatrix}2&3\\-1&-2\end{vmatrix}+(-4)\times(-1)^{3+2}\begin{vmatrix}1&3\\0&-2\end{vmatrix}+$$

$$5\times(-1)^{3+3}\begin{vmatrix}1&2\\0&-1\end{vmatrix}$$

$$=3\times(-1)+4\times(-2)+5\times(-1)=-16=|\boldsymbol{A}|.$$

如果用第 3 行的元素乘第 2 行对应元素的代数余子式，乘积之和得

$$3A_{21}+(-4)A_{22}+5A_{23}=3\times(-22)+(-4)\times(-4)+5\times10=0.$$

从性质 2.11 可观察到，如果一个 n 阶行列式零元较多，那么选择零元多的行或某行元素的余子式方便计算的行展开，可快速地得到行列式的结果.

例 2.21 计算下面的 4 阶行列式：

$$(1)\ D_1=\begin{vmatrix}0&7&-5&13\\1&-3&0&-6\\0&2&-1&2\\0&7&-7&12\end{vmatrix};$$

$$(2)\ D_2=\begin{vmatrix}x&-1&0&0\\0&x&-1&0\\0&0&x&-1\\a_4&a_3&a_2&x+a_1\end{vmatrix}.$$

解：(1) 由于第一列零元较多，所以按第一列展开，有

$$D_1=1\times(-1)^{2+1}\begin{vmatrix}7&-5&13\\2&-1&2\\7&-7&12\end{vmatrix}\xlongequal[c_3+2c_2]{c_1+2c_2}-\begin{vmatrix}-3&-5&3\\0&-1&0\\-7&-7&-2\end{vmatrix}$$

$$\xlongequal{\text{按}r_2\text{展开}}\begin{vmatrix}-3&3\\-7&-2\end{vmatrix}$$

$$=6+21=27.$$

(2) 由于第四行元素的余子式都是上三角或下三角行列式，为方便计算，所以按第四行展开有

$$D_2=a_4\times(-1)^{4+1}\begin{vmatrix}-1&0&0\\x&-1&0\\0&x&-1\end{vmatrix}+a_3\times(-1)^{4+2}\begin{vmatrix}x&0&0\\0&-1&0\\0&x&-1\end{vmatrix}+$$

$$a_2\times(-1)^{4+3}\begin{vmatrix}x&-1&0\\0&x&0\\0&0&-1\end{vmatrix}+$$

$$(x+a_1)\times(-1)^{4+4}\begin{vmatrix} x & -1 & 0 \\ 0 & x & -1 \\ 0 & 0 & x \end{vmatrix}$$

$$= -a_4(-1)^3 + a_3x - a_2(-x^2) + (x+a_1)x^3$$

$$= x^4 + a_1x^3 + a_2x^2 + a_3x + a_4.$$

例 2.22 求 n 阶范德蒙德(Vandermonde)行列式

$$D = \begin{vmatrix} 1 & 1 & \cdots & 1 \\ x_1 & x_2 & \cdots & x_n \\ x_1^2 & x_2^2 & \cdots & x_n^2 \\ \vdots & \vdots & & \vdots \\ x_1^{n-1} & x_2^{n-1} & \cdots & x_n^{n-1} \end{vmatrix}.$$

解：从 $n-1$ 行开始每行的 $-x_1$ 倍加到后一行，即 $r_{i+1}+(-x_1)r_i$，$i=n-1,n-2,\cdots,1$，然后利用性质 2.11 及性质 2.8 有

$$D = \begin{vmatrix} 1 & 1 & \cdots & 1 \\ 0 & x_2-x_1 & \cdots & x_n-x_1 \\ 0 & x_2(x_2-x_1) & \cdots & x_n(x_n-x_1) \\ \vdots & \vdots & & \vdots \\ 0 & x_2^{n-2}(x_2-x_1) & \cdots & x_n^{n-2}(x_n-x_1) \end{vmatrix}$$

$$= (x_2-x_1)\cdots(x_n-x_1)\begin{vmatrix} 1 & 1 & \cdots & 1 \\ x_2 & x_3 & \cdots & x_n \\ x_2^2 & x_3^2 & \cdots & x_n^2 \\ \vdots & \vdots & & \vdots \\ x_2^{n-2} & x_3^{n-2} & \cdots & x_n^{n-2} \end{vmatrix},$$

后面是一个 $n-1$ 阶的范德蒙德行列式，重复上述方法，最后可得

$$D = (x_2-x_1)\cdots(x_n-x_1)(x_3-x_2)\cdots(x_n-x_2)\cdots(x_n-x_{n-1})$$

$$= \prod_{1\leqslant j<i\leqslant n}(x_i-x_j).$$

性质 2.12 设 $\boldsymbol{A}$，$\boldsymbol{B}$ 为同阶方阵，则 $|\boldsymbol{AB}|=|\boldsymbol{A}||\boldsymbol{B}|$.

我们把性质 2.12 的证明放在本章后的"延展阅读"里，供有兴趣的读者查阅.

例如，$\boldsymbol{A}=\begin{pmatrix} 1 & 2 \\ 3 & 4 \end{pmatrix}$，$\boldsymbol{B}=\begin{pmatrix} -2 & 0 \\ 1 & -5 \end{pmatrix}$，有

$$\boldsymbol{AB}=\begin{pmatrix} 0 & -10 \\ -2 & -20 \end{pmatrix},\ |\boldsymbol{AB}| = -20 = -2\times 10 = |\boldsymbol{A}||\boldsymbol{B}|.$$

例 2.23 n 阶方阵 $\boldsymbol{A}$，若满足 $\boldsymbol{A}\boldsymbol{A}^{\mathrm{T}}=\boldsymbol{E}$ 且 $|\boldsymbol{A}|<0$，求 $|\boldsymbol{A}+\boldsymbol{E}|$.

解：$|\boldsymbol{A}+\boldsymbol{E}| = |\boldsymbol{A}+\boldsymbol{A}\boldsymbol{A}^{\mathrm{T}}| = |\boldsymbol{A}(\boldsymbol{E}+\boldsymbol{A}^{\mathrm{T}})| = |\boldsymbol{A}||\boldsymbol{E}+\boldsymbol{A}^{\mathrm{T}}| = |\boldsymbol{A}||\boldsymbol{E}^{\mathrm{T}}+\boldsymbol{A}^{\mathrm{T}}| = |\boldsymbol{A}||\boldsymbol{E}+\boldsymbol{A}|$，

有
$$(1-|\boldsymbol{A}|)|\boldsymbol{A}+\boldsymbol{E}|=0.$$

又因为 $|\boldsymbol{A}|<0$，所以 $1-|\boldsymbol{A}|\neq 0$，从而 $|\boldsymbol{A}+\boldsymbol{E}|=0$.

2.3 可逆矩阵

我们知道，对一元一次方程 $ax=b$，当 $a\neq 0$ 时，$x=\frac{b}{a}=a^{-1}b$. 对应于 $n\times n$ 的线性方程组 $\boldsymbol{A}_{n\times n}\boldsymbol{X}=\boldsymbol{\beta}$，一个类比的想法：有没有类似的解法 $\boldsymbol{X}=\boldsymbol{A}^{-1}\boldsymbol{\beta}$ 呢？或者说在矩阵的乘法里有没有类似于数的倒数的概念呢？这就是本节要讨论的问题.

本节将给出逆矩阵的定义、存在条件及其运算性质.

可逆矩阵

2.3.1 逆矩阵的定义

定义 2.14 设 n 阶方阵 $\boldsymbol{A}$，若存在 n 阶方阵 $\boldsymbol{B}$，使得
$$\boldsymbol{A}\boldsymbol{B}=\boldsymbol{B}\boldsymbol{A}=\boldsymbol{E}, \tag{2.7}$$
则称矩阵 $\boldsymbol{A}$ 可逆，$\boldsymbol{B}$ 是 $\boldsymbol{A}$ 的逆矩阵，记作 $\boldsymbol{B}=\boldsymbol{A}^{-1}$. 如果不存在满足式(2.7)的矩阵 $\boldsymbol{B}$，则称矩阵 $\boldsymbol{A}$ 不可逆.

例如，$\boldsymbol{E}\cdot\boldsymbol{E}=\boldsymbol{E}$，所以 $\boldsymbol{E}^{-1}=\boldsymbol{E}$.

设 $\boldsymbol{A}=\begin{pmatrix}1&0\\0&-2\end{pmatrix}$，取 $\boldsymbol{B}=\begin{pmatrix}1&0\\0&-\frac{1}{2}\end{pmatrix}$，有 $\boldsymbol{A}\boldsymbol{B}=\boldsymbol{B}\boldsymbol{A}=\boldsymbol{E}$，所以 $\boldsymbol{A}$ 可逆.

若 $\boldsymbol{A}=\begin{pmatrix}1&0\\2&0\end{pmatrix}$，对任意的二阶方阵 $\boldsymbol{B}=\begin{pmatrix}b_{11}&b_{12}\\b_{21}&b_{22}\end{pmatrix}$，$\boldsymbol{B}\boldsymbol{A}$ 中的(2，2)位置总是零，即 $\boldsymbol{B}\boldsymbol{A}\neq\boldsymbol{E}$，所以 $\boldsymbol{A}$ 不可逆.

2.3.2 方阵可逆的条件

定理 2.1 如果 n 阶方阵 $\boldsymbol{A}$ 可逆，则其逆矩阵唯一.

证明：设 $\boldsymbol{B}$，$\boldsymbol{C}$ 均为 $\boldsymbol{A}$ 的逆矩阵，由定义，有
$$\boldsymbol{A}\boldsymbol{B}=\boldsymbol{B}\boldsymbol{A}=\boldsymbol{E},\ \boldsymbol{A}\boldsymbol{C}=\boldsymbol{C}\boldsymbol{A}=\boldsymbol{E},$$
从而
$$\boldsymbol{B}=\boldsymbol{B}\boldsymbol{E}=\boldsymbol{B}(\boldsymbol{A}\boldsymbol{C})=(\boldsymbol{B}\boldsymbol{A})\boldsymbol{C}=\boldsymbol{E}\boldsymbol{C}=\boldsymbol{C}.$$

故 $\boldsymbol{A}$ 的逆矩阵唯一. □

为了讨论方阵可逆的充要条件，先引入伴随矩阵的概念.

定义 2.15 设 n 阶方阵 $\boldsymbol{A}=(a_{ij})_{n\times n}$，$A_{ij}$为元素 a_{ij}的代数余子式，$i,j=1,2,\cdots,n$，称矩阵

$$\begin{pmatrix} A_{11} & A_{21} & \cdots & A_{n1} \\ A_{12} & A_{22} & \cdots & A_{n2} \\ \vdots & \vdots & & \vdots \\ A_{1n} & A_{2n} & \cdots & A_{nn} \end{pmatrix}$$

为矩阵 $\boldsymbol{A}$ 的伴随矩阵，记为 $\boldsymbol{A}^*$（即：代数余子式转置排列得到的矩阵）.

例 2.24 求二阶方阵 $\boldsymbol{A}=\begin{pmatrix} a_{11} & a_{12} \\ a_{21} & a_{22} \end{pmatrix}$的伴随矩阵.

解：因为 $A_{11}=a_{22}$，$A_{12}=-a_{21}$，$A_{21}=-a_{12}$，$A_{22}=a_{11}$，所以

$$\boldsymbol{A}^*=\begin{pmatrix} a_{22} & -a_{12} \\ -a_{21} & a_{11} \end{pmatrix}.$$

对照矩阵 $\boldsymbol{A}$ 可发现如下规律：主对角线上元素交换位置，副对角线上元素反符号就得二阶方阵的伴随矩阵.

方阵 $\boldsymbol{A}$ 和它的伴随矩阵 $\boldsymbol{A}^*$ 有如下的关系式.

命题 2.1 设 n 阶方阵 $\boldsymbol{A}=(a_{ij})_{n\times n}$，则 $\boldsymbol{AA}^*=\boldsymbol{A}^*\boldsymbol{A}=|\boldsymbol{A}|\boldsymbol{E}$.

证明：由式(2.6)，有

$$\boldsymbol{AA}^*=\begin{pmatrix} a_{11} & a_{12} & \cdots & a_{1n} \\ a_{21} & a_{22} & \cdots & a_{2n} \\ \vdots & \vdots & & \vdots \\ a_{n1} & a_{n2} & \cdots & a_{nn} \end{pmatrix}\cdot\begin{pmatrix} A_{11} & A_{21} & \cdots & A_{n1} \\ A_{12} & A_{22} & \cdots & A_{n2} \\ \vdots & \vdots & & \vdots \\ A_{1n} & A_{2n} & \cdots & A_{nn} \end{pmatrix}$$

$$=\begin{pmatrix} \sum_{k=1}^{n} a_{1k}A_{1k} & \cdots & \sum_{k=1}^{n} a_{1k}A_{nk} \\ \vdots & & \vdots \\ \sum_{k=1}^{n} a_{nk}A_{1k} & \cdots & \sum_{k=1}^{n} a_{nk}A_{nk} \end{pmatrix}=\begin{pmatrix} |\boldsymbol{A}| & & \\ & \ddots & \\ & & |\boldsymbol{A}| \end{pmatrix}$$

$$=|\boldsymbol{A}|\boldsymbol{E}.$$

同理 $\boldsymbol{A}^*\boldsymbol{A}=|\boldsymbol{A}|\boldsymbol{E}$，所以 $\boldsymbol{AA}^*=\boldsymbol{A}^*\boldsymbol{A}=|\boldsymbol{A}|\boldsymbol{E}$. □

定理 2.2 n 阶方阵 $\boldsymbol{A}$ 可逆的充分必要条件为 $|\boldsymbol{A}|\neq 0$，且此时

$$\boldsymbol{A}^{-1}=\frac{1}{|\boldsymbol{A}|}\boldsymbol{A}^{*}.$$

证明：必要性. 因为 $\boldsymbol{A}$ 可逆，所以存在 $\boldsymbol{A}^{-1}$，使得 $\boldsymbol{A}\boldsymbol{A}^{-1}=\boldsymbol{A}^{-1}\boldsymbol{A}=\boldsymbol{E}$，两边取行列式，有

$$|\boldsymbol{A}\boldsymbol{A}^{-1}|=|\boldsymbol{A}||\boldsymbol{A}^{-1}|=|\boldsymbol{E}|=1,$$

所以 $|\boldsymbol{A}|\neq 0$.

充分性. 由 $\boldsymbol{A}\boldsymbol{A}^{*}=\boldsymbol{A}^{*}\boldsymbol{A}=|\boldsymbol{A}|\boldsymbol{E}$，因为 $|\boldsymbol{A}|\neq 0$，所以 $\boldsymbol{A}\dfrac{\boldsymbol{A}^{*}}{|\boldsymbol{A}|}=\dfrac{\boldsymbol{A}^{*}}{|\boldsymbol{A}|}\boldsymbol{A}=\boldsymbol{E}$，由定义知 $\boldsymbol{A}$ 可逆. 又由逆矩阵唯一知 $\boldsymbol{A}^{-1}=\dfrac{\boldsymbol{A}^{*}}{|\boldsymbol{A}|}$. □

注：$|\boldsymbol{A}|\neq 0$，称 $\boldsymbol{A}$ 为非奇异矩阵、非退化矩阵，非奇异、非退化与可逆是等价的概念；$|\boldsymbol{A}|=0$，称 $\boldsymbol{A}$ 为奇异矩阵、退化矩阵.

定理 2.2 给出了求逆矩阵的一种方法，称为伴随矩阵法.

例 2.25 判断 $\boldsymbol{A}=\begin{pmatrix}1 & 2\\ 3 & 4\end{pmatrix}$ 是否可逆，并求其逆矩阵.

解：因为 $|\boldsymbol{A}|=\begin{vmatrix}1 & 2\\ 3 & 4\end{vmatrix}=-2\neq 0$，所以 $\boldsymbol{A}$ 可逆.

$$\boldsymbol{A}^{-1}=\frac{1}{|\boldsymbol{A}|}\boldsymbol{A}^{*}=\frac{1}{-2}\begin{pmatrix}4 & -2\\ -3 & 1\end{pmatrix}=\begin{pmatrix}-2 & 1\\ \dfrac{3}{2} & -\dfrac{1}{2}\end{pmatrix}.$$

事实上，对于阶数较高的可逆矩阵，若通过伴随矩阵法求逆矩阵，代数余子式的计算量较大，因此在后面的章节将给出较为简便的初等变换法求逆.

例 2.26 n 阶方阵 $\boldsymbol{A}$，$\boldsymbol{A}^{*}$ 是其伴随矩阵，证明 $|\boldsymbol{A}^{*}|=|\boldsymbol{A}|^{n-1}$.

证明：由 $\boldsymbol{A}\boldsymbol{A}^{*}=|\boldsymbol{A}|\boldsymbol{E}$，两边取行列式 $|\boldsymbol{A}\boldsymbol{A}^{*}|=||\boldsymbol{A}|\boldsymbol{E}|=|\boldsymbol{A}|^{n}$，有 $|\boldsymbol{A}||\boldsymbol{A}^{*}|=|\boldsymbol{A}|^{n}$. 下面分两种情况讨论.

（1）如果 $|\boldsymbol{A}|\neq 0$，等式两边除以 $|\boldsymbol{A}|$，有 $|\boldsymbol{A}^{*}|=|\boldsymbol{A}|^{n-1}$.

（2）如果 $|\boldsymbol{A}|=0$，需证 $|\boldsymbol{A}^{*}|=0$.

反证法. 假设 $|\boldsymbol{A}^{*}|\neq 0$，则由定理 2.2 知 $\boldsymbol{A}^{*}$ 可逆，即存在 $(\boldsymbol{A}^{*})^{-1}$，有

$$\boldsymbol{A}=\boldsymbol{A}\boldsymbol{E}=\boldsymbol{A}(\boldsymbol{A}^{*}(\boldsymbol{A}^{*})^{-1})=(\boldsymbol{A}\boldsymbol{A}^{*})(\boldsymbol{A}^{*})^{-1}=|\boldsymbol{A}|(\boldsymbol{A}^{*})^{-1}=\boldsymbol{O},$$

从而由 $\boldsymbol{A}^{*}$ 的定义知，$\boldsymbol{A}^{*}=\boldsymbol{O}$，这与 $|\boldsymbol{A}^{*}|\neq 0$ 矛盾. 故 $|\boldsymbol{A}^{*}|=0$.

综上，有 $|\boldsymbol{A}^{*}|=|\boldsymbol{A}|^{n-1}$. □

有了可逆的充要条件，可简化可逆矩阵的定义.

推论 设 $\boldsymbol{A}$ 为 n 阶方阵，若存在 n 阶方阵 $\boldsymbol{B}$，使得 $\boldsymbol{AB}=\boldsymbol{E}$（或 $\boldsymbol{BA}=\boldsymbol{E}$），则 $\boldsymbol{A}$ 可逆且 $\boldsymbol{B}=\boldsymbol{A}^{-1}$.

证明：因为 $\boldsymbol{AB}=\boldsymbol{E}$，两边取行列式有 $|\boldsymbol{AB}|=|\boldsymbol{A}||\boldsymbol{B}|=1$，所以 $|\boldsymbol{A}|\neq 0$. 由定理 2.2，知 $\boldsymbol{A}$ 可逆，且有

$$\boldsymbol{B}=\boldsymbol{EB}=(\boldsymbol{A}^{-1}\boldsymbol{A})\boldsymbol{B}=\boldsymbol{A}^{-1}(\boldsymbol{AB})=\boldsymbol{A}^{-1}\boldsymbol{E}=\boldsymbol{A}^{-1}.$$

类似可证 $\boldsymbol{BA}=\boldsymbol{E}$ 的情况. 故推论得证. □

例 2.27 n 阶方阵 $\boldsymbol{A}_n$ 满足 $\boldsymbol{A}^2+2\boldsymbol{A}-3\boldsymbol{E}=\boldsymbol{O}$，证明 $\boldsymbol{A}$，$\boldsymbol{A}+2\boldsymbol{E}$，$\boldsymbol{A}+4\boldsymbol{E}$ 可逆，并求其逆.

证明：由 $\boldsymbol{A}^2+2\boldsymbol{A}-3\boldsymbol{E}=\boldsymbol{O}$ 有

$$\boldsymbol{A}(\boldsymbol{A}+2\boldsymbol{E})=3\boldsymbol{E},$$

从而 $\frac{1}{3}\boldsymbol{A}(\boldsymbol{A}+2\boldsymbol{E})=\boldsymbol{E}$. 由上述推论知 $\boldsymbol{A}$，$\boldsymbol{A}+2\boldsymbol{E}$ 均可逆，且 $\boldsymbol{A}^{-1}=\frac{1}{3}(\boldsymbol{A}+2\boldsymbol{E})$，$(\boldsymbol{A}+2\boldsymbol{E})^{-1}=\frac{1}{3}\boldsymbol{A}$.

由 $\boldsymbol{A}^2+2\boldsymbol{A}-3\boldsymbol{E}=\boldsymbol{O}$ 有 $\boldsymbol{A}^2+4\boldsymbol{A}-2\boldsymbol{A}-8\boldsymbol{E}=-5\boldsymbol{E}$，分解因式有

$$(\boldsymbol{A}-2\boldsymbol{E})(\boldsymbol{A}+4\boldsymbol{E})=-5\boldsymbol{E}.$$

由上述推论知，$\boldsymbol{A}+4\boldsymbol{E}$ 可逆，且 $(\boldsymbol{A}+4\boldsymbol{E})^{-1}=-\frac{1}{5}(\boldsymbol{A}-2\boldsymbol{E})$. □

2.3.3 克拉默法则

有了定理 2.2，现可回答本节开始提出的问题. 并且，当 $n\times n$ 的线性方程组有唯一解时，可用相应的行列式表达出它的唯一解，这就是解线性方程组的克拉默法则.

定理 2.3 ［克拉默(Cramer)法则］设 $n\times n$ 的线性方程组 $\boldsymbol{A}_{n\times n}\boldsymbol{X}=\boldsymbol{b}$，其中 $\boldsymbol{A}=(a_{ij})_{n\times n}$，$\boldsymbol{X}=(x_1,x_2,\cdots,x_n)^{\mathrm{T}}$，$\boldsymbol{b}=(b_1,b_2,\cdots,b_n)^{\mathrm{T}}$. 若方程组的系数行列式 $D=|\boldsymbol{A}|\neq 0$，则方程组 $\boldsymbol{AX}=\boldsymbol{b}$ 有唯一解，且

$$x_j=\frac{D_j}{D},\ j=1,\ 2,\ \cdots,\ n,$$

其中 D_j 是 D 中第 j 列换成 b 所得到的行列式，即

$$D_j=\begin{vmatrix} a_{11} & \cdots & a_{1,j-1} & b_1 & a_{1,j+1} & \cdots & a_{1n} \\ a_{21} & \cdots & a_{2,j-1} & b_2 & a_{2,j+1} & \cdots & a_{2n} \\ \vdots & & \vdots & \vdots & \vdots & & \vdots \\ a_{n1} & \cdots & a_{n,j-1} & b_n & a_{n,j+1} & \cdots & a_{nn} \end{vmatrix}.$$

证明：因为 $D=|\boldsymbol{A}|\neq 0$，由定理2.2知 $\boldsymbol{A}$ 可逆，所以方程组 $\boldsymbol{AX}=\boldsymbol{b}$ 两端用 $\boldsymbol{A}^{-1}$ 左乘，有 $(\boldsymbol{A}^{-1}\boldsymbol{A})\boldsymbol{X}=\boldsymbol{A}^{-1}\boldsymbol{b}$，从而 $\boldsymbol{EX}=\boldsymbol{X}=\boldsymbol{A}^{-1}\boldsymbol{b}$. 由 $\boldsymbol{A}^{-1}$ 的唯一性可知，方程组 $\boldsymbol{AX}=\boldsymbol{b}$ 有唯一解.

由 $\boldsymbol{X}=\boldsymbol{A}^{-1}\boldsymbol{b}=\dfrac{\boldsymbol{A}^*}{|\boldsymbol{A}|}\boldsymbol{b}$，有

$$\boldsymbol{X}=\begin{pmatrix}x_1\\x_2\\\vdots\\x_n\end{pmatrix}=\frac{1}{D}\begin{pmatrix}A_{11}&A_{21}&\cdots&A_{n1}\\A_{12}&A_{22}&\cdots&A_{n2}\\\vdots&\vdots&&\vdots\\A_{1n}&A_{2n}&\cdots&A_{nn}\end{pmatrix}\begin{pmatrix}b_1\\b_2\\\vdots\\b_n\end{pmatrix}=\frac{1}{D}\begin{pmatrix}\sum\limits_{k=1}^{n}b_kA_{k1}\\\sum\limits_{k=1}^{n}b_kA_{k2}\\\vdots\\\sum\limits_{k=1}^{n}b_kA_{kn}\end{pmatrix},$$

由行列式的性质6知，$\sum\limits_{k=1}^{n}b_kA_{kj}=D_j, j=1,2,\cdots,n$. 所以

$$\begin{pmatrix}x_1\\x_2\\\vdots\\x_n\end{pmatrix}=\frac{1}{D}\begin{pmatrix}D_1\\D_2\\\vdots\\D_n\end{pmatrix}，故\ x_j=\frac{D_j}{D}，j=1，2，\cdots，n.$$

定理得证. □

例2.28 用克拉默法则求解线性方程组

$$\begin{cases}2x_1+3x_2-\ x_3=2,\\ \ x_1+2x_2+\ x_3=-1,\\2x_1+\ x_2-6x_3=4.\end{cases}$$

解：系数矩阵 $\boldsymbol{A}=\begin{pmatrix}2&3&-1\\1&2&1\\2&1&-6\end{pmatrix}$，常数项 $\boldsymbol{b}=\begin{pmatrix}2\\-1\\4\end{pmatrix}$，$D=|\boldsymbol{A}|=1\neq 0$.

所以方程组有唯一解. 另一方面有

$$D_1=\begin{vmatrix}2&3&-1\\-1&2&1\\4&1&-6\end{vmatrix}=-23,\quad D_2=\begin{vmatrix}2&2&-1\\1&-1&1\\2&4&-6\end{vmatrix}=14,$$

$$D_3=\begin{vmatrix}2&3&2\\1&2&-1\\2&1&4\end{vmatrix}=-6.$$

所以 $x_1=\dfrac{D_1}{D}=-23$，$x_2=\dfrac{D_2}{D}=14$，$x_3=\dfrac{D_3}{D}=-6$.

若 $n\times n$ 的线性方程组 $\boldsymbol{A}_{n\times n}\boldsymbol{X}=\boldsymbol{b}$ 有唯一解，则由第 1 章的定理 1.3 可知，系数矩阵 $\boldsymbol{A}$ 的行阶梯形矩阵 $\boldsymbol{H}_A$ 的非零行数为 n 且第 n 个非零行的第一个非零元位于第 n 列，所以 $|\boldsymbol{H}_A|\neq 0$. 由行列式的性质2、性质 3 和性质 5 知，$|\boldsymbol{A}|\neq 0$，从而可知克拉默法则的逆命题也是成立的，现写成如下命题.

命题 2.2 若 $n\times n$ 的线性方程组 $\boldsymbol{A}_{n\times n}\boldsymbol{X}=\boldsymbol{b}$ 有唯一解，则方程组的系数行列式 $D=|\boldsymbol{A}|\neq 0$.

现把克拉默法则及其逆命题运用到 $n\times n$ 的齐次线性方程组上，由第 1 章的定理 1.3 的推论，可得如下结论：

推论 对 $n\times n$ 的齐次线性方程组 $\boldsymbol{A}_{n\times n}\boldsymbol{X}=\boldsymbol{0}$，有

（1）$|\boldsymbol{A}|\neq 0\Leftrightarrow \boldsymbol{AX}=\boldsymbol{0}$ 只有零解；

（2）$|\boldsymbol{A}|=0\Leftrightarrow \boldsymbol{AX}=\boldsymbol{0}$ 有非零解.

例 2.29 设 a，b，c，d 为不全为零的实数，证明下面齐次线性方程组只有零解：

$$\begin{cases}ax_1+bx_2+cx_3+dx_4=0,\\ bx_1-ax_2+dx_3-cx_4=0,\\ cx_1-dx_2-ax_3+bx_4=0,\\ dx_1+cx_2-bx_3-ax_4=0.\end{cases}$$

证明：系数矩阵 $\boldsymbol{A}=\begin{pmatrix}a & b & c & d\\ b & -a & d & -c\\ c & -d & -a & b\\ d & c & -b & -a\end{pmatrix}$，注意到 $|\boldsymbol{A}|$ 不方便化到三角行列式，

考虑 $\boldsymbol{A}^{\mathrm{T}}=\begin{pmatrix}a & b & c & d\\ b & -a & -d & c\\ c & d & -a & -b\\ d & -c & b & -a\end{pmatrix}$，有

$$\boldsymbol{AA}^{\mathrm{T}}=\mathbf{diag}(a^2+b^2+c^2+d^2,\ a^2+b^2+c^2+d^2,\ a^2+b^2+c^2+d^2,\ a^2+b^2+c^2+d^2).$$

因为 a,b,c,d 不全为 0，所以

$$|\boldsymbol{A}||\boldsymbol{A}^{\mathrm{T}}|=|\boldsymbol{AA}^{\mathrm{T}}|=(a^2+b^2+c^2+d^2)^4\neq 0.$$

从而 $|\boldsymbol{A}|\neq 0$，由推论知原齐次线性方程组只有零解. □

2.3.4 可逆矩阵的运算性质

逆矩阵的运算性质

性质 2.13 设 $\boldsymbol{A}$, $\boldsymbol{B}$, $\boldsymbol{A}_i(i=1,2,\cdots,m)$ 均为 n 阶可逆矩阵，k 为非零常数，则

(1) $(\boldsymbol{A}^{-1})^{-1}=\boldsymbol{A}$.

(2) $k\boldsymbol{A}$ 可逆，且 $(k\boldsymbol{A})^{-1}=\frac{1}{k}\boldsymbol{A}^{-1}$.

(3) $\boldsymbol{AB}$ 可逆，且 $(\boldsymbol{AB})^{-1}=\boldsymbol{B}^{-1}\boldsymbol{A}^{-1}$，$(\boldsymbol{A}_1\boldsymbol{A}_2\cdots\boldsymbol{A}_m)^{-1}=\boldsymbol{A}_m^{-1}\cdots\boldsymbol{A}_2^{-1}\boldsymbol{A}_1^{-1}$.

(4) $\boldsymbol{A}^m$ 可逆，且 $(\boldsymbol{A}^m)^{-1}=(\boldsymbol{A}^{-1})^m$.

(5) $\boldsymbol{A}^{\mathrm{T}}$ 可逆，且 $(\boldsymbol{A}^{\mathrm{T}})^{-1}=(\boldsymbol{A}^{-1})^{\mathrm{T}}$.

(6) $|\boldsymbol{A}^{-1}|=\frac{1}{|\boldsymbol{A}|}$.

证明：我们只验证(3)和(5)，其余留给读者.

(3) 因为 $\boldsymbol{A}$, $\boldsymbol{B}$ 可逆，所以 $|\boldsymbol{A}|\neq 0$，$|\boldsymbol{B}|\neq 0$. 由 $|\boldsymbol{AB}|=|\boldsymbol{A}||\boldsymbol{B}|\neq 0$，从而 $\boldsymbol{AB}$ 可逆.

又因为 $\boldsymbol{AB}(\boldsymbol{B}^{-1}\boldsymbol{A}^{-1})=\boldsymbol{A}(\boldsymbol{BB}^{-1})\boldsymbol{A}^{-1}=\boldsymbol{AEA}^{-1}=\boldsymbol{AA}^{-1}=\boldsymbol{E}$.

由前面的推论知 $(\boldsymbol{AB})^{-1}=\boldsymbol{B}^{-1}\boldsymbol{A}^{-1}$.

(5) 由 $|\boldsymbol{A}^{\mathrm{T}}|=|\boldsymbol{A}|\neq 0$，所以 $\boldsymbol{A}^{\mathrm{T}}$ 可逆.

由 $\boldsymbol{A}^{\mathrm{T}}(\boldsymbol{A}^{-1})^{\mathrm{T}}=(\boldsymbol{A}^{-1}\boldsymbol{A})^{\mathrm{T}}=\boldsymbol{E}^{\mathrm{T}}=\boldsymbol{E}$，所以 $(\boldsymbol{A}^{\mathrm{T}})^{-1}=(\boldsymbol{A}^{-1})^{\mathrm{T}}$. □

人民的数学家——华罗庚

例 2.30 设 n 阶矩阵 $\boldsymbol{A}$, $\boldsymbol{B}$, $\boldsymbol{A}+\boldsymbol{B}$ 均可逆，证明 $\boldsymbol{A}^{-1}+\boldsymbol{B}^{-1}$ 可逆，并求其逆.

证明：$\boldsymbol{A}^{-1}+\boldsymbol{B}^{-1}=\boldsymbol{A}^{-1}\boldsymbol{E}+\boldsymbol{EB}^{-1}=\boldsymbol{A}^{-1}\boldsymbol{BB}^{-1}+\boldsymbol{A}^{-1}\boldsymbol{AB}^{-1}=\boldsymbol{A}^{-1}(\boldsymbol{B}+\boldsymbol{A})\boldsymbol{B}^{-1}$.

由已知条件知，$\boldsymbol{A}^{-1}+\boldsymbol{B}^{-1}$ 被表成了可逆矩阵的乘积，由性质 2.13 (3)可知，$\boldsymbol{A}^{-1}+\boldsymbol{B}^{-1}$ 可逆，且 $(\boldsymbol{A}^{-1}+\boldsymbol{B}^{-1})^{-1}=\boldsymbol{B}(\boldsymbol{A}+\boldsymbol{B})^{-1}\boldsymbol{A}$. □

2.4 分块矩阵

为了书写的简洁和计算的方便，对行数、列数较高的矩阵，在计算过程中常采用“分块”的思想，使之变成形式上的低阶矩阵.

2.4.1 基本概念

分块矩阵

定义 2.16 把矩阵 $\boldsymbol{A}_{m\times n}$ 用若干条横线和竖线，分成若干小矩阵，每个小矩阵称为 $\boldsymbol{A}$ 的一个子块，以这些子块为元素的形式上的矩阵称为 $\boldsymbol{A}$ 的分块矩阵.

例如，

$$A=\left(\begin{array}{c:ccc} a_{11} & a_{12} & a_{13} & a_{14} \\ \hdashline a_{21} & a_{22} & a_{23} & a_{24} \\ a_{31} & a_{32} & a_{33} & a_{34} \end{array}\right),$$

在第一、二行之间画条横线，1，2 列间画条竖线，得到 4 个子块，记

$$A_{11}=(a_{11}),\ A_{12}=(a_{12},a_{13},a_{14}),\ A_{21}=\begin{pmatrix} a_{21} \\ a_{31} \end{pmatrix},\ A_{22}=\begin{pmatrix} a_{22} & a_{23} & a_{24} \\ a_{32} & a_{33} & a_{34} \end{pmatrix}.$$

则 $A=\begin{pmatrix} A_{11} & A_{12} \\ A_{21} & A_{22} \end{pmatrix}$，变成了 2×2 的分块矩阵.

给定一个矩阵，可以有多种不同的分块法，采用哪种分块法通常根据问题的需要而定.

2.4.2 分块矩阵的运算

1. 分块矩阵的加法和数乘

设 A,B 均为 $m\times n$ 的矩阵，$k\in F$ 为一个数，A,B 采用完全相同的分块法，记它们的分块矩阵为 $A=(A_{ij})_{s\times t}$，$B=(B_{ij})_{s\times t}$，A_{ij} 与 B_{ij} 同型，则

$$A+B=(A_{ij}+B_{ij})_{s\times t},\quad kA=k(A_{ij})_{s\times t}=(kA_{ij})_{s\times t}.$$

2. 分块矩阵的乘法

设 $A_{m\times n}$，$B_{n\times p}$，且 A 的列的分块法与 B 的行的分块法完全一致. 记它们的分块矩阵为 $A=(A_{ij})_{r\times s}$，$B=(B_{ij})_{s\times t}$，则

$$AB=\begin{pmatrix} A_{11} & A_{12} & \cdots & A_{1s} \\ A_{21} & A_{22} & \cdots & A_{2s} \\ \vdots & \vdots & & \vdots \\ A_{r1} & A_{r2} & \cdots & A_{rs} \end{pmatrix}\begin{pmatrix} B_{11} & B_{12} & \cdots & B_{1t} \\ B_{21} & B_{22} & \cdots & B_{2t} \\ \vdots & \vdots & & \vdots \\ B_{s1} & B_{s2} & \cdots & B_{st} \end{pmatrix}=C=(C_{ij})_{r\times t},$$

其中 $C_{ij}=\sum_{k=1}^{s}A_{ik}B_{kj}$.

▶分块矩阵的运算

例 2.31 设

$$A=\begin{pmatrix} 0 & 0 & 1 & 2 & 0 & 0 & 0 \\ 0 & 0 & 3 & -1 & 0 & 0 & 0 \\ 5 & 4 & 0 & 0 & 2 & 7 & -1 \end{pmatrix},\ B=\begin{pmatrix} 3 & 1 \\ 0 & -1 \\ 0 & 2 \\ 1 & 0 \\ 0 & 0 \\ -1 & 0 \\ 2 & 3 \end{pmatrix},$$

计算 $\boldsymbol{AB}$.

解：将矩阵 $\boldsymbol{A}$，$\boldsymbol{B}$ 进行如下分块：

$$\boldsymbol{A}=\left(\begin{array}{cc:cc:ccc} 0 & 0 & 1 & 2 & 0 & 0 & 0 \\ 0 & 0 & 3 & -1 & 0 & 0 & 0 \\ \hdashline 5 & 4 & 0 & 0 & 2 & 7 & -1 \end{array}\right)=\begin{pmatrix} \boldsymbol{O} & \boldsymbol{A}_{12} & \boldsymbol{O} \\ \boldsymbol{A}_{21} & \boldsymbol{O} & \boldsymbol{A}_{23} \end{pmatrix},$$

$$\boldsymbol{B}=\left(\begin{array}{cc} 3 & 1 \\ 0 & -1 \\ \hdashline 0 & 2 \\ 1 & 0 \\ \hdashline 0 & 0 \\ -1 & 0 \\ 2 & 3 \end{array}\right)=\begin{pmatrix} \boldsymbol{B}_{11} \\ \boldsymbol{B}_{21} \\ \boldsymbol{B}_{31} \end{pmatrix},$$

其中

$$\boldsymbol{A}_{12}=\begin{pmatrix} 1 & 2 \\ 3 & -1 \end{pmatrix},\ \boldsymbol{A}_{21}=(5,\ 4),\ \boldsymbol{A}_{23}=(2,\ 7,\ -1),$$

$$\boldsymbol{B}_{11}=\begin{pmatrix} 3 & 1 \\ 0 & -1 \end{pmatrix},\ \boldsymbol{B}_{21}=\begin{pmatrix} 0 & 2 \\ 1 & 0 \end{pmatrix},\ \boldsymbol{B}_{31}=\begin{pmatrix} 0 & 0 \\ -1 & 0 \\ 2 & 3 \end{pmatrix}.$$

则

$$\boldsymbol{AB}=\begin{pmatrix} \boldsymbol{O} & \boldsymbol{A}_{12} & \boldsymbol{O} \\ \boldsymbol{A}_{21} & \boldsymbol{O} & \boldsymbol{A}_{23} \end{pmatrix}\begin{pmatrix} \boldsymbol{B}_{11} \\ \boldsymbol{B}_{21} \\ \boldsymbol{B}_{31} \end{pmatrix}=\begin{pmatrix} \boldsymbol{C}_{11} \\ \boldsymbol{C}_{21} \end{pmatrix},$$

其中

$$\boldsymbol{C}_{11}=\boldsymbol{OB}_{11}+\boldsymbol{A}_{12}\boldsymbol{B}_{21}+\boldsymbol{OB}_{31}=\boldsymbol{O}+\boldsymbol{A}_{12}\boldsymbol{B}_{21}+\boldsymbol{O}=\begin{pmatrix} 2 & 2 \\ -1 & 6 \end{pmatrix},$$

$$\boldsymbol{C}_{21}=\boldsymbol{A}_{21}\boldsymbol{B}_{11}+\boldsymbol{OB}_{21}+\boldsymbol{A}_{23}\boldsymbol{B}_{31}=\boldsymbol{A}_{21}\boldsymbol{B}_{11}+\boldsymbol{O}+\boldsymbol{A}_{23}\boldsymbol{B}_{31}=(6,\ -2).$$

所以

$$\boldsymbol{AB}=\begin{pmatrix} 2 & 2 \\ -1 & 6 \\ 6 & -2 \end{pmatrix}.$$

3. 分块矩阵的转置

设分块矩阵为 $\boldsymbol{A}=\begin{pmatrix} \boldsymbol{A}_{11} & \boldsymbol{A}_{12} & \cdots & \boldsymbol{A}_{1t} \\ \boldsymbol{A}_{21} & \boldsymbol{A}_{22} & \cdots & \boldsymbol{A}_{2t} \\ \vdots & \vdots & & \vdots \\ \boldsymbol{A}_{s1} & \boldsymbol{A}_{s2} & \cdots & \boldsymbol{A}_{st} \end{pmatrix}$，则 $\boldsymbol{A}^{\mathrm{T}}=\begin{pmatrix} \boldsymbol{A}_{11}^{\mathrm{T}} & \boldsymbol{A}_{21}^{\mathrm{T}} & \cdots & \boldsymbol{A}_{s1}^{\mathrm{T}} \\ \boldsymbol{A}_{12}^{\mathrm{T}} & \boldsymbol{A}_{22}^{\mathrm{T}} & \cdots & \boldsymbol{A}_{s2}^{\mathrm{T}} \\ \vdots & \vdots & & \vdots \\ \boldsymbol{A}_{1t}^{\mathrm{T}} & \boldsymbol{A}_{2t}^{\mathrm{T}} & \cdots & \boldsymbol{A}_{st}^{\mathrm{T}} \end{pmatrix}$.

分块(反)对角矩阵

4. 分块(反)对角阵

形如

$$\boldsymbol{A}=\begin{pmatrix}\boldsymbol{A}_1 & & & \\ & \boldsymbol{A}_2 & & \\ & & \ddots & \\ & & & \boldsymbol{A}_s\end{pmatrix}\xlongequal{\text{记为}}\textbf{diag}(\boldsymbol{A}_1,\ \boldsymbol{A}_2,\ \cdots,\ \boldsymbol{A}_s)$$

的分块矩阵称为分块对角阵. 其中$\boldsymbol{A}_i$为n_i阶方阵, $i=1,2,\cdots,s$.

如果$\boldsymbol{A}_i$可逆, 由$|\boldsymbol{A}|=\prod\limits_{i=1}^{s}|\boldsymbol{A}_i|\neq 0$知$\boldsymbol{A}$可逆, 容易验证

$$\boldsymbol{A}^{-1}=\begin{pmatrix}\boldsymbol{A}_1^{-1} & & & \\ & \boldsymbol{A}_2^{-1} & & \\ & & \ddots & \\ & & & \boldsymbol{A}_s^{-1}\end{pmatrix}.$$

形如

$$\boldsymbol{A}=\begin{pmatrix} & & & \boldsymbol{A}_1\\ & & \boldsymbol{A}_2 & \\ & \iddots & & \\ \boldsymbol{A}_s & & & \end{pmatrix}$$

的分块矩阵, 称为分块反对角矩阵, 其中$\boldsymbol{A}_i$为n_i阶方阵, $i=1,2,\cdots,s$.

如果$\boldsymbol{A}_i$可逆, 则$\boldsymbol{A}$可逆, 验证可得

$$\boldsymbol{A}^{-1}=\begin{pmatrix} & & & \boldsymbol{A}_s^{-1}\\ & & \iddots & \\ & \boldsymbol{A}_2^{-1} & & \\ \boldsymbol{A}_1^{-1} & & & \end{pmatrix}.$$

例 2.32

设矩阵$\boldsymbol{A}=\begin{pmatrix}1 & 0 & 0 & 0\\ 2 & -1 & 0 & 0\\ 0 & 0 & 1 & 0\\ 0 & 0 & 0 & 2\end{pmatrix}$, 求$\boldsymbol{A}^{-1}$.

解: 将$\boldsymbol{A}$分块成分块对角阵$\boldsymbol{A}=\begin{pmatrix}\boldsymbol{A}_1 & \boldsymbol{O}\\ \boldsymbol{O} & \boldsymbol{A}_2\end{pmatrix}$, 其中$\boldsymbol{A}_1=\begin{pmatrix}1 & 0\\ 2 & -1\end{pmatrix}$, $\boldsymbol{A}_2=\begin{pmatrix}1 & 0\\ 0 & 2\end{pmatrix}$.

有$\boldsymbol{A}_1^{-1}=\begin{pmatrix}1 & 0\\ 2 & -1\end{pmatrix}$, $\boldsymbol{A}_2^{-1}=\begin{pmatrix}1 & 0\\ 0 & \dfrac{1}{2}\end{pmatrix}$, 所以

$$A^{-1}=\begin{pmatrix}A_1^{-1} & \\ & A_2^{-1}\end{pmatrix}=\begin{pmatrix}1 & 0 & 0 & 0\\ 2 & -1 & 0 & 0\\ 0 & 0 & 1 & 0\\ 0 & 0 & 0 & \frac{1}{2}\end{pmatrix}.$$

2.5 初等矩阵与矩阵的秩

由前面 1.3.2 节我们知道解线性方程组的过程就是它的增广矩阵作相应的初等行变换化到阶梯形矩阵的过程，且阶梯形的非零行数对求解方程组起着至关重要的作用. 另一方面，矩阵作为一个独立的研究对象，有时也需要对其进行初等列变换，那么在这个变换过程中，什么量是不变的呢？行和列的变换能把一个矩阵变到一个什么样的最简单的结构呢？从而利用这个最简单的结构可对数域 F 上的 $m\times n$ 的矩阵进行分类，本节将借助初等矩阵来研究和回答这些问题.

2.5.1 初等变换与初等矩阵

矩阵的初等变换

定义 2.17　矩阵 A^{T} 的初等行变换称为矩阵 A 的初等列变换，即：

（1）交换矩阵 A 的 i，j 两列，记作 $c_i\leftrightarrow c_j$.

（2）矩阵 A 的第 i 列的非零常数 k 倍，记作 kc_i.

（3）矩阵 A 的第 i 列的 k 倍加到第 j 列，记作 c_j+kc_i.

矩阵的初等行变换和初等列变换统称为矩阵的初等变换。

容易看出，初等变换的过程是可以逆转的，如

$$A\xrightarrow[\text{或 } c_i\leftrightarrow c_j]{r_i\leftrightarrow r_j}B\xrightarrow[c_i\leftrightarrow c_j]{r_i\leftrightarrow r_j}A,\ A\xrightarrow[kc_i]{kr_i}B\xrightarrow[\frac{1}{k}c_i]{\frac{1}{k}r_i}A,\ A\xrightarrow[c_j+kc_i]{r_j+kr_i}B\xrightarrow[c_j+(-k)c_i]{r_j+(-k)r_i}A.$$

定义 2.18　矩阵 A 经有限次初等变换变到矩阵 B，称矩阵 A 与矩阵 B 相抵，记为 $A\cong B$.

矩阵的相抵是矩阵间的一种关系，由定义容易验证，这种关系具有下面的性质：

（1）反身性：任一矩阵 A，$A\cong A$.

（2）对称性：若 $A\cong B$，则 $B\cong A$.

（3）传递性：若 $A\cong B\cong C$，则 $A\cong C$.

在数学上，把凡是具有上述三条性质的关系称为等价关系，利用等价关系可对所研究的对象进行分类. 这是数学研究和数学应用上经常使用的一种方法. 因此利用矩阵相抵可对数域 F 上所有 $m\times n$ 的矩阵进行分类，使得同一类的矩阵都是相抵的，不在同一类的矩阵一定不相抵.

初等矩阵

定义 2.19　单位矩阵 $\boldsymbol{E}$ 经一次初等变换后得到的矩阵，称之为初等矩阵，即：

$$(1)\ \boldsymbol{E}\xrightarrow[\text{或}c_i\leftrightarrow c_j]{r_i\leftrightarrow r_j}\begin{pmatrix}1&&&&&&&&\\&\ddots&&&&&&&\\&&1&&&&&&\\&&&0&\cdots&1&&&\\&&&&1&&&&\\&&&\vdots&\ddots&\vdots&&&\\&&&&1&&&&\\&&&1&\cdots&0&&&\\&&&&&&1&&\\&&&&&&&\ddots&\\&&&&&&&&1\end{pmatrix}\begin{matrix}\\\\\\\leftarrow\text{第}i\text{行}\\\\\\\\\leftarrow\text{第}j\text{行}\\\\\\\\\end{matrix},$$

记为 $\boldsymbol{E}(i,j)$，或 $R_{i\leftrightarrow j}$，$C_{i\leftrightarrow j}$.

$$(2)\ \boldsymbol{E}\xrightarrow[\text{或}kc_i]{kr_i}\begin{pmatrix}1&&&&&&\\&\ddots&&&&&\\&&1&&&&\\&&&k&&&\\&&&&1&&\\&&&&&\ddots&\\&&&&&&1\end{pmatrix}\begin{matrix}\\\\\\\leftarrow\text{第}i\text{行, 记为}\boldsymbol{E}(i(k)),\\\\\\\\\end{matrix}$$

或 $R_{(k)i}$，$C_{(k)i}$.

$$(3)\ \boldsymbol{E}\xrightarrow[\text{或}c_i+kc_j]{r_j+kr_i}\begin{pmatrix}1&&&&&\\&\ddots&&&&\\&&1&&&\\&&\vdots&\ddots&&\\&&k&\cdots&1&\\&&&&&\ddots&\\&&&&&&1\end{pmatrix}\begin{matrix}\\\\\leftarrow\text{第}i\text{行}\\\\\leftarrow\text{第}j\text{行}\\\\\\\end{matrix},$$

记为 $\boldsymbol{E}(j,i(k))$，或 $R_{j+(k)i}$，$C_{i+(k)j}$.

由此可知，初等矩阵共有三种类型：$\boldsymbol{E}(i,j)$，$\boldsymbol{E}(i(k))$，$\boldsymbol{E}(j,i(k))$. 且 $|\boldsymbol{E}(i,j)|=-1$，$|\boldsymbol{E}(i(k))|=k$，$|\boldsymbol{E}(j,i(k))|=1$. 从

而，初等矩阵都是可逆矩阵.

定理 2.4　设 $\boldsymbol{A}$ 是一个 $m\times n$ 的矩阵，对 $\boldsymbol{A}$ 进行一次初等行变换相当于在 $\boldsymbol{A}$ 的左边乘一个相应类型的 m 阶初等矩阵；对 $\boldsymbol{A}$ 进行一次初等列变换相当于在 $\boldsymbol{A}$ 的右边乘一个相应类型的 n 阶初等矩阵.

初等变换与初等矩阵关系

证明：我们只证明行变换和列变换中的第一种情形，其余情形可类似证明，留给读者练习.

设 $\boldsymbol{A}=(a_{ij})_{m\times n}$，将 $\boldsymbol{A}$ 按行分块，有

$$\boldsymbol{A}=(a_{ij})_{m\times n}=\begin{pmatrix}\boldsymbol{\alpha}_1\\ \vdots\\ \boldsymbol{\alpha}_i\\ \vdots\\ \boldsymbol{\alpha}_j\\ \vdots\\ \boldsymbol{\alpha}_m\end{pmatrix},\ \boldsymbol{A}\xrightarrow{r_i\leftrightarrow r_j}\begin{pmatrix}\boldsymbol{\alpha}_1\\ \vdots\\ \boldsymbol{\alpha}_j\\ \vdots\\ \boldsymbol{\alpha}_i\\ \vdots\\ \boldsymbol{\alpha}_m\end{pmatrix},$$

另一方面

$$\boldsymbol{E}(i,\ j)\boldsymbol{A}=\begin{pmatrix}1&&&&&&\\ &\ddots&&&&&\\ &&0&\cdots&1&&\\ &&\vdots&\ddots&\vdots&&\\ &&1&\cdots&0&&\\ &&&&&\ddots&\\ &&&&&&1\end{pmatrix}\begin{pmatrix}\boldsymbol{\alpha}_1\\ \vdots\\ \boldsymbol{\alpha}_i\\ \vdots\\ \boldsymbol{\alpha}_j\\ \vdots\\ \boldsymbol{\alpha}_m\end{pmatrix}=\begin{pmatrix}\boldsymbol{\alpha}_1\\ \vdots\\ \boldsymbol{\alpha}_j\\ \vdots\\ \boldsymbol{\alpha}_i\\ \vdots\\ \boldsymbol{\alpha}_m\end{pmatrix},$$

两种做法结果一致.

将矩阵 $\boldsymbol{A}$ 按列分块，有

$$\boldsymbol{A}=(a_{ij})_{m\times n}=(\boldsymbol{\beta}_1\quad\cdots\quad\boldsymbol{\beta}_i\quad\cdots\quad\boldsymbol{\beta}_j\quad\cdots\quad\boldsymbol{\beta}_n),$$

$$\boldsymbol{A}\xrightarrow{c_i\leftrightarrow c_j}(\boldsymbol{\beta}_1\quad\cdots\quad\boldsymbol{\beta}_j\quad\cdots\quad\boldsymbol{\beta}_i\quad\cdots\quad\boldsymbol{\beta}_n).$$

另一方面

$$\boldsymbol{A}\boldsymbol{E}(i,\ j)=(\boldsymbol{\beta}_1\quad\cdots\quad\boldsymbol{\beta}_i\quad\cdots\quad\boldsymbol{\beta}_j\quad\cdots\quad\boldsymbol{\beta}_n)\begin{pmatrix}1&&&&&&\\ &\ddots&&&&&\\ &&0&\cdots&1&&\\ &&\vdots&\ddots&\vdots&&\\ &&1&\cdots&0&&\\ &&&&&\ddots&\\ &&&&&&1\end{pmatrix}$$

$$=(\boldsymbol{\beta}_1\quad\cdots\quad\boldsymbol{\beta}_j\quad\cdots\quad\boldsymbol{\beta}_i\quad\cdots\quad\boldsymbol{\beta}_n).$$

两种做法结果一致. 综上, 定理成立. □

定理 2.4 将初等变换与初等矩阵建立了对应关系, 因此有如下结果:

推论 初等矩阵都是可逆矩阵, 且

$$\boldsymbol{E}(i,j)^{-1}=\boldsymbol{E}(i,j),\ \boldsymbol{E}(i(k))^{-1}=\boldsymbol{E}\left(i\left(\frac{1}{k}\right)\right),$$

$$\boldsymbol{E}(j,i(k))^{-1}=\boldsymbol{E}(j,i(-k)).$$

定理 2.5 对任意的 $m\times n$ 矩阵 $\boldsymbol{A}$, 存在一系列 m 阶初等矩阵 $\boldsymbol{P}_1$, $\boldsymbol{P}_2$, …, $\boldsymbol{P}_s$ 及 n 阶初等矩阵 $\boldsymbol{Q}_1$, $\boldsymbol{Q}_2$, …, $\boldsymbol{Q}_t$ 使得

$$\boldsymbol{P}_s\cdots\boldsymbol{P}_2\boldsymbol{P}_1\boldsymbol{A}\boldsymbol{Q}_1\boldsymbol{Q}_2\cdots\boldsymbol{Q}_t=\begin{pmatrix}\boldsymbol{E}_r & \boldsymbol{O}\\ \boldsymbol{O} & \boldsymbol{O}\end{pmatrix}$$

为标准形, 其中 $\boldsymbol{E}_r$ 为 r 阶单位矩阵, r 是 $\boldsymbol{A}$ 的行阶梯形中非零行的行数.

证明: 由定理 1.1, $\boldsymbol{A}$ 可经初等行变换化为简化阶梯形矩阵, 设其非零行的行数为 r. 此时再作初等列变换中的列的交换, 总可将简化阶梯形矩阵化为如下结构:

$$\boldsymbol{B}=\begin{pmatrix}\boldsymbol{E}_r & \boldsymbol{T}\\ \boldsymbol{O} & \boldsymbol{O}\end{pmatrix},$$

其中 $\boldsymbol{T}$ 为 $r\times(n-r)$ 矩阵. 再作初等列变换中的第三种列变换, 可将 $\boldsymbol{T}$ 化为零, 即 $\boldsymbol{B}$ 可化为

$$\begin{pmatrix}\boldsymbol{E}_r & \boldsymbol{O}\\ \boldsymbol{O} & \boldsymbol{O}\end{pmatrix}.$$

由定理 2.4, 用初等矩阵的语言, 即存在一系列 m 阶和 n 阶初等矩阵 $\boldsymbol{P}_1,\boldsymbol{P}_2,\cdots,\boldsymbol{P}_s,\boldsymbol{Q}_1,\boldsymbol{Q}_2,\cdots,\boldsymbol{Q}_t$ 使得

$$\boldsymbol{P}_s\cdots\boldsymbol{P}_2\boldsymbol{P}_1\boldsymbol{A}\boldsymbol{Q}_1\boldsymbol{Q}_2\cdots\boldsymbol{Q}_t=\begin{pmatrix}\boldsymbol{E}_r & \boldsymbol{O}\\ \boldsymbol{O} & \boldsymbol{O}\end{pmatrix}.$$

故结论成立. □

例 2.33 用初等变换将下列矩阵 $\boldsymbol{A}$ 化为标准形, 并将标准形表示为 $\boldsymbol{A}$ 与初等矩阵的乘积:

$$\boldsymbol{A}=\begin{pmatrix}1 & 2 & 2 & -1\\ 2 & 3 & 3 & 1\\ 3 & 4 & 4 & 3\end{pmatrix}.$$

解: 首先施行一系列初等行变换将 $\boldsymbol{A}$ 化为简化阶梯形:

$$A \xrightarrow[r_3+(-3)r_1]{r_2+(-2)r_1} \begin{pmatrix} 1 & 2 & 2 & -1 \\ 0 & -1 & -1 & 3 \\ 0 & -2 & -2 & 6 \end{pmatrix} \xrightarrow{r_3+(-2)r_2} \begin{pmatrix} 1 & 2 & 2 & -1 \\ 0 & -1 & -1 & 3 \\ 0 & 0 & 0 & 0 \end{pmatrix}$$

$$\xrightarrow{(-1)r_2} \begin{pmatrix} 1 & 2 & 2 & -1 \\ 0 & 1 & 1 & -3 \\ 0 & 0 & 0 & 0 \end{pmatrix} \xrightarrow{r_1+(-2)r_2} \begin{pmatrix} 1 & 0 & 0 & 5 \\ 0 & 1 & 1 & -3 \\ 0 & 0 & 0 & 0 \end{pmatrix} \overset{令}{=\!=} B.$$

每一次初等变换对应一个初等矩阵，即有3阶初等矩阵

$$P_1 = \begin{pmatrix} 1 & 0 & 0 \\ -2 & 1 & 0 \\ 0 & 0 & 1 \end{pmatrix} = E(2,\ 1(-2)),\quad P_2 = \begin{pmatrix} 1 & 0 & 0 \\ 0 & 1 & 0 \\ -3 & 0 & 1 \end{pmatrix} =$$

$E(3,\ 1(-3))$,

$$P_3 = \begin{pmatrix} 1 & 0 & 0 \\ 0 & 1 & 0 \\ 0 & -2 & 1 \end{pmatrix} = E(3,\ 2(-2)),\quad P_4 = \begin{pmatrix} 1 & 0 & 0 \\ 0 & -1 & 0 \\ 0 & 0 & 1 \end{pmatrix} =$$

$E(2(-1))$,

$$P_5 = \begin{pmatrix} 1 & -2 & 0 \\ 0 & 1 & 0 \\ 0 & 0 & 1 \end{pmatrix} = E(1,\ 2(-2)),$$

使得 $P_5P_4P_3P_2P_1A = B$.

其次对 B 施行一系列初等列变换，将其化为标准形：

$$B \xrightarrow{c_3+(-1)c_2} \begin{pmatrix} 1 & 0 & 0 & 5 \\ 0 & 1 & 0 & -3 \\ 0 & 0 & 0 & 0 \end{pmatrix} \xrightarrow[c_4+3c_2]{c_4+(-5)c_1} \left(\begin{array}{cc:cc} 1 & 0 & 0 & 0 \\ 0 & 1 & 0 & 0 \\ \hdashline 0 & 0 & 0 & 0 \end{array}\right).$$

即有4阶初等矩阵

$$Q_1 = \begin{pmatrix} 1 & 0 & 0 & 0 \\ 0 & 1 & -1 & 0 \\ 0 & 0 & 1 & 0 \\ 0 & 0 & 0 & 1 \end{pmatrix} = E(2,\ 3(-1)) = C_{3+(-1)2},$$

$$Q_2 = \begin{pmatrix} 1 & 0 & 0 & -5 \\ 0 & 1 & 0 & 0 \\ 0 & 0 & 1 & 0 \\ 0 & 0 & 0 & 1 \end{pmatrix} = E(1,\ 4(-5)) = C_{4+(-5)1},$$

$$Q_3 = \begin{pmatrix} 1 & 0 & 0 & 0 \\ 0 & 1 & 0 & 3 \\ 0 & 0 & 1 & 0 \\ 0 & 0 & 0 & 1 \end{pmatrix} = E_{(2,4(3))} = C_{4+(3)2}，使得 BQ_1Q_2Q_3 = \begin{pmatrix} E_2 & O \\ O & O \end{pmatrix}.$$

故

$$P_5P_4P_3P_2P_1AQ_1Q_2Q_3=\begin{pmatrix}E_2 & O\\ O & O\end{pmatrix}.$$

2.5.2 矩阵的秩

阶梯形矩阵中非零行的个数是矩阵的内在属性，这就是矩阵的秩. 为了给出矩阵秩的定义，先引入子式的概念.

矩阵的秩

定义 2.20 设 A 为 $m\times n$ 的矩阵，在 A 中任取 k 行 k 列($k\leqslant\min\{m,n\}$)，位于这些行列交叉处的元素按原来的相对位置构成的 k 阶方阵的行列式，称为矩阵 A 的 k 级(阶)子式.

例如，$A=\begin{pmatrix}1 & 2 & 3 & 0\\ 0 & -1 & -2 & 0\\ -3 & 4 & 5 & -1\end{pmatrix}$，取 1、3 行，2、4 列，得一个 2 阶子式 $\begin{vmatrix}2 & 0\\ 4 & -1\end{vmatrix}$，

取 1、2、3 行，1、3、4 列，得一个 3 阶子式 $\begin{vmatrix}1 & 3 & 0\\ 0 & -2 & 0\\ -3 & 5 & -1\end{vmatrix}$.

定义 2.21 设 A 为 $m\times n$ 的矩阵，在 A 中若存在一个 r 阶子式不等于零，而所有 $r+1$ 阶(若有的话)子式全为零，称 r 为矩阵 A 的秩，记为 $r(A)$. 规定零矩阵的秩为 0.

由定义知，矩阵的秩即为矩阵中非零子式的最高阶数.

例 2.34

求矩阵 $A=\begin{pmatrix}1 & 2 & 0 & 3\\ 2 & 4 & 1 & 0\\ 3 & 6 & 0 & 9\end{pmatrix}$ 的秩.

解：因为 $\begin{vmatrix}1 & 0\\ 2 & 1\end{vmatrix}=1\neq 0$，而 4 个 3 阶子式

$$\begin{vmatrix}1 & 2 & 0\\ 2 & 4 & 1\\ 3 & 6 & 0\end{vmatrix}=0,\quad \begin{vmatrix}1 & 2 & 3\\ 2 & 4 & 0\\ 3 & 6 & 9\end{vmatrix}=0,\quad \begin{vmatrix}1 & 0 & 3\\ 2 & 1 & 0\\ 3 & 0 & 9\end{vmatrix}=0,\quad \begin{vmatrix}2 & 0 & 3\\ 4 & 1 & 0\\ 6 & 0 & 9\end{vmatrix}=0.$$

所以，由秩的定义知 $r(A)=2$.

由矩阵秩的定义和行列式的性质，不难得到如下矩阵秩的性质.

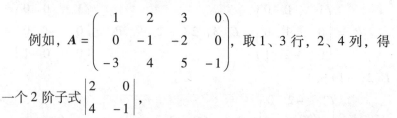

矩阵秩的性质

性质 2.14 设矩阵 $\boldsymbol{A}_{m\times n}$，则

(1) 矩阵 $\boldsymbol{A}$ 的秩是唯一的.

(2) $0\leqslant r(\boldsymbol{A})\leqslant\min\{m,n\}$.

(3) 设 $\boldsymbol{A}_1$ 是 $\boldsymbol{A}$ 的一个部分矩阵，则 $r(\boldsymbol{A}_1)\leqslant r(\boldsymbol{A})$.

(4) 若 $\boldsymbol{A}$ 中存在 r 阶子式不为零，则 $r(\boldsymbol{A})\geqslant r$；若 $\boldsymbol{A}$ 中所有 r 阶子式全为零，则 $r(\boldsymbol{A})<r$.

(5) $r(\boldsymbol{A}^{\mathrm{T}})=r(\boldsymbol{A})$.

(6) $r(k\boldsymbol{A})=\begin{cases}r(\boldsymbol{A}), & k\neq 0,\\ 0, & k=0.\end{cases}$

(7) 阶梯形矩阵的秩等于它的非零行的个数.

(8) 可逆矩阵的秩等于它的阶数.

若 $r(\boldsymbol{A}_{m\times n})=m(r(\boldsymbol{A})=n)$，则称 $\boldsymbol{A}$ 为行(列)满秩矩阵；若 $r(\boldsymbol{A}_n)=n$，则称 $\boldsymbol{A}$ 为满秩矩阵. 从而 $\boldsymbol{A}$ 为满秩矩阵、可逆矩阵、非奇异矩阵、非退化矩阵，这些说法是等价的.

既然任何一个矩阵都可经初等行变换化到阶梯形矩阵，再由这里的性质(7)，于是产生了求矩阵秩的一种方法，但我们首先需要下面的理论依据.

定理 2.6 初等变换不改变矩阵的秩.

证明：设矩阵 $\boldsymbol{A}_{m\times n}$，$r(\boldsymbol{A})=r$. 首先考虑初等行变换不改变秩，只需证一次行变换不改变秩即可.

设 $\boldsymbol{A}$ 经一次行变换化到矩阵 $\boldsymbol{B}$，我们证明 $r(\boldsymbol{B})\leqslant r(\boldsymbol{A})$，即证 $\boldsymbol{B}$ 中任意 s 阶子式 $\boldsymbol{D}_{s_B}=0$，$s>r$.

行变换有三种情况，我们只就第三种情况证明，其余两种情况类似讨论，容易证明，留给读者.

设

$$\boldsymbol{A}=(a_{ij})_{m\times n}=\begin{pmatrix}\boldsymbol{\alpha}_1\\ \vdots\\ \boldsymbol{\alpha}_i\\ \vdots\\ \boldsymbol{\alpha}_j\\ \vdots\\ \boldsymbol{\alpha}_m\end{pmatrix}(m\text{ 行}),\ \boldsymbol{A}\xrightarrow{r_j+kr_i}\boldsymbol{B}=\begin{pmatrix}\boldsymbol{\alpha}_1\\ \vdots\\ \boldsymbol{\alpha}_i\\ \vdots\\ k\boldsymbol{\alpha}_i+\boldsymbol{\alpha}_j\\ \vdots\\ \boldsymbol{\alpha}_m\end{pmatrix}.$$

由秩的定义知 $\boldsymbol{A}$ 中 s 阶子式 $\boldsymbol{D}_{s_A}=0$，$s>r$. 现任取 $\boldsymbol{B}$ 中一个 s 阶子式 $\boldsymbol{D}_{s_B}$，有如下四种情形：

(1) D_{s_B} 不含 i, j 两行，则 $D_{s_B}=D_{s_A}=0$.

(2) D_{s_B} 含 i 行不含 j 行，则 $D_{s_B}=D_{s_A}=0$，或 $D_{s_B}=-D_{s_A}=0$.

(3) D_{s_B} 含 j 行不含 i 行，则

$$D_{s_B}=\begin{vmatrix} * \\ \boldsymbol{\alpha}_j+k\boldsymbol{\alpha}_i \\ * \end{vmatrix}=\begin{vmatrix} * \\ \boldsymbol{\alpha}_j \\ * \end{vmatrix}+k\begin{vmatrix} * \\ \boldsymbol{\alpha}_i \\ * \end{vmatrix}=D_1+kD_2.$$

其中 D_1 为 $\boldsymbol{A}$ 中某个 s 阶子式，D_2 为 $\boldsymbol{A}$ 中某个 s 阶子式或为 $\boldsymbol{A}$ 中某个 s 阶子式变换得到，有 $D_1=0$，$D_2=0$，所以 $D_{s_B}=0$.

(4) D_{s_B} 含 i, j 两行，则由行列式的性质有 $D_{s_B}=D_{s_A}=0$.

综上有 $r(\boldsymbol{B})\leqslant r(\boldsymbol{A})$. 由于初等变换的过程是可逆的，同理 $r(\boldsymbol{A})\leqslant r(\boldsymbol{B})$，所以 $r(\boldsymbol{A})=r(\boldsymbol{B})$. 多次行变换仍有相同效果，从而矩阵 $\boldsymbol{A}$ 经初等行变换化到矩阵 $\boldsymbol{B}$，有 $r(\boldsymbol{A})=r(\boldsymbol{B})$.

现考虑 $\boldsymbol{A}\xrightarrow[\text{列变换}]{\text{初等}}\boldsymbol{B}$，则有 $\boldsymbol{A}^{\mathrm{T}}\xrightarrow[\text{行变换}]{\text{初等}}\boldsymbol{B}^{\mathrm{T}}$，所以 $r(\boldsymbol{A})=r(\boldsymbol{A}^{\mathrm{T}})=r(\boldsymbol{B}^{\mathrm{T}})=r(\boldsymbol{B})$.

故结论成立，即初等变换不改变矩阵的秩. □

例 2.35　求矩阵 $\boldsymbol{A}$ 的秩：

$$\boldsymbol{A}=\begin{pmatrix} 1 & 0 & 1 & 2 & -1 \\ 0 & 1 & -1 & 1 & -1 \\ 1 & 1 & 0 & 3 & -2 \\ 2 & 2 & 0 & 6 & -3 \end{pmatrix}.$$

解：

$$\boldsymbol{A}\xrightarrow[r_4+(-2)r_1]{r_3+(-1)r_1}\begin{pmatrix} 1 & 0 & 1 & 2 & -1 \\ 0 & 1 & -1 & 1 & -1 \\ 0 & 1 & -1 & 1 & -1 \\ 0 & 2 & -2 & 2 & -1 \end{pmatrix}\xrightarrow[r_4+(-2)r_2]{r_3+(-1)r_2}\begin{pmatrix} 1 & 0 & 1 & 2 & -1 \\ 0 & 1 & -1 & 1 & -1 \\ 0 & 0 & 0 & 0 & 0 \\ 0 & 0 & 0 & 0 & 1 \end{pmatrix}$$

$$\xrightarrow{r_3\leftrightarrow r_4}\begin{pmatrix} 1 & 0 & 1 & 2 & -1 \\ 0 & 1 & -1 & 1 & -1 \\ 0 & 0 & 0 & 0 & 1 \\ 0 & 0 & 0 & 0 & 0 \end{pmatrix},$$

所以 $r(\boldsymbol{A})=3$.

现在我们知道，矩阵的秩是矩阵在初等变换中的不变量. 它唯一确定了一个矩阵的标准形. 回顾前面的定理2.5，我们可把它改写如下：

定理 2.7　对任意的 $m\times n$ 矩阵 $\boldsymbol{A}$，存在一系列 m 阶初等矩阵 $\boldsymbol{P}_1,\cdots,\boldsymbol{P}_s$ 和 n 阶初等矩阵 $\boldsymbol{Q}_1,\cdots,\boldsymbol{Q}_t$ 使得 $\boldsymbol{P}_s\boldsymbol{P}_{s-1}\cdots\boldsymbol{P}_1\boldsymbol{A}$ 为简化阶梯形矩阵；且

$$P_sP_{s-1}\cdots P_1AQ_1\cdots Q_t=\begin{pmatrix}E_r & O\\ O & O\end{pmatrix}_{m\times n}$$

为标准形，其中 $r=r(A)$，且标准形唯一.

由于初等矩阵都是可逆矩阵，可逆矩阵的乘积可逆，可得如下结论：

推论1 任意矩阵 $A_{m\times n}$，存在 m 阶可逆矩阵 P 和 n 阶可逆矩阵 Q，使得

$$PAQ=\begin{pmatrix}E_r & O\\ O & O\end{pmatrix}_{m\times n},\quad r=r(A).$$

推论2 n 阶矩阵 A 可逆的充分必要条件为 A 的标准形为 n 阶单位矩阵 E_n.

证明：若 A 可逆，则 $r(A)=n$，所以 A 的标准形为单位矩阵. 反之，若 A 的标准形为 E_n，则存在可逆矩阵 P,Q 使得 $PAQ=E_n$，有 $|P||A||Q|=1$.

从而 $|A|\neq 0$，故 A 可逆. □

推论3 n 阶矩阵 A 可逆的充分必要条件为 $A=P_1P_2\cdots P_k$，其中 $P_i(i=1,2,\cdots,k)$ 为初等矩阵.

证明：因为 A 可逆，所以 $r(A)=n$，由定理2.7，存在初等矩阵 $P_1,\cdots,P_s,Q_1,\cdots,Q_t$ 使得

$$P_s\cdots P_1AQ_1\cdots Q_t=E_n,$$

从而 $A=P_1^{-1}\cdots P_s^{-1}Q_t^{-1}\cdots Q_1^{-1}$，由定理2.4的推论知，$A$ 为初等矩阵的乘积.

反之，若 $A=P_1P_2\cdots P_k$ 为初等矩阵的乘积，由初等矩阵是可逆矩阵，而可逆矩阵的乘积可逆，所以 A 可逆. □

推论4 若 A_n 可逆，则 A 可只经初等行(列)变换化为单位矩阵.

证明：因为 A 可逆，由推论3，有 $A=P_1P_2\cdots P_k$，P_i 为初等矩阵，$i=1, 2, \cdots, k$.

从而 $P_k^{-1}\cdots P_1^{-1}A=E$ 或 $AP_k^{-1}\cdots P_1^{-1}=E$.

由定理2.4，左(右)乘初等矩阵表示行(列)变换，故推论

成立. □

推论 5 矩阵 $\boldsymbol{A}_{m\times n}$，$\boldsymbol{P}_m$，$\boldsymbol{Q}_n$ 分别为 m 阶和 n 阶可逆矩阵，则

$$r(\boldsymbol{PA})=r(\boldsymbol{A})=r(\boldsymbol{AQ})=r(\boldsymbol{PAQ}).$$

证明：由推论 3，定理 2.4 及定理 2.6 知结论成立. □

推论 6 矩阵 $\boldsymbol{A}_{m\times n}$与 $\boldsymbol{B}_{m\times n}$相抵的充分必要条件为存在可逆矩阵 $\boldsymbol{P}$，$\boldsymbol{Q}$ 使得 $\boldsymbol{PAQ}=\boldsymbol{B}$.

例 2.36 将可逆矩阵 $\boldsymbol{A}=\begin{pmatrix}1&2\\1&3\end{pmatrix}$表示为初等矩阵的乘积.

解：

$$\boldsymbol{A}\xrightarrow{r_2+(-1)r_1}\begin{pmatrix}1&2\\0&1\end{pmatrix}\xrightarrow{r_1+(-2)r_2}\begin{pmatrix}1&0\\0&1\end{pmatrix},$$

有 $\boldsymbol{E}(1,\ 2(-2))\boldsymbol{E}(2,\ 1(-1))\boldsymbol{A}=\boldsymbol{E}$，所以

$$\begin{aligned}\boldsymbol{A}&=(\boldsymbol{E}(1,2(-2))\boldsymbol{E}(2,1(-1)))^{-1}=\boldsymbol{E}(2,1(-1))^{-1}\boldsymbol{E}(1,2(-2))^{-1}\\&=\boldsymbol{E}(2,1(1))\boldsymbol{E}(1,2(2))\\&=\begin{pmatrix}1&0\\1&1\end{pmatrix}\begin{pmatrix}1&2\\0&1\end{pmatrix}.\end{aligned}$$

例 2.37 设矩阵 $\boldsymbol{A}_{4\times 3}$，且 $r(\boldsymbol{A})=2$，$\boldsymbol{B}=\begin{pmatrix}1&0&2\\0&2&0\\-1&0&3\end{pmatrix}$，求$r(\boldsymbol{AB})$.

解：因为 $|\boldsymbol{B}|=2\begin{vmatrix}1&2\\-1&3\end{vmatrix}=2\times 5=10\neq 0$.

所以 $\boldsymbol{B}$ 可逆，从而 $r(\boldsymbol{AB})=r(\boldsymbol{A})=2$.

例 2.38 设矩阵 $\boldsymbol{A}_{m\times n}$，证明 $r(\boldsymbol{A})=1$ 的充分必要条件是存在$m\times 1$ 的非零列矩阵 $\boldsymbol{\alpha}$ 及 $n\times 1$ 的非零列矩阵 $\boldsymbol{\beta}$ 使得 $\boldsymbol{A}=\boldsymbol{\alpha\beta}^{\mathrm{T}}$.

证明：必要性. 因为 $r(\boldsymbol{A})=1$，所以存在 m 阶可逆矩阵 $\boldsymbol{P}$ 和 n 阶可逆矩阵 $\boldsymbol{Q}$，使得

$$\boldsymbol{PAQ}=\begin{pmatrix}1&0&\cdots&0\\0&0&\cdots&0\\\vdots&\vdots&&\vdots\\0&0&\cdots&0\end{pmatrix}_{m\times n}=\begin{pmatrix}1\\0\\\vdots\\0\end{pmatrix}(1,0,\cdots,0),$$

从而

$$\boldsymbol{A}=\boldsymbol{P}^{-1}\begin{pmatrix}1\\0\\\vdots\\0\end{pmatrix}(1,0,\cdots,0)\boldsymbol{Q}^{-1}.$$

令

$$\boldsymbol{\alpha}=\boldsymbol{P}^{-1}\begin{pmatrix}1\\0\\\vdots\\0\end{pmatrix},\ \boldsymbol{\beta}^{\mathrm{T}}=(1,0,\cdots,0)\boldsymbol{Q}^{-1},$$

显然，$\boldsymbol{\alpha}\neq\boldsymbol{0}$，$\boldsymbol{\beta}\neq\boldsymbol{0}$ 且 $\boldsymbol{A}=\boldsymbol{\alpha}\boldsymbol{\beta}^{\mathrm{T}}$.

充分性. 因为 $\boldsymbol{A}=\boldsymbol{\alpha}\boldsymbol{\beta}^{\mathrm{T}}$，其中 $\boldsymbol{\alpha}$，$\boldsymbol{\beta}$ 分别为 $m\times1$ 和 $n\times1$ 的非零列矩阵，所以存在 m 阶可逆矩阵 $\boldsymbol{P}$ 和 n 阶可逆矩阵 $\boldsymbol{Q}$，使得

$$\boldsymbol{P}\boldsymbol{\alpha}=\begin{pmatrix}1\\0\\\vdots\\0\end{pmatrix},\ \boldsymbol{\beta}^{\mathrm{T}}\boldsymbol{Q}=(1,0,\cdots,0),$$

从而

$$\boldsymbol{PAQ}=\boldsymbol{P}\boldsymbol{\alpha}\boldsymbol{\beta}^{\mathrm{T}}\boldsymbol{Q}=\begin{pmatrix}1&0&\cdots&0\\0&0&\cdots&0\\\vdots&\vdots&&\vdots\\0&0&\cdots&0\end{pmatrix}_{m\times n},$$

故 $r(\boldsymbol{A})=1$. □

利用矩阵及其运算，现在我们可以给出第 1 章里关于线性方程组的高斯消元法的理论依据的证明，即定理 1.2 的证明. 为叙述方便，把定理 1.2 重新表述如下.

定理 2.8 设 $\boldsymbol{A}$ 是 $m\times n$ 的矩阵，线性方程组 $\boldsymbol{Ax}=\boldsymbol{b}$ 经初等行变换得到的新方程组 $\boldsymbol{A}_1\boldsymbol{x}=\boldsymbol{b}_1$ 与原方程组同解.

证明：由定理 2.4 可知，存在可逆矩阵 $\boldsymbol{P}$ 使得

$$\boldsymbol{P}(\boldsymbol{A}\quad\boldsymbol{b})=(\boldsymbol{PA}\quad\boldsymbol{Pb})=(\boldsymbol{A}_1\quad\boldsymbol{b}_1).$$

若 $\boldsymbol{x}_0$ 是方程组 $\boldsymbol{Ax}=\boldsymbol{b}$ 的解，即 $\boldsymbol{Ax}_0=\boldsymbol{b}$，则必有 $\boldsymbol{PAx}_0=\boldsymbol{Pb}$，即

$$\boldsymbol{A}_1\boldsymbol{x}_0=\boldsymbol{b}_1,$$

所以 $\boldsymbol{x}_0$ 是方程组 $\boldsymbol{A}_1\boldsymbol{x}=\boldsymbol{b}_1$ 的解.

反之，若 $\boldsymbol{x}_0$ 为方程组 $\boldsymbol{A}_1\boldsymbol{x}=\boldsymbol{b}_1$ 的解，即 $\boldsymbol{A}_1\boldsymbol{x}_0=\boldsymbol{b}_1$，则必有 $\boldsymbol{P}^{-1}\boldsymbol{A}_1\boldsymbol{x}_0=\boldsymbol{P}^{-1}\boldsymbol{b}_1$. 显然 $\boldsymbol{P}^{-1}\boldsymbol{A}_1=\boldsymbol{A}$，$\boldsymbol{P}^{-1}\boldsymbol{b}_1=\boldsymbol{b}$，故

$$\boldsymbol{Ax}_0=\boldsymbol{b},$$

所以 $\boldsymbol{x}_0$ 也是方程组 $\boldsymbol{Ax}=\boldsymbol{b}$ 的解，从而线性方程组 $\boldsymbol{A}_1\boldsymbol{x}=\boldsymbol{b}_1$ 与 $\boldsymbol{Ax}=\boldsymbol{b}$ 同解. □

由性质 2.14 中的(7)及定理 2.6 可知，第 1 章里关于线性方程组解的判别定理 1.3 及其推论用矩阵秩的语言可分别改述如下.

定理 2.9　$m\times n$ 的线性方程组 $\boldsymbol{Ax}=\boldsymbol{b}$，其增广矩阵为 $\widetilde{\boldsymbol{A}}=(\boldsymbol{A}\quad\boldsymbol{b})$. 则线性方程组有解的充分必要条件为线性方程组的系数矩阵的秩等于其增广矩阵的秩，即 $r(\boldsymbol{A})=r(\widetilde{\boldsymbol{A}})$，且

(1) $r(\boldsymbol{A})=r(\widetilde{\boldsymbol{A}})=n$，原方程组有唯一解；

(2) $r(\boldsymbol{A})=r(\widetilde{\boldsymbol{A}})<n$，原方程组有无穷多解；

(3) $r(\boldsymbol{A})<r(\widetilde{\boldsymbol{A}})$，原方程组无解.

推论 7　$m\times n$ 的齐次线性方程组 $\boldsymbol{Ax}=\boldsymbol{0}$，则

(1) 齐次线性方程组有唯一零解的充分必要条件为 $r(\boldsymbol{A})=n$；

(2) 齐次线性方程组有无穷多解，即有非零解的充分必要条件为 $r(\boldsymbol{A})<n$；

(3) 如果 $m<n$，则齐次线性方程组必有非零解；

(4) 当 $m=n$ 时，齐次线性方程组有唯一零解的充分必要条件为 $|\boldsymbol{A}|\neq 0$，有非零解的充分必要条件为 $|\boldsymbol{A}|=0$.

2.5.3　求逆矩阵的初等变换法

求逆矩阵的初等变换法

设矩阵 $\boldsymbol{A}_n$ 可逆，由上述推论 3

$$\boldsymbol{A}=\boldsymbol{P}_1\boldsymbol{P}_2\cdots\boldsymbol{P}_k,\ \boldsymbol{P}_i(i=1,2,\cdots,k)\text{为初等矩阵}, \tag{2.8}$$

等式两边用 $(\boldsymbol{P}_1\cdots\boldsymbol{P}_k)^{-1}$ 左乘，有

$$\boldsymbol{P}_k^{-1}\cdots\boldsymbol{P}_1^{-1}\boldsymbol{A}=\boldsymbol{E}\Rightarrow\boldsymbol{A}^{-1}=\boldsymbol{P}_k^{-1}\cdots\boldsymbol{P}_1^{-1}=\boldsymbol{P}_k^{-1}\cdots\boldsymbol{P}_1^{-1}\boldsymbol{E},$$

从而由这两个等式就产生了求逆矩阵的初等行变换法：

$$\text{构造矩阵}(\boldsymbol{A}\mid\boldsymbol{E})_{n\times 2n}\xrightarrow{\text{初等行变换}}(\boldsymbol{E}\mid\boldsymbol{A}^{-1}).$$

如果在式(2.8)两边右乘 $(\boldsymbol{P}_1\cdots\boldsymbol{P}_k)^{-1}$，类似地就产生了求逆矩阵的初等列变换法：

$$\text{构造矩阵}\begin{pmatrix}\boldsymbol{A}\\\boldsymbol{E}\end{pmatrix}\xrightarrow{\text{初等列变换}}\begin{pmatrix}\boldsymbol{E}\\\boldsymbol{A}^{-1}\end{pmatrix}.$$

为了书写美观，以后主要采用初等行变换法求逆.

例 2.39　用初等行变换法求 $\boldsymbol{A}^{-1}$：

$$A=\begin{pmatrix}4&2&3\\3&1&2\\2&1&1\end{pmatrix}.$$

解：构造矩阵

$$(A\quad E)=\begin{pmatrix}4&2&3&1&0&0\\3&1&2&0&1&0\\2&1&1&0&0&1\end{pmatrix},$$

$$(A\quad E)\xrightarrow{r_1+(-1)r_2}\begin{pmatrix}1&1&1&1&-1&0\\3&1&2&0&1&0\\2&1&1&0&0&1\end{pmatrix}$$

$$\xrightarrow[r_3+(-2)r_1]{r_2+(-3)r_1}\begin{pmatrix}1&1&1&1&-1&0\\0&-2&-1&-3&4&0\\0&-1&-1&-2&2&1\end{pmatrix}$$

$$\xrightarrow{r_2\leftrightarrow r_3}\begin{pmatrix}1&1&1&1&-1&0\\0&-1&-1&-2&2&1\\0&-2&-1&-3&4&0\end{pmatrix}$$

$$\xrightarrow[r_3+2r_2]{(-1)r_2}\begin{pmatrix}1&1&1&1&-1&0\\0&1&1&2&-2&-1\\0&0&1&1&0&-2\end{pmatrix}$$

$$\xrightarrow[r_1+(-1)r_3]{r_2+(-1)r_3}\begin{pmatrix}1&1&0&0&-1&2\\0&1&0&1&-2&1\\0&0&1&1&0&-2\end{pmatrix}$$

$$\xrightarrow{r_1+(-1)r_2}\begin{pmatrix}1&0&0&-1&1&1\\0&1&0&1&-2&1\\0&0&1&1&0&-2\end{pmatrix},$$

所以
$$A^{-1}=\begin{pmatrix}-1&1&1\\1&-2&1\\1&0&-2\end{pmatrix}.$$

求逆矩阵的初等变换法可直接用于求解矩阵方程. 设矩阵方程为

$$AX=B,$$

其中 A 为 n 阶方阵，且可逆，B 为 $n\times m$ 矩阵，X 为 $n\times m$ 未知矩阵. 则未知矩阵

$$X=A^{-1}B.$$

构造 $n\times(n+m)$ 矩阵 $(A\quad B)$，对它进行初等行变换，把 A 化为单位阵 E 的同时，矩阵 B 在相同的初等行变换下就化为了矩阵方程的解 $A^{-1}B$，从而求得未知矩阵 X 的结果，即

$$(A\mid B)_{n\times(n+m)}\xrightarrow{\text{初等行变换}}(E\mid A^{-1}B).$$

例 2.40 解矩阵方程

$$\begin{pmatrix}2&3\\1&2\end{pmatrix}X=\begin{pmatrix}1&4\\2&3\end{pmatrix}.$$

解：由

$$(A\quad B)=\begin{pmatrix}2&3&1&4\\1&2&2&3\end{pmatrix}\xrightarrow{r_1\leftrightarrow r_2}\begin{pmatrix}1&2&2&3\\2&3&1&4\end{pmatrix}$$

$$\xrightarrow{r_2+(-2)r_1}\begin{pmatrix}1&2&2&3\\0&-1&-3&-2\end{pmatrix}\xrightarrow[(-1)r_2]{r_1+2r_2}\begin{pmatrix}1&0&-4&-1\\0&1&3&2\end{pmatrix},$$

得

$$X=\begin{pmatrix}2&3\\1&2\end{pmatrix}^{-1}\begin{pmatrix}1&4\\2&3\end{pmatrix}=\begin{pmatrix}-4&-1\\3&2\end{pmatrix}.$$

如果矩阵方程为

$$XA=B,$$

其中 A 为 n 阶方阵且可逆，B 为 $m\times n$ 矩阵，X 为 $m\times n$ 未知矩阵. 则未知矩阵

$$X=BA^{-1},\ X^{\mathrm{T}}=(A^{\mathrm{T}})^{-1}B^{\mathrm{T}}.$$

如何用初等行变换法去求得 X 的结果呢，留给读者练习.

2.6 分块矩阵的初等变换

前面已介绍了分块矩阵的概念和运算性质，类似于矩阵的初等变换，在本节中，我们将介绍分块矩阵的初等变换及其在矩阵运算中的一些应用.

2.6.1 分块矩阵的初等变换与分块初等矩阵

分块矩阵的初等变换与分块初等矩阵

定义 2.22 设 A 为数域 K 上的 $s\times t$ 的分块矩阵：

$$A=\begin{pmatrix}A_{11}&A_{12}&\cdots&A_{1t}\\A_{21}&A_{22}&\cdots&A_{2t}\\\vdots&\vdots&&\vdots\\A_{s1}&A_{s2}&\cdots&A_{st}\end{pmatrix}.\tag{2.9}$$

对分块矩阵 A 施行下面的 3 种行为：

（1）交换分块矩阵 A 的第 i 行(列)和第 j 行(列)，记作 $r_i\leftrightarrow r_j(c_i\leftrightarrow c_j)$；

（2）用某个适当阶数的可逆矩阵 P 左(右)乘 A 的第 i 行(列)，记作 $P\cdot r_i(P\cdot c_i)$；

（3）用某个适当阶数的矩阵 $\boldsymbol{P}$ 左（右）乘 $\boldsymbol{A}$ 的第 j 行（列）加到第 i 行（列），记作 $r_i+\boldsymbol{P}\cdot r_j(c_i+\boldsymbol{P}\cdot c_j)$，称之为分块矩阵的初等行（列）变换. 分块矩阵的初等行变换和列变换统称为分块矩阵的初等变换.

定义 2.23　将 n 阶单位矩阵分块为

$$\boldsymbol{E}=\begin{pmatrix}\boldsymbol{E}_{n_i} & & & & & & \\ & \ddots & & & & & \\ & & \boldsymbol{E}_{n_{i-1}} & & & & \\ & & & \boldsymbol{E}_{n_i} & & & \\ & & & & \boldsymbol{E}_{n_{i+1}} & & \\ & & & & & \ddots & \\ & & & & & & \boldsymbol{E}_{n_s}\end{pmatrix},$$

$$\boldsymbol{E}_{n_i}\text{为 } n_i \text{ 阶单位矩阵，} i=1,2,\cdots,s. \tag{2.10}$$

对 $\boldsymbol{E}$ 施行一次分块矩阵的初等变换所得到的矩阵称为分块初等矩阵.

共有三种类型的分块初等矩阵：

$$(1)\begin{pmatrix}\boldsymbol{E}_{n_1} & & & & & & & & \\ & \ddots & & & & & & & \\ & & \boldsymbol{E}_{n_{i-1}} & & & & & & \\ & & & 0 & \cdots & \boldsymbol{E}_{n_i} & & & \\ & & & \vdots & \ddots & \vdots & & & \\ & & & \boldsymbol{E}_{n_j} & \cdots & 0 & & & \\ & & & & & & \boldsymbol{E}_{n_{j+1}} & & \\ & & & & & & & \ddots & \\ & & & & & & & & \boldsymbol{E}_{n_s}\end{pmatrix} \tag{2.11}$$

$$(2)\begin{pmatrix}\boldsymbol{E}_{n_1} & & & & & & \\ & \ddots & & & & & \\ & & \boldsymbol{E}_{n_{i-1}} & & & & \\ & & & \boldsymbol{P} & & & \\ & & & & \boldsymbol{E}_{n_{i+1}} & & \\ & & & & & \ddots & \\ & & & & & & \boldsymbol{E}_{n_s}\end{pmatrix},\ \boldsymbol{P}\text{ 为可逆阵，} \tag{2.12}$$

$$
(3)\quad \begin{pmatrix} E_{n_1} & & & & & \\ & \ddots & & & & \\ & & E_{n_i} & & & \\ & & \vdots & \ddots & & \\ & & P & \cdots & E_{n_j} & \\ & & & & & \ddots & \\ & & & & & & E_{n_s} \end{pmatrix}. \tag{2.13}
$$

由定义知，分块初等矩阵都是可逆矩阵.

定理 2.10　对分块矩阵作一次初等行(列)变换，相当于用相应的分块初等矩阵左(右)乘此分块矩阵.

证明：由分块矩阵的乘法验算即得，留给读者. □

由定理 2.10 可知，对一个分块矩阵进行初等变换不改变该分块矩阵的秩；且第三种行为的分块矩阵的初等变换也不改变此分块矩阵的行列式.

例 2.41　(行列式的第一降阶定理)设 $\boldsymbol{A}$ 为 m 阶可逆矩阵，$\boldsymbol{D}$ 为 n 阶方阵，$m+n$ 阶方阵 $\boldsymbol{M}=\begin{pmatrix}\boldsymbol{A} & \boldsymbol{B}\\ \boldsymbol{C} & \boldsymbol{D}\end{pmatrix}$.

证明：

$$
|\boldsymbol{M}|=|\boldsymbol{A}|\,|\boldsymbol{D}-\boldsymbol{C}\boldsymbol{A}^{-1}\boldsymbol{B}|. \tag{2.14}
$$

证明：对分块矩阵 $\boldsymbol{M}$ 进行第三种行为的分块矩阵的初等行变换，由定理 2.10 有

$$
\begin{pmatrix}\boldsymbol{E}_m & \boldsymbol{O}\\ -\boldsymbol{C}\boldsymbol{A}^{-1} & \boldsymbol{E}_n\end{pmatrix}\begin{pmatrix}\boldsymbol{A} & \boldsymbol{B}\\ \boldsymbol{C} & \boldsymbol{D}\end{pmatrix}=\begin{pmatrix}\boldsymbol{A} & \boldsymbol{B}\\ \boldsymbol{O} & \boldsymbol{D}-\boldsymbol{C}\boldsymbol{A}^{-1}\boldsymbol{B}\end{pmatrix},
$$

两边取行列式得

$$
\begin{vmatrix}\boldsymbol{A} & \boldsymbol{B}\\ \boldsymbol{C} & \boldsymbol{D}\end{vmatrix}=|\boldsymbol{A}|\,|\boldsymbol{D}-\boldsymbol{C}\boldsymbol{A}^{-1}\boldsymbol{B}|.
$$
□

此降阶定理说明了可以将一个 $m+n$ 阶的行列式的值化为一个 m 阶行列式和一个 n 阶行列式的乘积来计算.

例 2.42　设 $\boldsymbol{A}$ 为一个 $m\times n$ 矩阵，$\boldsymbol{B}$ 是一个 $n\times m$ 矩阵，证明：

$$
|\boldsymbol{E}_m-\boldsymbol{A}\boldsymbol{B}|=|\boldsymbol{E}_n-\boldsymbol{B}\boldsymbol{A}|. \tag{2.15}
$$

证明：构造分块矩阵

$$
\boldsymbol{M}=\begin{pmatrix}\boldsymbol{E}_m & \boldsymbol{A}\\ \boldsymbol{B} & \boldsymbol{E}_n\end{pmatrix},
$$

对 M 作第三种行为的分块矩阵的初等行、列变换，由定理2.10有

$$\begin{pmatrix} E_m & -A \\ O & E_n \end{pmatrix}\begin{pmatrix} E_m & A \\ B & E_n \end{pmatrix}=\begin{pmatrix} E_m-AB & O \\ B & E_n \end{pmatrix},$$

$$\begin{pmatrix} E_m & A \\ B & E_n \end{pmatrix}\begin{pmatrix} E_m & -A \\ O & E_n \end{pmatrix}=\begin{pmatrix} E_m & O \\ B & E_n-BA \end{pmatrix}.$$

对上述两式两边取行列式得

$$\begin{vmatrix} E_m-AB & O \\ B & E_n \end{vmatrix}=\begin{vmatrix} E_m & A \\ B & E_n \end{vmatrix}=\begin{vmatrix} E_m & O \\ B & E_n-BA \end{vmatrix},$$

注意到

$$\begin{vmatrix} E_m-AB & O \\ B & E_n \end{vmatrix}=|E_m-AB|,\quad \begin{vmatrix} E_m & O \\ B & E_n-BA \end{vmatrix}=|E_n-BA|.$$

故

$$|E_m-AB|=|E_n-BA|.$$

□

例2.43 设矩阵 $A_{m\times n}$，$B_{s\times t}$，证明

$$r\left(\begin{pmatrix} A & O \\ O & B \end{pmatrix}\right)=r(A)+r(B).$$

证明：设 $r(A)=r_1$，$r(B)=r_2$，则存在可逆矩阵 P_1,P_2,Q_1，Q_2，使得

$$P_1AQ_1=\begin{pmatrix} E_{r_1} & O \\ O & O \end{pmatrix},\ P_2BQ_2=\begin{pmatrix} E_{r_2} & O \\ O & O \end{pmatrix}.$$

对矩阵 $\begin{pmatrix} A & O \\ O & B \end{pmatrix}$ 进行分块矩阵的初等变换：

$$\begin{pmatrix} A & O \\ O & B \end{pmatrix}\xrightarrow[c_1Q_1,\ c_2Q_2]{P_1r_1,\ P_2r_2}\begin{pmatrix} P_1AQ_1 & O \\ O & P_2BQ_2 \end{pmatrix}=\begin{pmatrix} E_{r_1} & & & \\ & O & & \\ & & E_{r_2} & \\ & & & O \end{pmatrix},$$

故

$$r\left(\begin{pmatrix} A & O \\ O & B \end{pmatrix}\right)=r(A)+r(B).$$

□

例2.44 设矩阵 $A_{m\times n}$，$B_{n\times s}$，证明

$$r(AB)\geqslant r(A)+r(B)-n.$$

特别地，若 $AB=O$，则

$$r(A)+r(B)\leqslant n.$$

证明：首先，类似于例 2.43 的证明，对任意的 $\boldsymbol{C}_{n\times n}$ 有如下结果(留给读者练习)：

$$r\left(\begin{pmatrix}\boldsymbol{A}&\boldsymbol{O}\\\boldsymbol{C}&\boldsymbol{B}\end{pmatrix}\right)\geqslant r(\boldsymbol{A})+r(\boldsymbol{B}).$$

所以

$$r\left(\begin{pmatrix}\boldsymbol{A}&\boldsymbol{O}\\\boldsymbol{E}_n&\boldsymbol{B}\end{pmatrix}\right)\geqslant r(\boldsymbol{A})+r(\boldsymbol{B}).$$

对矩阵 $\begin{pmatrix}\boldsymbol{A}&\boldsymbol{O}\\\boldsymbol{E}_n&\boldsymbol{B}\end{pmatrix}$ 进行分块矩阵的初等变换：

$$\begin{pmatrix}\boldsymbol{A}&\boldsymbol{O}\\\boldsymbol{E}_n&\boldsymbol{B}\end{pmatrix}\xrightarrow[c_2+c_1(-\boldsymbol{B})]{r_1+(-\boldsymbol{A})r_2}\begin{pmatrix}\boldsymbol{O}&-\boldsymbol{AB}\\\boldsymbol{E}_n&\boldsymbol{O}\end{pmatrix}\xrightarrow[c_2\leftrightarrow c_1]{(-\boldsymbol{E})r_1}\begin{pmatrix}\boldsymbol{AB}&\boldsymbol{O}\\\boldsymbol{O}&\boldsymbol{E}_n\end{pmatrix},$$

故

$$r\left(\begin{pmatrix}\boldsymbol{A}&\boldsymbol{O}\\\boldsymbol{E}_n&\boldsymbol{B}\end{pmatrix}\right)=r\left(\begin{pmatrix}\boldsymbol{AB}&\boldsymbol{O}\\\boldsymbol{O}&\boldsymbol{E}_n\end{pmatrix}\right)=r(\boldsymbol{AB})+n\geqslant r(\boldsymbol{A})+r(\boldsymbol{B}).$$

特别地，若 $\boldsymbol{AB}=\boldsymbol{O}$，显然有

$$r(\boldsymbol{A})+r(\boldsymbol{B})\leqslant n.$$

□

例 2.45　(第一降秩定理)设 $\boldsymbol{A}$ 与 $\boldsymbol{D}$ 分别为 m 阶和 n 阶方阵，证明：

$$r\left(\begin{pmatrix}\boldsymbol{A}&\boldsymbol{B}\\\boldsymbol{C}&\boldsymbol{D}\end{pmatrix}\right)=\begin{cases}r(\boldsymbol{A})+r(\boldsymbol{D}-\boldsymbol{CA}^{-1}\boldsymbol{B}),\text{ 若 }\boldsymbol{A}\text{ 可逆；}\\r(\boldsymbol{D})+r(\boldsymbol{A}-\boldsymbol{BD}^{-1}\boldsymbol{C}),\text{ 若 }\boldsymbol{D}\text{ 可逆.}\end{cases}$$

证明：对矩阵 $\begin{pmatrix}\boldsymbol{A}&\boldsymbol{B}\\\boldsymbol{C}&\boldsymbol{D}\end{pmatrix}$ 进行第三种行为的分块矩阵的初等变换，由定理 2.10，若 $\boldsymbol{A}$ 可逆，有

$$\begin{aligned}&\begin{pmatrix}\boldsymbol{E}_m&\boldsymbol{O}\\-\boldsymbol{CA}^{-1}&\boldsymbol{E}_n\end{pmatrix}\begin{pmatrix}\boldsymbol{A}&\boldsymbol{B}\\\boldsymbol{C}&\boldsymbol{D}\end{pmatrix}\begin{pmatrix}\boldsymbol{E}_m&-\boldsymbol{A}^{-1}\boldsymbol{B}\\\boldsymbol{O}&\boldsymbol{E}_n\end{pmatrix}\\&=\begin{pmatrix}\boldsymbol{A}&\boldsymbol{B}\\\boldsymbol{O}&\boldsymbol{D}-\boldsymbol{CA}^{-1}\boldsymbol{B}\end{pmatrix}\begin{pmatrix}\boldsymbol{E}_m&-\boldsymbol{A}^{-1}\boldsymbol{B}\\\boldsymbol{O}&\boldsymbol{E}_n\end{pmatrix}=\begin{pmatrix}\boldsymbol{A}&\boldsymbol{O}\\\boldsymbol{O}&\boldsymbol{D}-\boldsymbol{CA}^{-1}\boldsymbol{B}\end{pmatrix},\end{aligned}$$

即得

$$r\left(\begin{pmatrix}\boldsymbol{A}&\boldsymbol{B}\\\boldsymbol{C}&\boldsymbol{D}\end{pmatrix}\right)=r(\boldsymbol{A})+r(\boldsymbol{D}-\boldsymbol{CA}^{-1}\boldsymbol{B}).$$

若 $\boldsymbol{D}$ 可逆，有

$$\begin{aligned}&\begin{pmatrix}\boldsymbol{E}_m&-\boldsymbol{BD}^{-1}\\\boldsymbol{O}&\boldsymbol{E}_n\end{pmatrix}\begin{pmatrix}\boldsymbol{A}&\boldsymbol{B}\\\boldsymbol{C}&\boldsymbol{D}\end{pmatrix}\begin{pmatrix}\boldsymbol{E}_m&\boldsymbol{O}\\-\boldsymbol{D}^{-1}\boldsymbol{C}&\boldsymbol{E}_n\end{pmatrix}\\&=\begin{pmatrix}\boldsymbol{A}-\boldsymbol{BD}^{-1}\boldsymbol{C}&\boldsymbol{O}\\\boldsymbol{C}&\boldsymbol{D}\end{pmatrix}\begin{pmatrix}\boldsymbol{E}_m&\boldsymbol{O}\\-\boldsymbol{D}^{-1}\boldsymbol{C}&\boldsymbol{E}_n\end{pmatrix}=\begin{pmatrix}\boldsymbol{A}-\boldsymbol{BD}^{-1}\boldsymbol{C}&\boldsymbol{O}\\\boldsymbol{O}&\boldsymbol{D}\end{pmatrix},\end{aligned}$$

即得

$$r\left(\begin{pmatrix} A & B \\ C & D \end{pmatrix}\right)=r(D)+r(A-BD^{-1}C).$$

□

延展阅读

1. 行列式的定义

行列式的定义普遍采用以下两种定义方法：

(1) 利用余子式归纳定义；

(2) 利用排列、逆序数完全展开来定义.

本书采用的是归纳法定义，即第一种方法. 为了方便有兴趣的读者了解，这里给出第二种定义：

$$D=\begin{vmatrix} a_{11} & a_{12} & \cdots & a_{1n} \\ a_{21} & a_{22} & \cdots & a_{2n} \\ \vdots & \vdots & & \vdots \\ a_{n1} & a_{n2} & \cdots & a_{nn} \end{vmatrix}=\sum_{j_1j_2\cdots j_n}(-1)^{\tau(j_1j_2\cdots j_n)}a_{1j_1}a_{2j_2}\cdots a_{nj_n}$$

$$=\sum_{j_1j_2\cdots j_n}(-1)^{\tau(j_1j_2\cdots j_n)}a_{j_11}a_{j_22}\cdots a_{j_nn},$$

其中 $j_1j_2\cdots j_n$ 是自然数 $1,2,\cdots,n$ 的一个 n 阶排列，$\tau(j_1j_2\cdots j_n)$ 是这个排列的逆序数.

和式是对所有的 n 阶排列求和，共 $n!$ 项. 前 n 个自然数的排列称为一个 n 阶排列. 在一个排列中，任取两个数保持它们的相对顺序不变称为一个数对，在一个数对 $(j_k,\ j_l)$ $(k<l)$ 中，如果 $j_k>j_l$，称 $(j_k,\ j_l)$ 为一个逆序. 如果 $j_k<j_l$ 称为一个顺序. 一个排列中逆序的总数称为这个排列的逆序数，记为 $\tau(j_1\cdots j_n)$. 如 5 阶排列 25431，它的逆序数 $\tau(25431)=7$.

行列式的归纳法定义直观易懂，易于接受，排列、逆序数的定义法能清楚地知道行列式完全展开式中每一项的构成，这对一些问题的证明简洁有效.

2. 二、三阶行列式的几何意义

设二阶行列式 $\begin{vmatrix} a_1 & b_1 \\ a_2 & b_2 \end{vmatrix}$，把它的两行分别看作平面上两个点的坐标 $A(a_1,b_1)$，$B(a_2,b_2)$，以 $\overrightarrow{OA}$，$\overrightarrow{OB}$ 为邻边作平行四边形 $OACB$（见图 2.2），下面我们来计算此平行四边形的面积.

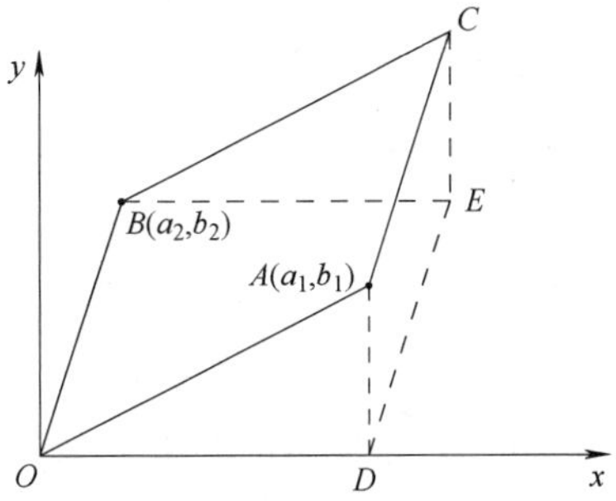

图 2.2

$$S_{\square OACB}=S_{\square ODEB}+S_{\triangle BEC}-S_{\triangle OAD}-S_{\square ADEC}$$
$$=S_{\square ODEB}-S_{\square ADEC}=a_1b_2-a_2b_1.$$

此结果正好是二阶行列式 $\begin{vmatrix} a_1 & b_1 \\ a_2 & b_2 \end{vmatrix}$ 展开的结果.

由此可得过原点的几何向量 $\overrightarrow{OA}$，$\overrightarrow{OB}$ 所构成的平行四边形的有向面积等于以 A，B 两点坐标按行排所构成的二阶行列式的结果. 所谓有向面积是指，如果按右手法则，$\overrightarrow{OA}$ 逆时针旋转到 $\overrightarrow{OB}$，面积为正；$\overrightarrow{OA}$ 顺时针旋转到 $\overrightarrow{OB}$，面积为负.

类似可推得三阶行列式的几何意义为：三阶行列式值等于分别以三行元素为坐标的空间向量构成的平行六面体的有向体积.

从行列式的几何意义角度，读者可更深刻地领会理解行列式的性质.

3. 行列式的性质

(1) 性质2.7的证明

性质2.7 方阵 $A \xrightarrow{r_i \leftrightarrow r_j} B$，则 $|A| = -|B|$.

证明：设 $A=(a_{ij})_n$，$B=(b_{ij})_n$. 对 A 的阶数 n 作归纳证明.

当 $n=2$ 时，显然性质成立. 设阶为 $n-1$ 时成立，当 A 的阶为 n 时，我们分两种情况讨论.

(1) i, j 两行相邻. 设 $j=i+1$，则有

$b_{kp}=a_{kp}$，$k\neq i$，$i+1$；$b_{ip}=a_{i+1,p}$，$b_{i+1,p}=a_{ip}$.

由行列式的定义2.13，有

$$\begin{aligned}|B| &= \sum_{k=1}^{n}(-1)^{k+1}b_{k1}B_{k1} \\ &= \sum_{k=1,k\neq i,i+1}^{n}(-1)^{k+1}a_{k1}B_{k1} + \\ &\quad (-1)^{i+1+1}a_{i1}M_{i1}+(-1)^{i+1}a_{i+1,1}M_{i+1,1},\end{aligned}$$

其中 B_{k1}，M_{k1} 分别为 B，A 中元素 a_{k1} 的余子式.

由归纳假设，有 $B_{k1}=-M_{k1}$，从而

$$\begin{aligned}|B| &= -\sum_{k=1,k\neq i,i+1}^{n}(-1)^{k+1}a_{k1}M_{k1}+(-1)^{i+1}a_{i+11}M_{i+11}+ \\ &\quad (-1)^{i+2}a_{i1}M_{i1} \\ &= -\sum_{k=1}^{n}(-1)^{k+1}a_{k1}M_{k1} = -|A|.\end{aligned}$$

(2) i, j 两行不相邻. 不妨设 $i<j$，将 A 的第 i 行与下面的 $i+1$，$i+2$，…，$j-1$ 行交换，相邻交换了 $j-i-1$ 次，再把第 j 行与上面的 $j-1$，$j-2$，…，i 行交换，相邻交换了 $j-i$ 次，从而 A 共经 $j-i-1+j-i=2j-2i-1$ 次相邻交换变到矩阵 B，由(1)得

$$|B| = (-1)^{2j-2i-1}|A| = -|A|.$$

综上，性质2.7得证. □

4. 拉普拉斯定理

行列式的性质2.11是把行列式按某行(列)展开，作为性质2.11的推广，也可把行列式按某 k 行(列)展开，这个结果称为行列式的拉普拉斯定理. 为方便以后应用，此处不加证明地描述如下.

拉普拉斯定理：设 D 为 n 阶行列式，在 D 中任意取定 k 行($1\leqslant k\leqslant n-1$)，由这 k 行元素所组成的全体 k 阶子式记作 M_1，M_2，…，M_t($t=C_n^k$). 令 M_i 的代数余子式为 A_i，$1\leqslant i\leqslant t$，则

$$D = \sum_{i=1}^{t}M_iA_i = M_1A_1+M_2A_2+\cdots+M_tA_t.$$

例2.46 设

$$D=\begin{vmatrix}1 & -2 & 1 & 1 & 2\\ 2 & 0 & 0 & 3 & 0\\ -3 & 0 & 1 & 0 & 0\\ 1 & 1 & 2 & 3 & 2\\ 1 & 2 & -1 & 0 & 1\end{vmatrix},$$

求其值.

解：由于第2行和第3行中包含的零元较多，因此把行列式按第2行和第3行展开. 在第2行和第3行中，共有10个二阶子式，非零的3个二阶子式为

$$M_1=\begin{vmatrix}2 & 0\\ -3 & 1\end{vmatrix}=2,\ M_2=\begin{vmatrix}2 & 3\\ -3 & 0\end{vmatrix}=9,$$

$$M_3=\begin{vmatrix}0 & 3\\ 1 & 0\end{vmatrix}=-3.$$

它们的代数余子式分别为

$$A_1=(-1)^{2+3+1+3}\begin{vmatrix}-2 & 1 & 2\\ 1 & 3 & 2\\ 2 & 0 & 1\end{vmatrix}=15,$$

$$A_2=(-1)^{2+3+1+4}\begin{vmatrix}-2 & 1 & 2\\ 1 & 2 & 2\\ 2 & -1 & 1\end{vmatrix}=-15,$$

$$A_3=(-1)^{2+3+3+4}\begin{vmatrix}1 & -2 & 2\\ 1 & 1 & 2\\ 1 & 2 & 1\end{vmatrix}=-3.$$

由拉普拉斯定理得

$$\begin{aligned}D &= M_1A_1+M_2A_2+M_3A_3 \\ &= 2\times15+9\times(-15)+(-3)\times(-3) \\ &= -96.\end{aligned}$$

5. 性质 2.12 的证明

性质 2.12 设 $\boldsymbol{A}$ 和 $\boldsymbol{B}$ 均为 n 阶方阵，则 $|\boldsymbol{AB}|=|\boldsymbol{A}||\boldsymbol{B}|$.

证明：我们分三步来完成这个证明.

首先，证明如下行列式的等式成立：

$$D=\begin{vmatrix} a_{11} & a_{12} & \cdots & a_{1k} & 0 & 0 & \cdots & 0 \\ a_{21} & a_{22} & \cdots & a_{2k} & 0 & 0 & \cdots & 0 \\ \vdots & \vdots & & \vdots & \vdots & \vdots & & \vdots \\ a_{k1} & a_{k2} & \cdots & a_{kk} & 0 & 0 & \cdots & 0 \\ d_{11} & d_{12} & \cdots & d_{1k} & b_{11} & b_{12} & \cdots & b_{1r} \\ d_{21} & d_{22} & \cdots & d_{2k} & b_{21} & b_{22} & \cdots & b_{2r} \\ \vdots & \vdots & & \vdots & \vdots & \vdots & & \vdots \\ d_{r1} & d_{r2} & \cdots & d_{rk} & b_{r1} & b_{r2} & \cdots & b_{rr} \end{vmatrix}$$

$$=\begin{vmatrix} a_{11} & a_{12} & \cdots & a_{1k} \\ a_{21} & a_{22} & \cdots & a_{2k} \\ \vdots & \vdots & & \vdots \\ a_{k1} & a_{k2} & \cdots & a_{kk} \end{vmatrix} \cdot \begin{vmatrix} b_{11} & b_{12} & \cdots & b_{1r} \\ b_{21} & b_{22} & \cdots & b_{2r} \\ \vdots & \vdots & & \vdots \\ b_{r1} & b_{r2} & \cdots & b_{rr} \end{vmatrix}.$$

对 k 作归纳证明.

当 $k=1$ 时，由行列式的定义知

$$D=a_{11}(-1)^{1+1}M_{11}=a_{11}\begin{vmatrix} b_{11} & b_{12} & \cdots & b_{1r} \\ b_{21} & b_{22} & \cdots & b_{2r} \\ \vdots & \vdots & & \vdots \\ b_{r1} & b_{r2} & \cdots & b_{rr} \end{vmatrix}.$$

上式成立.

设 $k-1$ 时等式成立. 现证 k 时成立. 由行列式的定义及归纳假设有

$$D = \sum_{j=1}^{k} a_{1j}(-1)^{1+j}M_{1j}$$

$$= \sum_{j=1}^{k} a_{1j}(-1)^{1+j}\begin{vmatrix} a_{21} & a_{22} & \cdots & a_{2,j-1} & a_{2,j+1} & \cdots & a_{2k} \\ a_{31} & a_{32} & \cdots & a_{3,j-1} & a_{3,j+1} & \cdots & a_{3k} \\ \vdots & \vdots & & \vdots & \vdots & & \vdots \\ a_{k1} & a_{k2} & \cdots & a_{k,j-1} & a_{k,j+1} & \cdots & a_{kk} \end{vmatrix} \cdot \begin{vmatrix} b_{11} & b_{12} & \cdots & b_{1r} \\ b_{21} & b_{22} & \cdots & b_{2r} \\ \vdots & \vdots & & \vdots \\ b_{r1} & b_{r2} & \cdots & b_{rr} \end{vmatrix}$$

$$=\begin{vmatrix} a_{11} & a_{12} & \cdots & a_{1k} \\ a_{21} & a_{22} & \cdots & a_{2k} \\ \vdots & \vdots & & \vdots \\ a_{k1} & a_{k2} & \cdots & a_{kk} \end{vmatrix} \cdot \begin{vmatrix} b_{11} & b_{12} & \cdots & b_{1r} \\ b_{21} & b_{22} & \cdots & b_{2r} \\ \vdots & \vdots & & \vdots \\ b_{r1} & b_{r2} & \cdots & b_{rr} \end{vmatrix}.$$

上式成立.

上面的等式可记为 $\begin{vmatrix} \boldsymbol{A} & \boldsymbol{O} \\ \boldsymbol{d} & \boldsymbol{B} \end{vmatrix}=|\boldsymbol{A}||\boldsymbol{B}|$. 其中 $\boldsymbol{A}=(a_{ij})_{k\times k}$，$\boldsymbol{B}=(b_{ij})_{r\times r}$，$\boldsymbol{d}=(d_{ij})_{r\times k}$，$\boldsymbol{O}=\boldsymbol{O}_{k\times r}$.

类似可证 $\begin{vmatrix} \boldsymbol{A} & \boldsymbol{d} \\ \boldsymbol{O} & \boldsymbol{B} \end{vmatrix}=|\boldsymbol{A}||\boldsymbol{B}|$. 明显地，这些结果也可直接由拉普拉斯定理得到.

其次，证明 $\begin{vmatrix} \boldsymbol{O} & \boldsymbol{C} \\ -\boldsymbol{E} & \boldsymbol{B} \end{vmatrix}=|\boldsymbol{C}|$，其中 $\boldsymbol{B},\boldsymbol{C},\boldsymbol{E},\boldsymbol{O}$ 均为 n 阶方阵，$\boldsymbol{E}$ 为单位矩阵.

把第 i 列与第 $n+i$ 列交换，$i=1, 2, \cdots, n$，共互换了 n 次，则有

$$\begin{vmatrix} \boldsymbol{O} & \boldsymbol{C} \\ -\boldsymbol{E} & \boldsymbol{B} \end{vmatrix}=(-1)^n\begin{vmatrix} \boldsymbol{C} & \boldsymbol{O} \\ \boldsymbol{B} & -\boldsymbol{E} \end{vmatrix}$$

$$=(-1)^n|\boldsymbol{C}||-\boldsymbol{E}|$$

$$=(-1)^n(-1)^n|\boldsymbol{C}||\boldsymbol{E}|$$

$$=(-1)^{2n}|\boldsymbol{C}|\cdot 1=|\boldsymbol{C}|.$$

最后，证明性质 2.12.

设 $\boldsymbol{A}=(a_{ij})_{n\times n}$，$\boldsymbol{B}=(b_{ij})_{n\times n}$，构造 $2n$ 阶行列式

$$D=\begin{vmatrix} \boldsymbol{A} & \boldsymbol{O} \\ -\boldsymbol{E} & \boldsymbol{B} \end{vmatrix}=|\boldsymbol{A}||\boldsymbol{B}|,$$

另一方面，从第 $n+1$ 行开始，$r_k+a_{ki}r_{n+i}$，$i=1,2,\cdots,n$；$k=1,2,\cdots,n$，有

$D=\begin{vmatrix} \boldsymbol{O} & \boldsymbol{C} \\ -\boldsymbol{E} & \boldsymbol{B} \end{vmatrix}$，其中 $\boldsymbol{C}=(c_{ij})_{n\times n}$，$c_{ij}=\sum\limits_{k=1}^{n}a_{ik}b_{kj}$.

所以 $\boldsymbol{C}=\boldsymbol{AB}$，从而 $D=|\boldsymbol{C}|=|\boldsymbol{AB}|$.

故 $|\boldsymbol{AB}|=|\boldsymbol{A}||\boldsymbol{B}|$. □

习题二

(一)

1. 设矩阵

$$A=\begin{pmatrix}1&3\\-1&0\\2&3\end{pmatrix},\ B=\begin{pmatrix}-2&0\\2&-1\\-1&1\end{pmatrix},\ C=\begin{pmatrix}-1&2\\2&1\\2&-3\end{pmatrix},$$

试求 $A+B$；$A-B+C$；$-A+3B+2C$.

2. 设矩阵

$$A=\begin{pmatrix}1&2&1&2\\2&1&2&1\\1&2&3&4\end{pmatrix},\ B=\begin{pmatrix}4&3&2&1\\-2&1&-2&1\\0&-1&0&-1\end{pmatrix}.$$

(1) 已知 $A+X=B$，求 X；

(2) 已知 $(2A-Y)+2(B-Y)=O$，求 Y；

(3) 已知 $2X+Y=A$，$X-Y=B$，求 X，Y.

3. 设矩阵

$$A=\begin{pmatrix}x&0\\7&y\end{pmatrix},\ B=\begin{pmatrix}u&2v\\y&2\end{pmatrix},\ C=\begin{pmatrix}3&-4\\x&v\end{pmatrix},$$

且 $A+2B=C$，求 x，y，u，v 的值.

4. 设 $A=(a_{ij})_{m\times n}$，k 为数. 证明：若 $kA=O$，则 $k=0$ 或 $A=O$.

5. 计算下列矩阵乘积：

(1) $\begin{pmatrix}3&2\\-1&4\\5&1\end{pmatrix}\begin{pmatrix}1&8&-1\\2&0&3\end{pmatrix}$；

(2) $\begin{pmatrix}1&3&-1\\0&4&2\\7&0&1\end{pmatrix}\begin{pmatrix}1\\-2\\3\end{pmatrix}$；

(3) $(1,\ 2,\ 3)\begin{pmatrix}1\\2\\-1\end{pmatrix}$；

(4) $\begin{pmatrix}1\\-2\\3\end{pmatrix}(3,\ -1,\ 2)$；

(5) $(x_1,\ x_2,\ x_3)\begin{pmatrix}a_{11}&a_{12}\\a_{21}&a_{22}\\a_{31}&a_{32}\end{pmatrix}\begin{pmatrix}y_1\\y_2\end{pmatrix}$.

6. 证明两个同阶上三角矩阵的乘积还是上三角矩阵.

7. 已知矩阵

$$A=\begin{pmatrix}1&0&3\\0&2&1\\0&0&1\end{pmatrix},\ B=\begin{pmatrix}1&0&0\\0&2&1\\3&0&2\end{pmatrix}.$$

试求：

(1) AB，BA；

(2) A^2-B^2，$(A+B)(A-B)$.

8. 计算：

(1) $\begin{pmatrix}1&0\\\lambda&1\end{pmatrix}^n$；

(2) $\begin{pmatrix}\cos\theta&-\sin\theta\\\sin\theta&\cos\theta\end{pmatrix}^n$；

(3) $(\alpha\beta^{\mathrm T})^n$，$\alpha=\begin{pmatrix}a_1\\a_2\\a_3\end{pmatrix}$，$\beta=\begin{pmatrix}b_1\\b_2\\b_3\end{pmatrix}$；当 $\alpha=\begin{pmatrix}1\\2\\3\end{pmatrix}$，$\beta=\begin{pmatrix}1\\\frac{1}{2}\\\frac{1}{3}\end{pmatrix}$ 时，写出其具体结果；

(4) $\begin{pmatrix}1&-1&-1&-1\\-1&1&-1&-1\\-1&-1&1&-1\\-1&-1&-1&1\end{pmatrix}^n$；

(5) 设 $A=\begin{pmatrix}1&0&1\\0&2&0\\1&0&1\end{pmatrix}$，求 A^n-2A^{n-1}.

9. 求与下列矩阵可交换的所有矩阵：

(1) $\begin{pmatrix}2&1\\0&1\end{pmatrix}$；

(2) $\begin{pmatrix}0&1&0&0\\0&0&1&0\\0&0&0&1\\0&0&0&0\end{pmatrix}$.

10. 求一个满足 $A^2=O$ 且 $A\neq O$ 的二阶方阵 $A_{2\times 2}$.

11. 设 $A=\begin{pmatrix}1&-1\\2&3\end{pmatrix}$，求：

(1) A^2-2A;

(2) $3A^3-2A^2+5A-4E$.

12. 求以下矩阵多项式 $f(A)$:

(1) $A=\begin{pmatrix}2&-1\\-3&3\end{pmatrix}$, $f(x)=x^2-5x+3$;

(2) $A=\begin{pmatrix}2&2&3\\1&-1&0\\3&1&2\end{pmatrix}$, $f(x)=x^2-x+1$.

13. 设 A 为 n 阶矩阵，且对任意 $n\times 1$ 矩阵 α，都有 $\alpha^{T}A\alpha=0$，证明：A 为反对称矩阵.

14. 设 A 和 B 为 n 阶方阵，$2A-B=E$. 证明 $A^2=A$ 的充分必要条件是 $B^2=E$.

15. 设 A 和 B 为对称矩阵. 证明：AB 为对称矩阵的充要条件为 $AB=BA$.

16. 设 A 是反对称矩阵，B 是对称矩阵，证明：

(1) A^2 是对称矩阵；

(2) $AB-BA$ 是对称矩阵；

(3) AB 为反对称矩阵的充分必要条件是 $AB=BA$.

17. 已知线性型

$$\begin{cases}y_1=x_1+x_3,\\ y_2=2x_2-5x_3,\\ y_3=3x_1+7x_2,\end{cases}\quad \begin{cases}z_1=y_1-y_2+3y_3,\\ z_2=y_1+3y_2,\\ z_3=4y_2-y_3,\end{cases}$$

试求由 x_1, x_2, x_3 到 z_1, z_2, z_3 的线性型.

18. 计算下列行列式：

(1) $\begin{vmatrix}6&9\\8&12\end{vmatrix}$;

(2) $\begin{vmatrix}x-1&1\\x^2&x^2+x+1\end{vmatrix}$;

(3) $\begin{vmatrix}1&2&3\\2&3&1\\3&1&2\end{vmatrix}$;

(4) $\begin{vmatrix}0&a&0\\b&0&c\\0&d&0\end{vmatrix}$;

(5) $\begin{vmatrix}5&0&0&0&0\\0&0&0&3&0\\0&0&2&0&0\\0&0&0&0&4\\0&1&0&0&0\end{vmatrix}$;

(6) $\begin{vmatrix}0&0&0&1&0\\0&0&2&7&0\\0&3&8&0&0\\4&9&12&-5&0\\10&11&10&7&-5\end{vmatrix}$.

19. 求 x 使

$$\begin{vmatrix}x&3&4\\-1&x&0\\0&x&1\end{vmatrix}=0.$$

20. 用行列式的性质计算以下行列式：

(1) $\begin{vmatrix}x^2+1&yx&zx\\xy&y^2+1&zy\\xz&yz&z^2+1\end{vmatrix}$;

(2) $\begin{vmatrix}x&y&x+y\\y&x+y&x\\x+y&x&y\end{vmatrix}$;

(3) $\begin{vmatrix}a^2&(a+1)^2&(a+2)^2&(a+3)^2\\b^2&(b+1)^2&(b+2)^2&(b+3)^2\\c^2&(c+1)^2&(c+2)^2&(c+3)^2\\d^2&(d+1)^2&(d+2)^2&(d+3)^2\end{vmatrix}$;

(4) $\begin{vmatrix}0&x&y&z\\x&0&z&y\\y&z&0&x\\z&y&x&0\end{vmatrix}$.

21. 求解方程 $f(x)=0$，其中

$$f(x)=\begin{vmatrix}1&x&x^2&x^3\\1&1&1&1\\1&-1&1&-1\\1&2&4&8\end{vmatrix}.$$

22. 已知 4 阶行列式 D 的第二列元素依次为 $-1,2,0,1$. 它们对应的余子式分别为 $5,3,-7,4$. 试求行列式 D.

23. 已知行列式

$$D=\begin{vmatrix}3&1&0&4\\0&2&-1&1\\1&1&2&1\\3&5&2&7\end{vmatrix},$$

M_{ij} 与 A_{ij} 分别是 D 中元素 a_{ij} 的余子式和代数余子式，试求：

(1) $4M_{42}+2M_{43}+2M_{44}$;

(2) $A_{41}+A_{42}+A_{43}+A_{44}$.

24. 设 $\boldsymbol{A}$，$\boldsymbol{B}$ 满足 $\boldsymbol{A}^*\boldsymbol{B}\boldsymbol{A}=2\boldsymbol{B}\boldsymbol{A}-8\boldsymbol{E}$，其中

$$\boldsymbol{A}=\begin{pmatrix}1&2&-2\\0&-2&4\\0&0&1\end{pmatrix},$$

$\boldsymbol{A}^*$ 是 $\boldsymbol{A}$ 的伴随矩阵，求 $\boldsymbol{B}$.

25. 求下列矩阵的逆矩阵：

(1) $\begin{pmatrix}2&5\\3&7\end{pmatrix}$;

(2) $\begin{pmatrix}\cos\theta&-\sin\theta\\\sin\theta&\cos\theta\end{pmatrix}$;

(3) $\begin{pmatrix}5&0&0\\0&3&4\\0&2&3\end{pmatrix}$; (4) $\begin{pmatrix}2&1&3\\0&1&2\\1&0&3\end{pmatrix}$;

(5) $\begin{pmatrix}1&0&0&0\\1&2&0&0\\2&1&3&0\\1&2&1&4\end{pmatrix}$;

(6) $\begin{pmatrix}1&a&a^2&a^3\\0&1&a&a^2\\0&0&1&a\\0&0&0&1\end{pmatrix}$, $a\neq0$.

26. 用克拉默法则解下列线性方程组：

(1) $\begin{cases}x_1+2x_2+4x_3=31,\\5x_1+x_2+2x_3=29,\\3x_1-x_2+x_3=10;\end{cases}$

(2) $\begin{cases}ax_1+x_2+x_3=1,\\3x_1+ax_2+3x_3=1,\\-3x_1+3x_2+ax_3=1;\end{cases}$

(3) $\begin{cases}3x_1+2x_2=1,\\x_1+3x_2+2x_3=0,\\x_2+3x_3+2x_4=0,\\x_3+3x_4+2x_5=0,\\x_4+3x_5=0;\end{cases}$

(4) $\begin{cases}x_2+x_3+x_4+x_5=1,\\x_1+x_3+x_4+x_5=2,\\x_1+x_2+x_4+x_5=3,\\x_1+x_2+x_3+x_5=4,\\x_1+x_2+x_3+x_4=5.\end{cases}$

27. 已知以下齐次线性方程组有非零解，试求参数 λ 的值：

(1) $\begin{cases}x_1-x_2=\lambda x_1,\\-x_1+2x_2-x_3=\lambda x_2,\\-x_2+x_3=\lambda x_3;\end{cases}$

(2) $\begin{cases}(5-\lambda)x_1-4x_2-7x_3=0,\\-6x_1+(7-\lambda)x_2+11x_3=0,\\6x_1-6x_2-(10+\lambda)x_3=0.\end{cases}$

28. 已知矩阵 $\boldsymbol{A}=\begin{pmatrix}1&0&0\\2&-1&0\\2&1&1\end{pmatrix}$，$\boldsymbol{B}=\begin{pmatrix}1&0&0\\0&0&0\\0&0&-1\end{pmatrix}$，且 $\boldsymbol{X}\boldsymbol{A}=\boldsymbol{A}\boldsymbol{B}$.

(1) 证明：$\boldsymbol{X}^n=\boldsymbol{A}\boldsymbol{B}^n\boldsymbol{A}^{-1}$；

(2) 求 $\boldsymbol{X}^5$.

29. 已知矩阵 $\boldsymbol{A}$ 的逆矩阵

$$\boldsymbol{A}^{-1}=\begin{pmatrix}3&-1&1\\1&1&0\\2&1&1\end{pmatrix}.$$

求：$\boldsymbol{A}$，$\boldsymbol{A}^*$，$(\boldsymbol{A}^*)^{-1}$，$(\boldsymbol{A}^*)^*$.

30. 设矩阵

$$\boldsymbol{A}=\begin{pmatrix}-1&0&0\\1&-1&0\\1&1&-1\end{pmatrix},$$

计算 $(\boldsymbol{A}+2\boldsymbol{E})^{-1}(\boldsymbol{A}^2+\boldsymbol{A}-2\boldsymbol{E})$.

31. 设 n 阶方阵满足 $\boldsymbol{A}^2=2\boldsymbol{A}$，证明：$\boldsymbol{A}-\boldsymbol{E}$ 可逆，且 $(\boldsymbol{A}-\boldsymbol{E})^{-1}=\boldsymbol{A}-\boldsymbol{E}$.

32. 设 $\boldsymbol{A}$ 和 $\boldsymbol{B}$ 为 n 阶方阵，且 $\boldsymbol{A}^2\boldsymbol{B}+\boldsymbol{A}\boldsymbol{B}^2=\boldsymbol{E}$，证明：$a\boldsymbol{A}$，$\boldsymbol{B}$，$\boldsymbol{A}+\boldsymbol{B}$ 都可逆(其中 $a\neq0$).

33. 设 $\boldsymbol{A}$ 是 $n(n\geqslant2)$ 阶方阵，$\boldsymbol{A}^2=2\boldsymbol{A}$ 但 $\boldsymbol{A}\neq2\boldsymbol{E}$，证明：$\boldsymbol{A}^*$ 不可逆.

34. 设 $\boldsymbol{A}\neq\boldsymbol{E}$ 为 3 阶非零实矩阵，且 $\boldsymbol{A}^*=-\boldsymbol{A}^{\mathrm{T}}$，证明：$|\boldsymbol{A}|=-1$ 且 $\boldsymbol{A}^{-1}=-\boldsymbol{A}^*$.

35. 设 $\boldsymbol{A}$ 为 n 阶矩阵，且 $\boldsymbol{A}^k=\boldsymbol{O}$. 证明

$$(\boldsymbol{E}-\boldsymbol{A})^{-1}=\boldsymbol{E}+\boldsymbol{A}+\boldsymbol{A}^2+\cdots+\boldsymbol{A}^{k-1}.$$

36. 设 $\boldsymbol{A}$ 和 $\boldsymbol{B}$ 都是 n 阶方阵，且 $\boldsymbol{A},\boldsymbol{B},\boldsymbol{A}+\boldsymbol{B}$ 都可逆，证明：

$$(\boldsymbol{A}+\boldsymbol{B})^{-1}=\boldsymbol{A}^{-1}(\boldsymbol{A}^{-1}+\boldsymbol{B}^{-1})^{-1}\boldsymbol{B}^{-1}.$$

37. 若 $\boldsymbol{A}$，$\boldsymbol{B}$ 都是 n 阶方阵，试判断下列命题是

否成立：

（1）若 $\boldsymbol{A}$ 与 $\boldsymbol{B}$ 都可逆，则 $\boldsymbol{A}+\boldsymbol{B}$ 也可逆；

（2）若 $\boldsymbol{A}$ 与 $\boldsymbol{B}$ 都可逆，则 $\boldsymbol{AB}$ 也可逆；

（3）若 $\boldsymbol{AB}$ 可逆，则 $\boldsymbol{A}$ 与 $\boldsymbol{B}$ 都可逆；

（4）若 $\boldsymbol{A}^2=\boldsymbol{A}$，则 $\boldsymbol{A}=\boldsymbol{O}$ 或 $\boldsymbol{A}=\boldsymbol{E}$.

38. 设 $\boldsymbol{A}$ 为 5 阶矩阵，且 $|\boldsymbol{A}|=\dfrac{1}{2}$，试求：$|\boldsymbol{A}^*|$，$|(2\boldsymbol{A})^{-1}+3\boldsymbol{A}^*|$.

39. 设 4 阶矩阵 $\boldsymbol{A}=(\boldsymbol{\alpha},\boldsymbol{\gamma}_2,\boldsymbol{\gamma}_3,\boldsymbol{\gamma}_4)$，$\boldsymbol{B}=(\boldsymbol{\beta},\boldsymbol{\gamma}_2,\boldsymbol{\gamma}_3,\boldsymbol{\gamma}_4)$，其中 $\boldsymbol{\alpha}$，$\boldsymbol{\beta}$，$\boldsymbol{\gamma}_2$，$\boldsymbol{\gamma}_3$，$\boldsymbol{\gamma}_4$ 均为 4×1 的列矩阵，且 $|\boldsymbol{A}|=4$，$|\boldsymbol{B}|=1$，求 $|\boldsymbol{A}+\boldsymbol{B}|$.

40. 用分块矩阵计算下列乘积：

（1）$\begin{pmatrix}3&2&-1&0\\2&0&1&1\\-2&4&0&1\\1&0&4&0\end{pmatrix}\begin{pmatrix}2&1\\0&2\\-1&0\\0&3\end{pmatrix}$；

（2）$\begin{pmatrix}1&-1&0&0\\3&-1&0&0\\0&1&0&0\\0&0&2&-1\end{pmatrix}\begin{pmatrix}1&0&0&0\\-1&0&0&0\\0&1&3&-1\\0&2&1&4\end{pmatrix}$.

41. 利用分块矩阵求下列矩阵的逆矩阵：

（1）$\begin{pmatrix}2&3&0&0&0\\-3&-5&0&0&0\\0&0&2&0&0\\0&0&0&8&5\\0&0&0&3&2\end{pmatrix}$；

（2）$\begin{pmatrix}0&0&0&1&2\\0&0&0&2&3\\1&1&0&0&0\\0&1&1&0&0\\0&0&1&0&0\end{pmatrix}$.

42. 设矩阵 $\boldsymbol{A}=\begin{pmatrix}1&1\\-2&-4\end{pmatrix}$，将矩阵 $\boldsymbol{A}$ 表成初等矩阵的乘积.

43. 若对可逆矩阵 $\boldsymbol{A}$ 分别施行下列初等变换，则 $\boldsymbol{A}^{-1}$ 相应地发生了什么变换？

（1）交换 $\boldsymbol{A}$ 的 i，j 两行；

（2）将 $\boldsymbol{A}$ 的第 i 行非零常数 k 倍；

（3）将 $\boldsymbol{A}$ 的第 i 行 λ 倍加到第 j 行.

44. 设

$$\boldsymbol{A}=\begin{pmatrix}1&2&3&4\\2&3&4&5\\5&4&5&2\end{pmatrix},$$

（1）求一个可逆矩阵 $\boldsymbol{P}$ 使 $\boldsymbol{PA}$ 为行阶梯形；

（2）求一个可逆矩阵 $\boldsymbol{Q}$ 使 $\boldsymbol{QA}^{\mathrm{T}}$ 为行阶梯形.

45. 求数 a 的值使矩阵

$$\boldsymbol{A}=\begin{pmatrix}a&2&\cdots&2\\2&a&\cdots&2\\\vdots&\vdots&&\vdots\\2&2&\cdots&a\end{pmatrix}$$

为满秩矩阵.

46. 已知

$$\boldsymbol{A}=\begin{pmatrix}1&a&a&a\\a&1&a&a\\a&a&1&a\\a&a&a&1\end{pmatrix},$$

（1）a 取何值时矩阵 $\boldsymbol{A}$ 可逆？

（2）a 取何值时矩阵 $\boldsymbol{A}$ 的秩为 3？

（3）a 取何值时矩阵 $\boldsymbol{A}$ 的秩为 1？

47. 设 $\boldsymbol{A}=\begin{pmatrix}1&1&0\\1&0&1\\0&1&1\end{pmatrix}$，$\boldsymbol{B}=\begin{pmatrix}a&1&1\\2&1&a\\1&1&a\end{pmatrix}$，且矩阵 $\boldsymbol{AB}$ 的秩为 2，求 a.

48. 用定义求下列矩阵的秩：

（1）$\begin{pmatrix}3&2&1&1\\1&2&-3&2\\4&4&-2&3\end{pmatrix}$；

（2）$\begin{pmatrix}2&-1&3&3\\3&1&-5&0\\4&-1&1&3\\1&3&-13&-6\end{pmatrix}$；

（3）$\begin{pmatrix}1&2&3&4&5\\0&0&-1&-2&-3\\0&0&0&0&4\\0&0&1&2&-1\end{pmatrix}$；

（4）$\begin{pmatrix}a_1b_1&a_1b_2&\cdots&a_1b_n\\a_2b_1&a_2b_2&\cdots&a_2b_n\\\vdots&\vdots&&\vdots\\a_nb_1&a_nb_2&\cdots&a_nb_n\end{pmatrix}$.

49. 用初等变换求下列矩阵的秩，并求一个最高阶非零子式：

(1) $\begin{pmatrix} 3 & 1 & 0 & 2 \\ 1 & -1 & 2 & -1 \\ 1 & 3 & -4 & 4 \end{pmatrix}$；

(2) $\begin{pmatrix} 3 & 2 & -1 & -3 & -1 \\ 2 & -1 & 3 & 1 & -3 \\ 7 & 0 & 5 & -1 & -8 \end{pmatrix}$；

(3) $\begin{pmatrix} 2 & 1 & 8 & 3 & 7 \\ 2 & -3 & 0 & 7 & -5 \\ 3 & -2 & 5 & 8 & 0 \\ 1 & 0 & 3 & 2 & 0 \end{pmatrix}$；

(4) $\begin{pmatrix} 1 & 2 & -1 & 0 & 3 \\ 2 & -1 & 0 & 1 & -1 \\ 3 & 1 & -1 & 1 & 2 \\ 0 & -5 & 2 & 1 & -7 \end{pmatrix}$；

(5) $\begin{pmatrix} 1 & 3 & -1 & 2 \\ 2 & -1 & 2 & 3 \\ 3 & 2 & 1 & 1 \\ 1 & -4 & 3 & 5 \end{pmatrix}$.

50. 利用矩阵的初等变换，求下列方阵的逆矩阵：

(1) $\begin{pmatrix} 3 & 2 & 1 \\ 3 & 1 & 5 \\ 3 & 2 & 3 \end{pmatrix}$；

(2) $\begin{pmatrix} 3 & -2 & 0 & -1 \\ 0 & 2 & 2 & 1 \\ 1 & -2 & -3 & -2 \\ 0 & 1 & 2 & 1 \end{pmatrix}$；

(3) $\begin{pmatrix} 1 & 1 & 1 & 1 \\ 1 & 1 & -1 & -1 \\ 1 & -1 & 1 & -1 \\ 1 & -1 & -1 & 1 \end{pmatrix}$；

(4) $\begin{pmatrix} 1 & 0 & 0 & 0 \\ 2 & 1 & 0 & 0 \\ 3 & 2 & 1 & 0 \\ 4 & 3 & 2 & 1 \end{pmatrix}$.

51. 解以下矩阵方程，求出未知矩阵 $\boldsymbol{X}$：

(1) $\begin{pmatrix} 2 & 5 \\ 1 & 3 \end{pmatrix}\boldsymbol{X} = \begin{pmatrix} 4 & -6 \\ 2 & 1 \end{pmatrix}$；

(2) $\begin{pmatrix} 2 & 1 \\ 5 & 4 \end{pmatrix}\boldsymbol{X}\begin{pmatrix} 4 & 3 \\ 3 & 2 \end{pmatrix} = \begin{pmatrix} 5 & 1 \\ 2 & 4 \end{pmatrix}$；

(3) 已知 $\boldsymbol{A} = \begin{pmatrix} 3 & 0 & 1 \\ 1 & 1 & 1 \\ 1 & 1 & 4 \end{pmatrix}$，$\boldsymbol{B} = \begin{pmatrix} 2 & 1 & 3 \\ 0 & 1 & 2 \\ 1 & 0 & 3 \end{pmatrix}$，且 $\boldsymbol{AX} = \boldsymbol{B} + 2\boldsymbol{X}$；

(4) 已知 $\boldsymbol{A} = \begin{pmatrix} 1 & 0 & 0 \\ 1 & 1 & 0 \\ 1 & 1 & 1 \end{pmatrix}$，$\boldsymbol{B} = \begin{pmatrix} 0 & 1 & 1 \\ 1 & 0 & 1 \\ 1 & 1 & 0 \end{pmatrix}$，且 $\boldsymbol{AXA} + \boldsymbol{BXB} = \boldsymbol{AXB} + \boldsymbol{BXA} + \boldsymbol{E}$.

52. 设 $\boldsymbol{A}$ 为 n 阶可逆矩阵，$\boldsymbol{\alpha}$ 为 $n \times 1$ 的列矩阵，b 为常数，令分块矩阵

$$\boldsymbol{P} = \begin{pmatrix} \boldsymbol{E}_n & \boldsymbol{O} \\ -\boldsymbol{\alpha}^{\mathrm{T}}\boldsymbol{A}^* & |\boldsymbol{A}| \end{pmatrix},\ \boldsymbol{Q} = \begin{pmatrix} \boldsymbol{A} & \boldsymbol{\alpha} \\ \boldsymbol{\alpha}^{\mathrm{T}} & b \end{pmatrix}.$$

(1) 计算并化简 $\boldsymbol{PQ}$；

(2) 证明矩阵 $\boldsymbol{Q}$ 可逆的充分必要条件是 $\boldsymbol{\alpha}^{\mathrm{T}}\boldsymbol{A}^{-1}\boldsymbol{\alpha} \neq \boldsymbol{b}$.

(二)

53. 设 $\boldsymbol{A}$ 为 n 阶非零的对称矩阵，证明：存在 $n \times 1$ 矩阵 $\boldsymbol{\alpha}$，使得 $\boldsymbol{\alpha}^{\mathrm{T}}\boldsymbol{A\alpha} \neq 0$.

54. 计算下列行列式：

(1) $\begin{vmatrix} 1 & 2 & 2 & \cdots & 2 \\ 2 & 2 & 2 & \cdots & 2 \\ 2 & 2 & 3 & \cdots & 2 \\ \vdots & \vdots & \vdots & & \vdots \\ 2 & 2 & 2 & \cdots & n \end{vmatrix}$；

(2) $\begin{vmatrix} 1 & 2 & 3 & \cdots & n \\ -1 & 0 & 3 & \cdots & n \\ -1 & -2 & 0 & \cdots & n \\ \vdots & \vdots & \vdots & & \vdots \\ -1 & -2 & -3 & \cdots & 0 \end{vmatrix}$；

(3) $\begin{vmatrix} x & y & 0 & \cdots & 0 & 0 \\ 0 & x & y & \cdots & 0 & 0 \\ \vdots & \vdots & \vdots & & \vdots & \vdots \\ 0 & 0 & 0 & \cdots & x & y \\ y & 0 & 0 & \cdots & 0 & x \end{vmatrix}$；

(4) $\begin{vmatrix} 1+x & 2 & \cdots & n-1 & n \\ 1 & 2+x & \cdots & n-1 & n \\ \vdots & \vdots & & \vdots & \vdots \\ 1 & 2 & \cdots & (n-1)+x & n \\ 1 & 2 & \cdots & n-1 & n+x \end{vmatrix}$.

55. 证明以下各等式：

(1) $\begin{vmatrix} a_1 & -1 & 0 & \cdots & 0 & 0 \\ a_2 & x & -1 & \cdots & 0 & 0 \\ a_3 & 0 & x & \cdots & 0 & 0 \\ \vdots & \vdots & \vdots & & \vdots & \vdots \\ a_{n-1} & 0 & 0 & \cdots & x & -1 \\ a_n & 0 & 0 & \cdots & 0 & x \end{vmatrix} = \sum_{i=1}^{n} a_i x^{n-i}$；

(2) $\begin{vmatrix} \cos x & 1 & 0 & \cdots & 0 & 0 \\ 1 & 2\cos x & 1 & \cdots & 0 & 0 \\ 0 & 1 & 2\cos x & \cdots & 0 & 0 \\ \vdots & \vdots & \vdots & & \vdots & \vdots \\ 0 & 0 & 0 & \cdots & 2\cos x & 1 \\ 0 & 0 & 0 & \cdots & 1 & 2\cos x \end{vmatrix} = \cos nx$；

(3) $\begin{vmatrix} a^n & (a+1)^n & \cdots & (a+n)^n \\ a^{n-1} & (a+1)^{n-1} & \cdots & (a+n)^{n-1} \\ \vdots & \vdots & & \vdots \\ a & a+1 & \cdots & a+n \\ 1 & 1 & \cdots & 1 \end{vmatrix}$

$=(-1)^{\frac{n(n+1)}{2}}1!\ 2!\ 3!\ \cdots n!$；

(4) $\begin{vmatrix} -a_1 & a_1 & 0 & \cdots & 0 & 0 \\ 0 & -a_2 & a_2 & \cdots & 0 & 0 \\ \vdots & \vdots & \vdots & & \vdots & \vdots \\ 0 & 0 & 0 & \cdots & -a_n & a_n \\ 1 & 1 & 1 & \cdots & 1 & 1 \end{vmatrix} =$

$(-1)^n(n+1)a_1a_2\cdots a_n$，其中 $a_i \neq 0(i=1,2,\cdots,n)$.

56. 利用矩阵的分块技巧，求以下矩阵的逆矩阵：

(1) $\begin{pmatrix} 0 & a_2 & 0 & \cdots & 0 & 0 \\ 0 & 0 & a_3 & \cdots & 0 & 0 \\ \vdots & \vdots & \vdots & & \vdots & \vdots \\ 0 & 0 & 0 & \cdots & a_{n-1} & 0 \\ 0 & 0 & 0 & \cdots & 0 & a_n \\ a_1 & 0 & 0 & \cdots & 0 & 0 \end{pmatrix}$，其中 a_1，$a_2,\cdots,a_n$ 为非零常数；

(2) $\begin{pmatrix} \boldsymbol{O} & \boldsymbol{A}_1 \\ \boldsymbol{A}_2 & \boldsymbol{O} \end{pmatrix}$，其中

$$\boldsymbol{A}_1 = \begin{pmatrix} & & a_1 \\ & a_2 & \\ \iddots & & \\ a_n & & \end{pmatrix},\quad \boldsymbol{A}_2 = \begin{pmatrix} a_{n+1} & & \\ & a_{n+2} & \\ & & \ddots & \\ & & & a_{2n} \end{pmatrix},$$

a_1，a_2，…，a_{2n} 为非零常数.

57. 设 $\boldsymbol{A}$ 为可逆矩阵，$\boldsymbol{X}$，$\boldsymbol{Y}$ 为 $n\times 1$ 矩阵，且 $\boldsymbol{Y}^{\mathrm{T}}\boldsymbol{A}^{-1}\boldsymbol{X}\neq -1$，证明：$\boldsymbol{A}+\boldsymbol{X}\boldsymbol{Y}^{\mathrm{T}}$ 可逆，且

$$(\boldsymbol{A}+\boldsymbol{X}\boldsymbol{Y}^{\mathrm{T}})^{-1}=\boldsymbol{A}^{-1}-\frac{\boldsymbol{A}^{-1}\boldsymbol{X}\boldsymbol{Y}^{\mathrm{T}}\boldsymbol{A}^{-1}}{1+\boldsymbol{Y}^{\mathrm{T}}\boldsymbol{A}^{-1}\boldsymbol{X}}.$$

58. 设 $\boldsymbol{A}$ 和 $\boldsymbol{B}$ 为 n 阶可逆矩阵，证明：$(\boldsymbol{AB})^*=\boldsymbol{B}^*\boldsymbol{A}^*$.

59. 设 $\boldsymbol{A}$ 和 $\boldsymbol{B}$ 为 n 阶可逆矩阵，证明：

(1) $(-\boldsymbol{A})^*=(-1)^{n-1}\boldsymbol{A}^*$；

(2) $(\boldsymbol{A}^{\mathrm{T}})^*=(\boldsymbol{A}^*)^{\mathrm{T}}$.

60. 设 n 阶方阵 $\boldsymbol{A}$ 和 $\boldsymbol{B}$ 满足 $\boldsymbol{A}+\boldsymbol{B}=\boldsymbol{AB}$. 证明：$\boldsymbol{AB}=\boldsymbol{BA}$，且 $\boldsymbol{A}=\boldsymbol{B}(\boldsymbol{B}-\boldsymbol{E})^{-1}$.

61. 设 $\boldsymbol{A}$，$\boldsymbol{B}$ 为 n 阶可逆矩阵且 $\boldsymbol{E}+\boldsymbol{B}\boldsymbol{A}^{-1}$ 可逆. 证明：$\boldsymbol{E}+\boldsymbol{A}^{-1}\boldsymbol{B}$ 也可逆并给出 $(\boldsymbol{E}+\boldsymbol{A}^{-1}\boldsymbol{B})^{-1}$ 的表达式.

62. 设 $\boldsymbol{A}$，$\boldsymbol{B}$ 为 n 阶方阵，$\boldsymbol{B}$ 与 $\boldsymbol{A}-\boldsymbol{E}$ 都可逆且 $(\boldsymbol{A}-\boldsymbol{E})^{-1}=(\boldsymbol{B}-\boldsymbol{E})^{\mathrm{T}}$. 证明：$\boldsymbol{A}$ 可逆.

63. 设 $\boldsymbol{A}$ 为 n 阶方阵，$|\boldsymbol{E}-\boldsymbol{A}|\neq 0$，证明：$(\boldsymbol{E}+\boldsymbol{A})(\boldsymbol{E}-\boldsymbol{A})^*=(\boldsymbol{E}-\boldsymbol{A})^*(\boldsymbol{E}+\boldsymbol{A})$.

64. 设 $\boldsymbol{A}=(a_{ij})_{n\times n}$ 为上（或下）三角矩阵. 证明：

(1) $\boldsymbol{A}$ 可逆的充要条件为 $a_{ii}\neq 0$，$i=1,2,\cdots,n$；

(2) 若 $\boldsymbol{A}$ 可逆，则 $\boldsymbol{A}^{-1}$ 仍为上（或下）三角矩阵；

(3) 若 $\boldsymbol{A}$ 可逆，记 $\boldsymbol{A}^{-1}=(b_{ij})_{n\times n}$，则 $a_{ii}b_{ii}=1$，$i=1, 2, \cdots, n$.

65. 证明线性方程组

$$\begin{cases} a_{11}x_1+a_{12}x_2+\cdots+a_{1n}x_n=b_1, \\ a_{21}x_1+a_{22}x_2+\cdots+a_{2n}x_n=b_2, \\ \qquad\vdots \\ a_{n1}x_1+a_{n2}x_2+\cdots+a_{nn}x_n=b_n, \end{cases}$$

对任意不全为零的 b_1，b_2，…，b_n 都有解的充分必要条件是系数行列式

$$D=\begin{vmatrix} a_{11} & a_{12} & \cdots & a_{1n} \\ a_{21} & a_{22} & \cdots & a_{2n} \\ \vdots & \vdots & & \vdots \\ a_{n1} & a_{n2} & \cdots & a_{nn} \end{vmatrix}\neq 0.$$

66. 试求一元三次多项式 $f(x)=a_3x^3+a_2x^2+a_1x+a_0$，使得

$f(-1)=0$，$f(1)=4$，$f(2)=3$，$f(3)=16$.

67. 试证三条不同直线

$$\begin{cases} ax+by+c=0, \\ bx+cy+a=0, \\ cx+ay+b=0 \end{cases}$$

相交于一点的充分必要条件是 a + b + c = 0.

68. 设

$$\boldsymbol{A}=\begin{pmatrix} a_{11} & a_{12} & a_{13} \\ a_{21} & a_{22} & a_{23} \\ a_{31} & a_{32} & a_{33} \end{pmatrix}, \boldsymbol{B}=\begin{pmatrix} a_{21} & a_{22} & a_{23} \\ a_{11} & a_{12} & a_{13} \\ a_{31}+a_{11} & a_{32}+a_{12} & a_{33}+a_{13} \end{pmatrix},$$

$$\boldsymbol{P}_1=\begin{pmatrix} 0 & 1 & 0 \\ 1 & 0 & 0 \\ 0 & 0 & 1 \end{pmatrix}, \boldsymbol{P}_2=\begin{pmatrix} 1 & 0 & 0 \\ 0 & 1 & 0 \\ 1 & 0 & 1 \end{pmatrix},$$

求 $\boldsymbol{A}$ 与 $\boldsymbol{B}$ 所满足的关系式.

69. 设 $\boldsymbol{A}$ 和 $\boldsymbol{B}$ 为 n 阶方阵，且 $\boldsymbol{E}-\boldsymbol{AB}$ 可逆. 证明：$\boldsymbol{E}-\boldsymbol{BA}$ 也可逆.

70. 设 $\boldsymbol{A},\boldsymbol{B}$ 为 n 阶方阵，$\lambda \neq 0$ 为数. 证明：$|\lambda \boldsymbol{E}-\boldsymbol{AB}|=|\lambda \boldsymbol{E}-\boldsymbol{BA}|$.

71. 设 $\boldsymbol{A}$，$\boldsymbol{B}$ 分别为 $m\times n$ 和 $n\times s$ 的矩阵，证明

$$r(\boldsymbol{A})+r(\boldsymbol{B})-n\leqslant r(\boldsymbol{AB})\leqslant \min\{r(\boldsymbol{A}), r(\boldsymbol{B})\}.$$

（提示：利用矩阵和分块矩阵的初等变换证明.）

72. 设 $\boldsymbol{A}^*$ 为 n 阶方阵 $\boldsymbol{A}$ 的伴随矩阵，$n\geqslant 2$. 证明

$$r(\boldsymbol{A}^*)=\begin{cases} n, & r(\boldsymbol{A})=n, \\ 1, & r(\boldsymbol{A})=n-1, \\ 0, & r(\boldsymbol{A})<n-1. \end{cases}$$

73. 查找、文献资料自学数学软件 MATLAB 中关于矩阵运算的各种命令.

前情提要

沿着线性方程组的足迹一路走来，我们已经解决了如何判断线性方程组的解，以及在有解的时候，如何求解的问题. 但当方程组解不唯一时，自由未知量可以有不同的选择，由此而得到的解的集合是否相同？线性方程组解的结构又是怎样的呢？

我们先来回顾简单的 2×2 的线性方程组 $\begin{cases}2x_1+\ \ x_2=3,\\4x_1+3x_2=5,\end{cases}$ $(2,-1)$ 是它唯一的一组解.

在第 1 章的延展阅读里我们已经谈过它的几何意义，在二维平面上，这表示两条直线有唯一的交点. 另一方面，利用矩阵的运算，我们可以把这个方程组表示成

$$x_1\begin{pmatrix}2\\4\end{pmatrix}+x_2\begin{pmatrix}1\\3\end{pmatrix}=\begin{pmatrix}3\\5\end{pmatrix},$$

把未知数前面的系数和常数项分别构成的列矩阵看作二维平面上起点在坐标原点的几何向量的终点坐标，为叙述方便，分别记为 $\boldsymbol{\alpha}_1,\boldsymbol{\alpha}_2,\boldsymbol{\alpha}_3$. 此时的几何向量 $\boldsymbol{\alpha}_1,\boldsymbol{\alpha}_2$ 所在直线相交，确定一个平面，$\boldsymbol{\alpha}_3$ 在此平面上，$2\boldsymbol{\alpha}_1+(-1)\boldsymbol{\alpha}_2=\boldsymbol{\alpha}_3$，它们之间构成几何向量的平行四边形法则.

对方程组

$\begin{cases}2x_1+\ \ x_2=3,\\4x_1+2x_2=5,\end{cases}$ x_1，x_2 取任意值都不满足方程组，即它无解.

事实上，此时几何向量 $\boldsymbol{\alpha}_1,\boldsymbol{\alpha}_2$ 共线，而 $\boldsymbol{\alpha}_3$ 不在共线的直线上，所以找不到 x_1,x_2 使得 $\boldsymbol{\alpha}_3$ 是向量 $x_1\boldsymbol{\alpha}_1$ 和 $x_2\boldsymbol{\alpha}_2$ 的和向量. 再有，对方程组

$\begin{cases}2x_1+\ \ x_2=3,\\4x_1+2x_2=6,\end{cases}$ $(0,3)$，$(1,1)$，$\left(\dfrac{3}{2},0\right)$ 等都是方程组的解，有无穷多解.

我们知道，此时方程组里的两个方程代表的限制条件只有一个，有一个自由的未知量. 从几何上看，3 个几何向量 $\boldsymbol{\alpha}_1,\boldsymbol{\alpha}_2,\boldsymbol{\alpha}_3$ 共线，所以可找到无穷多的 x_1，x_2 使得 $\boldsymbol{\alpha}_3$ 是向量 $x_1\boldsymbol{\alpha}_1$ 和 $x_2\boldsymbol{\alpha}_2$ 的和向量. 从这三个 2×2 的线性方程组可知，这三个线性方程组的解与几何向量 $\boldsymbol{\alpha}_1,\boldsymbol{\alpha}_2,\boldsymbol{\alpha}_3$ 的位置关系密切相关！

把对 2×2 的线性方程组观察的结果推广到一般的线性方程组 $\boldsymbol{A}_{m\times n}x=\boldsymbol{\beta}$：$\boldsymbol{A}$ 的第 j 列 $\boldsymbol{\alpha}_j$ 其实就是方程组中未知数 x_j 前面的系数从上到下排列而成的，$j=1,2,\cdots,n$. 由分块矩阵的乘法，可把方程组 $\boldsymbol{A}_{m\times n}\boldsymbol{x}=\boldsymbol{\beta}$ 表示成

$$x_1\boldsymbol{\alpha}_1+x_2\boldsymbol{\alpha}_2+\cdots+x_n\boldsymbol{\alpha}_n=\boldsymbol{\beta},$$

我们可以认为这是把线性方程组竖着观察了，这些 $\boldsymbol{\alpha}_1,\boldsymbol{\alpha}_2,\cdots,\boldsymbol{\alpha}_n$ 都是列矩阵，称之为列向量，正所谓“横看成岭侧成峰，远近高低各不同”，由此探讨关于这个方程组解的一系列问题必然也和这些列向量之间的关系密不可分！从而需要一般性地引进 n 维向量，进而讨论它们的位置关系(向量间的线性关系)，最终解决线性方程组的解集和解的结构问题，这些就是下面这一章(第 3 章)即将要讨论的内容.

另一方面，平面上的几何向量可用它的终点坐标来表示，即由两个数构成的一对有序数组来表示；在三维的几何空间中，几何向量可由三个数组成的有序数组来表示，但在很多实际问题中仅用两个数或三个数来刻画是远远不够的，例如，为了刻划宇宙中某星球的大小和位置，就需要知道四个数，即星球的半径 r 与星球中心的坐标 x,y,z. 若要描述该星球在某一时刻 t 的状态，则需要用到五个数组成的有序数组 (r,x,y,z,t). 因此有必要将平面上的几何向量推广到一般的 n 维向量.

我们的征途——中国探月工程

第 3 章

n维向量与线性方程组解的结构

在本章，首先引进 n 维向量的概念及向量的线性运算，讨论向量的线性关系、向量组的秩与极大无关组，然后利用向量间的线性关系，讨论线性方程组解的结构.

3.1 n 维向量

3.1.1 n 维向量的定义

定义 3.1 n 个数 $a_1,a_2,\cdots,a_n$ 组成的有序数组 $(a_1,a_2,\cdots,a_n)$ 称为 n 维向量. 数 a_i 称为向量的第 i 个分量，n 称为向量的维数. 若 $a_i\in\mathbb{R}$，$i=1,2,\cdots,n$，称此向量为 实向量；若$a_i\in\mathbb{C}$，$i=1,2,\cdots,n$，称此向量为复向量.

如不特别声明，本章主要讨论分量取自实数域上的向量.

常用希腊字母如 $\boldsymbol{\alpha},\boldsymbol{\beta},\boldsymbol{\gamma}$ 表示 n 维向量. 例如，

$$\boldsymbol{\alpha}=(a_1,a_2,\cdots,a_n)\text{或}\boldsymbol{\alpha}=\begin{pmatrix}a_1\\a_2\\\vdots\\a_n\end{pmatrix},$$

▶向量和向量的运算

都表示 n 维向量. 前者称为 n 维行向量，后者称为 n 维列向量. 两者没有本质区别，仅是写法上的不同. 可以将行向量看成一个行矩阵，列向量看成一个列矩阵. 利用矩阵的转置，有

$$(a_1,a_2,\cdots,a_n)^{\mathrm{T}}=\begin{pmatrix}a_1\\a_2\\\vdots\\a_n\end{pmatrix},\quad\begin{pmatrix}a_1\\a_2\\\vdots\\a_n\end{pmatrix}^{\mathrm{T}}=(a_1,a_2,\cdots,a_n).$$

设 $\boldsymbol{\alpha}=(a_1,a_2,\cdots,a_n)$，$\boldsymbol{\beta}=(b_1,b_2,\cdots,b_n)$ 都是 n 维行(或列)向量，当且仅当它们的各个对应的分量都相等，即 $a_i=b_i(i=1,2,\cdots,n)$

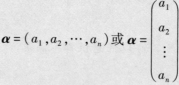

时，称向量 $\boldsymbol{\alpha}$ 与 $\boldsymbol{\beta}$ **相等**，记作

$$\boldsymbol{\alpha}=\boldsymbol{\beta}.$$

显然，两个不同维数的向量一定不相等.

分量全为零的向量称为**零向量**，记为 $\mathbf{0}$. 即

$$\mathbf{0}=(0,0,\cdots,0).$$

若 $\boldsymbol{\alpha}=(a_1,a_2,\cdots,a_n)$，则称

$$(-a_1,-a_2,\cdots,-a_n)$$

为 $\boldsymbol{\alpha}$ 的**负向量**，记为 $-\boldsymbol{\alpha}$.

3.1.2　向量的线性运算

定义 3.2　设 $\boldsymbol{\alpha}=(a_1,a_2,\cdots,a_n)$，$\boldsymbol{\beta}=(b_1,b_2,\cdots,b_n)$ 都是 n 维向量，称向量

$$(a_1+b_1,a_2+b_2,\cdots,a_n+b_n)$$

为向量 $\boldsymbol{\alpha}$ 与 $\boldsymbol{\beta}$ 的和，记作 $\boldsymbol{\alpha}+\boldsymbol{\beta}$. 即

$$\boldsymbol{\alpha}+\boldsymbol{\beta}=(a_1+b_1,a_2+b_2,\cdots,a_n+b_n).$$

定义 3.3　设 $\boldsymbol{\alpha}=(a_1,a_2,\cdots,a_n)$ 为 n 维向量，$k\in\mathbb{R}$，则称向量

$$(ka_1,ka_2,\cdots,ka_n)$$

为数 k 与向量 $\boldsymbol{\alpha}$ 的数量乘积，简称数乘，记作 $k\boldsymbol{\alpha}$，即

$$k\boldsymbol{\alpha}=(ka_1,ka_2,\cdots,ka_n).$$

有了加法，也可定义向量的减法. 向量 $\boldsymbol{\alpha}$ 与 $\boldsymbol{\beta}$ 的差定义为 $\boldsymbol{\alpha}+(-\boldsymbol{\beta})$，即

$$\boldsymbol{\alpha}-\boldsymbol{\beta}=\boldsymbol{\alpha}+(-\boldsymbol{\beta})=(a_1-b_1,a_2-b_2,\cdots,a_n-b_n).$$

由定义不难验证向量的加法和数乘满足如下的运算性质.

性质 3.1　设 $\boldsymbol{\alpha},\boldsymbol{\beta},\boldsymbol{\gamma}$ 为任意 n 维向量，k，l 取自实数域 $\mathbb{R}$，则

(1) $\boldsymbol{\alpha}+\boldsymbol{\beta}=\boldsymbol{\beta}+\boldsymbol{\alpha}$，**加法交换律**；

(2) $(\boldsymbol{\alpha}+\boldsymbol{\beta})+\boldsymbol{\gamma}=\boldsymbol{\alpha}+(\boldsymbol{\beta}+\boldsymbol{\gamma})$，**加法结合律**；

(3) **零元**存在：对任意 $\boldsymbol{\alpha}$，有 $\mathbf{0}+\boldsymbol{\alpha}=\boldsymbol{\alpha}+\mathbf{0}=\boldsymbol{\alpha}$；

(4) **负向量**存在：对任意 $\boldsymbol{\alpha}$，有 $\boldsymbol{\alpha}+(-\boldsymbol{\alpha})=\mathbf{0}$；

(5) 对数 1，有 $1\cdot\boldsymbol{\alpha}=\boldsymbol{\alpha}$；

(6) $(k\cdot l)\boldsymbol{\alpha}=k(l\boldsymbol{\alpha})$；

(7) $(k+l)\boldsymbol{\alpha}=k\boldsymbol{\alpha}+l\boldsymbol{\alpha}$；

(8) $k(\boldsymbol{\alpha}+\boldsymbol{\beta})=k\boldsymbol{\alpha}+k\boldsymbol{\beta}$.

满足这八条运算律的向量的加法和数乘称为向量的线性运算，在这样的线性运算下，n 维实向量的全体称为实数域 $\mathbb{R}$ 上的 n 维向量空间，记作 $\mathbb{R}^n$.

3.1.3 线性方程组的向量表示

设线性方程组

$$\begin{cases} a_{11}x_1 + a_{12}x_2 + \cdots + a_{1n}x_n = b_1, \\ a_{21}x_1 + a_{22}x_2 + \cdots + a_{2n}x_n = b_2, \\ \quad\vdots \\ a_{m1}x_1 + a_{m2}x_2 + \cdots + a_{mn}x_n = b_m, \end{cases} \tag{3.1}$$

记

$$\boldsymbol{A} = (a_{ij})_{m\times n} = \begin{pmatrix} a_{11} & a_{12} & \cdots & a_{1n} \\ a_{21} & a_{22} & \cdots & a_{2n} \\ \vdots & \vdots & & \vdots \\ a_{m1} & a_{m2} & \cdots & a_{mn} \end{pmatrix},\ \boldsymbol{x} = \begin{pmatrix} x_1 \\ x_2 \\ \vdots \\ x_n \end{pmatrix},\ \boldsymbol{\beta} = \begin{pmatrix} b_1 \\ b_2 \\ \vdots \\ b_m \end{pmatrix}, \tag{3.2}$$

则线性方程组(3.1)可表示为

$$\boldsymbol{A}\boldsymbol{x} = \boldsymbol{\beta}. \tag{3.3}$$

引入向量后，矩阵 $\boldsymbol{A} = (a_{ij})_{m\times n}$ 既可表示为

$$\boldsymbol{A} = \begin{pmatrix} \boldsymbol{\gamma}_1 \\ \boldsymbol{\gamma}_2 \\ \vdots \\ \boldsymbol{\gamma}_m \end{pmatrix}，其中\ \boldsymbol{\gamma}_i = (a_{i1}, a_{i2}, \cdots, a_{in}),\ i = 1, 2, \cdots, m,$$

也可表示为

$$\boldsymbol{A} = (\boldsymbol{\alpha}_1, \boldsymbol{\alpha}_2, \cdots, \boldsymbol{\alpha}_n)，其中\ \boldsymbol{\alpha}_j = \begin{pmatrix} a_{1j} \\ a_{2j} \\ \vdots \\ a_{mj} \end{pmatrix},\ j = 1, 2, \cdots, n.$$

这样的表示法与矩阵的分块表示是一致的. 由分块矩阵乘法得

$$\boldsymbol{A}\boldsymbol{x} = (\boldsymbol{\alpha}_1,\ \boldsymbol{\alpha}_2,\ \cdots,\ \boldsymbol{\alpha}_n) \begin{pmatrix} x_1 \\ x_2 \\ \vdots \\ x_n \end{pmatrix} = \boldsymbol{\beta} = x_1\boldsymbol{\alpha}_1 + x_2\boldsymbol{\alpha}_2 + \cdots + x_n\boldsymbol{\alpha}_n.$$

从而线性方程组(3.1)可表成如下形式：

$$x_1\boldsymbol{\alpha}_1 + x_2\boldsymbol{\alpha}_2 + \cdots + x_n\boldsymbol{\alpha}_n = \boldsymbol{\beta}. \tag{3.4}$$

称式(3.4)为线性方程组(3.1)的**向量表示**或称为**向量方程**.

事实上，如果 $\boldsymbol{\alpha}_1,\boldsymbol{\alpha}_2,\cdots,\boldsymbol{\alpha}_n,\boldsymbol{\beta}$ 均为行向量，由向量的线性运算知式(3.4)仍为线性方程组(3.1)，通过比较不难发现，线性方程组(3.1)的系数矩阵为此时的

$$(\boldsymbol{\alpha}_1^{\mathrm{T}},\boldsymbol{\alpha}_2^{\mathrm{T}},\cdots,\boldsymbol{\alpha}_n^{\mathrm{T}}).$$

例如，设线性方程组

$$\begin{cases} x_1+2x_2-x_3=2, \\ x_1+4x_2+2x_3=15, \\ 2x_1+5x_2-3x_3=3. \end{cases} \tag{3.5}$$

它的向量表示为

$$x_1\boldsymbol{\alpha}_1+x_2\boldsymbol{\alpha}_2+x_3\boldsymbol{\alpha}_3=\boldsymbol{\beta},$$

其中

$$\boldsymbol{\alpha}_1=\begin{pmatrix}1\\1\\2\end{pmatrix},\ \boldsymbol{\alpha}_2=\begin{pmatrix}2\\4\\5\end{pmatrix},\ \boldsymbol{\alpha}_3=\begin{pmatrix}-1\\2\\-3\end{pmatrix},\ \boldsymbol{\beta}=\begin{pmatrix}2\\15\\3\end{pmatrix}.$$

令 $\boldsymbol{\beta}_1=\boldsymbol{\alpha}_1^{\mathrm{T}}$，$\boldsymbol{\beta}_2=\boldsymbol{\alpha}_2^{\mathrm{T}}$，$\boldsymbol{\beta}_3=\boldsymbol{\alpha}_3^{\mathrm{T}}$，则线性方程组(3.5)可表为

$$x_1\boldsymbol{\beta}_1+x_2\boldsymbol{\beta}_2+x_3\boldsymbol{\beta}_3=\boldsymbol{\beta}^{\mathrm{T}},$$

由此，明显观察到线性方程组(3.5)的系数矩阵为

$$(\boldsymbol{\beta}_1^{\mathrm{T}},\boldsymbol{\beta}_2^{\mathrm{T}},\boldsymbol{\beta}_3^{\mathrm{T}})=\begin{pmatrix}1&2&-1\\1&4&2\\2&5&-3\end{pmatrix}.$$

3.2 向量的线性关系

这一节进一步研究 n 维向量之间的关系，其中向量的线性相关与线性无关是非常重要的概念，许多数学问题都涉及这个概念.

向量的线性关系

3.2.1 向量的线性组合

我们知道，在平面上的两个二维向量 $\boldsymbol{\alpha}$ 和 $\boldsymbol{\beta}$，若存在一常数 k，使得

$$\boldsymbol{\alpha}=k\boldsymbol{\beta},$$

则常称向量 $\boldsymbol{\alpha}$ 与 $\boldsymbol{\beta}$ 成比例. 例如，

$$\boldsymbol{\alpha}=\begin{pmatrix}-1\\3\end{pmatrix},\ \boldsymbol{\beta}=\begin{pmatrix}-2\\6\end{pmatrix},$$

则 $\boldsymbol{\alpha}=\dfrac{1}{2}\boldsymbol{\beta}$.

将这个概念推广到有限多个 n 维向量，我们引入线性组合(或

线性表示)的概念.

定义 3.4 对于 n 维向量 $\boldsymbol{\alpha}_1,\boldsymbol{\alpha}_2,\cdots,\boldsymbol{\alpha}_m,\boldsymbol{\beta}$，如果存在数 $k_1,k_2,\cdots,k_m$，使

$$\boldsymbol{\beta}=k_1\boldsymbol{\alpha}_1+k_2\boldsymbol{\alpha}_2+\cdots+k_m\boldsymbol{\alpha}_m=(\boldsymbol{\alpha}_1,\boldsymbol{\alpha}_2,\cdots,\boldsymbol{\alpha}_m)\begin{pmatrix}k_1\\k_2\\\vdots\\k_m\end{pmatrix},\tag{3.6}$$

则称向量 $\boldsymbol{\beta}$ 是向量 $\boldsymbol{\alpha}_1,\boldsymbol{\alpha}_2,\cdots,\boldsymbol{\alpha}_m$ 的一个**线性组合**，或称向量 $\boldsymbol{\beta}$ 可由向量 $\boldsymbol{\alpha}_1,\boldsymbol{\alpha}_2,\cdots,\boldsymbol{\alpha}_m$ **线性表示**. 称 $k_1,k_2,\cdots,k_m$ 为**组合系数**或**表示系数**.

例如，设

$$\boldsymbol{\alpha}_1=(1,2,-1),\ \boldsymbol{\alpha}_2=(2,-3,1),\ \boldsymbol{\alpha}_3=(4,1,-1),\tag{3.7}$$

不难验证

$$\boldsymbol{\alpha}_3=2\boldsymbol{\alpha}_1+\boldsymbol{\alpha}_2,$$

$\boldsymbol{\alpha}_3$ 就是向量 $\boldsymbol{\alpha}_1,\boldsymbol{\alpha}_2$ 的一个线性组合，其中数 2,1 就是组合系数.

又如，任一个 n 维向量 $\boldsymbol{\alpha}=(a_1,a_2,\cdots,a_n)^{\mathrm{T}}$ 都是向量

$$\boldsymbol{\varepsilon}_1=\begin{pmatrix}1\\0\\0\\\vdots\\0\end{pmatrix},\ \boldsymbol{\varepsilon}_2=\begin{pmatrix}0\\1\\0\\\vdots\\0\end{pmatrix},\ \cdots,\ \boldsymbol{\varepsilon}_n=\begin{pmatrix}0\\0\\\vdots\\0\\1\end{pmatrix}\tag{3.8}$$

的一个线性组合，显然

$$\boldsymbol{\alpha}=a_1\boldsymbol{\varepsilon}_1+a_2\boldsymbol{\varepsilon}_2+\cdots+a_n\boldsymbol{\varepsilon}_n.$$

即 $\boldsymbol{\alpha}$ 可由 $\boldsymbol{\varepsilon}_1,\boldsymbol{\varepsilon}_2,\cdots,\boldsymbol{\varepsilon}_n$ 线性表示，表示系数就是 $\boldsymbol{\alpha}$ 的分量 $a_1,a_2,\cdots,a_n$.

称式(3.8)的 n 个 n 维向量 $\boldsymbol{\varepsilon}_1,\boldsymbol{\varepsilon}_2,\cdots,\boldsymbol{\varepsilon}_n$ 为 n **维单位向量**，也可称为 n **维基本向量**. 如果将 $\boldsymbol{\alpha}$ 与 $\boldsymbol{\varepsilon}_1,\boldsymbol{\varepsilon}_2,\cdots,\boldsymbol{\varepsilon}_n$ 都写成行向量，则也有同样的结果. 向量间的这种线性关系不因其是行向量还是列向量而有所改变.

设式(3.6)中的向量为

$$\boldsymbol{\alpha}_1=\begin{pmatrix}a_{11}\\a_{21}\\\vdots\\a_{n1}\end{pmatrix},\ \boldsymbol{\alpha}_2=\begin{pmatrix}a_{12}\\a_{22}\\\vdots\\a_{n2}\end{pmatrix},\ \cdots,\ \boldsymbol{\alpha}_m=\begin{pmatrix}a_{1m}\\a_{2m}\\\vdots\\a_{nm}\end{pmatrix},\ \boldsymbol{\beta}=\begin{pmatrix}b_1\\b_2\\\vdots\\b_n\end{pmatrix}.$$

将数 $k_1,k_2,\cdots,k_m$ 记成 $x_1,x_2,\cdots,x_m$，则由式(3.4)知，式(3.6)正

是线性方程组

$$\begin{cases} a_{11}x_1 + a_{12}x_2 + \cdots + a_{1m}x_m = b_1, \\ a_{21}x_1 + a_{22}x_2 + \cdots + a_{2m}x_m = b_2, \\ \quad\vdots \\ a_{n1}x_1 + a_{n2}x_2 + \cdots + a_{nm}x_m = b_n \end{cases} \tag{3.9}$$

的向量表示. 如果 $\boldsymbol{\beta}$ 可由向量 $\boldsymbol{\alpha}_1,\boldsymbol{\alpha}_2,\cdots,\boldsymbol{\alpha}_m$ 线性表示，则表示系数 $k_1,k_2,\cdots,k_m$ 就是线性方程组(3.9)的一组解；反之，若线性方程组(3.9)有一组解

$$x_1 = c_1,\ x_2 = c_2,\ \cdots,\ x_m = c_m,$$

则有

$$c_1\boldsymbol{\alpha}_1 + c_2\boldsymbol{\alpha}_2 + \cdots + c_m\boldsymbol{\alpha}_m = \boldsymbol{\beta},$$

即向量 $\boldsymbol{\beta}$ 可由向量 $\boldsymbol{\alpha}_1,\boldsymbol{\alpha}_2,\cdots,\boldsymbol{\alpha}_m$ 线性表示. 于是有下面的定理：

定理 3.1　设 $\boldsymbol{\alpha}_1,\boldsymbol{\alpha}_2,\cdots,\boldsymbol{\alpha}_m$，$\boldsymbol{\beta}$ 为 n 维向量，则 $\boldsymbol{\beta}$ 可由 $\boldsymbol{\alpha}_1,\boldsymbol{\alpha}_2,\cdots,\boldsymbol{\alpha}_m$ 线性表示的充分必要条件是线性方程组(3.9)有解.

记

$$\boldsymbol{A} = (a_{ij})_{n\times m} = (\boldsymbol{\alpha}_1,\boldsymbol{\alpha}_2,\cdots,\boldsymbol{\alpha}_m),\ \boldsymbol{x} = \begin{pmatrix} x_1 \\ x_2 \\ \vdots \\ x_m \end{pmatrix},\ \boldsymbol{\beta} = \begin{pmatrix} b_1 \\ b_2 \\ \vdots \\ b_n \end{pmatrix}. \tag{3.10}$$

则方程组(3.9)又可表示为

$$\boldsymbol{A}\boldsymbol{x} = \boldsymbol{\beta}. \tag{3.11}$$

由定理 3.1 得：

推论　n 维向量 $\boldsymbol{\beta}$ 可由向量组 $\boldsymbol{\alpha}_1,\boldsymbol{\alpha}_2,\cdots,\boldsymbol{\alpha}_m$ 线性表示的充分必要条件为

$$r(\boldsymbol{A}) = r(\widetilde{\boldsymbol{A}}),$$

其中 $\boldsymbol{A}$ 如式(3.10)所示，$\widetilde{\boldsymbol{A}} = (\boldsymbol{A},\boldsymbol{\beta})$. 进而 $\boldsymbol{\beta}$ 可由 $\boldsymbol{\alpha}_1,\boldsymbol{\alpha}_2,\cdots,\boldsymbol{\alpha}_m$ 线性表示且表示系数唯一的充分必要条件是 $r(\boldsymbol{A}) = r(\widetilde{\boldsymbol{A}}) = m$；$\boldsymbol{\beta}$ 可由 $\boldsymbol{\alpha}_1,\boldsymbol{\alpha}_2,\cdots,\boldsymbol{\alpha}_m$ 线性表示且表示系数不唯一的充分必要条件是 $r(\boldsymbol{A}) = r(\widetilde{\boldsymbol{A}}) < m$；$\boldsymbol{\beta}$ 不能由 $\boldsymbol{\alpha}_1,\boldsymbol{\alpha}_2,\cdots,\boldsymbol{\alpha}_m$ 线性表示的充分必要条件是 $r(\boldsymbol{A}) \neq r(\widetilde{\boldsymbol{A}})$.

例 3.1 设向量

$$\boldsymbol{\alpha}_1=\begin{pmatrix}1\\1\\1\end{pmatrix},\ \boldsymbol{\alpha}_2=\begin{pmatrix}1\\1\\0\end{pmatrix},\ \boldsymbol{\alpha}_3=\begin{pmatrix}1\\0\\0\end{pmatrix},$$

证明：任意一个三维向量都可由 $\boldsymbol{\alpha}_1$，$\boldsymbol{\alpha}_2$，$\boldsymbol{\alpha}_3$ 线性表示，且表示式唯一.

证明：设 $\boldsymbol{\beta}=(b_1,b_2,b_3)^{\mathrm{T}}$ 为任意一个三维向量，记 $\boldsymbol{A}=(\boldsymbol{\alpha}_1,\boldsymbol{\alpha}_2,\boldsymbol{\alpha}_3)$.

$$\widetilde{\boldsymbol{A}}=(\boldsymbol{\alpha}_1,\boldsymbol{\alpha}_2,\boldsymbol{\alpha}_3,\boldsymbol{\beta})=\begin{pmatrix}1&1&1&b_1\\1&1&0&b_2\\1&0&0&b_3\end{pmatrix}\xrightarrow{\text{初等行变换}}\begin{pmatrix}1&0&0&b_3\\0&1&0&b_2-b_3\\0&0&1&b_1-b_2\end{pmatrix},$$

由于 $r(\boldsymbol{A})=r(\widetilde{\boldsymbol{A}})=3$，所以任意三维向量 $\boldsymbol{\beta}$ 都可由 $\boldsymbol{\alpha}_1,\boldsymbol{\alpha}_2,\boldsymbol{\alpha}_3$ 线性表示，且表示系数唯一，其表示式为

$$\boldsymbol{\beta}=b_3\boldsymbol{\alpha}_1+(b_2-b_3)\boldsymbol{\alpha}_2+(b_1-b_2)\boldsymbol{\alpha}_3.$$

□

例 3.2 设向量

$$\boldsymbol{\alpha}_1=\begin{pmatrix}2\\2\\a\\2\end{pmatrix},\ \boldsymbol{\alpha}_2=\begin{pmatrix}1\\0\\1\\0\end{pmatrix},\ \boldsymbol{\alpha}_3=\begin{pmatrix}3\\1\\1\\1\end{pmatrix},\ \boldsymbol{\beta}=\begin{pmatrix}4\\-1\\6\\b\end{pmatrix}.$$

讨论 a,b 为何值时，$\boldsymbol{\beta}$ 不能由 $\alpha_1,\alpha_2,\alpha_3$ 线性表示？a,b 为何值时，$\boldsymbol{\beta}$ 可由 $\boldsymbol{\alpha}_1,\boldsymbol{\alpha}_2,\boldsymbol{\alpha}_3$ 线性表示？并写出所有的表示式.

解：令

$$\widetilde{\boldsymbol{A}}=(\boldsymbol{\alpha}_1,\boldsymbol{\alpha}_2,\boldsymbol{\alpha}_3,\boldsymbol{\beta})=\begin{pmatrix}2&1&3&4\\2&0&1&-1\\a&1&1&6\\2&0&1&b\end{pmatrix}\xrightarrow{\text{初等行变换}}\begin{pmatrix}2&0&1&-1\\0&1&2&5\\0&0&-2-a&2+a\\0&0&0&b+1\end{pmatrix},$$

显然，当 $b\neq-1$ 时，$r(\boldsymbol{A})\neq r(\widetilde{\boldsymbol{A}})$，线性方程组 $\boldsymbol{Ax}=\boldsymbol{\beta}$ 无解，故 $\boldsymbol{\beta}$ 不能由 $\boldsymbol{\alpha}_1,\boldsymbol{\alpha}_2,\boldsymbol{\alpha}_3$ 线性表示；当 $b=-1$，$a\neq-2$ 时，$r(\boldsymbol{A})=r(\widetilde{\boldsymbol{A}})=3$，线性方程组 $\boldsymbol{Ax}=\boldsymbol{\beta}$ 有唯一解 $x_1=0$，$x_2=7$，$x_3=-1$，故 $\boldsymbol{\beta}$ 可由 $\boldsymbol{\alpha}_1,\boldsymbol{\alpha}_2,\boldsymbol{\alpha}_3$ 线性表示，且表示系数唯一，表示式为

$$\boldsymbol{\beta}=0\cdot\boldsymbol{\alpha}_1+7\boldsymbol{\alpha}_2-\boldsymbol{\alpha}_3=7\boldsymbol{\alpha}_2-\boldsymbol{\alpha}_3.$$

当 $b=-1$，$a=-2$ 时，$r(\boldsymbol{A})=r(\widetilde{\boldsymbol{A}})=2<3$，线性方程组 $\boldsymbol{Ax}=\boldsymbol{\beta}$ 有无穷多解，其解为

$$\begin{cases} x_1 = -\dfrac{1}{2}-\dfrac{1}{2}k, \\ x_2 = 5-2k, \\ x_3 = k, \end{cases} k\text{ 为任意常数},$$

故 $\boldsymbol{\beta}$ 可由 $\boldsymbol{\alpha}_1$，$\boldsymbol{\alpha}_2$，$\boldsymbol{\alpha}_3$ 线性表示，且表示式有无穷多，其表示式为

$$\boldsymbol{\beta}=-\left(\frac{1}{2}+\frac{1}{2}k\right)\boldsymbol{\alpha}_1+(5-2k)\boldsymbol{\alpha}_2+k\boldsymbol{\alpha}_3,\ k\text{ 为任意常数}.$$

□

例 3.3　设向量组 $\boldsymbol{\alpha}_1,\boldsymbol{\alpha}_2,\cdots,\boldsymbol{\alpha}_m$ 为 n 维向量组，证明：向量组中每一向量都可由 $\boldsymbol{\alpha}_1,\boldsymbol{\alpha}_2,\cdots,\boldsymbol{\alpha}_m$ 线性表示.

证明：任取 $\boldsymbol{\alpha}_i$，$1\leqslant i\leqslant m$，有

$$\boldsymbol{\alpha}_i=0\boldsymbol{\alpha}_1+0\boldsymbol{\alpha}_2+\cdots+0\boldsymbol{\alpha}_{i-1}+1\boldsymbol{\alpha}_i+0\boldsymbol{\alpha}_{i+1}+\cdots+0\boldsymbol{\alpha}_m.$$

□

3.2.2　向量组的等价

定义 3.5　设有两个向量组

$$(\text{Ⅰ})\boldsymbol{\alpha}_1,\boldsymbol{\alpha}_2,\cdots,\boldsymbol{\alpha}_s;\ (\text{Ⅱ})\boldsymbol{\beta}_1,\boldsymbol{\beta}_2,\cdots,\boldsymbol{\beta}_t,$$

若(Ⅰ)中的每个向量都能由向量组(Ⅱ)线性表示，则称**向量组(Ⅰ)可由向量组(Ⅱ)线性表示**. 若向量组(Ⅰ)与(Ⅱ)可以互相线性表示，则称向量组(Ⅰ)与(Ⅱ)等价.

由定理 3.1 不难得到：

命题 3.1　向量组 $\boldsymbol{\beta}_1,\boldsymbol{\beta}_2,\cdots,\boldsymbol{\beta}_t$ 可由向量组 $\boldsymbol{\alpha}_1,\boldsymbol{\alpha}_2,\cdots,\boldsymbol{\alpha}_s$ 线性表示的充分必要条件为

$$r(\boldsymbol{A})=r(\boldsymbol{B}),$$

其中矩阵 $\boldsymbol{A}$ 是以向量 $\boldsymbol{\alpha}_1,\boldsymbol{\alpha}_2,\cdots,\boldsymbol{\alpha}_s$ 为列构造的矩阵，矩阵 $\boldsymbol{B}$ 是以向量 $\boldsymbol{\alpha}_1,\boldsymbol{\alpha}_2,\cdots,\boldsymbol{\alpha}_s$，$\boldsymbol{\beta}_1,\boldsymbol{\beta}_2,\cdots,\boldsymbol{\beta}_t$ 为列构造的矩阵.

例 3.4　设向量

$$\boldsymbol{\alpha}_1=\begin{pmatrix}1\\-1\\0\end{pmatrix},\ \boldsymbol{\alpha}_2=\begin{pmatrix}2\\0\\1\end{pmatrix},\ \boldsymbol{\alpha}_3=\begin{pmatrix}1\\1\\-1\end{pmatrix},\ \boldsymbol{\beta}_1=\begin{pmatrix}3\\-3\\2\end{pmatrix},\ \boldsymbol{\beta}_2=\begin{pmatrix}-1\\3\\-3\end{pmatrix},$$

问 $\boldsymbol{\beta}_1$，$\boldsymbol{\beta}_2$ 能否由 $\boldsymbol{\alpha}_1,\boldsymbol{\alpha}_2,\boldsymbol{\alpha}_3$ 线性表示？

解：记 $\boldsymbol{A}=(\boldsymbol{\alpha}_1,\boldsymbol{\alpha}_2,\boldsymbol{\alpha}_3)$，$\boldsymbol{B}=(\boldsymbol{\alpha}_1,\boldsymbol{\alpha}_2,\boldsymbol{\alpha}_3,\boldsymbol{\beta}_1,\boldsymbol{\beta}_2)$，由

$$
\boldsymbol{B}=(\boldsymbol{\alpha}_1,\boldsymbol{\alpha}_2,\boldsymbol{\alpha}_3,\boldsymbol{\beta}_1,\boldsymbol{\beta}_2)=\begin{pmatrix}1&2&1&3&-1\\-1&0&1&-3&3\\0&1&-1&2&-3\end{pmatrix}
$$

$$
\xrightarrow{\text{初等行变换}}\begin{pmatrix}1&0&0&2&-1\\0&1&0&1&-1\\0&0&1&-1&2\end{pmatrix},
$$

知 $r(\boldsymbol{A})=r(\boldsymbol{B})=3$，故 $\boldsymbol{\beta}_1,\boldsymbol{\beta}_2$ 能由 $\boldsymbol{\alpha}_1,\boldsymbol{\alpha}_2,\boldsymbol{\alpha}_3$ 线性表示，且

$$
\boldsymbol{\beta}_1=2\boldsymbol{\alpha}_1+\boldsymbol{\alpha}_2-\boldsymbol{\alpha}_3,\ \boldsymbol{\beta}_2=-\boldsymbol{\alpha}_1-\boldsymbol{\alpha}_2+2\boldsymbol{\alpha}_3.
$$

□

用矩阵的乘法可把向量组间的线性表示式简洁地表达.

若向量组 $\boldsymbol{\beta}_1,\boldsymbol{\beta}_2,\cdots,\boldsymbol{\beta}_s$ 可由向量组 $\boldsymbol{\alpha}_1,\boldsymbol{\alpha}_2,\cdots,\boldsymbol{\alpha}_m$ 线性表示，设为

$$
\begin{cases}\boldsymbol{\beta}_1=a_{11}\boldsymbol{\alpha}_1+a_{21}\boldsymbol{\alpha}_2+\cdots+a_{m1}\boldsymbol{\alpha}_m,\\\boldsymbol{\beta}_2=a_{12}\boldsymbol{\alpha}_1+a_{22}\boldsymbol{\alpha}_2+\cdots+a_{m2}\boldsymbol{\alpha}_m,\\\qquad\vdots\\\boldsymbol{\beta}_s=a_{1s}\boldsymbol{\alpha}_1+a_{2s}\boldsymbol{\alpha}_2+\cdots+a_{ms}\boldsymbol{\alpha}_m.\end{cases}\tag{3.12}
$$

用矩阵符号记式(3.12)为

$$
(\boldsymbol{\beta}_1,\boldsymbol{\beta}_2,\cdots,\boldsymbol{\beta}_s)=(\boldsymbol{\alpha}_1,\boldsymbol{\alpha}_2,\cdots,\boldsymbol{\alpha}_m)\boldsymbol{A},
$$

称矩阵 $\boldsymbol{A}=(a_{ij})_{m\times s}$ 为 $\boldsymbol{\beta}_1,\boldsymbol{\beta}_2,\cdots,\boldsymbol{\beta}_s$ 由 $\boldsymbol{\alpha}_1,\boldsymbol{\alpha}_2,\cdots,\boldsymbol{\alpha}_m$ 线性表示的系数矩阵，其中 $\boldsymbol{A}$ 的第 j 列是 $\boldsymbol{\beta}_j$ 由 $\boldsymbol{\alpha}_1,\boldsymbol{\alpha}_2,\cdots,\boldsymbol{\alpha}_m$ 线性表示的表示系数构成，则

$$
\boldsymbol{A}=\begin{pmatrix}a_{11}&a_{12}&\cdots&a_{1s}\\a_{21}&a_{22}&\cdots&a_{2s}\\\vdots&\vdots&&\vdots\\a_{m1}&a_{m2}&\cdots&a_{ms}\end{pmatrix}.
$$

命题 3.2　设向量组 $\boldsymbol{\alpha}_1,\boldsymbol{\alpha}_2,\cdots,\boldsymbol{\alpha}_s$ 可由向量组 $\boldsymbol{\beta}_1,\boldsymbol{\beta}_2,\cdots,\boldsymbol{\beta}_t$ 线性表示，又向量 $\boldsymbol{\gamma}$ 可由向量组 $\boldsymbol{\alpha}_1,\boldsymbol{\alpha}_2,\cdots,\boldsymbol{\alpha}_s$ 线性表示，则向量 $\boldsymbol{\gamma}$ 可由向量组 $\boldsymbol{\beta}_1,\boldsymbol{\beta}_2,\cdots,\boldsymbol{\beta}_t$ 线性表示.

证明：由已知条件，可设

$$
\boldsymbol{\gamma}=l_1\boldsymbol{\alpha}_1+l_2\boldsymbol{\alpha}_2+\cdots+l_s\boldsymbol{\alpha}_s=(\boldsymbol{\alpha}_1,\boldsymbol{\alpha}_2,\cdots,\boldsymbol{\alpha}_s)\begin{pmatrix}l_1\\l_2\\\vdots\\l_s\end{pmatrix},
$$

$$
(\boldsymbol{\alpha}_1,\boldsymbol{\alpha}_2,\cdots,\boldsymbol{\alpha}_s)=(\boldsymbol{\beta}_1,\boldsymbol{\beta}_2,\cdots,\boldsymbol{\beta}_t)\boldsymbol{B}_{t\times s},
$$

其中矩阵 $\boldsymbol{B}_{t\times s}$是向量组 $\boldsymbol{\alpha}_1,\boldsymbol{\alpha}_2,\cdots,\boldsymbol{\alpha}_s$ 由 $\boldsymbol{\beta}_1,\boldsymbol{\beta}_2,\cdots,\boldsymbol{\beta}_t$ 线性表示的系数矩阵. 于是

$$\boldsymbol{\gamma}=(\boldsymbol{\beta}_1,\boldsymbol{\beta}_2,\cdots,\boldsymbol{\beta}_t)\boldsymbol{B}_{t\times s}\begin{pmatrix} l_1\\ l_2\\ \vdots\\ l_s\end{pmatrix}=(\boldsymbol{\beta}_1,\boldsymbol{\beta}_2,\cdots,\boldsymbol{\beta}_t)\begin{pmatrix} c_1\\ c_2\\ \vdots\\ c_t\end{pmatrix},$$

即向量 $\boldsymbol{\gamma}$ 可由向量组 $\boldsymbol{\beta}_1,\boldsymbol{\beta}_2,\cdots,\boldsymbol{\beta}_t$ 线性表示. □

由此可见，向量组的线性表示是有传递性的，即若向量组(Ⅰ)可由向量组(Ⅱ)线性表示，向量组(Ⅱ)可由向量组(Ⅲ)线性表示，则向量组(Ⅰ)也可由向量组(Ⅲ)线性表示.

由定义 3.5 和命题 3.2 可以得到向量组间的等价具有下面的性质：

性质 3.2　向量组间的等价具有：

(1) 反身性. 即每个向量组与它自身等价.

(2) 对称性. 即若向量组(Ⅰ)$\boldsymbol{\alpha}_1,\boldsymbol{\alpha}_2,\cdots,\boldsymbol{\alpha}_s$ 与向量组(Ⅱ)$\boldsymbol{\beta}_1,\boldsymbol{\beta}_2,\cdots,\boldsymbol{\beta}_t$ 等价，则向量组(Ⅱ)与(Ⅰ)等价.

(3) 传递性. 即若向量组(Ⅰ)$\boldsymbol{\alpha}_1,\boldsymbol{\alpha}_2,\cdots,\boldsymbol{\alpha}_s$ 与向量组(Ⅱ)$\boldsymbol{\beta}_1,\boldsymbol{\beta}_2,\cdots,\boldsymbol{\beta}_t$ 等价，而向量组(Ⅱ)$\boldsymbol{\beta}_1,\boldsymbol{\beta}_2,\cdots,\boldsymbol{\beta}_t$ 与向量组(Ⅲ)$\boldsymbol{\gamma}_1,\boldsymbol{\gamma}_2,\cdots,\boldsymbol{\gamma}_r$ 等价，则向量组(Ⅰ)与向量组(Ⅲ)也等价.

3.2.3　线性相关与线性无关

由定义 3.4 知 n 维零向量可由任何一个 n 维向量组 $\boldsymbol{\alpha}_1,\boldsymbol{\alpha}_2,\cdots,\boldsymbol{\alpha}_m$ 线性表示. 事实上，

$$\boldsymbol{0}=0\boldsymbol{\alpha}_1+0\boldsymbol{\alpha}_2+\cdots+0\boldsymbol{\alpha}_m,$$

这里的表示系数全是零.

然而，对于有些向量来说，可以找到不全为零的数，使得它们的线性组合为零向量. 例如，对于式(3.7)给出的三个向量，就有

$$2\boldsymbol{\alpha}_1+\boldsymbol{\alpha}_2+(-1)\boldsymbol{\alpha}_3=\boldsymbol{0}.$$

而对有些向量，如式(3.8)所给出的基本向量组，则只有组合系数全为零时，它们的线性组合才能为零向量. 由此，对于给定的一组向量，找到什么样的系数(全为零或不全为零)能把零向量线性表示出来是向量组内在的一种属性，为此，给出如下定义：

定义 3.6 设 $\boldsymbol{\alpha}_1,\boldsymbol{\alpha}_2,\cdots,\boldsymbol{\alpha}_m$ 为 n 维向量，若存在不全为零的数 $k_1,k_2,\cdots,k_m$，使

$$k_1\boldsymbol{\alpha}_1+k_2\boldsymbol{\alpha}_2+\cdots+k_m\boldsymbol{\alpha}_m=\mathbf{0}, \tag{3.13}$$

则称向量 $\boldsymbol{\alpha}_1,\boldsymbol{\alpha}_2,\cdots,\boldsymbol{\alpha}_m$ 线性相关. 否则称它们线性无关，即仅当 $k_1=k_2=\cdots=k_m=0$ 时，式(3.13)才能成立，则 $\boldsymbol{\alpha}_1,\boldsymbol{\alpha}_2,\cdots,\boldsymbol{\alpha}_m$ 线性无关.

由定义，显然，对于一个向量构成的向量组，如果这个向量是零向量，则它线性相关，若它不是零向量，则它线性无关；两个向量构成的向量组，若它们的分量对应成比例，则它们线性相关，若它们的分量不成比例，则它们线性无关. 从几何上看，两个二维或三维向量线性相关表示它们共线. 另一方面，由方程组的向量表示可知，式(3.13)表达了一个齐次线性方程组，因此向量组 $\boldsymbol{\alpha}_1,\boldsymbol{\alpha}_2,\cdots,\boldsymbol{\alpha}_m$ 的线性相关、无关等价于齐次线性方程组

$$x_1\boldsymbol{\alpha}_1+x_2\boldsymbol{\alpha}_2+\cdots+x_m\boldsymbol{\alpha}_m=\mathbf{0} \tag{3.14}$$

解的问题. 于是可得如下定理.

定理 3.2 n 维向量组 $\boldsymbol{\alpha}_1,\boldsymbol{\alpha}_2,\cdots,\boldsymbol{\alpha}_m$ 线性相关(线性无关)的充分必要条件是齐次线性方程组(3.14)有非零解(唯一零解).

由定理 3.2 可得如下推论：

推论 1 令

$$\boldsymbol{\alpha}_1=\begin{pmatrix}a_{11}\\a_{21}\\\vdots\\a_{n1}\end{pmatrix},\ \boldsymbol{\alpha}_2=\begin{pmatrix}a_{12}\\a_{22}\\\vdots\\a_{n2}\end{pmatrix},\ \cdots,\ \boldsymbol{\alpha}_m=\begin{pmatrix}a_{1m}\\a_{2m}\\\vdots\\a_{nm}\end{pmatrix},$$

则向量 $\boldsymbol{\alpha}_1,\boldsymbol{\alpha}_2,\cdots,\boldsymbol{\alpha}_m$ 线性相关的充分必要条件是 $r(\boldsymbol{A})<m$；向量 $\boldsymbol{\alpha}_1,\boldsymbol{\alpha}_2,\cdots,\boldsymbol{\alpha}_m$ 线性无关的充分必要条件是 $r(\boldsymbol{A})=m$，其中

$$\boldsymbol{A}=(\boldsymbol{\alpha}_1,\boldsymbol{\alpha}_2,\cdots,\boldsymbol{\alpha}_m).$$

推论 2 n 个 n 维向量 $\boldsymbol{\alpha}_1,\boldsymbol{\alpha}_2,\cdots,\boldsymbol{\alpha}_n$ 线性相关的充分必要条件是

$$|\boldsymbol{A}|=0;$$

n 个 n 维向量 $\boldsymbol{\alpha}_1,\boldsymbol{\alpha}_2,\cdots,\boldsymbol{\alpha}_n$ 线性无关的充分必要条件是

$$|\boldsymbol{A}|\neq 0,$$

其中 $\boldsymbol{A}=(\boldsymbol{\alpha}_1,\boldsymbol{\alpha}_2,\cdots,\boldsymbol{\alpha}_n)$，视 $\boldsymbol{\alpha}_1,\boldsymbol{\alpha}_2,\cdots,\boldsymbol{\alpha}_n$ 为列向量.

由齐次线性方程组解的判断：当方程的个数小于未知量的个数时，齐次线性方程组必有非零解，因而有：

推论 3　对于 $\mathbb{R}^n$ 中任意 m 个向量，当 $m>n$ 时必线性相关.

例 3.5　设有向量组

$$\boldsymbol{\alpha}=(2,-1,1,3),\ \boldsymbol{\beta}=(1,0,4,2),\ \boldsymbol{\gamma}=(-4,2,-2,k),$$

讨论 k 取何值时 $\boldsymbol{\alpha},\boldsymbol{\beta},\boldsymbol{\gamma}$ 线性相关？k 取何值时 $\boldsymbol{\alpha},\boldsymbol{\beta},\boldsymbol{\gamma}$ 线性无关？

解：以 $\boldsymbol{\alpha},\boldsymbol{\beta},\boldsymbol{\gamma}$ 为列构造矩阵

$$\boldsymbol{A}=(\boldsymbol{\alpha}^{\mathrm{T}},\boldsymbol{\beta}^{\mathrm{T}},\boldsymbol{\gamma}^{\mathrm{T}})=\begin{pmatrix}2&1&-4\\-1&0&2\\1&4&-2\\3&2&k\end{pmatrix}\xrightarrow{\text{初等行变换}}\begin{pmatrix}1&0&-2\\0&1&0\\0&0&k+6\\0&0&0\end{pmatrix},$$

由上式右端的矩阵可见，当 $k=-6$ 时，$r(\boldsymbol{A})=2<3$，$\boldsymbol{\alpha},\boldsymbol{\beta},\boldsymbol{\gamma}$ 线性相关；当 $k\neq -6$ 时，$r(\boldsymbol{A})=3$，$\boldsymbol{\alpha},\boldsymbol{\beta},\boldsymbol{\gamma}$ 线性无关. □

例 3.6　证明：n 维单位向量 $\boldsymbol{\varepsilon}_1,\boldsymbol{\varepsilon}_2,\cdots,\boldsymbol{\varepsilon}_n$ 组成的向量组线性无关.

证明：考察关系式

$$k_1\boldsymbol{\varepsilon}_1+k_2\boldsymbol{\varepsilon}_2+\cdots+k_n\boldsymbol{\varepsilon}_n=\mathbf{0},$$

即

$$k_1\begin{pmatrix}1\\0\\0\\\vdots\\0\end{pmatrix}+k_2\begin{pmatrix}0\\1\\0\\\vdots\\0\end{pmatrix}+\cdots+k_n\begin{pmatrix}0\\0\\\vdots\\0\\1\end{pmatrix}=\begin{pmatrix}k_1\\k_2\\k_3\\\vdots\\k_n\end{pmatrix}=\begin{pmatrix}0\\0\\0\\\vdots\\0\end{pmatrix},$$

由此得

$$k_1=k_2=\cdots=k_n=0,$$

由定义知，向量组 $\boldsymbol{\varepsilon}_1,\boldsymbol{\varepsilon}_2,\cdots,\boldsymbol{\varepsilon}_n$ 线性无关. □

例 3.7　讨论下列向量的线性相关性：

(1) $\boldsymbol{\alpha}_1=\begin{pmatrix}1\\1\\1\end{pmatrix}$，$\boldsymbol{\alpha}_2=\begin{pmatrix}9\\9\\0\end{pmatrix}$，$\boldsymbol{\alpha}_3=\begin{pmatrix}9\\5\\3\end{pmatrix}$，$\boldsymbol{\alpha}_4=\begin{pmatrix}9\\0\\1\end{pmatrix}$；

(2) $\boldsymbol{\beta}_1=\begin{pmatrix}2\\0\\1\\4\end{pmatrix}$, $\boldsymbol{\beta}_2=\begin{pmatrix}1\\0\\7\\6\end{pmatrix}$, $\boldsymbol{\beta}_3=\begin{pmatrix}-1\\0\\5\\2\end{pmatrix}$, $\boldsymbol{\beta}_4=\begin{pmatrix}3\\0\\-2\\8\end{pmatrix}$.

解：(1) $\boldsymbol{\alpha}_1,\boldsymbol{\alpha}_2,\boldsymbol{\alpha}_3,\boldsymbol{\alpha}_4$ 是4个3维向量，由定理3.2的推论3可知，向量 $\boldsymbol{\alpha}_1,\boldsymbol{\alpha}_2,\boldsymbol{\alpha}_3,\boldsymbol{\alpha}_4$ 线性相关；

(2) 令

$$\boldsymbol{B}=(\boldsymbol{\beta}_1,\boldsymbol{\beta}_2,\boldsymbol{\beta}_3,\boldsymbol{\beta}_4)=\begin{pmatrix}2&1&-1&3\\0&0&0&0\\1&7&5&-2\\4&6&2&8\end{pmatrix},$$

因为 $|\boldsymbol{B}|=0$，由定理3.2的推论2可知，向量 $\boldsymbol{\beta}_1,\boldsymbol{\beta}_2,\boldsymbol{\beta}_3,\boldsymbol{\beta}_4$ 线性相关.

命题 3.3 若向量组 $\boldsymbol{\alpha}_1,\boldsymbol{\alpha}_2,\cdots,\boldsymbol{\alpha}_m$ 中有部分向量线性相关，则该向量组必线性相关.

证明：不失一般性，设 $\boldsymbol{\alpha}_1,\boldsymbol{\alpha}_2,\cdots,\boldsymbol{\alpha}_s\,(s<m)$ 线性相关，于是存在不全为零的数 $k_1,k_2,\cdots,k_s$，使得

$$k_1\boldsymbol{\alpha}_1+k_2\boldsymbol{\alpha}_2+\cdots+k_s\boldsymbol{\alpha}_s=\boldsymbol{0},$$

从而有不全为零的数 $k_1,k_2,\cdots,k_s,0,\cdots,0$，使得

$$k_1\boldsymbol{\alpha}_1+k_2\boldsymbol{\alpha}_2+\cdots+k_s\boldsymbol{\alpha}_s+0\boldsymbol{\alpha}_{s+1}+\cdots+0\boldsymbol{\alpha}_m=\boldsymbol{0},$$

因此 $\boldsymbol{\alpha}_1,\boldsymbol{\alpha}_2,\cdots,\boldsymbol{\alpha}_m$ 线性相关. □

等价地，命题3.3也可叙述为：若向量 $\boldsymbol{\alpha}_1,\boldsymbol{\alpha}_2,\cdots,\boldsymbol{\alpha}_m$ 线性无关，则其任一部分组的向量都线性无关.

命题 3.4 设 $\boldsymbol{\alpha}_1,\boldsymbol{\alpha}_2,\cdots,\boldsymbol{\alpha}_s\in\mathbb{R}^n$，$\boldsymbol{\beta}_1,\boldsymbol{\beta}_2,\cdots,\boldsymbol{\beta}_s\in\mathbb{R}^m$ 都为列向量，令 $n+m$ 维列向量

$$\boldsymbol{\gamma}_i=\begin{pmatrix}\boldsymbol{\alpha}_i\\\boldsymbol{\beta}_i\end{pmatrix},\ i=1,2,\cdots,s.$$

若 $\boldsymbol{\gamma}_1,\boldsymbol{\gamma}_2,\cdots,\boldsymbol{\gamma}_s$ 线性相关，则 $\boldsymbol{\alpha}_1,\boldsymbol{\alpha}_2,\cdots,\boldsymbol{\alpha}_s$ 也线性相关.

证法一：由于 $\boldsymbol{\gamma}_1,\boldsymbol{\gamma}_2,\cdots,\boldsymbol{\gamma}_s$ 线性相关，故存在 s 个不全为零的数 $k_1,k_2,\cdots,k_s$，使

$$k_1\boldsymbol{\gamma}_1+k_2\boldsymbol{\gamma}_2+\cdots+k_s\boldsymbol{\gamma}_s=\boldsymbol{0},$$

即

$$k_1\begin{pmatrix}\boldsymbol{\alpha}_1\\\boldsymbol{\beta}_1\end{pmatrix}+k_2\begin{pmatrix}\boldsymbol{\alpha}_2\\\boldsymbol{\beta}_2\end{pmatrix}+\cdots+k_s\begin{pmatrix}\boldsymbol{\alpha}_s\\\boldsymbol{\beta}_s\end{pmatrix}=\begin{pmatrix}\mathbf{0}_1\\\mathbf{0}_2\end{pmatrix},$$

其中 $\mathbf{0}_1$ 为 n 维零向量，$\mathbf{0}_2$ 为 m 维零向量. 由分块矩阵的乘法，得

$$k_1\boldsymbol{\alpha}_1+k_2\boldsymbol{\alpha}_2+\cdots+k_s\boldsymbol{\alpha}_s=\mathbf{0}_1,$$

即 $\boldsymbol{\alpha}_1$，$\boldsymbol{\alpha}_2$，…，$\boldsymbol{\alpha}_s$ 也线性相关.

证法二：由于 $\boldsymbol{\gamma}_1,\boldsymbol{\gamma}_2,\cdots,\boldsymbol{\gamma}_s$ 线性相关，由定理 3.2 的推论 1 有

$$r(\boldsymbol{\gamma}_1,\boldsymbol{\gamma}_2,\cdots,\boldsymbol{\gamma}_s)<s.$$

由矩阵秩的性质有

$$r(\boldsymbol{\alpha}_1,\boldsymbol{\alpha}_2,\cdots,\boldsymbol{\alpha}_s)\leqslant r(\boldsymbol{\gamma}_1,\boldsymbol{\gamma}_2,\cdots,\boldsymbol{\gamma}_s)<s,$$

由推论 1 知，$\boldsymbol{\alpha}_1$，$\boldsymbol{\alpha}_2$，…，$\boldsymbol{\alpha}_s$ 也线性相关. □

常称 $\boldsymbol{\alpha}_1,\boldsymbol{\alpha}_2,\cdots,\boldsymbol{\alpha}_s$ 为 $\boldsymbol{\gamma}_1,\boldsymbol{\gamma}_2,\cdots,\boldsymbol{\gamma}_s$ 的**截短向量**，或 $\boldsymbol{\gamma}_1,\boldsymbol{\gamma}_2,\cdots,\boldsymbol{\gamma}_s$ 是 $\boldsymbol{\alpha}_1,\boldsymbol{\alpha}_2,\cdots,\boldsymbol{\alpha}_s$ 的**接长向量**. 该命题说明：若接长向量组 $\boldsymbol{\gamma}_1,\boldsymbol{\gamma}_2,\cdots,\boldsymbol{\gamma}_s$ 线性相关，则其截短向量组 $\boldsymbol{\alpha}_1,\boldsymbol{\alpha}_2,\cdots,\boldsymbol{\alpha}_s$ 也线性相关.

等价地，命题 3.4 也可叙述为：若截短向量组 $\boldsymbol{\alpha}_1,\boldsymbol{\alpha}_2,\cdots,\boldsymbol{\alpha}_s$ 线性无关，则其接长向量组 $\boldsymbol{\gamma}_1,\boldsymbol{\gamma}_2,\cdots,\boldsymbol{\gamma}_s$ 也线性无关.

命题 3.5　设向量组 $\boldsymbol{\alpha}_1,\boldsymbol{\alpha}_2,\cdots,\boldsymbol{\alpha}_m$ 线性无关，向量组 $\boldsymbol{\beta}_1,\boldsymbol{\beta}_2,\cdots,\boldsymbol{\beta}_s$ 可由 $\boldsymbol{\alpha}_1$，$\boldsymbol{\alpha}_2$，…，$\boldsymbol{\alpha}_m$ 线性表示，即 $(\boldsymbol{\beta}_1,\boldsymbol{\beta}_2,\cdots,\boldsymbol{\beta}_s)=(\boldsymbol{\alpha}_1,\boldsymbol{\alpha}_2,\cdots,\boldsymbol{\alpha}_m)\boldsymbol{A}_{m\times s}$. 则 $\boldsymbol{\beta}_1,\boldsymbol{\beta}_2,\cdots,\boldsymbol{\beta}_s$ 线性相关（线性无关）的充分必要条件为表示矩阵 $\boldsymbol{A}$ 的秩小于 s（等于 s）即 $r(\boldsymbol{A})<s$ $(r(\boldsymbol{A})=s)$.

证明：我们先证明 $\boldsymbol{\beta}_1,\boldsymbol{\beta}_2,\cdots,\boldsymbol{\beta}_s$ 线性相关的充分必要条件为 $r(\boldsymbol{A})<s$.

设 $\boldsymbol{\beta}_1,\boldsymbol{\beta}_2,\cdots,\boldsymbol{\beta}_s$ 线性相关，则齐次线性方程组 $(\boldsymbol{\beta}_1,\boldsymbol{\beta}_2,\cdots,\boldsymbol{\beta}_s)\boldsymbol{x}=\mathbf{0}$ 有非零解. 取它的一个非零解 $\boldsymbol{x}_0$，则 $(\boldsymbol{\beta}_1,\boldsymbol{\beta}_2,\cdots,\boldsymbol{\beta}_s)\boldsymbol{x}_0=\mathbf{0}$，从而

$$(\boldsymbol{\alpha}_1,\boldsymbol{\alpha}_2,\cdots,\boldsymbol{\alpha}_m)\boldsymbol{A}_{m\times s}\boldsymbol{x}_0=\mathbf{0}.$$

由于向量组 $\boldsymbol{\alpha}_1$，$\boldsymbol{\alpha}_2$，…，$\boldsymbol{\alpha}_m$ 线性无关，所以

$$\boldsymbol{A}_{m\times s}\boldsymbol{x}_0=\mathbf{0},$$

即齐次线性方程组 $\boldsymbol{A}\boldsymbol{x}=\mathbf{0}$ 有非零解 $\boldsymbol{x}_0$，故 $r(\boldsymbol{A})<s$.

反之，若 $r(\boldsymbol{A})<s$，则齐次线性方程组 $\boldsymbol{A}_{m\times s}\boldsymbol{x}=\mathbf{0}$ 有非零解，取它的一个非零解 $\boldsymbol{x}_0$ 代入，有 $\boldsymbol{A}_{m\times s}\boldsymbol{x}_0=\mathbf{0}$. 此等式两边左乘 $(\boldsymbol{\alpha}_1,\boldsymbol{\alpha}_2,\cdots,\boldsymbol{\alpha}_m)$，得

$$(\boldsymbol{\alpha}_1,\boldsymbol{\alpha}_2,\cdots,\boldsymbol{\alpha}_m)\boldsymbol{A}_{m\times s}\boldsymbol{x}_0=\mathbf{0}.$$

从而

$$(\boldsymbol{\beta}_1,\boldsymbol{\beta}_2,\cdots,\boldsymbol{\beta}_s)\boldsymbol{x}_0=\mathbf{0},$$

故$\boldsymbol{\beta}_1,\boldsymbol{\beta}_2,\cdots,\boldsymbol{\beta}_s$线性相关.

对于$\boldsymbol{\beta}_1,\boldsymbol{\beta}_2,\cdots,\boldsymbol{\beta}_s$线性无关的充分必要条件为$r(\boldsymbol{A})=s$的证明只需用反证法，利用上面的证明即可得到. 留给读者练习. □

例 3.8　设向量$\boldsymbol{\alpha}$，$\boldsymbol{\beta}$，$\boldsymbol{\gamma}$线性无关，令

$$\boldsymbol{\xi}=\boldsymbol{\alpha},\ \boldsymbol{\eta}=\boldsymbol{\alpha}+\boldsymbol{\beta},\ \boldsymbol{\zeta}=\boldsymbol{\alpha}-\boldsymbol{\beta}-\boldsymbol{\gamma},$$

问向量$\boldsymbol{\xi}$，$\boldsymbol{\eta}$，$\boldsymbol{\zeta}$是否也线性无关?

解法一：设有一组数k_1，k_2，k_3使

$$k_1\boldsymbol{\xi}+k_2\boldsymbol{\eta}+k_3\boldsymbol{\zeta}=\mathbf{0},$$

即

$$(k_1+k_2+k_3)\boldsymbol{\alpha}+(k_2-k_3)\boldsymbol{\beta}-k_3\boldsymbol{\gamma}=\mathbf{0}.$$

因为$\boldsymbol{\alpha},\boldsymbol{\beta},\boldsymbol{\gamma}$线性无关，所以$k_1$，$k_2$，$k_3$必定满足

$$\begin{cases}k_1+k_2+k_3=0,\\ \qquad k_2-k_3=0,\\ \qquad\quad -k_3=0.\end{cases}$$

显然，此方程组只有零解$k_1=k_2=k_3=0$. 所以向量$\boldsymbol{\xi},\boldsymbol{\eta},\boldsymbol{\zeta}$也线性无关.

解法二：由于$\boldsymbol{\alpha},\boldsymbol{\beta},\boldsymbol{\gamma}$线性无关，而$\boldsymbol{\xi},\boldsymbol{\eta},\boldsymbol{\zeta}$可由$\boldsymbol{\alpha},\boldsymbol{\beta},\boldsymbol{\gamma}$线性表示，表示系数所组成的矩阵为

$$\boldsymbol{A}=\begin{pmatrix}1&1&1\\0&1&-1\\0&0&-1\end{pmatrix}.$$

显然$r(\boldsymbol{A})=3$，所以$\boldsymbol{\xi},\boldsymbol{\eta},\boldsymbol{\zeta}$线性无关.

3.2.4　线性组合与线性相关的关系

定理 3.3　向量$\boldsymbol{\alpha}_1,\boldsymbol{\alpha}_2,\cdots,\boldsymbol{\alpha}_m(m\geqslant 2)$线性相关的充分必要条件是其中至少有一个向量是其余向量的线性组合.

证明：必要性. 若$\boldsymbol{\alpha}_1,\boldsymbol{\alpha}_2,\cdots,\boldsymbol{\alpha}_m$线性相关，则存在一组不全为零的数$k_1,k_2,\cdots,k_m$，使得

$$k_1\boldsymbol{\alpha}_1+k_2\boldsymbol{\alpha}_2+\cdots+k_m\boldsymbol{\alpha}_m=\mathbf{0}.$$

不失一般性，设$k_1\neq 0$，于是

$$\boldsymbol{\alpha}_1=-\frac{k_2}{k_1}\boldsymbol{\alpha}_2-\frac{k_3}{k_1}\boldsymbol{\alpha}_3-\cdots-\frac{k_m}{k_1}\boldsymbol{\alpha}_m,$$

即 $\boldsymbol{\alpha}_1$ 是 $\boldsymbol{\alpha}_2,\boldsymbol{\alpha}_3,\cdots,\boldsymbol{\alpha}_m$ 的线性组合.

充分性. 不妨设 $\boldsymbol{\alpha}_1$ 可由 $\boldsymbol{\alpha}_2,\boldsymbol{\alpha}_3,\cdots,\boldsymbol{\alpha}_m$ 线性表示，即存在数 $l_2,l_3,\cdots,l_m$，使

$$\boldsymbol{\alpha}_1=l_2\boldsymbol{\alpha}_2+l_3\boldsymbol{\alpha}_3+\cdots+l_m\boldsymbol{\alpha}_m,$$

从而

$$-\boldsymbol{\alpha}_1+l_2\boldsymbol{\alpha}_2+l_3\boldsymbol{\alpha}_3+\cdots+l_m\boldsymbol{\alpha}_m=0.$$

显然，$-1,l_2,l_3,\cdots,l_m$ 不全为零，故 $\boldsymbol{\alpha}_1,\boldsymbol{\alpha}_2,\cdots,\boldsymbol{\alpha}_m$ 线性相关.

□

定理 3.3 建立了线性相关与线性组合这两个概念之间的联系. 从几何上看，三个三维向量 $\boldsymbol{\alpha},\boldsymbol{\beta},\boldsymbol{\gamma}$ 线性相关，由定理 3.3 可知，则至少有一个向量是另外两个向量的线性组合，譬如 $\boldsymbol{\gamma}=k\boldsymbol{\alpha}+l\boldsymbol{\beta}$. 如果把它们都看成几何向量，并将它们的起点放在同一个点处，这就表示 $\boldsymbol{\gamma}$ 在 $\boldsymbol{\alpha}$ 与 $\boldsymbol{\beta}$ 所在的平面上. 因而三个三维向量 $\boldsymbol{\alpha},\boldsymbol{\beta},\boldsymbol{\gamma}$ 线性相关的几何意义就是它们共面.

定理 3.4　若向量 $\boldsymbol{\alpha}_1,\boldsymbol{\alpha}_2,\cdots,\boldsymbol{\alpha}_m$ 线性无关，而向量 $\boldsymbol{\alpha}_1,\boldsymbol{\alpha}_2,\cdots,\boldsymbol{\alpha}_m,\boldsymbol{\beta}$ 线性相关，则向量 $\boldsymbol{\beta}$ 可由 $\boldsymbol{\alpha}_1,\boldsymbol{\alpha}_2,\cdots,\boldsymbol{\alpha}_m$ 线性表示，且表示系数唯一.

证明：因为 $\boldsymbol{\alpha}_1,\boldsymbol{\alpha}_2,\cdots,\boldsymbol{\alpha}_m,\boldsymbol{\beta}$ 线性相关，所以存在一组不全为零的数

$$k_1,k_2,\cdots,k_m,k,$$

使得

$$k_1\boldsymbol{\alpha}_1+k_2\boldsymbol{\alpha}_2+\cdots+k_m\boldsymbol{\alpha}_m+k\boldsymbol{\beta}=\boldsymbol{0}.$$

下面用反证法证明 $k\neq0$.

若 $k=0$，则 $k_1,k_2,\cdots,k_m$ 不全为零，且有

$$k_1\boldsymbol{\alpha}_1+k_2\boldsymbol{\alpha}_2+\cdots+k_m\boldsymbol{\alpha}_m=\boldsymbol{0}.$$

这与 $\boldsymbol{\alpha}_1,\boldsymbol{\alpha}_2,\cdots,\boldsymbol{\alpha}_m$ 线性无关相矛盾，从而 $k\neq0$. 于是

$$\boldsymbol{\beta}=-\frac{k_1}{k}\boldsymbol{\alpha}_1-\frac{k_2}{k}\boldsymbol{\alpha}_2-\cdots-\frac{k_m}{k}\boldsymbol{\alpha}_m,$$

即 $\boldsymbol{\beta}$ 可由 $\boldsymbol{\alpha}_1,\boldsymbol{\alpha}_2,\cdots,\boldsymbol{\alpha}_m$ 线性表示.

下面也用反证法证明 $\boldsymbol{\beta}$ 由 $\boldsymbol{\alpha}_1,\boldsymbol{\alpha}_2,\cdots,\boldsymbol{\alpha}_m$ 线性表示的表示系数是唯一的.

假设由 $\boldsymbol{\alpha}_1,\boldsymbol{\alpha}_2,\cdots,\boldsymbol{\alpha}_m$ 线性表示 $\boldsymbol{\beta}$ 有两种表示方法，设

$$\boldsymbol{\beta}=l_1\boldsymbol{\alpha}_1+l_2\boldsymbol{\alpha}_2+\cdots+l_m\boldsymbol{\alpha}_m,$$

$$\boldsymbol{\beta}=h_1\boldsymbol{\alpha}_1+h_2\boldsymbol{\alpha}_2+\cdots+h_m\boldsymbol{\alpha}_m,$$

将两式相减，得

$$(l_1-h_1)\boldsymbol{\alpha}_1+(l_2-h_2)\boldsymbol{\alpha}_2+\cdots+(l_m-h_m)\boldsymbol{\alpha}_m=\boldsymbol{0}.$$

由于 $\boldsymbol{\alpha}_1,\boldsymbol{\alpha}_2,\cdots,\boldsymbol{\alpha}_m$ 线性无关，所以 $l_i-h_i=0$，即

$$l_i=h_i,\ i=1,2,\cdots,m.$$

这说明 $\boldsymbol{\beta}$ 由 $\boldsymbol{\alpha}_1,\boldsymbol{\alpha}_2,\cdots,\boldsymbol{\alpha}_m$ 线性表示的表示系数是唯一的. □

例 3.9　若 $\boldsymbol{\alpha}_1,\boldsymbol{\alpha}_2,\cdots,\boldsymbol{\alpha}_n$ 是 n 个线性无关的 n 维向量，向量

$$\boldsymbol{\alpha}_{n+1}=k_1\boldsymbol{\alpha}_1+k_2\boldsymbol{\alpha}_2+\cdots+k_n\boldsymbol{\alpha}_n, \tag{3.15}$$

其中 $k_1,k_2,\cdots,k_n$ 全不为零. 证明：$\boldsymbol{\alpha}_1,\boldsymbol{\alpha}_2,\cdots,\boldsymbol{\alpha}_n,\boldsymbol{\alpha}_{n+1}$ 中任意 n 个向量都线性无关.

证明：由于 $\boldsymbol{\alpha}_1,\boldsymbol{\alpha}_2,\cdots,\boldsymbol{\alpha}_n$ 线性无关，所以我们只需证明，将 $\boldsymbol{\alpha}_1,\boldsymbol{\alpha}_2,\cdots,\boldsymbol{\alpha}_n$ 中的任何一个向量换成 $\boldsymbol{\alpha}_{n+1}$ 后所得的向量组线性无关即可. 设将 $\boldsymbol{\alpha}_i$ 换为 $\boldsymbol{\alpha}_{n+1}$ 后所得的向量组为

$$\boldsymbol{\alpha}_1,\boldsymbol{\alpha}_2,\cdots,\boldsymbol{\alpha}_{i-1},\boldsymbol{\alpha}_{n+1},\boldsymbol{\alpha}_{i+1},\cdots,\boldsymbol{\alpha}_n,\ i=1,2,\cdots,n.$$

我们用反证法证明它们线性无关. 设

$$\boldsymbol{\alpha}_1,\boldsymbol{\alpha}_2,\cdots,\boldsymbol{\alpha}_{i-1},\boldsymbol{\alpha}_{n+1},\boldsymbol{\alpha}_{i+1},\cdots,\boldsymbol{\alpha}_n$$

线性相关，由于

$$\boldsymbol{\alpha}_1,\boldsymbol{\alpha}_2,\cdots,\boldsymbol{\alpha}_{i-1},\boldsymbol{\alpha}_{i+1},\cdots,\boldsymbol{\alpha}_n$$

是 $\boldsymbol{\alpha}_1$，$\boldsymbol{\alpha}_2$，…，$\boldsymbol{\alpha}_n$ 的部分组，所以它们线性无关. 由定理 3.4，$\boldsymbol{\alpha}_{n+1}$ 可由 $\boldsymbol{\alpha}_1$，$\boldsymbol{\alpha}_2$，…，$\boldsymbol{\alpha}_{i-1}$，$\boldsymbol{\alpha}_{i+1}$，…，$\boldsymbol{\alpha}_n$ 唯一线性表示，即

$$\boldsymbol{\alpha}_{n+1}=l_1\boldsymbol{\alpha}_1+l_2\boldsymbol{\alpha}_2+\cdots+l_{i-1}\boldsymbol{\alpha}_{i-1}+l_{i+1}\boldsymbol{\alpha}_{i+1}+\cdots+l_n\boldsymbol{\alpha}_n.$$

将上式与式(3.15)两端分别相减，得

$$\begin{aligned}\mathbf{0}=&(k_1-l_1)\boldsymbol{\alpha}_1+(k_2-l_2)\boldsymbol{\alpha}_2+\cdots+(k_{i-1}-l_{i-1})\boldsymbol{\alpha}_{i-1}+\\&k_i\boldsymbol{\alpha}_i+(k_{i+1}-l_{i+1})\boldsymbol{\alpha}_{i+1}+\cdots+(k_n-l_n)\boldsymbol{\alpha}_n.\end{aligned}$$

由于 $\boldsymbol{\alpha}_1,\boldsymbol{\alpha}_2,\cdots,\boldsymbol{\alpha}_n$ 线性无关,因而

$$k_i=0,k_s-l_s=0,s=1,2,\cdots,i-1,i+1,\cdots,n.$$

这显然与 k_1，k_2，…，k_n 全不为零矛盾. 所以 $\boldsymbol{\alpha}_1,\boldsymbol{\alpha}_2,\cdots,\boldsymbol{\alpha}_{i-1},\boldsymbol{\alpha}_{i+1},\cdots,\boldsymbol{\alpha}_n,\boldsymbol{\alpha}_{n+1}$ 线性无关.

由 $\boldsymbol{\alpha}_i$ 的任意性可知，结论成立. □

3.3　向量组的秩

向量组的秩

现在，我们知道，向量组与矩阵关系密切，按矩阵分块的思想，矩阵可看成是一些行向量组或列向量组来构成；而向量组的线性相关性可由这些向量排成列构成矩阵的秩来刻画. 一个自然的问题：向量组是否也有秩的概念？若有，能否直接用向量组的秩来刻画它们之间的线性相关性呢？它和矩阵的秩又有什么联系呢？另一方面，由定理 3.3 可知，在非零的线性相关的向量组里一定存在线性无关的部分组，那么这个部分组最多能有多少个线

性无关的向量使得向量组里的其他向量都能由这线性无关的部分组线性表示呢？为此先给出如下定义.

3.3.1 极大线性无关组

向量组的极大线性无关组

定义 3.7　设向量组 Ⅰ：$\boldsymbol{\alpha}_1,\boldsymbol{\alpha}_2,\cdots,\boldsymbol{\alpha}_m$，…（向量个数可有限也可无限），若存在它的部分向量组 Ⅱ：$\boldsymbol{\alpha}_{i_1},\boldsymbol{\alpha}_{i_2},\cdots,\boldsymbol{\alpha}_{i_r}$ 满足：

（1）$\boldsymbol{\alpha}_{i_1},\boldsymbol{\alpha}_{i_2},\cdots,\boldsymbol{\alpha}_{i_r}$ 线性无关；

（2）向量组 Ⅰ 中的每一个向量都可由向量组 Ⅱ 线性表示，

则称向量组 Ⅱ：$\alpha_{i_1},\alpha_{i_2},\cdots,\alpha_{i_r}$ 是向量组 Ⅰ 的一个**极大线性无关组**，简称**极大无关组**.

例如，观察向量组 $\boldsymbol{\alpha}_1=(1,2,-1)$，$\boldsymbol{\alpha}_2=(2,-3,1)$，$\boldsymbol{\alpha}_3=(4,1,-1)$，有 $2\boldsymbol{\alpha}_1+\boldsymbol{\alpha}_2-\boldsymbol{\alpha}_3=\mathbf{0}$，所以它们线性相关，而它的部分向量组 $\boldsymbol{\alpha}_1,\boldsymbol{\alpha}_2$ 线性无关，向量组中的任意向量都可以由 $\boldsymbol{\alpha}_1,\boldsymbol{\alpha}_2$ 线性表示，即

$$\boldsymbol{\alpha}_1=1\boldsymbol{\alpha}_1+0\boldsymbol{\alpha}_2,\ \boldsymbol{\alpha}_2=0\boldsymbol{\alpha}_1+1\boldsymbol{\alpha}_2,\ \boldsymbol{\alpha}_3=2\boldsymbol{\alpha}_1+1\boldsymbol{\alpha}_2.$$

同样，$\boldsymbol{\alpha}_2,\boldsymbol{\alpha}_3$ 与 $\boldsymbol{\alpha}_1,\boldsymbol{\alpha}_3$ 也都具有这样的性质，因此 $\boldsymbol{\alpha}_1,\boldsymbol{\alpha}_2$；$\boldsymbol{\alpha}_2,\boldsymbol{\alpha}_3$ 与 $\boldsymbol{\alpha}_1,\boldsymbol{\alpha}_3$ 都是它的极大无关组，由此可见，向量组的极大无关组可以不唯一.

由定义与命题 3.2 不难推出，关于向量组与它的极大无关组的下述两个命题成立：

命题 3.6　一个向量组若有极大线性无关组，则这个向量组与其极大线性无关组等价.

命题 3.7　若向量组的极大线性无关组不唯一，则其任意两个极大线性无关组都等价.

例如，上面提到的向量组 $\boldsymbol{\alpha}_1=(1,2,-1)$，$\boldsymbol{\alpha}_2=(2,-3,1)$，$\boldsymbol{\alpha}_3=(4,1,-1)$ 中，极大无关组有 3 个，显然，向量组 $\boldsymbol{\alpha}_1,\boldsymbol{\alpha}_2,\boldsymbol{\alpha}_3$ 与 $\boldsymbol{\alpha}_1,\boldsymbol{\alpha}_2$ 等价，极大无关组 $\boldsymbol{\alpha}_1,\boldsymbol{\alpha}_2$ 与 $\boldsymbol{\alpha}_2,\boldsymbol{\alpha}_3$ 及 $\boldsymbol{\alpha}_1,\boldsymbol{\alpha}_3$ 都等价.

由这个具体例子还可观察到，向量组的各个极大无关组所含向量个数都相等. 这个结果，对于一般的向量组也成立. 我们先证明下述定理.

定理 3.5 给定两个向量组

$$Ⅰ:\boldsymbol{\alpha}_1,\boldsymbol{\alpha}_2,\cdots,\boldsymbol{\alpha}_s,\ Ⅱ:\boldsymbol{\beta}_1,\boldsymbol{\beta}_2,\cdots,\boldsymbol{\beta}_t.$$

若向量组Ⅰ能被向量组Ⅱ线性表示，且 $s>t$，则向量组Ⅰ中的向量线性相关.

证明：由已知条件，有

$$(\boldsymbol{\alpha}_1,\boldsymbol{\alpha}_2,\cdots,\boldsymbol{\alpha}_s)=(\boldsymbol{\beta}_1,\boldsymbol{\beta}_2,\cdots,\boldsymbol{\beta}_t)\boldsymbol{C}_{t\times s},$$

其中 $\boldsymbol{C}_{t\times s}$ 为表示的系数矩阵. 因为 $s>t$，故 $r(\boldsymbol{C})<s$，因而，齐次线性方程组

$$\boldsymbol{Cx}=\boldsymbol{0}$$

有非零解，即存在不全为零的数 $k_1,k_2,\cdots,k_s$，使得

$$\boldsymbol{C}\begin{pmatrix}k_1\\k_2\\\vdots\\k_s\end{pmatrix}=\boldsymbol{0}.$$

因而

$$(\boldsymbol{\alpha}_1,\boldsymbol{\alpha}_2,\cdots,\boldsymbol{\alpha}_s)\begin{pmatrix}k_1\\k_2\\\vdots\\k_s\end{pmatrix}=(\boldsymbol{\beta}_1,\boldsymbol{\beta}_2,\cdots,\boldsymbol{\beta}_t)\boldsymbol{C}\begin{pmatrix}k_1\\k_2\\\vdots\\k_s\end{pmatrix}=\boldsymbol{0},$$

即 $\boldsymbol{\alpha}_1,\boldsymbol{\alpha}_2,\cdots,\boldsymbol{\alpha}_s$ 线性相关. □

定理 3.5 常被称为向量组的替换定理. 与定理 3.5 等价的命题是下面的推论 1.

推论 1 若向量 $\boldsymbol{\alpha}_1,\boldsymbol{\alpha}_2,\cdots,\boldsymbol{\alpha}_s$ 线性无关，且它们可由向量组 $\boldsymbol{\beta}_1,\boldsymbol{\beta}_2,\cdots,\boldsymbol{\beta}_t$ 线性表示，则 $s\leqslant t$.

由此推论，不难得出如下两个推论：

推论 2 两个线性无关的等价向量组必含相同个数的向量.

推论 3 一个向量组若有两个极大线性无关组，则它们所含向量的个数相等.

上述两推论的证明留给读者.

3.3.2 向量组的秩

推论 3 表明，一个向量组的极大无关组所含向量个数与极大

无关组的选择无关，它是由向量组本身所确定的．这是向量组的一个重要属性．类似于矩阵的秩，我们引入向量组的秩的概念．

定义 3.8　向量组 $\boldsymbol{\alpha}_1,\boldsymbol{\alpha}_2,\cdots,\boldsymbol{\alpha}_m$ 的极大线性无关组所含向量的个数称为**向量组的秩**，记作 $r(\boldsymbol{\alpha}_1,\boldsymbol{\alpha}_2,\cdots,\boldsymbol{\alpha}_m)$．

规定全由零向量组成的向量组的秩为零．

显然，
$$0\leqslant r(\boldsymbol{\alpha}_1,\boldsymbol{\alpha}_2,\cdots,\boldsymbol{\alpha}_m)\leqslant m.$$

由定义，向量组 $\boldsymbol{\alpha}_1=(1,2,-1)$，$\boldsymbol{\alpha}_2=(2,-3,1)$，$\boldsymbol{\alpha}_3=(4,1,-1)$的秩为 2，即
$$r(\boldsymbol{\alpha}_1,\boldsymbol{\alpha}_2,\boldsymbol{\alpha}_3)=2.$$
显然，线性无关的向量组就是其自身的极大无关组，所以有下面的命题：

命题 3.8　向量组 $\boldsymbol{\alpha}_1,\boldsymbol{\alpha}_2,\cdots,\boldsymbol{\alpha}_m$ 线性无关的充分必要条件是 $r(\boldsymbol{\alpha}_1,\boldsymbol{\alpha}_2,\cdots,\boldsymbol{\alpha}_m)=m$；向量组 $\boldsymbol{\alpha}_1,\boldsymbol{\alpha}_2,\cdots,\boldsymbol{\alpha}_m$ 线性相关的充分必要条件是 $r(\boldsymbol{\alpha}_1,\boldsymbol{\alpha}_2,\cdots,\boldsymbol{\alpha}_m)<m$．

由等价的传递性可知，任意两个等价的向量组的极大无关组也等价．所以有：

命题 3.9　等价的向量组必有相同的秩．

例 3.10　证明向量组 $\boldsymbol{\alpha},\boldsymbol{\beta},\boldsymbol{\gamma}$ 线性无关的充分必要条件是向量组
$$\boldsymbol{\alpha}+\boldsymbol{\beta},\ \boldsymbol{\beta}+\boldsymbol{\gamma},\ \boldsymbol{\gamma}+\boldsymbol{\alpha}$$
线性无关．

证明：设
$$\begin{cases}\boldsymbol{\xi}=\boldsymbol{\alpha}+\boldsymbol{\beta},\\ \boldsymbol{\eta}=\boldsymbol{\beta}+\boldsymbol{\gamma},\\ \boldsymbol{\zeta}=\boldsymbol{\gamma}+\boldsymbol{\alpha},\end{cases}$$
则有
$$\begin{cases}\boldsymbol{\alpha}=\dfrac{1}{2}(\boldsymbol{\xi}-\boldsymbol{\eta}+\boldsymbol{\zeta}),\\ \boldsymbol{\beta}=\dfrac{1}{2}(\boldsymbol{\xi}+\boldsymbol{\eta}-\boldsymbol{\zeta}),\\ \boldsymbol{\gamma}=\dfrac{1}{2}(-\boldsymbol{\xi}+\boldsymbol{\eta}+\boldsymbol{\zeta}).\end{cases}$$

由定义 3.5，向量组 $\boldsymbol{\alpha},\boldsymbol{\beta},\boldsymbol{\gamma}$ 与 $\boldsymbol{\xi},\boldsymbol{\eta},\boldsymbol{\zeta}$ 等价，从而有相同的秩. 所以

$$\begin{aligned}\boldsymbol{\alpha},\boldsymbol{\beta},\boldsymbol{\gamma}\text{ 线性无关}&\Leftrightarrow r(\boldsymbol{\alpha},\boldsymbol{\beta},\boldsymbol{\gamma})=3\\&\Leftrightarrow r(\boldsymbol{\xi},\boldsymbol{\eta},\boldsymbol{\zeta})=r(\boldsymbol{\alpha}+\boldsymbol{\beta},\boldsymbol{\beta}+\boldsymbol{\gamma},\boldsymbol{\gamma}+\boldsymbol{\alpha})=3\\&\Leftrightarrow \boldsymbol{\alpha}+\boldsymbol{\beta},\boldsymbol{\beta}+\boldsymbol{\gamma},\boldsymbol{\gamma}+\boldsymbol{\alpha}\text{ 线性无关}.\end{aligned}$$ □

命题 3.10 如果一个向量组的秩为 $r(r>0)$，则向量组中任意 r 个线性无关的向量都是它的一个极大无关组.

证明：设向量组 $\boldsymbol{\alpha}_1,\boldsymbol{\alpha}_2,\cdots,\boldsymbol{\alpha}_m$ 的秩为 r，且 $\boldsymbol{\alpha}_{i_1},\boldsymbol{\alpha}_{i_2},\cdots,\boldsymbol{\alpha}_{i_r}$ 是 $\boldsymbol{\alpha}_1,\boldsymbol{\alpha}_2,\cdots,\boldsymbol{\alpha}_m$ 中 r 个线性无关的向量. 设 $\boldsymbol{\alpha}_k$ 是向量组中任一个向量，则

$$\boldsymbol{\alpha}_{i_1},\boldsymbol{\alpha}_{i_2},\cdots,\boldsymbol{\alpha}_{i_r},\boldsymbol{\alpha}_k$$

线性相关，否则与 $r(\boldsymbol{\alpha}_1,\boldsymbol{\alpha}_2,\cdots,\boldsymbol{\alpha}_m)=r$ 相矛盾. 由定理 3.4，$\boldsymbol{\alpha}_k$ 可由 $\boldsymbol{\alpha}_{i_1},\boldsymbol{\alpha}_{i_2},\cdots,\boldsymbol{\alpha}_{i_r}$ 线性表示. 由定义，$\boldsymbol{\alpha}_{i_1},\boldsymbol{\alpha}_{i_2},\cdots,\boldsymbol{\alpha}_{i_r}$ 为向量组的一个极大无关组. □

命题 3.11 设向量组 $\boldsymbol{\alpha}_1,\boldsymbol{\alpha}_2,\cdots,\boldsymbol{\alpha}_s$ 可由向量组 $\boldsymbol{\beta}_1,\boldsymbol{\beta}_2,\cdots,\boldsymbol{\beta}_t$ 线性表示，则

$$r(\boldsymbol{\alpha}_1,\boldsymbol{\alpha}_2,\cdots,\boldsymbol{\alpha}_s)\leqslant r(\boldsymbol{\beta}_1,\boldsymbol{\beta}_2,\cdots,\boldsymbol{\beta}_t).$$

证明：设向量组 $\boldsymbol{\alpha}_1,\boldsymbol{\alpha}_2,\cdots,\boldsymbol{\alpha}_s$ 与向量组 $\boldsymbol{\beta}_1,\boldsymbol{\beta}_2,\cdots,\boldsymbol{\beta}_t$ 的极大无关组分别为 $\boldsymbol{\alpha}_{i_1},\boldsymbol{\alpha}_{i_2},\cdots,\boldsymbol{\alpha}_{i_r}$ 与 $\boldsymbol{\beta}_{j_1}$，$\boldsymbol{\beta}_{j_2}$，…，$\boldsymbol{\beta}_{j_k}$，则

$$\boldsymbol{\alpha}_{i_1},\boldsymbol{\alpha}_{i_2},\cdots,\boldsymbol{\alpha}_{i_r}\text{ 与 }\boldsymbol{\alpha}_1,\boldsymbol{\alpha}_2,\cdots,\boldsymbol{\alpha}_s\text{ 等价},$$
$$\boldsymbol{\beta}_{j_1},\boldsymbol{\beta}_{j_2},\cdots,\boldsymbol{\beta}_{j_k}\text{ 与 }\boldsymbol{\beta}_1,\boldsymbol{\beta}_2,\cdots,\boldsymbol{\beta}_t\text{ 等价}.$$

因此，$\boldsymbol{\alpha}_{i_1}$，$\boldsymbol{\alpha}_{i_2}$，…，$\boldsymbol{\alpha}_{i_r}$ 可由 $\boldsymbol{\beta}_{j_1}$，$\boldsymbol{\beta}_{j_2}$，…，$\boldsymbol{\beta}_{j_k}$ 线性表示，由定理 3.5 的推论 1 知，$r\leqslant k$，即

$$r(\boldsymbol{\alpha}_1,\boldsymbol{\alpha}_2,\cdots,\boldsymbol{\alpha}_s)\leqslant r(\boldsymbol{\beta}_1,\boldsymbol{\beta}_2,\cdots,\boldsymbol{\beta}_t).$$ □

3.3.3 向量组的秩与矩阵的秩的关系

定理 3.6 设 $\boldsymbol{A}$ 是 $m\times n$ 矩阵，则 $\boldsymbol{A}$ 的列向量组 $\boldsymbol{\alpha}_1,\boldsymbol{\alpha}_2,\cdots,\boldsymbol{\alpha}_n$ 的秩等于矩阵 $\boldsymbol{A}$ 的秩；$\boldsymbol{A}$ 的行向量组的秩也等于 $\boldsymbol{A}$ 的秩.

向量组的秩与矩阵的秩的关系

证明：我们分两步证明这个定理.

(1) 先证明，若矩阵 $\boldsymbol{A}$ 的秩为 r，则 $\boldsymbol{A}$ 中有 r 个线性无关的列向量.

设 $r(\boldsymbol{A})=r$，则 $\boldsymbol{A}$ 中必有一个 r 阶子式 $D_r\neq0$. 设 D_r 位于 $\boldsymbol{A}$ 的第 j_1，j_2，…，j_r 列，且

$$j_1<j_2<\cdots<j_r.$$

由 $\boldsymbol{A}$ 的这 r 个列向量 $\boldsymbol{\alpha}_{j_1},\boldsymbol{\alpha}_{j_2},\cdots,\boldsymbol{\alpha}_{j_r}$ 构成的矩阵记为 $\boldsymbol{A}_1$. 显然，$r(\boldsymbol{A}_1)=r$. 由定理 3.2 的推论 1 知 $\boldsymbol{\alpha}_{j_1},\boldsymbol{\alpha}_{j_2},\cdots,\boldsymbol{\alpha}_{j_r}$ 线性无关.

(2) 再证明，$\boldsymbol{A}$ 中的任一列向量 $\boldsymbol{\alpha}_j$ 都可由(1)中的 r 个线性无关的列向量线性表示.

事实上，若 $\boldsymbol{\alpha}_j$ 是 $\boldsymbol{\alpha}_{j_1},\boldsymbol{\alpha}_{j_2},\cdots,\boldsymbol{\alpha}_{j_r}$ 中的某个向量，则显然 $\boldsymbol{\alpha}_j$ 可由 $\boldsymbol{\alpha}_{j_1},\boldsymbol{\alpha}_{j_2},\cdots,\boldsymbol{\alpha}_{j_r}$ 线性表示；若 $\boldsymbol{\alpha}_j$ 不在 $\boldsymbol{\alpha}_{j_1},\boldsymbol{\alpha}_{j_2},\cdots,\boldsymbol{\alpha}_{j_r}$ 中，不妨设 $j_1<j_2<\cdots<j_i<j<j_{i+1}<\cdots<j_r$，于是矩阵

$$\boldsymbol{A}_2=(\alpha_{j_1},\alpha_{j_2},\cdots,\alpha_{j_i},\alpha_j,\alpha_{j_{i+1}},\cdots,\alpha_{j_r})$$

是矩阵 $\boldsymbol{A}$ 的子式，故 $r(\boldsymbol{A}_2)\leqslant r(\boldsymbol{A})=r<r+1$，仍由定理 3.2 的推论 1 可知，$\boldsymbol{A}_2$ 的列向量线性相关. 由定理 3.4，$\boldsymbol{\alpha}_j$ 可由 $\boldsymbol{\alpha}_{j_1},\boldsymbol{\alpha}_{j_2},\cdots,\boldsymbol{\alpha}_{j_r}$ 线性表示.

综合(1)(2)可知，$\boldsymbol{\alpha}_{j_1},\boldsymbol{\alpha}_{j_2},\cdots,\boldsymbol{\alpha}_{j_r}$ 是矩阵 $\boldsymbol{A}$ 的列向量组的一个极大无关组，所以

$$r(\boldsymbol{\alpha}_1,\boldsymbol{\alpha}_2,\cdots,\boldsymbol{\alpha}_n)=r=r(\boldsymbol{A}).$$

由于 $r(\boldsymbol{A})=r(\boldsymbol{A}^{\mathrm{T}})$，而 $\boldsymbol{A}$ 的行向量组的秩就是 $\boldsymbol{A}^{\mathrm{T}}$ 的列向量组的秩，故也等于 $\boldsymbol{A}$ 的秩，所以

$$r(\boldsymbol{A})=\boldsymbol{A}\text{ 的列向量组的秩}=\boldsymbol{A}\text{ 的行向量组的秩}.$$ □

矩阵 $\boldsymbol{A}$ 的列(行)向量组的秩简称 $\boldsymbol{A}$ 的**列(行)秩**.

上述定理的证明过程给出了求向量组的秩及其找一个极大无关组的方法：向量组排成列做成矩阵 $\boldsymbol{A}$，若 $r(\boldsymbol{A})=r$，则向量组的秩为 r. 在 $\boldsymbol{A}$ 中只要找到一个 r 阶子式不等于零，则这个 r 阶子式所在的 r 个列向量即为 $\boldsymbol{A}$ 中列向量组的一个极大无关组. 而不等于零的 r 阶子式可通过 $\boldsymbol{A}$ 的阶梯形看出.

例 3.11　设有向量组

$$\boldsymbol{\alpha}_1=\begin{pmatrix}1\\-2\\1\end{pmatrix},\ \boldsymbol{\alpha}_2=\begin{pmatrix}2\\-4\\2\end{pmatrix},\ \boldsymbol{\alpha}_3=\begin{pmatrix}1\\0\\3\end{pmatrix},\ \boldsymbol{\alpha}_4=\begin{pmatrix}0\\-4\\-4\end{pmatrix},$$

求该向量组的秩和它的一个极大无关组，并将其余向量用所求的极大无关组线性表示.

解：构造矩阵 $\boldsymbol{A}=(\boldsymbol{\alpha}_1,\boldsymbol{\alpha}_2,\boldsymbol{\alpha}_3,\boldsymbol{\alpha}_4)$，对 $\boldsymbol{A}$ 作初等行变换，将其化为简化的阶梯形矩阵，即

$$\boldsymbol{A}=\begin{pmatrix}1&2&1&0\\-2&-4&0&-4\\1&2&3&-4\end{pmatrix}\xrightarrow{\text{初等行变换}}\begin{pmatrix}1&2&0&2\\0&0&1&-2\\0&0&0&0\end{pmatrix}=\boldsymbol{B}.$$

显然，$r(\boldsymbol{A})=r(\boldsymbol{B})=2$，即 $r(\boldsymbol{\alpha}_1,\boldsymbol{\alpha}_2,\boldsymbol{\alpha}_3,\boldsymbol{\alpha}_4)=2$. 把上面最后一个矩阵 $\boldsymbol{B}$ 记作 $\boldsymbol{B}=(\boldsymbol{\beta}_1,\boldsymbol{\beta}_2,\boldsymbol{\beta}_3,\boldsymbol{\beta}_4)$. 易见 $\boldsymbol{\beta}_1,\boldsymbol{\beta}_3$ 是 $\boldsymbol{B}$ 的列向量组的一个极大无关组，它可以看作是矩阵 $\boldsymbol{A}_1=(\boldsymbol{\alpha}_1,\boldsymbol{\alpha}_3)$ 经初等行变换得到的，所以 $\boldsymbol{\alpha}_1,\boldsymbol{\alpha}_3$ 是 $\boldsymbol{A}$ 的列向量组的一个极大线性无关组.

令 $\boldsymbol{\alpha}_2=k_1\boldsymbol{\alpha}_1+k_3\boldsymbol{\alpha}_3$，$\boldsymbol{\alpha}_4=l_1\boldsymbol{\alpha}_1+l_3\boldsymbol{\alpha}_3$，利用简化的阶梯形矩阵 $\boldsymbol{B}$ 求解这两个线性方程组，易得

$$k_1=2,k_3=0;\ l_1=2,l_3=-2.$$

所以

$$\alpha_2=2\alpha_1,\ \alpha_4=2\alpha_1-2\alpha_3.$$

□

值得注意的是 $\boldsymbol{\alpha}_2$ 用 $\boldsymbol{\alpha}_1,\boldsymbol{\alpha}_3$ 表示的系数 2，0 与 $\boldsymbol{\alpha}_4$ 用 $\boldsymbol{\alpha}_1,\boldsymbol{\alpha}_3$ 表示的系数 2，-2 恰是简化的阶梯形矩阵 $\boldsymbol{B}$ 的第二列与第四列的前两个元素. 这不是偶然的. 因为解线性方程组 $\boldsymbol{\alpha}_2=k_1\boldsymbol{\alpha}_1+k_3\boldsymbol{\alpha}_3$ 等价于解线性方程组 $\boldsymbol{\beta}_2=k_1\boldsymbol{\beta}_1+k_3\boldsymbol{\beta}_3$. 解后面的线性方程组，相当于解以矩阵 $\boldsymbol{B}$ 的第一列与第三列为系数矩阵，以第二列为常数项的线性方程组. 由于矩阵 $\boldsymbol{B}$ 为简化的阶梯形矩阵，去掉它的零行，与第一列和第三列对应的是单位矩阵，因而第二列的前两个元素即为方程组的解. 同理，容易从矩阵 $\boldsymbol{B}$ 得到线性方程组 $\boldsymbol{\alpha}_4=l_1\boldsymbol{\alpha}_1+l_3\boldsymbol{\alpha}_3$ 的解.

如果只需求向量组的秩和极大无关组，那么，只要用初等行变换将 $\boldsymbol{A}$ 化为一般的阶梯形矩阵即可.

由解线性方程组的高斯消元法可知，对矩阵作初等行变换不改变它的列向量之间的线性关系；同理，对矩阵作初等列变换也不改变它的行向量之间的线性关系.

利用向量组的秩和矩阵秩的关系，可以证明矩阵秩的某些结论，以后需要时可直接使用这些结论，我们以例题的形式体现如下.

▶矩阵的秩的一些结论

例 3.12　设 $\boldsymbol{A}$，$\boldsymbol{B}$ 均为 $m\times n$ 矩阵，证明

$$r(\boldsymbol{A}+\boldsymbol{B})\leqslant r(\boldsymbol{A})+r(\boldsymbol{B}).$$

证明：设 $\boldsymbol{A}=(\boldsymbol{\alpha}_1,\boldsymbol{\alpha}_2,\cdots,\boldsymbol{\alpha}_n)$ 与 $\boldsymbol{B}=(\boldsymbol{\beta}_1,\boldsymbol{\beta}_2,\cdots,\boldsymbol{\beta}_n)$，则

$$\boldsymbol{A}+\boldsymbol{B}=(\boldsymbol{\alpha}_1+\boldsymbol{\beta}_1,\boldsymbol{\alpha}_2+\boldsymbol{\beta}_2,\cdots,\boldsymbol{\alpha}_n+\boldsymbol{\beta}_n).$$

再设 $\boldsymbol{A}$ 与 $\boldsymbol{B}$ 的列向量组的极大线性无关组分别为

$$\boldsymbol{\alpha}_{i_1},\boldsymbol{\alpha}_{i_2},\cdots,\boldsymbol{\alpha}_{i_s}\text{与}\boldsymbol{\beta}_{j_1},\boldsymbol{\beta}_{j_2},\cdots,\boldsymbol{\beta}_{j_t},$$

则矩阵 $\boldsymbol{A}$ 与 $\boldsymbol{B}$ 的列向量分别可由 $\boldsymbol{\alpha}_{i_1},\boldsymbol{\alpha}_{i_2},\cdots,\boldsymbol{\alpha}_{i_s}$ 与 $\boldsymbol{\beta}_{j_1},\boldsymbol{\beta}_{j_2},\cdots,\boldsymbol{\beta}_{j_t}$ 线性

表示，即

$$\boldsymbol{\alpha}_p = k_1\boldsymbol{\alpha}_{i_1} + k_2\boldsymbol{\alpha}_{i_2} + \cdots + k_s\boldsymbol{\alpha}_{i_s},$$

$$\boldsymbol{\beta}_p = l_1\boldsymbol{\beta}_{j_1} + l_2\boldsymbol{\beta}_{j_2} + \cdots + l_t\boldsymbol{\beta}_{j_t}.$$

因而

$$\boldsymbol{\alpha}_p + \boldsymbol{\beta}_p = k_1\boldsymbol{\alpha}_{i_1} + k_2\boldsymbol{\alpha}_{i_2} + \cdots + k_s\boldsymbol{\alpha}_{i_s} + l_1\boldsymbol{\beta}_{j_1} + l_2\boldsymbol{\beta}_{j_2} + \cdots + l_t\boldsymbol{\beta}_{j_t},\ p = 1,2,\cdots,n,$$

即矩阵 $\boldsymbol{A}+\boldsymbol{B}$ 的列向量组可由矩阵 $\boldsymbol{C} = (\boldsymbol{\alpha}_{i_1},\boldsymbol{\alpha}_{i_2},\cdots,\boldsymbol{\alpha}_{i_s},\boldsymbol{\beta}_{j_1},\boldsymbol{\beta}_{j_2},\cdots,\boldsymbol{\beta}_{j_t})$ 的列向量组线性表示，由命题 3.11 得

$$r(\boldsymbol{A}+\boldsymbol{B}) \leqslant r(\boldsymbol{C}) \leqslant s + t = r(\boldsymbol{A}) + r(\boldsymbol{B}).$$

□

类似地可以证明

$$\max\{r(\boldsymbol{A}), r(\boldsymbol{B})\} \leqslant r(\boldsymbol{A},\boldsymbol{B}) \leqslant r(\boldsymbol{A}) + r(\boldsymbol{B}),$$

其中 $\boldsymbol{A}$ 为 $m\times p$ 矩阵，$\boldsymbol{B}$ 为 $m\times q$ 矩阵，$(\boldsymbol{A},\boldsymbol{B})$ 为 $m\times(p+q)$ 矩阵.

例 3.13　证明

$$r(\boldsymbol{AB}) \leqslant \min\{r(\boldsymbol{A}),\ r(\boldsymbol{B})\},$$

其中 $\boldsymbol{A}$ 为 $m\times p$ 矩阵，$\boldsymbol{B}$ 为 $p\times n$ 矩阵.

证明：设

$$\boldsymbol{A} = (a_{ij})_{m\times p} = (\boldsymbol{\alpha}_1,\boldsymbol{\alpha}_2,\cdots,\boldsymbol{\alpha}_p),\ \boldsymbol{B} = (b_{ij})_{p\times n},\ \boldsymbol{AB} = (\boldsymbol{\gamma}_1,\boldsymbol{\gamma}_2,\cdots,\boldsymbol{\gamma}_n)$$

则

$$\boldsymbol{AB} = (\boldsymbol{\gamma}_1,\boldsymbol{\gamma}_2,\cdots,\boldsymbol{\gamma}_n) = (\boldsymbol{\alpha}_1,\boldsymbol{\alpha}_2,\cdots,\boldsymbol{\alpha}_p)\boldsymbol{B}.$$

这说明，$\boldsymbol{\gamma}_1,\boldsymbol{\gamma}_2,\cdots,\boldsymbol{\gamma}_n$ 可由 $\boldsymbol{\alpha}_1,\boldsymbol{\alpha}_2,\cdots,\boldsymbol{\alpha}_p$ 线性表示. 由命题 3.11，

$$r(\boldsymbol{AB}) = r(\boldsymbol{\gamma}_1,\boldsymbol{\gamma}_2,\cdots,\boldsymbol{\gamma}_n) \leqslant r(\boldsymbol{\alpha}_1,\boldsymbol{\alpha}_2,\cdots,\boldsymbol{\alpha}_p) = r(\boldsymbol{A}).$$

又因为 $(\boldsymbol{AB})^{\mathrm{T}} = \boldsymbol{B}^{\mathrm{T}}\boldsymbol{A}^{\mathrm{T}}$，由上面的讨论知

$$r(\boldsymbol{B}^{\mathrm{T}}\boldsymbol{A}^{\mathrm{T}}) \leqslant r(\boldsymbol{B}^{\mathrm{T}}).$$

而 $r(\boldsymbol{B}) = r(\boldsymbol{B}^{\mathrm{T}})$，$r(\boldsymbol{AB}) = r(\boldsymbol{B}^{\mathrm{T}}\boldsymbol{A}^{\mathrm{T}})$，故

$$r(\boldsymbol{AB}) \leqslant r(\boldsymbol{B}).$$

因而

$$r(\boldsymbol{AB}) \leqslant \min\{r(\boldsymbol{A}), r(\boldsymbol{B})\}.$$

□

3.4　线性方程组解的结构

有了上一节向量组线性关系的讨论，在这一节我们解决的问题是：当线性方程组有无穷多解时，解的结构如何？怎样求出它们的所有解？我们知道，线性方程组分为齐次线性方程组和非齐次线性方程组，下面分别解决.

3.4.1 齐次线性方程组解的结构

解的结构离不开解的性质，对于齐次线性方程组解的性质有下面明显的结论.

齐次线性方程组解的结构

性质 3.3 设有齐次线性方程组

$$\boldsymbol{A}_{m\times n}\boldsymbol{x}=\boldsymbol{0}, \tag{3.16}$$

若 $\boldsymbol{\eta}_1,\boldsymbol{\eta}_2,\cdots,\boldsymbol{\eta}_s$ 是方程组(3.16)的 s 个解向量，则它们的线性组合 $\sum\limits_{i=1}^{s}k_i\boldsymbol{\eta}_i$ 仍是齐次线性方程组 $\boldsymbol{Ax}=\boldsymbol{0}$ 的解向量，其中 $k_1,k_2,\cdots,k_s$ 为任意常数.

由上述性质可知，当齐次线性方程组有非零解时，则它必有无穷多个解. 如何把这无穷多个解表示出来呢? 向量组的极大无关组的概念给了我们这样的联想，是否存在一个与方程组(3.16)的全体解向量等价的线性无关的解向量组，使得方程组(3.16)的任何一个解向量都能由它们线性表示呢?

当齐次线性方程组(3.16)有非零解时，这样一组解向量是存在的. 为此，给出如下定义.

定义 3.9 设 $\boldsymbol{\eta}_1,\boldsymbol{\eta}_2,\cdots,\boldsymbol{\eta}_p$ 是齐次线性方程组 $\boldsymbol{Ax}=\boldsymbol{0}$ 的一组解向量，如果:

(1) $\boldsymbol{\eta}_1,\boldsymbol{\eta}_2,\cdots,\boldsymbol{\eta}_p$ 线性无关;

(2) 齐次线性方程组 $\boldsymbol{Ax}=\boldsymbol{0}$ 的任意一个解向量都可由 $\boldsymbol{\eta}_1,\boldsymbol{\eta}_2,\cdots,\boldsymbol{\eta}_p$ 线性表示，则称 $\boldsymbol{\eta}_1,\boldsymbol{\eta}_2,\cdots,\boldsymbol{\eta}_p$ 是齐次线性方程组 $\boldsymbol{Ax}=\boldsymbol{0}$ 的一个基础解系.

定理 3.7 设 $\boldsymbol{A}$ 是 $m\times n$ 矩阵，若 $r(\boldsymbol{A})=r<n$，则齐次线性方程组 $\boldsymbol{Ax}=\boldsymbol{0}$ 存在一个由 $n-r$ 个线性无关的解向量 $\boldsymbol{\eta}_1,\boldsymbol{\eta}_2,\cdots,\boldsymbol{\eta}_{n-r}$ 构成的基础解系，它们的线性组合

$$\tilde{\boldsymbol{\eta}}=k_1\boldsymbol{\eta}_1+k_2\boldsymbol{\eta}_2+\cdots+k_{n-r}\boldsymbol{\eta}_{n-r}, \tag{3.17}$$

其中 $k_1,k_2,\cdots,k_{n-r}$ 为任意常数，给出了齐次线性方程组 $\boldsymbol{Ax}=\boldsymbol{0}$ 的所有解.

证明: (1) 先证存在 $n-r$ 个线性无关的解向量.

由高斯消元法，对矩阵 $\boldsymbol{A}$ 作初等行变换，将它化为简化的阶梯形矩阵 $\boldsymbol{R}$. 不失一般性，可设

$$
\boldsymbol{R}=\begin{pmatrix}
1 & 0 & \cdots & 0 & c_{1,r+1} & \cdots & c_{1,n}\\
0 & 1 & \cdots & 0 & c_{2,r+1} & \cdots & c_{2,n}\\
\vdots & \vdots & & \vdots & \vdots & & \vdots\\
0 & 0 & \cdots & 1 & c_{r,r+1} & \cdots & c_{r,n}\\
0 & 0 & \cdots & 0 & 0 & \cdots & 0\\
\vdots & \vdots & & \vdots & \vdots & & \vdots\\
0 & 0 & \cdots & 0 & 0 & \cdots & 0
\end{pmatrix},
$$

则原方程组与阶梯形方程组 $\boldsymbol{Rx}=\boldsymbol{0}$ 同解，即

$$
\begin{cases}
x_1 \qquad + c_{1,r+1}x_{r+1} + \cdots + c_{1n}x_n = 0,\\
\quad x_2 \qquad + c_{2,r+1}x_{r+1} + \cdots + c_{2n}x_n = 0,\\
\qquad\qquad \vdots\\
\qquad x_r + c_{r,r+1}x_{r+1} + \cdots + c_{rn}x_n = 0
\end{cases}
\tag{3.18}
$$

是 $\boldsymbol{Ax}=\boldsymbol{0}$ 的同解方程组. 取 $\boldsymbol{x}_{r+1},\boldsymbol{x}_{r+2},\cdots,\boldsymbol{x}_n$ 为自由未知量，将它们分别代以下面的 $n-r$ 组数：

$$
\begin{pmatrix} x_{r+1}\\ x_{r+2}\\ \vdots\\ x_n \end{pmatrix}=\begin{pmatrix}1\\0\\ \vdots\\0\end{pmatrix},\ \begin{pmatrix}0\\1\\ \vdots\\0\end{pmatrix},\ \cdots,\ \begin{pmatrix}0\\0\\ \vdots\\1\end{pmatrix},
$$

可得方程组 $\boldsymbol{Rx}=\boldsymbol{0}$ 的 $n-r$ 个解向量

$$
\boldsymbol{\eta}_1=\begin{pmatrix}-c_{1,r+1}\\-c_{2,r+1}\\ \vdots\\-c_{r,r+1}\\1\\0\\ \vdots\\0\end{pmatrix},\ \boldsymbol{\eta}_2=\begin{pmatrix}-c_{1,r+2}\\-c_{2,r+2}\\ \vdots\\-c_{r,r+2}\\0\\1\\ \vdots\\0\end{pmatrix},\ \cdots,\ \boldsymbol{\eta}_{n-r}=\begin{pmatrix}-c_{1n}\\-c_{2n}\\ \vdots\\-c_{rn}\\0\\0\\ \vdots\\1\end{pmatrix}.
$$

不难看出，$\boldsymbol{\eta}_1,\boldsymbol{\eta}_2,\cdots,\boldsymbol{\eta}_{n-r}$ 的截短向量组

$$
\begin{pmatrix}1\\0\\ \vdots\\0\end{pmatrix},\ \begin{pmatrix}0\\1\\ \vdots\\0\end{pmatrix},\ \cdots,\ \begin{pmatrix}0\\0\\ \vdots\\1\end{pmatrix}
$$

线性无关，由命题 3.4 知，$\boldsymbol{\eta}_1,\boldsymbol{\eta}_2,\cdots,\boldsymbol{\eta}_{n-r}$ 也线性无关.

(2) 再证 $\boldsymbol{Ax}=\boldsymbol{0}$ 的任一解向量都可由 $\boldsymbol{\eta}_1,\boldsymbol{\eta}_2,\cdots,\boldsymbol{\eta}_{n-r}$ 线性表示.

设

$$\boldsymbol{\eta}=(d_1,d_2,\cdots,d_r,k_1,k_2,\cdots,k_{n-r})^{\mathrm{T}}$$

是方程组 $\boldsymbol{A}\boldsymbol{x}=\boldsymbol{0}$ 的任一个解向量，由齐次线性方程组解的性质可知

$$\widetilde{\boldsymbol{\eta}}=k_1\boldsymbol{\eta}_1+k_2\boldsymbol{\eta}_2+\cdots+k_{n-r}\boldsymbol{\eta}_{n-r}$$

也是 $\boldsymbol{A}\boldsymbol{x}=\boldsymbol{0}$ 的一个解向量. 所以

$$\boldsymbol{\eta}-\widetilde{\boldsymbol{\eta}}=\begin{pmatrix}d_1\\d_2\\\vdots\\d_r\\k_1\\k_2\\\vdots\\k_{n-r}\end{pmatrix}-k_1\begin{pmatrix}-c_{1,r+1}\\-c_{2,r+1}\\\vdots\\-c_{r,r+1}\\1\\0\\\vdots\\0\end{pmatrix}-k_2\begin{pmatrix}-c_{1,r+2}\\-c_{2,r+2}\\\vdots\\-c_{r,r+2}\\0\\1\\\vdots\\0\end{pmatrix}-\cdots-k_{n-r}\begin{pmatrix}-c_{1n}\\-c_{2n}\\\vdots\\-c_{rn}\\0\\0\\\vdots\\1\end{pmatrix}$$

$$\overset{\text{记为}}{=\!=}\begin{pmatrix}l_1\\l_2\\\vdots\\l_r\\0\\0\\\vdots\\0\end{pmatrix}$$

仍是 $\boldsymbol{A}\boldsymbol{x}=\boldsymbol{0}$ 的一个解向量. 将它代入同解方程组(3.18)中得

$$l_k=0,\ k=1,2,\cdots,r,$$

从而 $\boldsymbol{\eta}-\widetilde{\boldsymbol{\eta}}=\boldsymbol{0}$. 即

$$\boldsymbol{\eta}=\widetilde{\boldsymbol{\eta}}=k_1\boldsymbol{\eta}_1+k_2\boldsymbol{\eta}_2+\cdots+k_{n-r}\boldsymbol{\eta}_{n-r},$$

即齐次线性方程组(3.16)的任一个解都可由 $\boldsymbol{\eta}_1,\boldsymbol{\eta}_2,\cdots,\boldsymbol{\eta}_{n-r}$ 线性表示.

由此，$\boldsymbol{\eta}_1,\boldsymbol{\eta}_2,\cdots,\boldsymbol{\eta}_{n-r}$ 是齐次线性方程组 $\boldsymbol{A}\boldsymbol{x}=\boldsymbol{0}$ 的基础解系.

□

由命题 3.10 可知，如果齐次线性方程组(3.16)中，$r(\boldsymbol{A})=r$，则它的任意 $n-r$ 个线性无关的解都是它的一个基础解系.

形如式(3.17)的解称为齐次线性方程组 $\boldsymbol{A}\boldsymbol{x}=\boldsymbol{0}$ 的**通解**(也称**一般解**).

定理的证明过程给出了求齐次线性方程组基础解系的一个具体方法：不失一般性，系数矩阵 $\boldsymbol{A}$ 经初等行变换化到简化阶梯形，

用分块形式表达如下：

$$\boldsymbol{A}_{m\times n}\xrightarrow{\text{初等行变换}}\boldsymbol{R}=\begin{pmatrix}\boldsymbol{E}_r & \boldsymbol{A}_0\\ \boldsymbol{0} & \boldsymbol{0}\end{pmatrix},$$

则 $\begin{pmatrix}-\boldsymbol{A}_0\\ \boldsymbol{E}_{n-r}\end{pmatrix}$ 所在的 $n-r$ 个列向量即为一个基础解系.

需要指出的是，由于自由未知量的取值是自由的，故寻求基础解系的方法不是唯一的，而自由未知量的选取也不是唯一的. 事实上，在方程组 $\boldsymbol{Rx}=\boldsymbol{0}$ 中，任何 r 个未知量只要它们的系数行列式不为零，其余 $n-r$ 个未知量都可选作自由未知量. 因此基础解系不是唯一的. 但方程组 $\boldsymbol{Ax}=\boldsymbol{0}$ 的任何两个基础解系是等价的，它们所含解向量的个数是唯一确定的，即含有 $n-r$ 个解向量. 因而，用不同的基础解系，或者不同的自由未知量所表达的齐次线性方程组的解集是相同的.

由定理 3.7 还可看出齐次线性方程组解的结构的一个重要特点：

系数矩阵的秩 + 基础解系含解向量的个数 = 未知量的个数.

例 3.14　求齐次线性方程组

$$\begin{cases}3x_1+5x_2+6x_3-4x_4=0,\\ x_1+2x_2+4x_3-3x_4=0,\\ 4x_1+5x_2-2x_3+3x_4=0,\\ 3x_1+8x_2+24x_3-19x_4=0\end{cases}$$

的基础解系与通解.

解：首先将系数矩阵化成简化阶梯形矩阵，即

$$\boldsymbol{A}=\begin{pmatrix}3&5&6&-4\\1&2&4&-3\\4&5&-2&3\\3&8&24&-19\end{pmatrix}\xrightarrow{\text{初等行变换}}\begin{pmatrix}1&2&4&-3\\0&1&6&-5\\0&0&0&0\\0&0&0&0\end{pmatrix}\longrightarrow\begin{pmatrix}1&0&-8&7\\0&1&6&-5\\0&0&0&0\\0&0&0&0\end{pmatrix}.$$

选 x_3，x_4 为自由未知量，得基础解系

$$\boldsymbol{\eta}_1=\begin{pmatrix}8\\-6\\1\\0\end{pmatrix},\quad \boldsymbol{\eta}_2=\begin{pmatrix}-7\\5\\0\\1\end{pmatrix}.$$

于是原方程组的通解为 $\boldsymbol{x}=k_1\boldsymbol{\eta}_1+k_2\boldsymbol{\eta}_2$，即

$$\boldsymbol{x}=\begin{pmatrix}x_1\\x_2\\x_3\\x_4\end{pmatrix}=k_1\begin{pmatrix}8\\-6\\1\\0\end{pmatrix}+k_2\begin{pmatrix}-7\\5\\0\\1\end{pmatrix},\ k_1,k_2\text{ 为任意常数.}$$

例 3.15　设齐次线性方程组

$$(\text{I})\begin{cases}x_1+x_2 &=0,\\ x_2-x_4=0,\end{cases}\quad(\text{II})\begin{cases}x_1-x_2+x_3 &=0,\\ x_2-x_3+x_4=0.\end{cases}$$

(1) 求方程组(Ⅰ)的基础解系；

(2) 求方程组(Ⅰ)与方程组(Ⅱ)的公共解.

解：(1) 记方程组(Ⅰ)为 $\boldsymbol{Ax}=\boldsymbol{0}$，则

$$\boldsymbol{A}=\begin{pmatrix}1&1&0&0\\0&1&0&-1\end{pmatrix}\xrightarrow{\text{初等行变换}}\begin{pmatrix}1&0&0&1\\0&1&0&-1\end{pmatrix}.$$

方程组(Ⅰ)的基础解系为

$$\boldsymbol{\xi}_1=\begin{pmatrix}0\\0\\1\\0\end{pmatrix},\ \boldsymbol{\xi}_2=\begin{pmatrix}-1\\1\\0\\1\end{pmatrix}.$$

(2) 由(1)得方程组(Ⅰ)的通解为

$$\boldsymbol{\xi}=a\begin{pmatrix}0\\0\\1\\0\end{pmatrix}+b\begin{pmatrix}-1\\1\\0\\1\end{pmatrix}=\begin{pmatrix}-b\\b\\a\\b\end{pmatrix},\ a,b\text{ 为任意常数}.$$

将此解代入方程组(Ⅱ)，得

$$\begin{cases}-b-b+a &=0,\\ b-a+b=0,\end{cases}$$

解得 $a=2b$，故方程组(Ⅰ)和方程组(Ⅱ)的公共解为

$$\boldsymbol{x}=\begin{pmatrix}x_1\\x_2\\x_3\\x_4\end{pmatrix}=b\begin{pmatrix}-1\\1\\2\\1\end{pmatrix},\ b\text{ 为任意常数}.$$

求公共解还可用其他方法，例如：

(1) 联立方程组(Ⅰ)和方程组(Ⅱ)得 $\boldsymbol{Cx}=\boldsymbol{0}$，其通解就是方程组(Ⅰ)和方程组(Ⅱ)的公共解，其中 $\boldsymbol{C}=\begin{pmatrix}\boldsymbol{A}\\\boldsymbol{B}\end{pmatrix}$，$\boldsymbol{A},\boldsymbol{B}$ 分别为方程组(Ⅰ)和方程组(Ⅱ)的系数矩阵.

(2) 分别求出线性方程组(Ⅰ)和线性方程组(Ⅱ)的通解，设为 $k_1\boldsymbol{\xi}_1+k_2\boldsymbol{\xi}_2$ 和 $l_1\boldsymbol{\eta}_1+l_2\boldsymbol{\eta}_2$，找出它们的公共解. 也就是求满足线性方程组 $k_1\boldsymbol{\xi}_1+k_2\boldsymbol{\xi}_2-l_1\boldsymbol{\eta}_1-l_2\boldsymbol{\eta}_2=\boldsymbol{0}$ 的解 k_1,k_2(或 l_1,l_2).

例 3.16　设 $\boldsymbol{A},\boldsymbol{B}$ 分别是 $m\times n$ 和 $n\times p$ 矩阵，且 $\boldsymbol{AB}=\boldsymbol{O}$，证明

$$r(\boldsymbol{A})+r(\boldsymbol{B})\leqslant n.$$

证明：将 $\boldsymbol{B}$ 按列分块为 $\boldsymbol{B}=(\boldsymbol{\beta}_1,\boldsymbol{\beta}_2,\cdots,\boldsymbol{\beta}_p)$，由

$$\boldsymbol{AB}=\boldsymbol{A}(\boldsymbol{\beta}_1,\boldsymbol{\beta}_2,\cdots,\boldsymbol{\beta}_p)=(\boldsymbol{A\beta}_1,\boldsymbol{A\beta}_2,\cdots,\boldsymbol{A\beta}_p)=\boldsymbol{O}$$

得

$$\boldsymbol{A\beta}_j=\boldsymbol{0},\ j=1,2,\cdots,p,$$

即 B 的每个列向量都是齐次线性方程组 $\boldsymbol{Ax}=\boldsymbol{0}$ 的解向量.

(1) 若 $\boldsymbol{B}=\boldsymbol{0}$，则显然有 $r(\boldsymbol{A})+r(\boldsymbol{B})\leqslant n$.

(2) 若 $\boldsymbol{B}\neq\boldsymbol{0}$，则说明 $\boldsymbol{Ax}=\boldsymbol{0}$ 有非零解，从而有基础解系 $\boldsymbol{\eta}_1,\boldsymbol{\eta}_2,\cdots,\boldsymbol{\eta}_{n-r}$，其中 $r=r(\boldsymbol{A})$．因而 $\boldsymbol{B}$ 的列向量 $\boldsymbol{\beta}_1,\boldsymbol{\beta}_2,\cdots,\boldsymbol{\beta}_p$ 都可由 $\boldsymbol{\eta}_1,\boldsymbol{\eta}_2,\cdots,\boldsymbol{\eta}_{n-r}$ 线性表示．由命题 3.11 可知

$$r(\boldsymbol{B})=r(\boldsymbol{\beta}_1,\boldsymbol{\beta}_2,\cdots,\boldsymbol{\beta}_p)\leqslant r(\boldsymbol{\eta}_1,\boldsymbol{\eta}_2,\cdots,\boldsymbol{\eta}_{n-r})=n-r(\boldsymbol{A}).$$

综合(1)(2)有

$$r(\boldsymbol{A})+r(\boldsymbol{B})\leqslant n.$$ □

3.4.2 非齐次线性方程组解的结构

非齐次线性方程组解的结构

设有非齐次线性方程组

$$\begin{cases}a_{11}x_1+a_{12}x_2+\cdots+a_{1n}x_n=b_1,\\ a_{21}x_1+a_{22}x_2+\cdots+a_{2n}x_n=b_2,\\ \qquad\vdots\\ a_{m1}x_1+a_{m2}x_2+\cdots+a_{mn}x_n=b_m.\end{cases}\tag{3.19}$$

其中 b_1，b_2，…，b_m 不全为零．其矩阵形式为

$$\boldsymbol{Ax}=\boldsymbol{\beta},$$

其向量形式为

$$x_1\boldsymbol{\alpha}_1+x_2\boldsymbol{\alpha}_2+\cdots+x_n\boldsymbol{\alpha}_n=\boldsymbol{\beta},$$

其中

$$\boldsymbol{A}=(a_{ij})_{m\times n}=(\boldsymbol{\alpha}_1,\boldsymbol{\alpha}_2,\cdots,\boldsymbol{\alpha}_n),$$

$$\boldsymbol{\alpha}_j=\begin{pmatrix}a_{1j}\\a_{2j}\\\vdots\\a_{mj}\end{pmatrix},\ j=1,2,\cdots,n,\ \boldsymbol{x}=\begin{pmatrix}x_1\\x_2\\\vdots\\x_n\end{pmatrix},\ \boldsymbol{\beta}=\begin{pmatrix}b_1\\b_2\\\vdots\\b_m\end{pmatrix}.$$

我们已经知道，

非齐次线性方程组(3.19)有解

$\Leftrightarrow$向量 $\boldsymbol{\beta}$ 可由 $\boldsymbol{A}$ 的列向量 $\boldsymbol{\alpha}_1,\boldsymbol{\alpha}_2,\cdots,\boldsymbol{\alpha}_n$ 线性表示

$\Leftrightarrow\boldsymbol{\alpha}_1,\boldsymbol{\alpha}_2,\cdots,\boldsymbol{\alpha}_n$ 与 $\boldsymbol{\alpha}_1,\boldsymbol{\alpha}_2,\cdots,\boldsymbol{\alpha}_n,\boldsymbol{\beta}$ 是等价向量组

$\Leftrightarrow r(\boldsymbol{\alpha}_1,\boldsymbol{\alpha}_2,\cdots,\boldsymbol{\alpha}_n)=r(\boldsymbol{\alpha}_1,\boldsymbol{\alpha}_2,\cdots,\boldsymbol{\alpha}_n,\boldsymbol{\beta})$

$\Leftrightarrow r(\boldsymbol{A})=r(\boldsymbol{A},\boldsymbol{\beta})$.

定义 3.10　对于每一个非齐次线性方程组(3.19)，令它的常数项为零，则可得到一个齐次线性方程组

$$\begin{cases} a_{11}x_1 + a_{12}x_2 + \cdots + a_{1n}x_n = 0, \\ a_{21}x_1 + a_{22}x_2 + \cdots + a_{2n}x_n = 0, \\ \qquad \vdots \\ a_{m1}x_1 + a_{m2}x_2 + \cdots + a_{mn}x_n = 0. \end{cases} \tag{3.20}$$

称方程组(3.20)对非齐次线性方程组(3.19)**对应的齐次线性方程组**，也称方程组(3.20)为方程组(3.19)的**导出组**.

关于非齐次线性方程组 $\boldsymbol{Ax}=\boldsymbol{\beta}$ 的解有如下性质：

性质 3.4　(1) 若 $\boldsymbol{\gamma}_1$，$\boldsymbol{\gamma}_2$ 是 $\boldsymbol{Ax}=\boldsymbol{\beta}$ 的任意两个解向量，则 $\boldsymbol{\gamma}_1-\boldsymbol{\gamma}_2$ 是对应的齐次线性方程组 $\boldsymbol{Ax}=\boldsymbol{0}$ 的解向量.

(2) 设 $\boldsymbol{\gamma}_0$ 是 $\boldsymbol{Ax}=\boldsymbol{\beta}$ 的一个解向量，$\boldsymbol{\eta}$ 是对应的齐次线性方程组 $\boldsymbol{Ax}=\boldsymbol{0}$ 的任一解向量，则 $\boldsymbol{\gamma}_0+\boldsymbol{\eta}$ 仍是 $\boldsymbol{Ax}=\boldsymbol{\beta}$ 的一个解向量.

(3) $\boldsymbol{Ax}=\boldsymbol{\beta}$ 的任一解向量 $\boldsymbol{\gamma}$ 都可表示成

$$\boldsymbol{\gamma}=\boldsymbol{\gamma}_0+\boldsymbol{\eta},$$

其中 $\boldsymbol{\gamma}_0$ 是 $\boldsymbol{Ax}=\boldsymbol{\beta}$ 的某个解向量，$\boldsymbol{\eta}$ 是对应的齐次线性方程组的某个解向量.

证明：只需代入方程组验证即可. 由

$$\boldsymbol{A}(\boldsymbol{\gamma}_1-\boldsymbol{\gamma}_2)=\boldsymbol{A}\boldsymbol{\gamma}_1-\boldsymbol{A}\boldsymbol{\gamma}_2=\boldsymbol{\beta}-\boldsymbol{\beta}=\boldsymbol{0},$$
$$\boldsymbol{A}(\boldsymbol{\gamma}_0+\boldsymbol{\eta})=\boldsymbol{A}\boldsymbol{\gamma}_0+\boldsymbol{A}\boldsymbol{\eta}=\boldsymbol{\beta}+\boldsymbol{0}=\boldsymbol{\beta},$$

因而(1)(2)得证.

由于 $\boldsymbol{\gamma}=\boldsymbol{\gamma}_0+(\boldsymbol{\gamma}-\boldsymbol{\gamma}_0)$，由(1)知，$\boldsymbol{\gamma}-\boldsymbol{\gamma}_0$ 是对应的齐次线性方程组的解向量，记其为 $\boldsymbol{\eta}=\boldsymbol{\gamma}-\boldsymbol{\gamma}_0$，(3)即得证. □

由此解的性质可知，既然 $\boldsymbol{Ax}=\boldsymbol{\beta}$ 的任一解向量都可表示成 $\boldsymbol{\gamma}_0+\boldsymbol{\eta}$ 的形式，而且，形如 $\boldsymbol{\gamma}_0+\boldsymbol{\eta}$ 的向量必为 $\boldsymbol{Ax}=\boldsymbol{\beta}$ 的解向量，因此当 $\boldsymbol{Ax}=\boldsymbol{\beta}$ 有无穷多解时，$\boldsymbol{\eta}$ 取遍对应的齐次线性方程组的所有解时，$\boldsymbol{\gamma}_0+\boldsymbol{\eta}$ 就取遍了方程组 $\boldsymbol{Ax}=\boldsymbol{\beta}$ 的所有解. 于是有下面非齐次线性方程组解的结构定理.

定理 3.8　若非齐次线性方程组(3.19)满足 $r(\boldsymbol{A})=r(\boldsymbol{A},\boldsymbol{\beta})=r$，$\boldsymbol{\eta}_1,\boldsymbol{\eta}_2,\cdots,\boldsymbol{\eta}_{n-r}$ 是对应的齐次线性方程组 $\boldsymbol{Ax}=\boldsymbol{0}$ 的基础解系，$\boldsymbol{\gamma}_0$ 是 $\boldsymbol{Ax}=\boldsymbol{\beta}$ 的某个解，则

$$\boldsymbol{x}=\boldsymbol{\gamma}_0+k_1\boldsymbol{\eta}_1+k_2\boldsymbol{\eta}_2+\cdots+k_{n-r}\boldsymbol{\eta}_{n-r} \tag{3.21}$$

给出了 $\boldsymbol{Ax}=\boldsymbol{\beta}$ 的所有解，其中 $k_1,k_2,\cdots,k_{n-r}$ 是任意常数.

称 $\boldsymbol{\gamma}_0$ 为方程组(3.19)的一个**特解**，称式(3.21)为 $\boldsymbol{Ax}=\boldsymbol{\beta}$ 的**通解**.

可见非齐次线性方程组通解的结构为：

非齐次线性方程组的通解 = 非齐次线性方程组的特解 + 对应的齐次线性方程组的通解.

所谓特解，只要满足非齐次线性方程组 $\boldsymbol{Ax}=\boldsymbol{\beta}$ 的任一个解均可作为特解，为了方便，可以从增广矩阵的简化阶梯形得到. 可以证明当

$$(\boldsymbol{A},\dot{\boldsymbol{\beta}})\xrightarrow{\text{初等行变换}}\begin{pmatrix}\boldsymbol{E}_r & \boldsymbol{A}_0 & \boldsymbol{\beta}_0\\ 0 & 0 & 0\end{pmatrix},$$

则 $\begin{pmatrix}\boldsymbol{\beta}_0\\ \boldsymbol{0}_{n-r\times 1}\end{pmatrix}$ 可作为 $\boldsymbol{Ax}=\boldsymbol{\beta}$ 的一个特解. 证明留给读者练习！

例 3.17　求非齐次线性方程组

$$\begin{cases}x_1+\ x_2+2x_3+\ x_4+2x_5=7,\\ x_1+2x_2+3x_3+4x_4+5x_5=15,\\ 2x_1+3x_2+5x_3+5x_4+7x_5=22\end{cases}$$

的通解.

解：用初等行变换将其增广矩阵 $\widetilde{\boldsymbol{A}}=(\boldsymbol{A},\boldsymbol{\beta})$ 化为简化的阶梯形矩阵，即

$$(\boldsymbol{A},\boldsymbol{\beta})\rightarrow\begin{pmatrix}1 & 0 & 1 & -2 & -1 & \vdots & -1\\ 0 & 1 & 1 & 3 & 3 & \vdots & 8\\ 0 & 0 & 0 & 0 & 0 & \vdots & 0\end{pmatrix}.$$

取 x_3,x_4,x_5 为自由未知量，得特解

$$\boldsymbol{\gamma}_0=\begin{pmatrix}-1\\ 8\\ 0\\ 0\\ 0\end{pmatrix}$$

和对应的齐次线性方程组的基础解系

$$\boldsymbol{\eta}_1=\begin{pmatrix}-1\\ -1\\ 1\\ 0\\ 0\end{pmatrix},\ \boldsymbol{\eta}_2=\begin{pmatrix}2\\ -3\\ 0\\ 1\\ 0\end{pmatrix},\ \boldsymbol{\eta}_3=\begin{pmatrix}1\\ -3\\ 0\\ 0\\ 1\end{pmatrix}.$$

于是，原方程组的通解为

$$x=\gamma_0+k_1\eta_1+k_2\eta_2+k_3\eta_3$$

$$=\begin{pmatrix}-1\\8\\0\\0\\0\end{pmatrix}+k_1\begin{pmatrix}-1\\-1\\1\\0\\0\end{pmatrix}+k_2\begin{pmatrix}2\\-3\\0\\1\\0\end{pmatrix}+k_3\begin{pmatrix}1\\-3\\0\\0\\1\end{pmatrix},$$

其中k_1,k_2,k_3是任意常数.

例 3.18 已知$\gamma_1,\gamma_2,\gamma_3$是三元非齐次线性方程组$Ax=\beta$的解，$r(A)=1$，且

$$\gamma_1+\gamma_2=\begin{pmatrix}1\\0\\0\end{pmatrix},\ \gamma_2+\gamma_3=\begin{pmatrix}1\\1\\0\end{pmatrix},\ \gamma_1+\gamma_3=\begin{pmatrix}1\\1\\1\end{pmatrix},$$

求方程组$Ax=\beta$的通解.

解：令

$$\eta_1=(\gamma_2+\gamma_3)-(\gamma_1+\gamma_2)=\begin{pmatrix}0\\1\\0\end{pmatrix},$$

$$\eta_2=(\gamma_1+\gamma_3)-(\gamma_2+\gamma_3)=\begin{pmatrix}0\\0\\1\end{pmatrix},$$

由非齐次线性方程组解的性质与解的结构可知，η_1,η_2是对应的齐次线性方程组的基础解系，$\frac{1}{2}(\gamma_1+\gamma_2)=\begin{pmatrix}\frac{1}{2}\\0\\0\end{pmatrix}$是非齐次线性方程组的一个特解．因而，原方程组的通解为

$$x=\frac{1}{2}(\gamma_1+\gamma_2)+k_1\eta_1+k_2\eta_2=\begin{pmatrix}\frac{1}{2}\\0\\0\end{pmatrix}+k_1\begin{pmatrix}0\\1\\0\end{pmatrix}+k_2\begin{pmatrix}0\\0\\1\end{pmatrix},$$

其中k_1,k_2是任意常数.

延展阅读

1. 关于向量组线性相关、线性无关的理解

我们知道，向量组线性相关意味着其中至少一个向量能由其余向量线性表示，因此通过向量的线性运算可以把被表示的这个向量变为零向量；如果把它们的分量当作未知数前的系数构成齐次线性方程组，从解方程组的角度看

相当于消掉了至少一个无用的方程(可称为假的限制条件)，从而对未知量的限制条件减少. 当假的限制条件都去掉了，留下的是真正有用的方程(真限制条件)，真限制条件的个数就是向量组的秩. 真限制条件的个数若少于未知量个数，意味着部分未知量可自由活动，所以向量组对应的齐次线性方程组有无穷多解(非零解). 线性无关的向量组对应的齐次线性方程组意味着真限制条件的个数等于未知量的个数，所以未知量不能自由活动了，这时的齐次线性方程组有唯一的一组解，而零解一定是它的解，所以未知量只能等于零.

从向量组中寻找它的极大无关组可以理解为寻找有存在价值的向量，去掉没有价值的向量(被别的向量表示的向量)，留下彼此可以独立活动的向量(无关向量，彼此之间不能被表示的向量)!

2. 关于被表示的向量组的秩的问题

由文中的命题 3.5，我们知道，被一组线性无关的向量线性表示的向量组的线性相关或线性无关可通过其表示的系数矩阵的秩来判断. 事实上，它们之间有下面的结果.

命题 3.12　设向量组 $\boldsymbol{\alpha}_1,\boldsymbol{\alpha}_2,\cdots,\boldsymbol{\alpha}_m$ 线性无关，$\boldsymbol{\beta}_j=\sum_{i=1}^{m}a_{ij}\alpha_i$，$j=1,2,\cdots,s$，令 $\boldsymbol{A}=(a_{ij})_{m\times s}$，则 $r(\boldsymbol{\beta}_1,\boldsymbol{\beta}_2,\cdots,\boldsymbol{\beta}_s)=r(\boldsymbol{A})$.

证明：若 $\boldsymbol{\beta}_1,\boldsymbol{\beta}_2,\cdots,\boldsymbol{\beta}_s$ 全为零向量，则 $\boldsymbol{A}=\boldsymbol{O}$，显然 $r(\boldsymbol{\beta}_1,\boldsymbol{\beta}_2,\cdots,\boldsymbol{\beta}_s)=r(\boldsymbol{A})=0$.

下面设 $\boldsymbol{\beta}_1,\boldsymbol{\beta}_2,\cdots,\boldsymbol{\beta}_s$ 不全为零向量，因此 $\boldsymbol{A}\neq\boldsymbol{0}$，设 $r(\boldsymbol{A})=r>0$，则 $\boldsymbol{A}$ 的列秩也为 r. 记 $\boldsymbol{A}=(\boldsymbol{\gamma}_1,\boldsymbol{\gamma}_2,\cdots,\boldsymbol{\gamma}_r,\boldsymbol{\gamma}_{r+1},\cdots,\boldsymbol{\gamma}_s)$，不失一般性，设 $\boldsymbol{A}$ 的前 r 个列向量 $\boldsymbol{\gamma}_1,\boldsymbol{\gamma}_2,\cdots,\boldsymbol{\gamma}_r$ 线性无关，且

$$\boldsymbol{\gamma}_k=l_{1k}\boldsymbol{\gamma}_1+l_{2k}\boldsymbol{\gamma}_2+\cdots+l_{rk}\boldsymbol{\gamma}_r,\ k=r+1,r+2,\cdots,s. \tag{3.22}$$

记 $\boldsymbol{A}_1=(\boldsymbol{\gamma}_1,\boldsymbol{\gamma}_2,\cdots,\boldsymbol{\gamma}_r)$，$r(\boldsymbol{A}_1)=r$，则由 $\boldsymbol{\beta}_j=\sum_{i=1}^{m}a_{ij}\boldsymbol{\alpha}_i$，$j=1,2,\cdots,s$，可得

$$(\boldsymbol{\beta}_1,\boldsymbol{\beta}_2,\cdots,\boldsymbol{\beta}_s)=(\boldsymbol{\alpha}_1,\boldsymbol{\alpha}_2,\cdots,\boldsymbol{\alpha}_m)\boldsymbol{A}, \tag{3.23}$$

$$(\boldsymbol{\beta}_1,\boldsymbol{\beta}_2,\cdots,\boldsymbol{\beta}_r)=(\boldsymbol{\alpha}_1,\boldsymbol{\alpha}_2,\cdots,\boldsymbol{\alpha}_m)\boldsymbol{A}_1. \tag{3.24}$$

下面证 $\boldsymbol{\beta}_1,\boldsymbol{\beta}_2,\cdots,\boldsymbol{\beta}_r$ 为向量组 $\boldsymbol{\beta}_1,\boldsymbol{\beta}_2,\cdots,\boldsymbol{\beta}_s$ 的一个极大无关组. 若 r 个数 $c_1,c_2,\cdots,c_r$ 使

$$c_1\boldsymbol{\beta}_1+c_2\boldsymbol{\beta}_2+\cdots+c_r\boldsymbol{\beta}_r=\boldsymbol{0},$$

即

$$(\boldsymbol{\beta}_1,\boldsymbol{\beta}_2,\cdots,\boldsymbol{\beta}_r)\begin{pmatrix}c_1\\c_2\\\vdots\\c_r\end{pmatrix}=\boldsymbol{0}.$$

将式(3.24)代入上式得

$$(\boldsymbol{\alpha}_1,\boldsymbol{\alpha}_2,\cdots,\boldsymbol{\alpha}_m)\boldsymbol{A}_1\begin{pmatrix}c_1\\c_2\\\vdots\\c_r\end{pmatrix}=\boldsymbol{0},$$

由于 $\boldsymbol{\alpha}_1,\boldsymbol{\alpha}_2,\cdots,\boldsymbol{\alpha}_m$ 线性无关，故

$$\boldsymbol{A}_1\begin{pmatrix}c_1\\c_2\\\vdots\\c_r\end{pmatrix}=\boldsymbol{0}. \tag{3.25}$$

由 $r(\boldsymbol{A}_1)=r$，所以齐次线性方程组(3.25)有唯一零解：$c_1=c_2=\cdots=c_r=0$，即 $\boldsymbol{\beta}_1,\boldsymbol{\beta}_2,\cdots,\boldsymbol{\beta}_r$ 线性无关.

由式(3.23)、式(3.24)并把式(3.22)代入得

$$\boldsymbol{\beta}_k=(\boldsymbol{\alpha}_1,\boldsymbol{\alpha}_2,\cdots,\boldsymbol{\alpha}_m)\begin{pmatrix}a_{1k}\\a_{2k}\\\vdots\\a_{mk}\end{pmatrix}$$

$$=(\boldsymbol{\alpha}_1,\boldsymbol{\alpha}_2,\cdots,\boldsymbol{\alpha}_m)\boldsymbol{A}_1\begin{pmatrix}l_{1k}\\l_{2k}\\\vdots\\l_{rk}\end{pmatrix}$$

$$=(\boldsymbol{\beta}_1,\boldsymbol{\beta}_2,\cdots,\boldsymbol{\beta}_r)\begin{pmatrix}l_{1k}\\l_{2k}\\\vdots\\l_{rk}\end{pmatrix},$$

$$k=r+1,r+2,\cdots,s.$$

即向量组 $\boldsymbol{\beta}_1,\boldsymbol{\beta}_2,\cdots,\boldsymbol{\beta}_s$ 的其余列都可由 $\boldsymbol{\beta}_1,\boldsymbol{\beta}_2,\cdots,\boldsymbol{\beta}_r$ 线性表示. 故 $\boldsymbol{\beta}_1,\boldsymbol{\beta}_2,\cdots,\boldsymbol{\beta}_r$ 是向量组 $\boldsymbol{\beta}_1,\boldsymbol{\beta}_2,\cdots,\boldsymbol{\beta}_s$ 的极大线性无关组，即 $r(\boldsymbol{\beta}_1,\boldsymbol{\beta}_2,\cdots,\boldsymbol{\beta}_s)=r(\boldsymbol{A})$. □

命题 3.12 及其证明说明：

(1) 若向量组 $\boldsymbol{\alpha}_1,\boldsymbol{\alpha}_2,\cdots,\boldsymbol{\alpha}_m$ 线性无关，而向量组 $\boldsymbol{\beta}_1,\boldsymbol{\beta}_2,\cdots,\boldsymbol{\beta}_s$ 可由 $\boldsymbol{\alpha}_1,\boldsymbol{\alpha}_2,\cdots,\boldsymbol{\alpha}_m$ 线性表示，其表示系数构成的矩阵 $\boldsymbol{A}$ 的秩就是向量组 $\boldsymbol{\beta}_1,\boldsymbol{\beta}_2,\cdots,\boldsymbol{\beta}_s$ 的秩. 由此我们不难理解前面的命题 3.5：$\boldsymbol{\beta}_1,\boldsymbol{\beta}_2,\cdots,\boldsymbol{\beta}_s$ 线性无关(线性相关)的充分必要条件为 $r(\boldsymbol{A})=s\,(r(\boldsymbol{A})<s)$.

(2) 若 $\boldsymbol{A}$ 的列向量组的极大线性无关组为 $\boldsymbol{\gamma}_{k_1},\boldsymbol{\gamma}_{k_2},\cdots,\boldsymbol{\gamma}_{k_r}$，对应地 $\boldsymbol{\beta}_{k_1},\boldsymbol{\beta}_{k_2},\cdots,\boldsymbol{\beta}_{k_r}$ 就是向量组 $\boldsymbol{\beta}_1,\boldsymbol{\beta}_2,\cdots,\boldsymbol{\beta}_s$ 的极大线性无关组；

(3) $\boldsymbol{A}$ 的第 k 列 $\boldsymbol{\gamma}_k$ 由 $\boldsymbol{\gamma}_{k_1},\boldsymbol{\gamma}_{k_2},\cdots,\boldsymbol{\gamma}_{k_r}$ 线性表示的系数就是 $\boldsymbol{\beta}_k$ 由 $\boldsymbol{\beta}_{k_1},\boldsymbol{\beta}_{k_2},\cdots,\boldsymbol{\beta}_{k_r}$ 线性表示的系数.

习题三

(一)

1. 设 $5(\boldsymbol{\alpha}-\boldsymbol{\beta})+4(\boldsymbol{\beta}-\boldsymbol{\gamma})=2(\boldsymbol{\alpha}+\boldsymbol{\gamma})$，求向量 $\boldsymbol{\gamma}$. 其中

$$\boldsymbol{\alpha}=\begin{pmatrix}3\\-1\\0\\1\end{pmatrix},\ \boldsymbol{\beta}=\begin{pmatrix}1\\-1\\3\\2\end{pmatrix}.$$

2. 把向量 $\boldsymbol{\beta}$ 表示成向量 $\boldsymbol{\alpha}_1$，$\boldsymbol{\alpha}_2$，$\boldsymbol{\alpha}_3$ 的线性组合，其中

$$\boldsymbol{\beta}=\begin{pmatrix}1\\2\\3\end{pmatrix},\ \boldsymbol{\alpha}_1=\begin{pmatrix}1\\0\\1\end{pmatrix},\ \boldsymbol{\alpha}_2=\begin{pmatrix}1\\1\\0\end{pmatrix},\ \boldsymbol{\alpha}_3=\begin{pmatrix}1\\1\\1\end{pmatrix}.$$

3. 找出下面的四个向量中哪个向量不能由其余三个向量线性表示？

$$\boldsymbol{\alpha}_1=\begin{pmatrix}1\\1\\1\\1\end{pmatrix},\ \boldsymbol{\alpha}_2=\begin{pmatrix}0\\5\\2\\1\end{pmatrix},\ \boldsymbol{\alpha}_3=\begin{pmatrix}1\\-1\\0\\0\end{pmatrix},\ \boldsymbol{\alpha}_4=\begin{pmatrix}2\\-3\\0\\1\end{pmatrix}.$$

4. 设向量组

$$\boldsymbol{\beta}=\begin{pmatrix}1\\2\\-2\\1\end{pmatrix},\ \boldsymbol{\alpha}_1=\begin{pmatrix}1\\0\\1\\0\end{pmatrix},\ \boldsymbol{\alpha}_2=\begin{pmatrix}3\\-1\\2\\1\end{pmatrix},\ \boldsymbol{\alpha}_3=\begin{pmatrix}1\\a\\b\\0\end{pmatrix}.$$

问：

(1) a,b 取何值时，向量 $\boldsymbol{\beta}$ 是向量 $\boldsymbol{\alpha}_1,\boldsymbol{\alpha}_2,\boldsymbol{\alpha}_3$ 的线性组合，并写出 $a=1$，$b=\frac{1}{3}$ 时 $\boldsymbol{\beta}$ 的表达式？

(2) a,b 取何值时，向量 $\boldsymbol{\beta}$ 不能由向量 $\boldsymbol{\alpha}_1,\boldsymbol{\alpha}_2,\boldsymbol{\alpha}_3$ 线性表示？

5. 设有向量组

$$\boldsymbol{\alpha}_1=\begin{pmatrix}1\\0\\2\\3\end{pmatrix},\ \boldsymbol{\alpha}_2=\begin{pmatrix}1\\1\\3\\5\end{pmatrix},\ \boldsymbol{\alpha}_3=\begin{pmatrix}1\\-1\\a+2\\1\end{pmatrix},$$

$$\boldsymbol{\alpha}_4=\begin{pmatrix}1\\2\\4\\a+8\end{pmatrix},\ \boldsymbol{\beta}=\begin{pmatrix}1\\1\\b+3\\5\end{pmatrix}.$$

讨论：(1) a,b 为何值时，$\boldsymbol{\beta}$ 不能由 $\boldsymbol{\alpha}_1,\boldsymbol{\alpha}_2,\boldsymbol{\alpha}_3,\boldsymbol{\alpha}_4$ 线性表示？

(2) a,b 为何值时，$\boldsymbol{\beta}$ 可由 $\boldsymbol{\alpha}_1,\boldsymbol{\alpha}_2,\boldsymbol{\alpha}_3,\boldsymbol{\alpha}_4$ 线性表示，且表示式唯一？写出该表示式.

(3) a,b 为何值时，$\boldsymbol{\beta}$ 可由 $\boldsymbol{\alpha}_1,\boldsymbol{\alpha}_2,\boldsymbol{\alpha}_3,\boldsymbol{\alpha}_4$ 线性表示，但表示式不唯一？并写出所有的表示式.

6. 判断下列向量组的线性相关性：

(1) $\boldsymbol{\alpha}=\begin{pmatrix}2\\4\end{pmatrix}$，$\boldsymbol{\beta}=\begin{pmatrix}1\\0\end{pmatrix}$，$\boldsymbol{\gamma}=\begin{pmatrix}1\\-1\end{pmatrix}$；

(2) $\boldsymbol{\alpha}=\begin{pmatrix}2\\2\\1\end{pmatrix}$, $\boldsymbol{\beta}=\begin{pmatrix}1\\2\\-1\end{pmatrix}$, $\boldsymbol{\gamma}=\begin{pmatrix}1\\0\\2\end{pmatrix}$;

(3) $\boldsymbol{\alpha}=\begin{pmatrix}2\\1\\-1\end{pmatrix}$, $\boldsymbol{\beta}=\begin{pmatrix}1\\-1\\1\end{pmatrix}$, $\boldsymbol{\gamma}=\begin{pmatrix}-1\\1\\2\end{pmatrix}$;

(4) $\boldsymbol{\alpha}=\begin{pmatrix}1\\1\\1\\1\end{pmatrix}$, $\boldsymbol{\beta}=\begin{pmatrix}1\\1\\-1\\-1\end{pmatrix}$, $\boldsymbol{\gamma}=\begin{pmatrix}1\\-1\\1\\-1\end{pmatrix}$.

7. 讨论下列向量组的线性相关性：

(1) $\boldsymbol{\alpha}=\begin{pmatrix}1\\2\\3\\4\end{pmatrix}$, $\boldsymbol{\beta}=\begin{pmatrix}2\\1\\-1\\1\end{pmatrix}$, $\boldsymbol{\gamma}=\begin{pmatrix}-1\\k\\0\\2\end{pmatrix}$;

(2) $\boldsymbol{\alpha}=\begin{pmatrix}2\\4\\k\\-2\end{pmatrix}$, $\boldsymbol{\beta}=\begin{pmatrix}1\\2\\-3\\-1\end{pmatrix}$, $\boldsymbol{\gamma}=\begin{pmatrix}4\\5\\-4\\3\end{pmatrix}$.

8. 判断以下命题是否正确：

(1) 若存在一组全为零的数 $k_1,k_2,\cdots,k_m$，使向量组 $\boldsymbol{\alpha}_1,\boldsymbol{\alpha}_2,\cdots,\boldsymbol{\alpha}_m$ 的线性组合

$$k_1\boldsymbol{\alpha}_1+k_2\boldsymbol{\alpha}_2+\cdots+k_m\boldsymbol{\alpha}_m=0,$$

则 $\boldsymbol{\alpha}_1,\boldsymbol{\alpha}_2,\cdots,\boldsymbol{\alpha}_m$ 线性无关；

(2) 若存在一组不全为零的数 $k_1,k_2,\cdots,k_m$，使向量组 $\boldsymbol{\alpha}_1,\boldsymbol{\alpha}_2,\cdots,\boldsymbol{\alpha}_m$ 的线性组合

$$k_1\boldsymbol{\alpha}_1+k_2\boldsymbol{\alpha}_2+\cdots+k_m\boldsymbol{\alpha}_m\neq\mathbf{0},$$

则 $\boldsymbol{\alpha}_1$，$\boldsymbol{\alpha}_2$，$\cdots$，$\boldsymbol{\alpha}_m$ 线性无关；

(3) 若对任何一组不全为零的数 $k_1,k_2,\cdots,k_m$，都有

$$k_1\boldsymbol{\alpha}_1+k_2\boldsymbol{\alpha}_2+\cdots+k_m\boldsymbol{\alpha}_m\neq\mathbf{0},$$

则 $\boldsymbol{\alpha}_1,\boldsymbol{\alpha}_2,\cdots,\boldsymbol{\alpha}_m$ 线性无关；

(4) 向量组 $\boldsymbol{\alpha}_1,\boldsymbol{\alpha}_2,\cdots,\boldsymbol{\alpha}_m$ 中 $\boldsymbol{\alpha}_1$ 不能由 $\boldsymbol{\alpha}_2,\cdots,\boldsymbol{\alpha}_m$ 线性表示，则 $\boldsymbol{\alpha}_1,\boldsymbol{\alpha}_2,\cdots,\boldsymbol{\alpha}_m$ 线性无关；

(5) 向量组 $\boldsymbol{\alpha}_1$，$\boldsymbol{\alpha}_2$，$\cdots$，$\boldsymbol{\alpha}_m$ 线性相关，且 $\boldsymbol{\alpha}_1$ 不能由 $\boldsymbol{\alpha}_2,\cdots,\boldsymbol{\alpha}_m$ 线性表示，则 $\boldsymbol{\alpha}_2,\cdots,\boldsymbol{\alpha}_m$ 线性相关；

(6) 向量组 $\boldsymbol{\alpha}_1,\boldsymbol{\alpha}_2,\cdots,\boldsymbol{\alpha}_m(m>2)$ 中任意两个向量都线性无关，则 $\boldsymbol{\alpha}_1,\boldsymbol{\alpha}_2,\cdots,\boldsymbol{\alpha}_m$ 也线性无关.

9. 设向量组 $\boldsymbol{\alpha}_1,\boldsymbol{\alpha}_2,\cdots,\boldsymbol{\alpha}_s(s\geqslant3)$ 线性无关，指出向量组

$$\boldsymbol{\alpha}_1+\boldsymbol{\alpha}_2,\boldsymbol{\alpha}_2+\boldsymbol{\alpha}_3,\cdots,\boldsymbol{\alpha}_s+\boldsymbol{\alpha}_1$$

的线性关系并说明理由.

10. 设向量 $\boldsymbol{\alpha},\boldsymbol{\beta},\boldsymbol{\gamma}$ 线性无关，问 l,m 满足什么条件时，向量组

$$l\boldsymbol{\beta}-\boldsymbol{\alpha},\ m\boldsymbol{\gamma}-\boldsymbol{\beta},\ \boldsymbol{\alpha}-\boldsymbol{\gamma}$$

也线性无关？

11. 设向量 $\boldsymbol{\alpha},\boldsymbol{\beta},\boldsymbol{\gamma}$ 线性无关，证明向量

$$\boldsymbol{\alpha}-\boldsymbol{\beta},\boldsymbol{\beta}+\boldsymbol{\gamma},\boldsymbol{\gamma}-\boldsymbol{\alpha}$$

也线性无关.

12. 证明：向量组 $\boldsymbol{\alpha}_1,\boldsymbol{\alpha}_2,\cdots,\boldsymbol{\alpha}_s(s\geqslant2)$ 线性无关的充分必要条件是 $\boldsymbol{\alpha}_1,\boldsymbol{\alpha}_2,\cdots,\boldsymbol{\alpha}_s$ 中任意 $k(1\leqslant k\leqslant s)$ 个向量都线性无关.

13. 证明：两个 n 维向量 $(n\geqslant2)$ 线性相关的充分必要条件是这两个向量的对应分量成比例.

14. 设向量组 $\boldsymbol{\alpha}_1,\boldsymbol{\alpha}_2,\cdots,\boldsymbol{\alpha}_s$ 线性无关，证明：向量组

$$\boldsymbol{\alpha}_1,\boldsymbol{\alpha}_1+\boldsymbol{\alpha}_2,\boldsymbol{\alpha}_1+\boldsymbol{\alpha}_2+\boldsymbol{\alpha}_3,\cdots,\boldsymbol{\alpha}_1+\boldsymbol{\alpha}_2+\cdots+\boldsymbol{\alpha}_s$$

也线性无关.

15. 设 n 维基本向量组 $\boldsymbol{\varepsilon}_1,\boldsymbol{\varepsilon}_2,\cdots,\boldsymbol{\varepsilon}_n$ 可由 n 维向量组 $\boldsymbol{\alpha}_1,\boldsymbol{\alpha}_2,\cdots,\boldsymbol{\alpha}_n$ 线性表示，证明：$\boldsymbol{\alpha}_1,\boldsymbol{\alpha}_2,\cdots,\boldsymbol{\alpha}_n$ 线性无关.

16. 设 $\boldsymbol{\alpha}_1,\boldsymbol{\alpha}_2,\cdots,\boldsymbol{\alpha}_n$ 是 n 个 n 维向量，证明它们线性无关的充分必要条件是任一个 n 维向量都可被它们线性表示.

17. 设向量组 $\boldsymbol{\alpha}_1,\boldsymbol{\alpha}_2,\cdots,\boldsymbol{\alpha}_s$ 线性无关，而向量 $\boldsymbol{\alpha}_1,\boldsymbol{\alpha}_2,\cdots,\boldsymbol{\alpha}_s,\boldsymbol{\beta},\boldsymbol{\gamma}$ 线性相关，且 $\boldsymbol{\beta}$ 与 $\boldsymbol{\gamma}$ 都不能由 $\boldsymbol{\alpha}_1,\boldsymbol{\alpha}_2,\cdots,\boldsymbol{\alpha}_s$ 线性表示. 证明：$\boldsymbol{\alpha}_1,\boldsymbol{\alpha}_2,\cdots,\boldsymbol{\alpha}_s,\boldsymbol{\beta}$ 与 $\boldsymbol{\alpha}_1,\boldsymbol{\alpha}_2,\cdots,\boldsymbol{\alpha}_s,\boldsymbol{\gamma}$ 等价.

18. 设向量 $\boldsymbol{\alpha}_1,\boldsymbol{\alpha}_2,\cdots,\boldsymbol{\alpha}_m$ 线性相关，但其中任意 $m-1$ 个向量都线性无关，证明：必存在 m 个全不为零的数 $k_1,k_2,\cdots,k_m$ 使得

$$k_1\boldsymbol{\alpha}_1+k_2\boldsymbol{\alpha}_2+\cdots+k_m\boldsymbol{\alpha}_m=\mathbf{0}.$$

19. 求下列向量组的极大线性无关组与秩：

(1) $\boldsymbol{\alpha}_1=\begin{pmatrix}3\\-5\\2\\1\end{pmatrix}$, $\boldsymbol{\alpha}_2=\begin{pmatrix}1\\1\\0\\-5\end{pmatrix}$, $\boldsymbol{\alpha}_3=\begin{pmatrix}-1\\3\\1\\3\end{pmatrix}$, $\boldsymbol{\alpha}_4=\begin{pmatrix}2\\-4\\-1\\-3\end{pmatrix}$;

（2）$\boldsymbol{\alpha}_1=\begin{pmatrix}2\\1\\3\\0\end{pmatrix}$, $\boldsymbol{\alpha}_2=\begin{pmatrix}0\\2\\-1\\0\end{pmatrix}$, $\boldsymbol{\alpha}_3=\begin{pmatrix}14\\7\\0\\3\end{pmatrix}$, $\boldsymbol{\alpha}_4=\begin{pmatrix}4\\2\\-1\\1\end{pmatrix}$, $\boldsymbol{\alpha}_5=\begin{pmatrix}6\\5\\1\\2\end{pmatrix}$.

20. 求下列向量组的秩及其一个极大线性无关组，并将其余向量用此极大线性无关组线性表示：

（1）$\boldsymbol{\alpha}_1=\begin{pmatrix}2\\4\\2\end{pmatrix}$, $\boldsymbol{\alpha}_2=\begin{pmatrix}1\\1\\0\end{pmatrix}$, $\boldsymbol{\alpha}_3=\begin{pmatrix}2\\3\\1\end{pmatrix}$, $\boldsymbol{\alpha}_4=\begin{pmatrix}3\\5\\2\end{pmatrix}$;

（2）$\boldsymbol{\alpha}_1=\begin{pmatrix}6\\4\\1\\-1\\2\end{pmatrix}$, $\boldsymbol{\alpha}_2=\begin{pmatrix}1\\0\\2\\3\\-4\end{pmatrix}$, $\boldsymbol{\alpha}_3=\begin{pmatrix}1\\4\\-9\\-16\\22\end{pmatrix}$, $\boldsymbol{\alpha}_4=\begin{pmatrix}7\\1\\0\\-1\\3\end{pmatrix}$.

21. 设向量 $\boldsymbol{\alpha}=2\boldsymbol{\xi}-\boldsymbol{\eta},\boldsymbol{\beta}=\boldsymbol{\xi}+\boldsymbol{\eta},\boldsymbol{\gamma}=-\boldsymbol{\xi}+3\boldsymbol{\eta}$，试用不同的方法验证向量 $\boldsymbol{\alpha},\boldsymbol{\beta},\boldsymbol{\gamma}$ 线性相关.

22. 设向量组 $\boldsymbol{\alpha}_1,\boldsymbol{\alpha}_2,\cdots,\boldsymbol{\alpha}_s$ 的秩为 r，证明：其中任意选取 m 个向量所构成的向量组的秩 $\geqslant r+m-s$.

23. 设 $\boldsymbol{A},\boldsymbol{B}$ 均为 $m\times n$ 矩阵，$\boldsymbol{C}=(\boldsymbol{A},\boldsymbol{B})$ 为 $m\times 2n$ 矩阵，证明

$$\max\{r(\boldsymbol{A}),r(\boldsymbol{B})\}\leqslant r(\boldsymbol{C})\leqslant r(\boldsymbol{A})+r(\boldsymbol{B}).$$

24. 用基础解系表示出下列方程组的全部解：

（1）$\begin{cases}2x-y+3z=0,\\x+3y+2z=0,\\3x-5y+4z=0,\\x+17y+4z=0;\end{cases}$

（2）$\begin{cases}x_1+x_2+x_3+x_4+x_5=0,\\3x_1+2x_2+x_3+x_4-3x_5=0,\\x_2+2x_3+2x_4+6x_5=0,\\5x_1+4x_2+3x_3+3x_4-x_5=0;\end{cases}$

（3）$\begin{cases}2x+y-z=1,\\3x-2y+z=4,\\x+4y-3z=7,\\x+2y+z=4;\end{cases}$

（4）$\begin{cases}x_1+2x_2+4x_3-3x_4=1,\\3x_1+5x_2+6x_3-4x_4=2,\\4x_1+5x_2-2x_3+3x_4=1,\\3x_1+8x_2+24x_3-19x_4=5;\end{cases}$

（5）$\begin{cases}x_1+3x_2+5x_3-4x_4=1,\\x_1+3x_2+2x_3-2x_4+x_5=-1,\\x_1-2x_2+x_3-x_4-x_5=3,\\x_1-4x_2+x_3+x_4-x_5=3,\\x_1+2x_2+x_3-x_4+x_5=-1.\end{cases}$

25. 已知矩阵

$$\begin{pmatrix}1&-11&3&7\\-2&16&-4&-10\\1&-2&0&1\\0&-3&1&2\\0&0&0&0\end{pmatrix}$$

的各个列向量都是齐次线性方程组

$$\begin{cases}4x_1+3x_2+2x_3+2x_5=0,\\x_1+x_2+x_3+x_4+x_5=0,\\2x_1+x_2-2x_4=0,\\3x_1+2x_2+x_3-x_4+x_5=0\end{cases}$$

的解向量，问这四个解向量能否构成方程组的基础解系？是多了还是少了？多了如何去掉？少了如何补充？

26. 已知齐次线性方程组

$$(\mathrm{I})\begin{cases}x_1+x_2=0,\\x_2-x_4=0,\end{cases}$$

又已知齐次线性方程组(Ⅱ)的通解

$$\boldsymbol{\eta}=c_1\begin{pmatrix}0\\1\\1\\0\end{pmatrix}+c_2\begin{pmatrix}-1\\2\\2\\1\end{pmatrix},\ c_1,c_2 \text{ 为任意常数.}$$

（1）求齐次线性方程组(Ⅰ)的基础解系；

（2）线性方程组(Ⅰ)与方程组(Ⅱ)是否有公共非零解？若有，求出所有公共非零解；若没有，则说明理由.

27. k 取何值时，下列方程组无解？有唯一解？或有无穷多解？在有无穷多解时，求出其全部解.

(1) $\begin{cases} kx+y+z=1, \\ x+ky+z=k, \\ x+y+kz=k^2; \end{cases}$

(2) $\begin{cases} 2x-y-z=2, \\ x-2y+z=k, \\ x+y-2z=k^2. \end{cases}$

28. 当 a,b 取何值时，下列线性方程组无解？有唯一解？或有无穷多解？在有解时，求出其所有解.

(1) $\begin{cases} ax+y+z=4, \\ x+by+z=3, \\ x+2by+z=4; \end{cases}$

(2) $\begin{cases} x_1+x_2+x_3+x_4=0, \\ x_2+2x_3+2x_4=1, \\ -x_2+(a-3)x_3-2x_4=b, \\ 3x_1+2x_2+x_3+ax_4=-1. \end{cases}$

29. 设线性方程组

$$\begin{cases} x_1+a_1x_2+a_1^2x_3=a_1^3, \\ x_1+a_2x_2+a_2^2x_3=a_2^3, \\ x_1+a_3x_2+a_3^2x_3=a_3^3, \\ x_1+a_4x_2+a_4^2x_3=a_4^3. \end{cases}$$

(1) 证明：若常数 a_1，a_2，a_3，a_4 互不相等，则此线性方程组无解；

(2) 若 $a_1=a_3=a$，$a_2=a_4=-a(a\neq0)$，且

$$\boldsymbol{\eta}_1=c_1\begin{pmatrix}-1\\1\\1\end{pmatrix},\ \boldsymbol{\eta}_2=c_1\begin{pmatrix}1\\1\\-1\end{pmatrix}$$

是该线性方程组的两个解，试写出此线性方程组的通解.

30. 判别以下命题是否正确：

(1) 若 $\boldsymbol{\eta}_1,\boldsymbol{\eta}_2,\boldsymbol{\eta}_3$ 是方程组 $\boldsymbol{Ax}=\boldsymbol{0}$ 的基础解系，则与 $\boldsymbol{\eta}_1,\boldsymbol{\eta}_2,\boldsymbol{\eta}_3$ 等价的向量组也为此方程组的基础解系；

(2) 若 $\boldsymbol{A}$ 是 $m\times n$ 矩阵，当 $m<n$ 时，方程组 $\boldsymbol{Ax}=\boldsymbol{\beta}(\boldsymbol{\beta}\neq\boldsymbol{0})$ 必有无穷多解；

(3) 设 $\boldsymbol{A}$ 是 $m\times n$ 矩阵，$r(\boldsymbol{A})=n$，则方程组 $\boldsymbol{Ax}=\boldsymbol{\beta}(\boldsymbol{\beta}\neq\boldsymbol{0})$ 必有唯一解；

(4) 设 $\boldsymbol{A}$ 是 $m\times n$ 矩阵，$r(\boldsymbol{A})=m$，则方程组 $\boldsymbol{Ax}=\boldsymbol{\beta}$ 必有解；

(5) 设 $\boldsymbol{A}$ 是 $m\times n$ 实矩阵，则方程组 $(\boldsymbol{A}^{\mathrm{T}}\boldsymbol{A})\boldsymbol{x}=\boldsymbol{A}^{\mathrm{T}}\boldsymbol{\beta}$ 必有解；

(6) 若方程组 $\boldsymbol{Ax}=\boldsymbol{0}$ 只有零解，则方程组 $\boldsymbol{Ax}=\boldsymbol{\beta}(\boldsymbol{\beta}\neq\boldsymbol{0})$ 必有唯一解.

31. 设 $\boldsymbol{A}$ 是 n 阶方阵，试证若对于任意一个 n 维向量 $\boldsymbol{x}=(x_1,x_2,\cdots,x_n)^{\mathrm{T}}$ 都有 $\boldsymbol{Ax}=\boldsymbol{0}$，则 $\boldsymbol{A}=\boldsymbol{O}$.

32. 设齐次线性方程组 $\sum\limits_{j=1}^{n}a_{ij}x_j=0,i=1,2,\cdots,n$ 的系数行列式 $|\boldsymbol{A}|=0$，其中 $\boldsymbol{A}=(a_{ij})_{n\times n}$，而 $\boldsymbol{A}$ 中某元素 a_{ij} 的代数余子式 $A_{ij}\neq0$. 证明

$$(A_{i1},A_{i2},\cdots,A_{in})^{\mathrm{T}}$$

是该齐次线性方程组的一个基础解系.

33. 证明：非齐次线性方程组

$$\sum_{j=1}^{n}a_{ij}x_j=b_i,i=1,2,\cdots,n$$

对任意常数 $b_1,b_2,\cdots,b_n$ 都有解的充分必要条件是其系数矩阵 $\boldsymbol{A}=(a_{ij})_{n\times n}$ 的行列式不为零.

34. 设 $\boldsymbol{\xi}$ 是非齐次线性方程组 $\boldsymbol{Ax}=\boldsymbol{\beta}(\boldsymbol{\beta}\neq\boldsymbol{0})$ 的一个解，$\boldsymbol{\eta}_1,\boldsymbol{\eta}_2,\cdots,\boldsymbol{\eta}_r$ 是其对应的齐次线性方程组 $\boldsymbol{Ax}=\boldsymbol{0}$ 的一个基础解系，证明：

(1) $\boldsymbol{\eta}_1,\boldsymbol{\eta}_2,\cdots,\boldsymbol{\eta}_r,\boldsymbol{\xi}$ 线性无关；

(2) $\boldsymbol{\xi},\boldsymbol{\eta}_1+\boldsymbol{\xi},\boldsymbol{\eta}_2+\boldsymbol{\xi},\cdots,\boldsymbol{\eta}_r+\boldsymbol{\xi}$ 线性无关；

(3) 方程组 $\boldsymbol{Ax}=\boldsymbol{\beta}$ 的任一个解 $\boldsymbol{\gamma}$ 都可表示成

$$\boldsymbol{\gamma}=c_0\boldsymbol{\xi}+c_1(\boldsymbol{\eta}_1+\boldsymbol{\xi})+c_2(\boldsymbol{\eta}_2+\boldsymbol{\xi})+\cdots+c_r(\boldsymbol{\eta}_r+\boldsymbol{\xi}),$$

其中 $c_0+c_1+\cdots+c_r=1$.

35. 设 $\boldsymbol{A}$ 为 n 阶方阵，$\boldsymbol{b}$ 是 n 维非零列向量，$\boldsymbol{\xi}_1,\boldsymbol{\xi}_2$ 是非齐次线性方程组 $\boldsymbol{Ax}=\boldsymbol{b}$ 的解，$\boldsymbol{\eta}$ 是对应的齐次线性方程组 $\boldsymbol{Ax}=\boldsymbol{0}$ 的解.

(1) 若 $\boldsymbol{\xi}_1\neq\boldsymbol{\xi}_2$，证明 $\boldsymbol{\xi}_1,\boldsymbol{\xi}_2$ 线性无关；

(2) 若 $\boldsymbol{A}$ 的秩 $r(\boldsymbol{A})=n-1$，证明 $\boldsymbol{\eta},\boldsymbol{\xi}_1,\boldsymbol{\xi}_2$ 线性相关.

（二）

36. 设 $a_1,a_2,\cdots,a_s$ 是 s 个互不相同的数，且 $s<t$. 证明：向量组

$$\boldsymbol{\beta}_1,\boldsymbol{\beta}_2,\cdots,\boldsymbol{\beta}_s$$

线性无关，其中

$$\boldsymbol{\beta}_1=\begin{pmatrix}1\\a_1\\a_1^2\\\vdots\\a_1^{t-1}\end{pmatrix},\ \boldsymbol{\beta}_2=\begin{pmatrix}1\\a_2\\a_2^2\\\vdots\\a_2^{t-1}\end{pmatrix},\ \cdots,\ \boldsymbol{\beta}_s=\begin{pmatrix}1\\a_s\\a_s^2\\\vdots\\a_s^{t-1}\end{pmatrix}.$$

37. 设向量组 $\boldsymbol{\alpha}_1,\boldsymbol{\alpha}_2,\cdots,\boldsymbol{\alpha}_s$ 线性相关，$\boldsymbol{\alpha}_1\neq\mathbf{0}$，则必存在自然数 k，$2\leqslant k\leqslant s$，使 $\boldsymbol{\alpha}_k$ 是 $\boldsymbol{\alpha}_1,\boldsymbol{\alpha}_2,\cdots,\boldsymbol{\alpha}_{k-1}$ 的线性组合.

38. 设 $r(\boldsymbol{\alpha}_1,\boldsymbol{\alpha}_2,\cdots,\boldsymbol{\alpha}_s)=r(\boldsymbol{\beta}_1,\boldsymbol{\beta}_2,\cdots,\boldsymbol{\beta}_t)$，且 $\boldsymbol{\alpha}_1,\boldsymbol{\alpha}_2,\cdots,\boldsymbol{\alpha}_s$ 可由 $\boldsymbol{\beta}_1,\boldsymbol{\beta}_2,\cdots,\boldsymbol{\beta}_t$ 线性表示，则向量组 $\boldsymbol{\alpha}_1,\boldsymbol{\alpha}_2,\cdots,\boldsymbol{\alpha}_s$ 与向量组 $\boldsymbol{\beta}_1,\boldsymbol{\beta}_2,\cdots,\boldsymbol{\beta}_t$ 等价.

39. 设向量组 $\boldsymbol{\alpha}_1,\boldsymbol{\alpha}_2,\cdots,\boldsymbol{\alpha}_m$ 线性无关，向量组 $\boldsymbol{\alpha}_1,\boldsymbol{\alpha}_2,\cdots,\boldsymbol{\alpha}_m$，$\boldsymbol{\beta}(\boldsymbol{\beta}\neq\mathbf{0})$ 线性相关，则 $\boldsymbol{\alpha}_1,\boldsymbol{\alpha}_2,\cdots,\boldsymbol{\alpha}_m$ 中至少有一个向量 $\boldsymbol{\alpha}_i(1\leqslant i\leqslant m)$ 可由向量 $\boldsymbol{\alpha}_1,\boldsymbol{\alpha}_2,\cdots,\boldsymbol{\alpha}_{i-1},\boldsymbol{\alpha}_{i+1},\cdots,\boldsymbol{\alpha}_m,\boldsymbol{\beta}$ 线性表示.

40. 证明：$m\times n$ 矩阵 $\boldsymbol{A}$ 的列向量组线性无关的充分必要条件是：当 $\boldsymbol{AB}=\boldsymbol{O}$ 时，必有 $\boldsymbol{B}=\boldsymbol{O}$，这里 $\boldsymbol{B}$ 是 $n\times s$ 矩阵.

41. 设 $m\times n$ 矩阵 $\boldsymbol{A}$ 的秩为 r，证明：存在秩为 $n-r$ 的 n 阶矩阵 $\boldsymbol{B}$，使

$$\boldsymbol{AB}=\boldsymbol{O}.$$

42. 设 $m\times n$ 矩阵 $\boldsymbol{A}$ 的秩为 r，$r<n$. 证明：齐次线性方程组 $\boldsymbol{Ax}=\mathbf{0}$ 的任意 $n-r$ 个线性无关的解向量都是它的一个基础解系.

43. 设 $\boldsymbol{A}$ 是 $m\times n$ 实矩阵，证明：

(1) $\boldsymbol{Ax}=\mathbf{0}$ 与 $\boldsymbol{A}^{\mathrm{T}}\boldsymbol{Ax}=\mathbf{0}$ 是同解方程组；

(2) $r(\boldsymbol{A})=r(\boldsymbol{A}^{\mathrm{T}}\boldsymbol{A})=r(\boldsymbol{A}^{\mathrm{T}})=r(\boldsymbol{AA}^{\mathrm{T}})$.

44. 设 $\boldsymbol{A}$ 是 $m\times n$ 矩阵，$\boldsymbol{B}$ 是 $n\times s$ 矩阵. 证明：方程组 $\boldsymbol{ABx}=\mathbf{0}$ 与 $\boldsymbol{Bx}=\mathbf{0}$ 同解的充分必要条件是 $r(\boldsymbol{AB})=r(\boldsymbol{B})$.

45. 设 $\boldsymbol{A}$ 为 n 阶方阵，且 $\boldsymbol{A}^2=\boldsymbol{A}$ 称($\boldsymbol{A}$ 为**幂等矩阵**). 证明：

$$r(\boldsymbol{A})+r(\boldsymbol{A}-\boldsymbol{E})=n.$$

46. 设 $\boldsymbol{A}$ 为 n 阶方阵，且 $\boldsymbol{A}^2=\boldsymbol{E}$ 称($\boldsymbol{A}$ 为**对合矩阵**). 证明：

$$r(\boldsymbol{A}+\boldsymbol{E})+r(\boldsymbol{A}-\boldsymbol{E})=n.$$

47. 设 $\boldsymbol{A}$ 为 $m\times n$ 矩阵，$\boldsymbol{B}$ 为 $m\times 1$ 矩阵. 证明：方程组 $\boldsymbol{Ax}=\boldsymbol{B}$ 有解的充要条件是 $\boldsymbol{A}^{\mathrm{T}}\boldsymbol{y}=\mathbf{0}$ 的任一解向量 $\boldsymbol{y}_0$ 都是 $\boldsymbol{B}^{\mathrm{T}}\boldsymbol{y}=\mathbf{0}$ 的解向量.

48. 设 $\boldsymbol{A}$ 为 n 阶矩阵，且 $n>2$，证明：

$$(\boldsymbol{A}^*)^*=|\boldsymbol{A}|^{n-2}\boldsymbol{A}.$$

49. 设 $\boldsymbol{A}$ 为 n 阶矩阵，证明：$r(\boldsymbol{A}^n)=r(\boldsymbol{A}^{n+1})$.

50. 查找文献、资料自学数学软件MATLAB，进一步熟悉解线性方程组的各种算法.

前情提要

我们知道，n 维向量空间 K^n 关于向量加法及纯量乘法运算是封闭的，并具有八条基本运算性质．有趣的是，这并不是 K^n 独有的性质，还有许多各不相同的集合，在适当定义了各自的"加法"及"纯量乘法"后，也都具有这些基本运算性质．这就启发人们将 n 维向量空间加以抽象和推广，引出一种新的代数系统——线性空间，它的代数运算及其基本运算性质也与 K^n 类似．不同的是，将许多已经熟悉的研究对象的具体属性舍弃，只考虑这些对象可以进行的"线性运算"及其共有的基本运算性质，从中抽象出线性空间的概念，即是寻找这些对象的共性，把它具有的最基本的性质作为公理给出．进而从这些公理出发，讨论它的一般性基础理论，也称为公理化方法．由于这种研究方法的抽象性，它所做出的结果具有广泛的适用性．

从这一章我们将知道，前一章里谈到的数组向量空间是这一章里抽象的线性空间的一个具体模型，它的几何背景是通常解析几何里的平面 $\mathbb{R}^2$ 和空间 $\mathbb{R}^3$．在这里，一个向量由长度和方向同时表示，这样的向量可以用来表示物理量，比如力．到 19 世纪上半叶完成了到 n 维向量空间的过渡．线性空间的概念是由意大利数学家佩亚诺(Peano，1858—1932)于 1888 年提出的．线性空间现已成为近代数学中最基本的概念之一，它的理论和方法已经渗透到自然科学、工程技术和经济管理等各个领域．

为了进一步拓宽线性代数的应用范围，本章建立一般的线性空间理论．线性空间到自身的线性映射称为线性变换，同时介绍线性变换的基本概念、与矩阵的对应关系及其相关基础理论．

第 4 章 线性空间与线性变换

本章主要内容有：线性空间及其子空间的概念、性质，线性空间的基、维数与坐标，线性空间的基变换与坐标变换，线性空间的同构，线性变换及其性质.

4.1 线性空间的概念

4.1.1 线性空间的定义

线性空间的定义

定义 4.1 设 V 是一个非空集合，F 是数域. 在 V 的元素之间定义加法运算，记作“+”，即对任意两个元素 $\boldsymbol{\alpha},\boldsymbol{\beta}\in V$，有唯一的一个元素 $\boldsymbol{\delta}\in V$ 与之对应，称 $\boldsymbol{\delta}$ 为 $\boldsymbol{\alpha}$ 和 $\boldsymbol{\beta}$ 的和，记作 $\boldsymbol{\delta}=\boldsymbol{\alpha}+\boldsymbol{\beta}$. 并且加法运算“+”满足：

(1) **交换律**：$\boldsymbol{\alpha}+\boldsymbol{\beta}=\boldsymbol{\beta}+\boldsymbol{\alpha}$;

(2) **结合律**：$(\boldsymbol{\alpha}+\boldsymbol{\beta})+\boldsymbol{\gamma}=\boldsymbol{\alpha}+(\boldsymbol{\beta}+\boldsymbol{\gamma})$;

(3) **零元存在性**：V 中存在一个零元 $\mathbf{0}$，对 $\forall\boldsymbol{\alpha}\in V$，有 $\boldsymbol{\alpha}+\mathbf{0}=\boldsymbol{\alpha}$;

(4) **负元存在性**：对任意 $\boldsymbol{\alpha}\in V$，都存在 $\boldsymbol{\beta}\in V$，称 $\boldsymbol{\beta}$ 为 $\boldsymbol{\alpha}$ 的负元，使得 $\boldsymbol{\alpha}+\boldsymbol{\beta}=\mathbf{0}$.

在数域 F 和集合 V 之间还定义一个运算，称为**纯量乘法**，即对 $\forall\boldsymbol{\alpha}\in V$ 和 $k\in F$，有唯一的元素 $\boldsymbol{\eta}\in V$ 与之对应，称为 k 与 $\boldsymbol{\alpha}$ 的乘积，记为 $\boldsymbol{\eta}=k\boldsymbol{\alpha}$，使对任意 $k,l\in F$，$\boldsymbol{\alpha},\boldsymbol{\beta}\in V$，都有：

(5) $1\boldsymbol{\alpha}=\boldsymbol{\alpha}$;

(6) $k(l\boldsymbol{\alpha})=l(k\boldsymbol{\alpha})=(kl)\boldsymbol{\alpha}$;

(7) $(k+l)\boldsymbol{\alpha}=k\boldsymbol{\alpha}+l\boldsymbol{\alpha}$;

(8) $k(\boldsymbol{\alpha}+\boldsymbol{\beta})=k\boldsymbol{\alpha}+k\boldsymbol{\beta}$,

则称集合 V 关于向量加法与纯量乘法组成数域 F 上的一个**线性空间**，或称 V 为 F 上的一个线性空间.

特别地，当 F 为实数域时，称 V 为实线性空间.

例 4.1　数域 F 上的全体 n 维向量的集合依照向量的加法和向量与数的纯量乘法构成数域 F 上的线性空间，记作 F^n.

例 4.2　数域 F 上的全体 $m\times n$ 阶矩阵的集合，关于矩阵的加法和矩阵的纯量乘法构成数域 F 上的线性空间，记为 $F^{m\times n}$.

例 4.3　区间 $[a,b]$ 上的全体连续函数，关于函数的加法和数与函数的乘法，构成实线性空间，记为 $C[a,b]$.

例 4.4　复数域 $\mathbb{C}$，依照复数的加法和实数与复数的乘法构成实数域 $\mathbb{R}$ 上的线性空间.

例 4.5　数域 F 上的全体一元多项式，依照多项式的加法和数与多项式的乘法构成数域 F 上的线性空间，记为 $F[x]$. 特别地，所有的实系数一元多项式，依照多项式的加法和多项式与数的乘法构成实线性空间，记为 $\mathbb{R}[x]$.

例 4.6　区间 $[a,b]$ 上的全体 n 次可微函数，依照函数的加法和函数与数的乘法，构成实线性空间，记为 $D^{(n)}[a,b]$.

4.1.2　线性空间的简单性质

性质 4.1　设 V 是数域 F 上的线性空间，则

(1) 零元唯一，记作 $\mathbf{0}$;

(2) V 中元素 $\boldsymbol{\alpha}$ 的负元唯一，记为 $-\boldsymbol{\alpha}$;

(3) $\forall \boldsymbol{\alpha}\in V$，有 $0\boldsymbol{\alpha}=\mathbf{0}$，$(-1)\boldsymbol{\alpha}=-\boldsymbol{\alpha}$;

(4) $\forall k\in F$，有 $k\mathbf{0}=\mathbf{0}$;

(5) 若 $k\boldsymbol{\alpha}=\mathbf{0}$，则有 $k=0$ 或 $\boldsymbol{\alpha}=\mathbf{0}$.

证明：我们只证性质(2)与性质(3)，其余证明留给读者练习.

(2) 设 $\boldsymbol{\alpha}$ 有两个负元素 $\boldsymbol{\beta},\boldsymbol{\gamma}$，即 $\boldsymbol{\alpha}+\boldsymbol{\beta}=\mathbf{0},\boldsymbol{\alpha}+\boldsymbol{\gamma}=\mathbf{0}$，于是

$$\boldsymbol{\beta}=\boldsymbol{\beta}+\mathbf{0}=\boldsymbol{\beta}+(\boldsymbol{\alpha}+\boldsymbol{\gamma})=(\boldsymbol{\beta}+\boldsymbol{\alpha})+\boldsymbol{\gamma}=\mathbf{0}+\boldsymbol{\gamma}=\boldsymbol{\gamma}.$$

(3) 我们只证 $0\boldsymbol{\alpha}=\mathbf{0}$(注意：等号两边的“0”代表不同的对象). 因为

$$\boldsymbol{\alpha}+0\boldsymbol{\alpha}=(\mathbf{1}+\mathbf{0})\boldsymbol{\alpha}=\mathbf{1}\boldsymbol{\alpha}=\boldsymbol{\alpha},$$

于是两边加上 $-\boldsymbol{\alpha}$，即得 $0\boldsymbol{\alpha}=\mathbf{0}$. □

4.1.3　线性子空间

定义 4.2　设 V 是数域 F 上的线性空间，W 是 V 的非空子集合，

若对于 V 上的加法和乘法运算，W 也是 F 上的线性空间，则称 W 为 V 的一个**线性子空间**，简称为子空间.

线性空间的子空间

W 既然是 V 的子空间，那么 W 中元素满足定义 4.1 中的运算律(1)(2)和(5)~(8)是必然的. 从而 W 要成为 V 的子空间，只需满足定义 4.1 中的运算律(3)(4)以及 W 对于 V 的加法和纯量乘法封闭. 事实上，我们有：

命题 4.1 设 V 是数域 F 上的线性空间，则 V 的非空子集合 W 为 V 的一个子空间的充分必要条件为 W 对于 V 的加法和纯量乘法运算封闭.

证明：命题的必要性显然. 对于充分性，我们只要证明定义 4.1 中的(3)(4)在 W 中成立即可. 对 $\forall \boldsymbol{\alpha} \in W$，由于 $0 \in F$，而 $-1=0-1 \in F$，故有 $\mathbf{0}=0\boldsymbol{\alpha} \in W$ 和 $-\boldsymbol{\alpha}=(-1)\boldsymbol{\alpha} \in W$. 由于定义 4.1 中的其余运算律自然满足，所以 W 为 V 的一个子空间. □

下面是一些子空间的例子.

例 4.7 线性空间 V 的仅含零向量的子集合是 V 的一个子空间，常称为**零子空间**；V 本身也是 V 的一个子空间，常称为**全子空间**. 这两种子空间统称为 V 的**平凡子空间**.

例 4.8 设 V 是数域 F 上的线性空间，$\boldsymbol{\alpha}_1,\boldsymbol{\alpha}_2,\cdots,\boldsymbol{\alpha}_m \in V$，集合

$$L=\{\boldsymbol{\beta} \mid \boldsymbol{\beta}=k_1\boldsymbol{\alpha}_1+k_2\boldsymbol{\alpha}_2+\cdots+k_m\boldsymbol{\alpha}_m, k_1,k_2,\cdots,k_m \in F\}$$

构成线性空间 V 的子空间，称该子空间为 $\boldsymbol{\alpha}_1,\boldsymbol{\alpha}_2,\cdots,\boldsymbol{\alpha}_m$ **生成的子空间**，记为

$$L(\boldsymbol{\alpha}_1,\boldsymbol{\alpha}_2,\cdots,\boldsymbol{\alpha}_m).$$

例 4.9 实数域上的齐次线性方程组 $\boldsymbol{A}_{m\times n}\boldsymbol{x}=\mathbf{0}$，当 $r(\boldsymbol{A})=r<n$ 时，它所有的解向量构成 $\mathbb{R}^n$ 的子空间，称之为齐次线性方程组的解空间，它可看作是由其基础解系生成的子空间.

例 4.10 设 $\mathbb{R}^3$ 中不过原点的一个集合 $W_1=\{(x,y,z) \mid x,y\in\mathbb{R}, z\neq 0\}$，则 W_1 不是 $\mathbb{R}^3$ 的子空间. 这是因为它对于 $\mathbb{R}^3$ 中的加法与数乘都不封闭. 例如，

$$(x,y,z)-(x,y,z) \notin W_1;\ \mathbf{0}=0\cdot(x,y,z) \notin W_1.$$

但是，起点为点 $O'(0,0,z)$ 且 z 为任意实数的三维向量的集合 W_1' 关于向量的加法与纯量乘法构成 $\mathbb{R}^3$ 的一个子空间.

此例说明，V 的子空间 W 的两种运算必须与 V 的两种运算相

一致．一般地，把 W 看成一个子空间比把 W 自身看成一个线性空间更有用．因为验证 W 是某个线性空间的一个子空间，要比验证 W 是一个线性空间简单得多．

例 4.11 连续函数集合

$$M=\{f(x)\in C[a,b]\mid f(a)=0\}$$

是线性空间 $C[a,b]$ 的子空间．

例 4.12 连续函数集合 $M=\{f(x)\in C[a,b]\mid f(a)=1\}$ 不是线性空间 $C[a,b]$ 的子空间．

例 4.13 n 阶上三角形实矩阵集合、下三角形实矩阵集合和实对角矩阵集合都是由所有 n 阶方阵构成的线性空间 $\mathbb{R}^{n\times n}$ 的子空间．

例 4.14 数域 F 上的次数小于 n 的一元多项式全体和零多项式组成的集合 $F[x]_n$ 构成线性空间 $F[x]$ 的子空间．

例 4.15 数域 F 上的 n 次一元多项式全体构成的集合，不能构成线性空间 $F[x]$ 的子空间．

4.2 线性空间的基、维数与坐标

4.2.1 基、维数与坐标

由于线性空间的元素有类似于 F^n 的线性运算性质，我们也称线性空间中的元素为向量．

在第 3 章中，我们介绍了向量的线性表示、线性组合、线性相关与线性无关、极大线性无关组和向量组的秩等概念，以及有关线性运算的性质．这些概念与性质对于一般线性空间中的向量仍然适用．

定义 4.3 设 V 是数域 F 上的线性空间，$\boldsymbol{\alpha}_1,\boldsymbol{\alpha}_2,\cdots,\boldsymbol{\alpha}_m\in V$，若存在 F 中不全为零的数 $k_1,k_2,\cdots,k_m$ 使得 $k_1\boldsymbol{\alpha}_1+k_2\boldsymbol{\alpha}_2+\cdots+k_m\boldsymbol{\alpha}_m=\mathbf{0}$，则称 $\boldsymbol{\alpha}_1,\boldsymbol{\alpha}_2,\cdots,\boldsymbol{\alpha}_m$ **线性相关**，否则称 $\boldsymbol{\alpha}_1,\boldsymbol{\alpha}_2,\cdots,\boldsymbol{\alpha}_m$ **线性无关**．

定义 4.4 设 V 是数域 F 上的线性空间，若 V 中存在一组向量 $\boldsymbol{\alpha}_1,\boldsymbol{\alpha}_2,\cdots,\boldsymbol{\alpha}_n$ 满足：

(1) $\boldsymbol{\alpha}_1,\boldsymbol{\alpha}_2,\cdots,\boldsymbol{\alpha}_n$ 线性无关；

(2) V 中任一向量 $\boldsymbol{\alpha}$ 均可由 $\boldsymbol{\alpha}_1,\boldsymbol{\alpha}_2,\cdots,\boldsymbol{\alpha}_n$ 线性表示，

则称 $\boldsymbol{\alpha}_1,\boldsymbol{\alpha}_2,\cdots,\boldsymbol{\alpha}_n$ 是线性空间 V 的一组**基底**或**基**. 称基 $\boldsymbol{\alpha}_1,\boldsymbol{\alpha}_2,\cdots,\boldsymbol{\alpha}_n$ 所含向量的个数 n 为线性空间 V 的**维数**，记为 $\dim V=n$，此时也称线性空间 V 是 n 维线性空间，有时记作 V_n.

因为零向量构成的线性空间 $\{\boldsymbol{0}\}$ 没有基，不妨规定 $\dim\{\boldsymbol{0}\}=0$. n 维线性空间与 0 维线性空间统称为**有限维线性空间**，或有限生成的线性空间. 如果 V 不是有限生成的，或者说，如果 V 中含有无限多个线性无关的向量，称 V 为**无限维线性空间**.

例 4.16　例 4.2 中的线性空间 $F^{m\times n}$（数域 F 上的全体 $m\times n$ 阶的矩阵）是有限维线性空间，它的维数 $\dim F^{m\times n}=mn$，线性空间 $K^{m\times n}$的一组基为

$$\boldsymbol{E}_{ij},\ i=1,2,\cdots,m;\ j=1,2,\cdots,n.$$

其中 $\boldsymbol{E}_{ij}$表示$(i,\ j)$位置上的元素为 1，其余位置上的元素为零的 $m\times n$ 阶矩阵.

例 4.17　例 4.5 中的线性空间 $F[x]$（数域 F 上的全体一元多项式）就是无限维线性空间，线性空间 $F[x]$的一组基为

$$1,x,x^2,x^3,\cdots,x^n,\cdots.$$

定义 4.5　设 $\boldsymbol{\alpha}_1,\boldsymbol{\alpha}_2,\cdots,\boldsymbol{\alpha}_n$ 是 n 维线性空间 V 的一组基，$\boldsymbol{\gamma}\in V$，且

$$\boldsymbol{\gamma}=x_1\boldsymbol{\alpha}_1+x_2\boldsymbol{\alpha}_2+\cdots+x_n\boldsymbol{\alpha}_n=(\boldsymbol{\alpha}_1,\boldsymbol{\alpha}_2,\cdots,\boldsymbol{\alpha}_n)\boldsymbol{x},$$

其中

$$\boldsymbol{x}=\begin{pmatrix}x_1\\x_2\\\vdots\\x_n\end{pmatrix},$$

称向量 $\boldsymbol{x}$ 为 $\boldsymbol{\gamma}$ 在基 $\boldsymbol{\alpha}_1,\boldsymbol{\alpha}_2,\cdots,\boldsymbol{\alpha}_n$ 下的**坐标**.

由于 $\boldsymbol{\alpha}_1,\boldsymbol{\alpha}_2,\cdots,\boldsymbol{\alpha}_n$ 线性无关，因此 $\boldsymbol{\gamma}$ 在此基下的坐标是唯一的. 设 σ 是从 V 到 F^n 的一个映射，且 $\sigma(\boldsymbol{\gamma})=\boldsymbol{x}$，则在数域 F 上 n 维线性空间 V 中取定一组基以后，V 中元素与 F^n 中 n 维向量通过映射 σ 建立了一一对应.

尤其值得注意的是，映射 σ 是 V 与 F^n 之间保持线性关系不变

性的一一对应，即：

设 $\boldsymbol{\alpha}_1,\boldsymbol{\alpha}_2,\cdots,\boldsymbol{\alpha}_n$ 是 V 的一组基，$\forall\boldsymbol{\gamma},\boldsymbol{\delta}\in V$，它们在 $\boldsymbol{\alpha}_1,\boldsymbol{\alpha}_2,\cdots,\boldsymbol{\alpha}_n$ 下的坐标分别为

$$\boldsymbol{x}=\begin{pmatrix}x_1\\x_2\\\vdots\\x_n\end{pmatrix}$$

和

$$\boldsymbol{x}'=\begin{pmatrix}x_1'\\x_2'\\\vdots\\x_n'\end{pmatrix},$$

即是

$$\boldsymbol{\gamma}=(\boldsymbol{\alpha}_1,\boldsymbol{\alpha}_2,\cdots,\boldsymbol{\alpha}_n)\boldsymbol{x},\ \boldsymbol{\delta}=(\boldsymbol{\alpha}_1,\boldsymbol{\alpha}_2,\cdots,\boldsymbol{\alpha}_n)\boldsymbol{x}'.$$

设 k，l 为数域 F 里的任意数，则 $k\boldsymbol{\gamma}+l\boldsymbol{\delta}=(\boldsymbol{\alpha}_1,\boldsymbol{\alpha}_2,\cdots,\boldsymbol{\alpha}_n)(k\boldsymbol{x}+l\boldsymbol{x}')$，那么 $k\boldsymbol{\gamma}+l\boldsymbol{\delta}$ 在 $\boldsymbol{\alpha}_1,\boldsymbol{\alpha}_2,\cdots,\boldsymbol{\alpha}_n$ 下的坐标为

$$k\boldsymbol{x}+l\boldsymbol{x}'=k\begin{pmatrix}x_1\\x_2\\\vdots\\x_n\end{pmatrix}+l\begin{pmatrix}x_1'\\x_2'\\\vdots\\x_n'\end{pmatrix},$$

反过来，V 中坐标为

$$k\boldsymbol{x}+l\boldsymbol{x}'=k\begin{pmatrix}x_1\\x_2\\\vdots\\x_n\end{pmatrix}+l\begin{pmatrix}x_1'\\x_2'\\\vdots\\x_n'\end{pmatrix}$$

的元素必定是 $k\boldsymbol{\gamma}+l\boldsymbol{\delta}$，即有

$$\sigma(k\boldsymbol{\gamma}+l\boldsymbol{\delta})=k\boldsymbol{x}+l\boldsymbol{x}'=k\sigma(\boldsymbol{\gamma})+l\sigma(\boldsymbol{\delta}).$$

这说明当 n 维线性空间 V_n 取定了基之后，向量与它的坐标不仅一一对应，而且向量的加法与纯量乘法都可以转化为坐标之间的加法与纯量乘法运算. 一般地，有如下定义.

定义 4.6　设 V 和 V' 是数域 F 上的两个线性空间，如果存在 V 到 V' 上的一个满足下述条件的一一对应 σ：

(1) $\sigma(\boldsymbol{\alpha}+\boldsymbol{\beta})=\sigma(\boldsymbol{\alpha})+\sigma(\boldsymbol{\beta})$，$\forall\boldsymbol{\alpha},\boldsymbol{\beta}\in V$；

(2) $\sigma(k\boldsymbol{\alpha})=k\sigma(\boldsymbol{\alpha})$，$\forall\boldsymbol{\alpha}\in V$，$\forall k\in F$，

则称 σ 为线性空间 V 到 V' 的一个**同构映射**，也称线性空间 V 与 V' **同构**.

由此，上面的坐标对应 σ 就是一个同构映射. 这就证明了如下结果：

命题 4.2　数域 F 上任意一个 n 维线性空间 V 均与 F^n 同构.

借此可将数域 F 上一般的抽象 n 维线性空间归结为我们熟知的特殊空间 F^n 来研究. 即，在给定的基底下，n 维线性空间 V_n 可以看成是 F^n，且 F^n 中凡只涉及线性运算的性质都适合于 V_n. 于是，讨论 V_n 中元素的线性关系，也就可以通过讨论它们的坐标向量的线性关系来进行，而后者我们已经相当熟悉了.

关于线性空间同构的更多的性质、定理，我们把它放在本章的"延展阅读"里，以供有兴趣的读者查阅学习！

例 4.18　所有二阶实方阵构成的实线性空间 $\mathbb{R}^{2\times 2}$ 中，令

$$\boldsymbol{E}_{11}=\begin{pmatrix}1&0\\0&0\end{pmatrix},\ \boldsymbol{E}_{12}=\begin{pmatrix}0&1\\0&0\end{pmatrix},\ \boldsymbol{E}_{21}=\begin{pmatrix}0&0\\1&0\end{pmatrix},\ \boldsymbol{E}_{22}=\begin{pmatrix}0&0\\0&1\end{pmatrix},$$

试证明 $\boldsymbol{E}_{11},\boldsymbol{E}_{12},\boldsymbol{E}_{21},\boldsymbol{E}_{22}$ 是 $\mathbb{R}^{2\times 2}$ 的一组基，并求

$$\boldsymbol{\eta}=\begin{pmatrix}a&b\\c&d\end{pmatrix}\in\mathbb{R}^{2\times 2}$$

在基 $\boldsymbol{E}_{11},\boldsymbol{E}_{12},\boldsymbol{E}_{21},\boldsymbol{E}_{22}$ 下的坐标.

证明：若有实数 k_1,k_2,k_3,k_4 使得 $k_1\boldsymbol{E}_{11}+k_2\boldsymbol{E}_{12}+k_3\boldsymbol{E}_{21}+k_4\boldsymbol{E}_{22}=\boldsymbol{O}$，即

$$k_1\begin{pmatrix}1&0\\0&0\end{pmatrix}+k_2\begin{pmatrix}0&1\\0&0\end{pmatrix}+k_3\begin{pmatrix}0&0\\1&0\end{pmatrix}+k_4\begin{pmatrix}0&0\\0&1\end{pmatrix}=\boldsymbol{O}.$$

那么显然，只能有 $k_1=k_2=k_3=k_4=0$，故 $\boldsymbol{E}_{11},\boldsymbol{E}_{12},\boldsymbol{E}_{21},\boldsymbol{E}_{22}$ 是线性无关的，而任一矩阵

$$\boldsymbol{\eta}=\begin{pmatrix}a&b\\c&d\end{pmatrix}\in\mathbb{R}^{2\times 2}$$

可表示为 $\boldsymbol{\eta}=a\boldsymbol{E}_{11}+b\boldsymbol{E}_{12}+c\boldsymbol{E}_{21}+d\boldsymbol{E}_{22}$，因此 $\boldsymbol{E}_{11},\boldsymbol{E}_{12},\boldsymbol{E}_{21},\boldsymbol{E}_{22}$ 是 $\mathbb{R}^{2\times 2}$ 的一组基. $\mathbb{R}^{2\times 2}$ 是 4 维线性空间，且

$$\boldsymbol{\eta}=\begin{pmatrix}a&b\\c&d\end{pmatrix}\in\mathbb{R}^{2\times 2}$$

在这组基下的坐标是

$$\boldsymbol{x}=\begin{pmatrix}a\\b\\c\\d\end{pmatrix}.$$

□

例 4.19　在线性空间 $F[x]_n$ 中，令

$$p_1(x)=1,\ p_2(x)=x,\ p_3(x)=x^2,\ \cdots,\ p_n(x)=x^{n-1},$$

显然，$p_1(x),p_2(x),p_3(x),\cdots,p_n(x)$线性无关，且 $F[x]_n$ 中任意多项式

$$f(x)=a_0+a_1x+a_2x^2+a_3x^3+\cdots+a_{n-1}x^{n-1}$$

可表示为$p_1(x),p_2(x),\cdots,p_n(x)$的线性组合

$$f(x)=a_0p_1(x)+a_1p_2(x)+a_2p_3(x)+\cdots+a_{n-1}p_n(x).$$

因此，$F[x]_n$ 是 n 维的线性空间，$p_1(x),p_2(x),p_3(x),\cdots,p_n(x)$ 是它的一组基. $f(x)$ 在 $p_1(x)$，$p_2(x),p_3(x),\cdots,p_n(x)$下的坐标为

$$\begin{pmatrix} a_0 \\ a_1 \\ \vdots \\ a_{n-1} \end{pmatrix}.$$

例 4.20　设 $\boldsymbol{\alpha}_1,\boldsymbol{\alpha}_2,\cdots,\boldsymbol{\alpha}_m$ 是数域 F 上的线性空间 V 中的一组向量，考虑 $\boldsymbol{\alpha}_1,\boldsymbol{\alpha}_2,\cdots,\boldsymbol{\alpha}_m$ 的生成子空间

$$L(\boldsymbol{\alpha}_1,\boldsymbol{\alpha}_2,\cdots,\boldsymbol{\alpha}_m)=\left\{\boldsymbol{\alpha}\mid\boldsymbol{\alpha}=\sum_{i=1}^{m}k_i\boldsymbol{\alpha}_i,k_i\in K,i=1,2,\cdots,m\right\}.$$

若 $\boldsymbol{\alpha}_1,\boldsymbol{\alpha}_2,\cdots,\boldsymbol{\alpha}_s$ 是 $\boldsymbol{\alpha}_1,\boldsymbol{\alpha}_2,\cdots,\boldsymbol{\alpha}_m$ 的极大线性无关组，那么 $\forall\boldsymbol{\alpha}\in L(\boldsymbol{\alpha}_1,\boldsymbol{\alpha}_2,\cdots,\boldsymbol{\alpha}_m)$，由线性表示的传递性，易知 $\boldsymbol{\alpha}$ 可由 $\boldsymbol{\alpha}_1,\boldsymbol{\alpha}_2,\cdots,\boldsymbol{\alpha}_s$ 线性表示，从而 $L(\boldsymbol{\alpha}_1,\boldsymbol{\alpha}_2,\cdots,\boldsymbol{\alpha}_m)$ 是 s 维的，$\boldsymbol{\alpha}_1,\boldsymbol{\alpha}_2,\cdots,\boldsymbol{\alpha}_s$ 是它的一组基.

4.2.2　基变换与坐标变换

n 维线性空间中任意 n 个线性无关的向量都可以作为一组基，因此，线性空间的基并不唯一. 同一个向量在不同基下的坐标一般也不相同，我们需要研究它们之间的关系.

基变换与坐标变换

设 $\boldsymbol{\varepsilon}_1,\boldsymbol{\varepsilon}_2,\cdots,\boldsymbol{\varepsilon}_n$ 和 $\boldsymbol{\eta}_1,\boldsymbol{\eta}_2,\cdots,\boldsymbol{\eta}_n$ 是 n 维线性空间 V 中的两组基，且

$$\begin{cases} \boldsymbol{\eta}_1=c_{11}\boldsymbol{\varepsilon}_1+c_{21}\boldsymbol{\varepsilon}_2+\cdots+c_{n1}\boldsymbol{\varepsilon}_n, \\ \boldsymbol{\eta}_2=c_{12}\boldsymbol{\varepsilon}_1+c_{22}\boldsymbol{\varepsilon}_2+\cdots+c_{n2}\boldsymbol{\varepsilon}_n, \\ \qquad\vdots \\ \boldsymbol{\eta}_n=c_{1n}\boldsymbol{\varepsilon}_1+c_{2n}\boldsymbol{\varepsilon}_2+\cdots+c_{nn}\boldsymbol{\varepsilon}_n, \end{cases} \tag{4.1}$$

令

$$\boldsymbol{C}=\begin{pmatrix} c_{11} & c_{12} & \cdots & c_{1n} \\ c_{21} & c_{22} & \cdots & c_{2n} \\ \vdots & \vdots & & \vdots \\ c_{n1} & c_{n2} & \cdots & c_{nn} \end{pmatrix}, \tag{4.2}$$

则方程组(4.1)可记为

$$(\boldsymbol{\eta}_1,\boldsymbol{\eta}_2,\cdots,\boldsymbol{\eta}_n)=(\boldsymbol{\varepsilon}_1,\boldsymbol{\varepsilon}_2,\cdots,\boldsymbol{\varepsilon}_n)\boldsymbol{C}, \tag{4.3}$$

式(4.3)称为**基变换公式**.

定义 4.7 设 $\boldsymbol{\varepsilon}_1,\boldsymbol{\varepsilon}_2,\cdots,\boldsymbol{\varepsilon}_n$ 和 $\boldsymbol{\eta}_1,\boldsymbol{\eta}_2,\cdots,\boldsymbol{\eta}_n$ 是 n 维线性空间 V 中的两组基，且

$$(\boldsymbol{\eta}_1,\boldsymbol{\eta}_2,\cdots,\boldsymbol{\eta}_n)=(\boldsymbol{\varepsilon}_1,\boldsymbol{\varepsilon}_2,\cdots,\boldsymbol{\varepsilon}_n)\boldsymbol{C},$$

则称矩阵 $\boldsymbol{C}=(c_{ij})_{n\times n}$ 为由基 $\boldsymbol{\varepsilon}_1,\boldsymbol{\varepsilon}_2,\cdots,\boldsymbol{\varepsilon}_n$ 到基 $\boldsymbol{\eta}_1,\boldsymbol{\eta}_2,\cdots,\boldsymbol{\eta}_n$ 的**过渡矩阵**.

不难看出过渡矩阵 $\boldsymbol{C}$ 是可逆的，并且 $\boldsymbol{C}=(c_{ij})_{n\times n}$ 的第 j 列恰为 $\boldsymbol{\eta}_j$ 在基 $\boldsymbol{\varepsilon}_1,\boldsymbol{\varepsilon}_2,\cdots,\boldsymbol{\varepsilon}_n$ 下的坐标.

定理 4.1 设 $\boldsymbol{\varepsilon}_1,\boldsymbol{\varepsilon}_2,\cdots,\boldsymbol{\varepsilon}_n$ 和 $\boldsymbol{\eta}_1,\boldsymbol{\eta}_2,\cdots,\boldsymbol{\eta}_n$ 是 n 维线性空间 V 中的两组基，由基 $\boldsymbol{\varepsilon}_1,\boldsymbol{\varepsilon}_2,\cdots,\boldsymbol{\varepsilon}_n$ 到基 $\boldsymbol{\eta}_1,\boldsymbol{\eta}_2,\cdots,\boldsymbol{\eta}_n$ 的过渡矩阵记为 $\boldsymbol{C}=(c_{ij})_{n\times n}$，即

$$(\boldsymbol{\eta}_1,\boldsymbol{\eta}_2\cdots,\boldsymbol{\eta}_n)=(\boldsymbol{\varepsilon}_1,\boldsymbol{\varepsilon}_2\cdots,\boldsymbol{\varepsilon}_n)\boldsymbol{C}.$$

若向量 $\boldsymbol{\xi}$ 在两组基下的坐标分别为

$$\boldsymbol{x}=\begin{pmatrix} x_1 \\ x_2 \\ \vdots \\ x_n \end{pmatrix}$$

和

$$\boldsymbol{x}'=\begin{pmatrix} x_1' \\ x_2' \\ \vdots \\ x_n' \end{pmatrix},$$

则有

$$\boldsymbol{x}=\boldsymbol{C}\boldsymbol{x}', \tag{4.4}$$

或者等价地有

$$\boldsymbol{x}'=\boldsymbol{C}^{-1}\boldsymbol{x}. \tag{4.5}$$

证明：$\boldsymbol{\xi}$ 在 $\boldsymbol{\varepsilon}_1,\boldsymbol{\varepsilon}_2,\cdots,\boldsymbol{\varepsilon}_n$ 下的坐标为

$$\boldsymbol{x}=\begin{pmatrix}x_1\\x_2\\\vdots\\x_n\end{pmatrix},$$

即

$$\boldsymbol{\xi}=(\boldsymbol{\varepsilon}_1,\boldsymbol{\varepsilon}_2,\cdots,\boldsymbol{\varepsilon}_n)\begin{pmatrix}x_1\\x_2\\\vdots\\x_n\end{pmatrix}=(\boldsymbol{\varepsilon}_1,\boldsymbol{\varepsilon}_2,\cdots,\boldsymbol{\varepsilon}_n)\boldsymbol{x}.$$

而 $\boldsymbol{\xi}$ 在 $\boldsymbol{\eta}_1,\boldsymbol{\eta}_2,\cdots,\boldsymbol{\eta}_n$ 下的坐标为

$$\boldsymbol{x}'=\begin{pmatrix}x_1'\\x_2'\\\vdots\\x_n'\end{pmatrix},$$

注意到 $\boldsymbol{C}$ 为两组基之间的过渡矩阵，故有

$$\boldsymbol{\xi}=(\boldsymbol{\eta}_1,\boldsymbol{\eta}_2,\cdots,\boldsymbol{\eta}_n)\begin{pmatrix}x_1'\\x_2'\\\vdots\\x_n'\end{pmatrix}=(\boldsymbol{\eta}_1,\boldsymbol{\eta}_2,\cdots,\boldsymbol{\eta}_n)\boldsymbol{x}'=(\boldsymbol{\varepsilon}_1,\boldsymbol{\varepsilon}_2,\cdots,\boldsymbol{\varepsilon}_n)\boldsymbol{C}\boldsymbol{x}'.$$

这说明 $\boldsymbol{\xi}$ 在 $\boldsymbol{\varepsilon}_1$，$\boldsymbol{\varepsilon}_2\cdots$，$\boldsymbol{\varepsilon}_n$ 下的坐标为 $\boldsymbol{C}\boldsymbol{x}'$．由坐标的唯一性，有

$$\boldsymbol{x}=\boldsymbol{C}\boldsymbol{x}' \text{或} \boldsymbol{x}'=\boldsymbol{C}^{-1}\boldsymbol{x}.$$

□

式(4.4)或式(4.5)称为**坐标变换公式**.

例 4.21　给定 $\mathbb{R}^3$ 中两组基

$$\boldsymbol{\alpha}_1=\begin{pmatrix}1\\2\\1\end{pmatrix},\ \boldsymbol{\alpha}_2=\begin{pmatrix}2\\3\\3\end{pmatrix},\ \boldsymbol{\alpha}_3=\begin{pmatrix}3\\7\\1\end{pmatrix}$$

和

$$\boldsymbol{\beta}_1=\begin{pmatrix}3\\1\\4\end{pmatrix},\ \boldsymbol{\beta}_2=\begin{pmatrix}5\\2\\1\end{pmatrix},\ \boldsymbol{\beta}_3=\begin{pmatrix}1\\1\\-6\end{pmatrix}.$$

试求：

（1）由基 $\boldsymbol{\alpha}_1,\boldsymbol{\alpha}_2,\boldsymbol{\alpha}_3$ 到基 $\boldsymbol{\beta}_1,\boldsymbol{\beta}_2,\boldsymbol{\beta}_3$ 的过渡矩阵 $\boldsymbol{C}$；

（2）若向量 $\boldsymbol{\gamma}$ 在基 $\boldsymbol{\beta}_1,\boldsymbol{\beta}_2,\boldsymbol{\beta}_3$ 下的坐标为 $(1,-1,0)^{\mathrm{T}}$，求 $\boldsymbol{\gamma}$ 在

基 $\boldsymbol{\alpha}_1,\boldsymbol{\alpha}_2,\boldsymbol{\alpha}_3$ 下的坐标；

（3）若向量 $\boldsymbol{\delta}$ 在基 $\boldsymbol{\alpha}_1,\boldsymbol{\alpha}_2,\boldsymbol{\alpha}_3$ 下的坐标为 $(1,-1,0)^{\mathrm{T}}$，求 $\boldsymbol{\delta}$ 在基 $\boldsymbol{\beta}_1,\boldsymbol{\beta}_2,\boldsymbol{\beta}_3$ 下的坐标.

解：（1）由于 $(\boldsymbol{\beta}_1,\boldsymbol{\beta}_2,\boldsymbol{\beta}_3)=(\boldsymbol{\alpha}_1,\boldsymbol{\alpha}_2,\boldsymbol{\alpha}_3)\boldsymbol{C}$，故有

$$\begin{pmatrix}3&5&1\\1&2&1\\4&1&-6\end{pmatrix}=\begin{pmatrix}1&2&3\\2&3&7\\1&3&1\end{pmatrix}\boldsymbol{C},$$

$$\boldsymbol{C}=\begin{pmatrix}1&2&3\\2&3&7\\1&3&1\end{pmatrix}^{-1}\begin{pmatrix}3&5&1\\1&2&1\\4&1&-6\end{pmatrix}=\begin{pmatrix}-27&-71&-41\\9&20&9\\4&12&8\end{pmatrix}.$$

（2）由坐标变换公式，$\boldsymbol{\gamma}$ 在基 $\boldsymbol{\alpha}_1,\boldsymbol{\alpha}_2,\boldsymbol{\alpha}_3$ 下的坐标为

$$\boldsymbol{x}=\boldsymbol{C}\boldsymbol{x}'=\begin{pmatrix}-27&-71&-41\\9&20&9\\4&12&8\end{pmatrix}\begin{pmatrix}1\\-1\\0\end{pmatrix}=\begin{pmatrix}44\\-11\\-8\end{pmatrix}.$$

（3）由坐标变换公式，$\boldsymbol{\delta}$ 在基 $\boldsymbol{\beta}_1,\boldsymbol{\beta}_2,\boldsymbol{\beta}_3$ 下的坐标为

$$\boldsymbol{x}'=\boldsymbol{C}^{-1}\boldsymbol{x}=\begin{pmatrix}-27&-71&-41\\9&20&9\\4&12&8\end{pmatrix}^{-1}\begin{pmatrix}1\\-1\\0\end{pmatrix}=\begin{pmatrix}-6\\4\\-3\end{pmatrix}.$$

例 4.22　给定实线性空间

$$\boldsymbol{M}=\left\{\begin{pmatrix}a_{11}&a_{12}\\a_{21}&0\end{pmatrix}\middle|\ a_{ij}\in\mathbb{R}\right\}$$

中的一组基：

$$\boldsymbol{\varepsilon}_1=\begin{pmatrix}1&0\\0&0\end{pmatrix},\ \boldsymbol{\varepsilon}_2=\begin{pmatrix}0&1\\0&0\end{pmatrix},\ \boldsymbol{\varepsilon}_3=\begin{pmatrix}0&0\\1&0\end{pmatrix}.$$

（1）证明：

$$\boldsymbol{\eta}_1=\begin{pmatrix}1&1\\0&0\end{pmatrix},\ \boldsymbol{\eta}_2=\begin{pmatrix}1&0\\1&0\end{pmatrix},\ \boldsymbol{\eta}_3=\begin{pmatrix}0&1\\1&0\end{pmatrix}$$

也是 M 的一组基，并求从基 $\boldsymbol{\varepsilon}_1,\boldsymbol{\varepsilon}_2,\boldsymbol{\varepsilon}_3$ 到基 $\boldsymbol{\eta}_1,\boldsymbol{\eta}_2,\boldsymbol{\eta}_3$ 的过渡矩阵 $\boldsymbol{C}$；

（2）求

$$\boldsymbol{\eta}=\begin{pmatrix}2&-1\\-3&0\end{pmatrix}$$

在两组基下的坐标.

（1）证明：由于

$$\boldsymbol{\eta}_1=\boldsymbol{\varepsilon}_1+\boldsymbol{\varepsilon}_2=(\boldsymbol{\varepsilon}_1,\boldsymbol{\varepsilon}_2,\boldsymbol{\varepsilon}_3)\begin{pmatrix}1\\1\\0\end{pmatrix},$$

$$\boldsymbol{\eta}_2=\boldsymbol{\varepsilon}_1+\boldsymbol{\varepsilon}_3=(\boldsymbol{\varepsilon}_1,\boldsymbol{\varepsilon}_2,\boldsymbol{\varepsilon}_3)\begin{pmatrix}1\\0\\1\end{pmatrix},$$

$$\boldsymbol{\eta}_3=\boldsymbol{\varepsilon}_2+\boldsymbol{\varepsilon}_3=(\boldsymbol{\varepsilon}_1,\boldsymbol{\varepsilon}_2,\boldsymbol{\varepsilon}_3)\begin{pmatrix}0\\1\\1\end{pmatrix},$$

于是 $\boldsymbol{\eta}_1,\boldsymbol{\eta}_2,\boldsymbol{\eta}_3$ 在基 $\boldsymbol{\varepsilon}_1,\boldsymbol{\varepsilon}_2,\boldsymbol{\varepsilon}_3$ 下的坐标分别为

$$\boldsymbol{x}_1=\begin{pmatrix}1\\1\\0\end{pmatrix},\ \boldsymbol{x}_2=\begin{pmatrix}1\\0\\1\end{pmatrix},\ \boldsymbol{x}_3=\begin{pmatrix}0\\1\\1\end{pmatrix}.$$

显然，这三个向量线性无关，从而 $\boldsymbol{\eta}_1,\boldsymbol{\eta}_2,\boldsymbol{\eta}_3$ 线性无关，因而为一组基，由基 $\boldsymbol{\varepsilon}_1,\boldsymbol{\varepsilon}_2,\boldsymbol{\varepsilon}_3$ 到 $\boldsymbol{\eta}_1,\boldsymbol{\eta}_2,\boldsymbol{\eta}_3$ 的过渡矩阵为

$$\boldsymbol{C}=(\boldsymbol{x}_1,\boldsymbol{x}_2,\boldsymbol{x}_3)=\begin{pmatrix}1&1&0\\1&0&1\\0&1&1\end{pmatrix}.$$ □

（2）解：$\boldsymbol{\eta}$ 在基 $\boldsymbol{\varepsilon}_1,\boldsymbol{\varepsilon}_2,\boldsymbol{\varepsilon}_3$ 下的坐标为

$$\boldsymbol{x}=\begin{pmatrix}2\\-1\\-3\end{pmatrix},$$

因而 $\boldsymbol{\eta}$ 在基 $\boldsymbol{\eta}_1,\boldsymbol{\eta}_2,\boldsymbol{\eta}_3$ 下的坐标为

$$\boldsymbol{x}'=\boldsymbol{C}^{-1}\begin{pmatrix}2\\-1\\-3\end{pmatrix}=\begin{pmatrix}2\\0\\-3\end{pmatrix}.$$

例 4.23　在 $\mathbb{R}^4$ 中，

$$\boldsymbol{\alpha}_1=\begin{pmatrix}1\\-1\\2\\0\end{pmatrix},\ \boldsymbol{\alpha}_2=\begin{pmatrix}1\\1\\-1\\1\end{pmatrix},\ \boldsymbol{\alpha}_3=\begin{pmatrix}-1\\1\\2\\1\end{pmatrix},\ \boldsymbol{\alpha}_4=\begin{pmatrix}-1\\0\\-1\\1\end{pmatrix},$$

$$\boldsymbol{\beta}_1=\begin{pmatrix}2\\0\\1\\1\end{pmatrix},\ \boldsymbol{\beta}_2=\begin{pmatrix}0\\2\\1\\2\end{pmatrix},\ \boldsymbol{\beta}_3=\begin{pmatrix}-2\\1\\1\\2\end{pmatrix},\ \boldsymbol{\beta}_4=\begin{pmatrix}1\\1\\3\\2\end{pmatrix}.$$

（1）求基 $\boldsymbol{\alpha}_1,\boldsymbol{\alpha}_2,\boldsymbol{\alpha}_3,\boldsymbol{\alpha}_4$ 到基 $\boldsymbol{\beta}_1,\boldsymbol{\beta}_2,\boldsymbol{\beta}_3,\boldsymbol{\beta}_4$ 的过渡矩阵；

（2）求

$$\boldsymbol{\alpha}=\begin{pmatrix}1\\0\\0\\0\end{pmatrix}$$

在这两组基下的坐标.

解：(1) 由于$(\boldsymbol{\beta}_1,\boldsymbol{\beta}_2,\boldsymbol{\beta}_3,\boldsymbol{\beta}_4)=(\boldsymbol{\alpha}_1,\boldsymbol{\alpha}_2,\boldsymbol{\alpha}_3,\boldsymbol{\alpha}_4)\boldsymbol{C}$，故有

$$\begin{pmatrix}2&0&-2&1\\0&2&1&1\\1&1&1&3\\1&2&2&2\end{pmatrix}=\begin{pmatrix}1&1&-1&-1\\-1&1&1&0\\2&-1&2&-1\\0&1&1&1\end{pmatrix}\boldsymbol{C},$$

$$\boldsymbol{C}=\begin{pmatrix}1&1&-1&-1\\-1&1&1&0\\2&-1&2&-1\\0&1&1&1\end{pmatrix}^{-1}\begin{pmatrix}2&0&-2&1\\0&2&1&1\\1&1&1&3\\1&2&2&2\end{pmatrix}=\begin{pmatrix}1&0&0&1\\1&1&0&1\\0&1&1&1\\0&0&1&0\end{pmatrix},$$

因此，基$\boldsymbol{\alpha}_1,\boldsymbol{\alpha}_2,\boldsymbol{\alpha}_3,\boldsymbol{\alpha}_4$到基$\boldsymbol{\beta}_1,\boldsymbol{\beta}_2,\boldsymbol{\beta}_3,\boldsymbol{\beta}_4$的过渡矩阵为

$$\boldsymbol{C}=\begin{pmatrix}1&0&0&1\\1&1&0&1\\0&1&1&1\\0&0&1&0\end{pmatrix}.$$

(2) 由

$$(\boldsymbol{\alpha}_1,\boldsymbol{\alpha}_2,\boldsymbol{\alpha}_3,\boldsymbol{\alpha}_4,\boldsymbol{\alpha})=\begin{pmatrix}1&1&-1&-1&1\\-1&1&1&0&0\\2&-1&2&-1&0\\0&1&1&1&0\end{pmatrix}$$

$$\xrightarrow{\text{初等行变换}}\begin{pmatrix}1&0&0&0&\frac{3}{13}\\0&1&0&0&\frac{5}{13}\\0&0&1&0&-\frac{2}{13}\\0&0&0&1&-\frac{3}{13}\end{pmatrix}.$$

$$\boldsymbol{C}^{-1}\begin{pmatrix}\frac{3}{13}\\\frac{5}{13}\\-\frac{2}{13}\\-\frac{3}{13}\end{pmatrix}=\begin{pmatrix}\frac{4}{13}\\\frac{2}{13}\\-\frac{3}{13}\\-\frac{1}{13}\end{pmatrix}.$$

故$\boldsymbol{\alpha}$在基$\boldsymbol{\alpha}_1,\boldsymbol{\alpha}_2,\boldsymbol{\alpha}_3,\boldsymbol{\alpha}_4$与$\boldsymbol{\beta}_1,\boldsymbol{\beta}_2,\boldsymbol{\beta}_3,\boldsymbol{\beta}_4$下的坐标分别为

$$\begin{pmatrix} \frac{3}{13} \\ \frac{5}{13} \\ -\frac{2}{13} \\ -\frac{3}{13} \end{pmatrix}, \begin{pmatrix} \frac{4}{13} \\ \frac{2}{13} \\ -\frac{3}{13} \\ -\frac{1}{13} \end{pmatrix}.$$

例 4.24　给定线性空间 $\mathbb{R}[x]_3$ 的两组基：

（Ⅰ）　$f_1(x)=1+x+x^2$，$f_2(x)=x+x^2$，$f_3(x)=x^2$，

（Ⅱ）$g_1(x)=1+x+x^2$，$g_2(x)=2+3x+3x^2$，$g_3(x)=x+2x^2$.

(1) 求基（Ⅰ）到基（Ⅱ）的过渡矩阵；

(2) 如果多项式 $p(x)$ 在基（Ⅰ）下的坐标为 $(1,-1,1)^{\mathrm{T}}$，试求 $p(x)$ 在基（Ⅱ）下的坐标；

(3) 设 $\mathbb{R}[x]_3$ 中多项式 $q(x)=2+3x+4x^2$，试求 $q(x)$ 在基（Ⅰ）和基（Ⅱ）下的坐标.

解：(1) $\mathbb{R}[x]_3$ 的多项式组（Ⅰ）和（Ⅱ）在常用基 $1,x,x^2$ 下的坐标向量分别为

（Ⅰ）$'\boldsymbol{\alpha}_1=(1,1,1)^{\mathrm{T}}$，$\boldsymbol{\alpha}_2=(0,1,1)^{\mathrm{T}}$，$\boldsymbol{\alpha}_3=(0,0,1)^{\mathrm{T}}$，

（Ⅱ）$'\boldsymbol{\beta}_1=(1,1,1)^{\mathrm{T}}$，$\boldsymbol{\beta}_2=(2,3,3)^{\mathrm{T}}$，$\boldsymbol{\beta}_3=(0,1,2)^{\mathrm{T}}$.

因为向量与坐标是同构映射，由此可知，$\mathbb{R}[x]_3$ 的基（Ⅰ）和基（Ⅱ）分别对应于 $\mathbb{R}^3$ 的基(Ⅰ)′和基(Ⅱ)′；基(Ⅱ)和基(Ⅰ)的线性关系对应于 $\mathbb{R}^3$ 中基(Ⅱ)′和基(Ⅰ)′的线性关系. 由基变换公式有

$$(\boldsymbol{\beta}_1,\boldsymbol{\beta}_2,\boldsymbol{\beta}_3)=(\boldsymbol{\alpha}_1,\boldsymbol{\alpha}_2,\boldsymbol{\alpha}_3)\boldsymbol{C},$$

其中 $\boldsymbol{C}$ 是由基（Ⅰ）′到基（Ⅱ）′的过渡矩阵，因而有

$$(g_1(x),g_2(x),g_3(x))=(f_1(x),f_2(x),f_3(x))\boldsymbol{C},$$

即得

$$\boldsymbol{C}=\begin{pmatrix} 1 & 2 & 0 \\ 0 & 1 & 1 \\ 0 & 0 & 1 \end{pmatrix}.$$

同理，$p(x)$ 在基(Ⅱ)下的坐标为 $(5,-2,1)^{\mathrm{T}}$，$q(x)=2+3x+4x^2$ 在基（Ⅰ）和基（Ⅱ）下的坐标分别为 $(2,1,1)^{\mathrm{T}}$ 和 $(2,0,1)^{\mathrm{T}}$，于是得(2)和(3).

4.3　欧氏空间

线性空间理论主要研究向量间的线性关系，但在有关的几何问题的研究中，我们还关心向量的**度量**性质：向量的长度、距离

和夹角等. 我们也可用类比方法把这些几何概念移植到一般的线性空间中来，从而得到一类具有度量性质的线性空间——内积空间. 实数域上的内积空间叫作欧几里得(Euclid)**空间**，简称**欧氏空间**. 本节简要介绍欧氏空间的基本概念和基本性质.

4.3.1 欧氏空间的定义与基本性质

欧氏空间的定义

定义 4.8 设 V 为实数域 $\mathbb{R}$ 上的一个线性空间. 对 V 中的任意一对元素 $\boldsymbol{\alpha}$ 与 $\boldsymbol{\beta}$，都有 $\mathbb{R}$ 中唯一的一个实数与之对应，将此实数记作 $(\boldsymbol{\alpha},\boldsymbol{\beta})$，若此对应关系满足以下条件：

(1) **对称性**：$(\boldsymbol{\alpha},\boldsymbol{\beta})=(\boldsymbol{\beta},\boldsymbol{\alpha}),\ \forall\,\boldsymbol{\alpha},\boldsymbol{\beta}\in V$;

(2) **线性性**：$(k\boldsymbol{\alpha}+l\boldsymbol{\beta},\boldsymbol{\gamma})=k(\boldsymbol{\alpha},\boldsymbol{\gamma})+l(\boldsymbol{\beta},\boldsymbol{\gamma}),\ \forall\,k,l\in\mathbb{R},\ \boldsymbol{\alpha},\boldsymbol{\beta},\boldsymbol{\gamma}\in V$;

(3) **正定性**：$(\boldsymbol{\alpha},\boldsymbol{\alpha})\geqslant 0$ 且 $(\boldsymbol{\alpha},\boldsymbol{\alpha})=0$ 的充分必要条件是 $\boldsymbol{\alpha}=\mathbf{0}$,

则称 $(\boldsymbol{\alpha},\boldsymbol{\beta})$ 为向量 $\boldsymbol{\alpha}$ 与 $\boldsymbol{\beta}$ 的**内积**，定义了内积的实线性空间 V 称之为一个欧几里得**空间**，简称**欧氏空间**.

例 4.25 设 $V=\mathbb{R}^n$ 为实数域 $\mathbb{R}$ 上 n 维向量空间. 对

$$\boldsymbol{\alpha}=\begin{pmatrix}a_1\\a_2\\\vdots\\a_n\end{pmatrix},\ \boldsymbol{\beta}=\begin{pmatrix}b_1\\b_2\\\vdots\\b_n\end{pmatrix},\ \boldsymbol{\alpha},\boldsymbol{\beta}\in\mathbb{R}^n,\tag{4.6}$$

令

$$(\boldsymbol{\alpha},\boldsymbol{\beta})=a_1b_1+a_2b_2+\cdots+a_nb_n$$

为通常意义下的内积，则条件(1)~条件(3)显然满足，因此这是一个欧氏空间.

例 4.26 设 V 为实数域 $\mathbb{R}$ 上全体次数不大于 $n-1$ 的多项式与零多项式关于多项式的加法和纯量乘法组成的线性空间 $\mathbb{R}[x]_n$，定义内积如下：对 $f(x),g(x)\in\mathbb{R}[x]_n$，令

$$(f(x),g(x))=a_0b_0+a_1b_1+\cdots+a_{n-1}b_{n-1},\tag{4.7}$$

此处

$$f(x)=a_0+a_1x+a_2x^2+\cdots+a_{n-1}x^{n-1},$$
$$g(x)=b_0+b_1x+b_2x^2+\cdots+b_{n-1}x^{n-1},$$

则 $\mathbb{R}[x]_n$ 关于这样定义的内积构成一个欧氏空间.

由定义可知，零向量与任意向量的内积都是零，即

$$(\boldsymbol{\alpha},\boldsymbol{0})=(\boldsymbol{0},\boldsymbol{\alpha})=0,\ \boldsymbol{\alpha}\in V.$$

由于对任意向量 $\boldsymbol{\alpha}\in V$,都有 $(\boldsymbol{\alpha},\boldsymbol{\alpha})\geqslant 0$,因此 $\sqrt{(\boldsymbol{\alpha},\boldsymbol{\alpha})}$ 是一个非负实数. 由此引出向量长度的概念.

欧氏空间中向量的长度

定义 4.9　设 V 为欧氏空间,对 V 中任意向量 $\boldsymbol{\alpha}$,令

$$|\boldsymbol{\alpha}|=\sqrt{(\boldsymbol{\alpha},\boldsymbol{\alpha})},\tag{4.8}$$

称 $|\boldsymbol{\alpha}|$ 为向量 $\boldsymbol{\alpha}$ 的**长度**. 若 $|\boldsymbol{\alpha}|=1$，则称 $\boldsymbol{\alpha}$ 为**单位向量**.

另一方面，若 $\boldsymbol{\beta}$ 是 V 中的任一非零向量，令

$$\boldsymbol{\beta}^0=\frac{1}{|\boldsymbol{\beta}|}\boldsymbol{\beta},$$

那么 $\boldsymbol{\beta}^0$ 是单位向量，构造 $\boldsymbol{\beta}^0$ 的方法常称为**向量的单位化**.

关于欧氏空间的长度，有以下定理.

定理 4.2　设 V 为欧氏空间，$\boldsymbol{\alpha},\boldsymbol{\beta}\in V, k\in\mathbb{R}$，则

(1) $|\boldsymbol{\alpha}|\geqslant 0$，且 $|\boldsymbol{\alpha}|=0$ 的充分必要条件是 $\boldsymbol{\alpha}=\boldsymbol{0}$;

(2) $|k\boldsymbol{\alpha}|=|k|\cdot|\boldsymbol{\alpha}|$，$\forall k\in K$，$\boldsymbol{\alpha}\in V$;

(3) [柯西-施瓦茨(Cauchy-Schwarz)不等式] $|(\boldsymbol{\alpha},\boldsymbol{\beta})|\leqslant|\boldsymbol{\alpha}|\cdot|\boldsymbol{\beta}|$，$\forall \boldsymbol{\alpha},\boldsymbol{\beta}\in V$，当且仅当 $\boldsymbol{\alpha}$ 与 $\boldsymbol{\beta}$ 线性相关时，$|(\boldsymbol{\alpha},\boldsymbol{\beta})|=|\boldsymbol{\alpha}|\cdot|\boldsymbol{\beta}|$.

证明：(1)与(2)显然. 今证(3)，若 $\boldsymbol{\alpha}$ 与 $\boldsymbol{\beta}$ 线性相关，则 $\boldsymbol{\alpha}$ 与 $\boldsymbol{\beta}$ 共线，不妨设 $\boldsymbol{\beta}=k\boldsymbol{\alpha}$，于是

$$|(\boldsymbol{\alpha},\boldsymbol{\beta})|=|(\boldsymbol{\alpha},k\boldsymbol{\alpha})|=|k|\cdot|(\boldsymbol{\alpha},\boldsymbol{\alpha})|=|k|\cdot|\boldsymbol{\alpha}|^2=|\boldsymbol{\alpha}|\cdot|\boldsymbol{\beta}|.\tag{4.9}$$

若 $\boldsymbol{\alpha}$ 与 $\boldsymbol{\beta}$ 线性无关，则对任意实数 t 都有 $t\boldsymbol{\alpha}-\boldsymbol{\beta}\neq\boldsymbol{0}$，从而

$$0<(t\boldsymbol{\alpha}-\boldsymbol{\beta},t\boldsymbol{\alpha}-\boldsymbol{\beta})=t^2(\boldsymbol{\alpha},\boldsymbol{\alpha})-2t(\boldsymbol{\alpha},\boldsymbol{\beta})+(\boldsymbol{\beta},\boldsymbol{\beta}),\tag{4.10}$$

这是关于 t 的一个二次三项式，由于对任意实数 t，式(4.10)都大于零，故其判别式

$$(2(\boldsymbol{\alpha},\boldsymbol{\beta}))^2-4(\boldsymbol{\alpha},\boldsymbol{\alpha})\cdot(\boldsymbol{\beta},\boldsymbol{\beta})<0,$$

即得

$$|(\boldsymbol{\alpha},\boldsymbol{\beta})|<|\boldsymbol{\alpha}|\cdot|\boldsymbol{\beta}|,\tag{4.11}$$

从而即得定理. □

由柯西-施瓦茨不等式可得到一系列重要不等式.

例 4.27　设 a_1，a_2，…，a_n 与 b_1，b_2，…，b_n 为 $2n$ 个实数，证明不等式：

$$(a_1b_1+a_2b_2+\cdots+a_nb_n)^2\leqslant(a_1^2+a_2^2+\cdots+a_n^2)\cdot(b_1^2+b_2^2+\cdots+b_n^2).\tag{4.12}$$

证明：在例4.25给出的欧氏空间 $\mathbb{R}^n$ 中，令

$$\boldsymbol{\alpha}=\begin{pmatrix}a_1\\a_2\\\vdots\\a_n\end{pmatrix},\ \boldsymbol{\beta}=\begin{pmatrix}b_1\\b_2\\\vdots\\b_n\end{pmatrix},$$

则

$$(\boldsymbol{\alpha},\boldsymbol{\beta})=a_1b_1+a_2b_2+\cdots+a_nb_n,$$
$$|\boldsymbol{\alpha}|=\sqrt{a_1^2+a_2^2+\cdots+a_n^2},$$
$$|\boldsymbol{\beta}|=\sqrt{b_1^2+b_2^2+\cdots+b_n^2}.$$

由柯西-施瓦茨不等式得

$$(\boldsymbol{\alpha},\boldsymbol{\beta})^2\leqslant|\boldsymbol{\alpha}|^2\cdot|\boldsymbol{\beta}|^2,$$

即

$$(a_1b_1+a_2b_2+\cdots+a_nb_n)^2\leqslant(a_1^2+a_2^2+\cdots+a_n^2)\cdot(b_1^2+b_2^2+\cdots+b_n^2).$$

□

例4.28 令 V 为闭区间 $[a,b]$ 上全体连续函数的集合 $C[a,b]$. 则 $C[a,b]$ 对函数加法和数与函数的乘法构成实数域 $\mathbb{R}$ 上的一个线性空间. 对 $C[a,b]$ 中的任意连续函数 $f(x)$ 与 $g(x)$，令

$$(f(x),g(x))=\int_a^b f(x)g(x)\,\mathrm{d}x,$$

称 $(f(x),g(x))$ 为 $f(x)$ 与 $g(x)$ 的内积. 则 $C[a,b]$ 关于这样定义的内积具有对称性、线性性和正定性，因此构成一个欧氏空间. 在这个欧氏空间中，柯西-施瓦茨不等式可表示为

$$\left(\int_a^b f(x)g(x)\,\mathrm{d}x\right)^2\leqslant\int_a^b f^2(x)\,\mathrm{d}x\cdot\int_a^b g^2(x)\,\mathrm{d}x. \tag{4.13}$$

由柯西-施瓦茨不等式，我们可以把平面与空间解析几何中关于两个向量的夹角的概念推广到任意欧氏空间.

定义4.10 设 V 为欧氏空间，$\boldsymbol{\alpha}$，$\boldsymbol{\beta}$ 为 V 中的非零向量. 令

$$\langle\boldsymbol{\alpha},\boldsymbol{\beta}\rangle=\arccos\frac{(\boldsymbol{\alpha},\boldsymbol{\beta})}{|\boldsymbol{\alpha}|\cdot|\boldsymbol{\beta}|}, \tag{4.14}$$

则称 $\langle\boldsymbol{\alpha},\boldsymbol{\beta}\rangle$ 为向量 $\boldsymbol{\alpha}$ 与 $\boldsymbol{\beta}$ 的**夹角**. 特别地，当 $(\boldsymbol{\alpha},\boldsymbol{\beta})=0$ 时称 $\boldsymbol{\alpha}$ 与 $\boldsymbol{\beta}$ **正交**，记作 $\boldsymbol{\alpha}\perp\boldsymbol{\beta}$.

零向量 $\mathbf{0}$ 可看作与 V 中任意向量都正交.

定义4.11 设 $\boldsymbol{\alpha}_1,\boldsymbol{\alpha}_2,\cdots,\boldsymbol{\alpha}_s$ 为欧氏空间 V 中一组非零向量. 若对任意 $1\leqslant i$，$j\leqslant s$，当 $i\neq j$ 时都有 $\boldsymbol{\alpha}_i\perp\boldsymbol{\alpha}_j$，则称向量组 $\boldsymbol{\alpha}_1,\boldsymbol{\alpha}_2,\cdots,\boldsymbol{\alpha}_s$ 为一个**正交向量组**.

例 4.29　设 $\boldsymbol{\alpha}_1,\boldsymbol{\alpha}_2$ 是 $\mathbb{R}^n$ 中的非零向量，

$$\boldsymbol{\beta}=\boldsymbol{\alpha}_2-\frac{(\boldsymbol{\alpha}_2,\boldsymbol{\alpha}_1)}{(\boldsymbol{\alpha}_1,\boldsymbol{\alpha}_1)}\boldsymbol{\alpha}_1,$$

证明：向量 $\boldsymbol{\alpha}_1$ 和 $\boldsymbol{\beta}$ 正交.

证明：因为

$$\begin{aligned}(\boldsymbol{\beta},\boldsymbol{\alpha}_1)&=\left(\boldsymbol{\alpha}_2-\frac{(\boldsymbol{\alpha}_2,\boldsymbol{\alpha}_1)}{(\boldsymbol{\alpha}_1,\boldsymbol{\alpha}_1)}\boldsymbol{\alpha}_1,\boldsymbol{\alpha}_1\right)\\&=(\boldsymbol{\alpha}_2,\boldsymbol{\alpha}_1)-\frac{(\boldsymbol{\alpha}_2,\boldsymbol{\alpha}_1)}{(\boldsymbol{\alpha}_1,\boldsymbol{\alpha}_1)}(\boldsymbol{\alpha}_1,\boldsymbol{\alpha}_1)\\&=0,\end{aligned}$$

所以 $\boldsymbol{\alpha}_1$ 与 $\boldsymbol{\beta}$ 正交. □

北斗：想象无限

我们还可以在欧氏空间中引进距离的概念.

定义 4.12　设 V 为欧氏空间，对 $\boldsymbol{\alpha},\boldsymbol{\beta}\in V$，令

$$d(\boldsymbol{\alpha},\boldsymbol{\beta})=|\boldsymbol{\alpha}-\boldsymbol{\beta}|,\tag{4.15}$$

称 $d(\boldsymbol{\alpha},\boldsymbol{\beta})$ 为向量 $\boldsymbol{\alpha}$ 与 $\boldsymbol{\beta}$ 的**距离**，即向量 $\boldsymbol{\alpha}$ 与 $\boldsymbol{\beta}$ 的距离等于向量 $\boldsymbol{\alpha}-\boldsymbol{\beta}$ 的长度.

4.3.2　标准正交基

标准正交基

设 V 为 n 维欧氏空间，$\boldsymbol{\varepsilon}_1,\boldsymbol{\varepsilon}_2,\cdots,\boldsymbol{\varepsilon}_n$ 是 V 的一组基. 设 $\boldsymbol{\alpha},\boldsymbol{\beta}\in V$，其中

$$\boldsymbol{\alpha}=a_1\boldsymbol{\varepsilon}_1+a_2\boldsymbol{\varepsilon}_2+\cdots+a_n\boldsymbol{\varepsilon}_n=(\boldsymbol{\varepsilon}_1,\boldsymbol{\varepsilon}_2,\cdots,\boldsymbol{\varepsilon}_n)\begin{pmatrix}a_1\\a_2\\\vdots\\a_n\end{pmatrix},\tag{4.16}$$

$$\boldsymbol{\beta}=b_1\boldsymbol{\varepsilon}_1+b_2\boldsymbol{\varepsilon}_2+\cdots+b_n\boldsymbol{\varepsilon}_n=(\boldsymbol{\varepsilon}_1,\boldsymbol{\varepsilon}_2,\cdots,\boldsymbol{\varepsilon}_n)\begin{pmatrix}b_1\\b_2\\\vdots\\b_n\end{pmatrix},\tag{4.17}$$

我们要求 $\boldsymbol{\alpha}$ 与 $\boldsymbol{\beta}$ 的内积 $(\boldsymbol{\alpha},\boldsymbol{\beta})$，由式(4.16)与式(4.17)以及内积的性质得

$$\begin{aligned}(\boldsymbol{\alpha},\boldsymbol{\beta})&=(a_1\boldsymbol{\varepsilon}_1+a_2\boldsymbol{\varepsilon}_2+\cdots+a_n\boldsymbol{\varepsilon}_n,b_1\boldsymbol{\varepsilon}_1+b_2\boldsymbol{\varepsilon}_2+\cdots+b_n\boldsymbol{\varepsilon}_n)\\&=\sum_{i=1}^{n}\sum_{j=1}^{n}a_ib_j(\boldsymbol{\varepsilon}_i,\boldsymbol{\varepsilon}_j)&(4.18)\\&=(a_1,a_2,\cdots,a_n)\boldsymbol{A}\begin{pmatrix}b_1\\b_2\\\vdots\\b_n\end{pmatrix},&(4.19)\end{aligned}$$

此处

$$A=\begin{pmatrix}(\boldsymbol{\varepsilon}_1,\boldsymbol{\varepsilon}_1) & (\boldsymbol{\varepsilon}_1,\boldsymbol{\varepsilon}_2) & \cdots & (\boldsymbol{\varepsilon}_1,\boldsymbol{\varepsilon}_n)\\ (\boldsymbol{\varepsilon}_2,\boldsymbol{\varepsilon}_1) & (\boldsymbol{\varepsilon}_2,\boldsymbol{\varepsilon}_2) & \cdots & (\boldsymbol{\varepsilon}_2,\boldsymbol{\varepsilon}_n)\\ \vdots & \vdots & & \vdots\\ (\boldsymbol{\varepsilon}_n,\boldsymbol{\varepsilon}_1) & (\boldsymbol{\varepsilon}_n,\boldsymbol{\varepsilon}_2) & \cdots & (\boldsymbol{\varepsilon}_n,\boldsymbol{\varepsilon}_n)\end{pmatrix}. \tag{4.20}$$

矩阵 $\boldsymbol{A}$ 叫作基 $\boldsymbol{\varepsilon}_1,\boldsymbol{\varepsilon}_2,\cdots,\boldsymbol{\varepsilon}_n$ 的**度量矩阵**.

由此可知，若知道了基 $\boldsymbol{\varepsilon}_1,\boldsymbol{\varepsilon}_2,\cdots,\boldsymbol{\varepsilon}_n$ 的度量矩阵 $\boldsymbol{A}$，则向量 $\boldsymbol{\alpha}$ 与 $\boldsymbol{\beta}$ 的内积可以通过坐标按式(4.18)或式(4.19)来进行计算. 显然，度量矩阵越简单，计算内积越方便. 那么，什么样的基其度量矩阵最简单呢？为此我们先有如下结果.

命题 4.3　设 $\boldsymbol{\alpha}_1,\boldsymbol{\alpha}_2,\cdots,\boldsymbol{\alpha}_s$ 为欧氏空间 V 中的一个正交向量组，则 $\boldsymbol{\alpha}_1,\boldsymbol{\alpha}_2,\cdots,\boldsymbol{\alpha}_s$ 线性无关.

证明：考虑方程组

$$x_1\boldsymbol{\alpha}_1+x_2\boldsymbol{\alpha}_2+\cdots+x_s\boldsymbol{\alpha}_s=\boldsymbol{0}, \tag{4.21}$$

用某个 $\boldsymbol{\alpha}_i$，$1\leqslant i\leqslant s$ 在式(4.21)两边取内积并考虑正交性，可得

$$x_i(\boldsymbol{\alpha}_i,\boldsymbol{\alpha}_i)=0,$$

又因为$(\boldsymbol{\alpha}_i,\ \boldsymbol{\alpha}_i)\neq 0$，所以 $\boldsymbol{x}_i=0$，$i=1,\ 2,\ \cdots,\ s$.

故 $\boldsymbol{\alpha}_1,\boldsymbol{\alpha}_2,\cdots,\boldsymbol{\alpha}_s$ 线性无关.

定义 4.13　设 $\boldsymbol{\varepsilon}_1,\boldsymbol{\varepsilon}_2,\cdots,\boldsymbol{\varepsilon}_n$ 为 n 维欧氏空间 V 的一个正交向量组. 因此是 V 的一组基，称为 V 的一组**正交基**. 若正交基中每一个向量都是单位向量，则称此正交基为**标准正交基**.

例如，

$$\boldsymbol{\varepsilon}_1=\begin{pmatrix}1\\0\\0\end{pmatrix},\ \boldsymbol{\varepsilon}_2=\begin{pmatrix}0\\1\\0\end{pmatrix},\ \boldsymbol{\varepsilon}_3=\begin{pmatrix}0\\0\\1\end{pmatrix},$$

与

$$\boldsymbol{\alpha}_1=\begin{pmatrix}1\\0\\-1\end{pmatrix},\ \boldsymbol{\alpha}_2=\begin{pmatrix}1\\1\\1\end{pmatrix},\ \boldsymbol{\alpha}_3=\begin{pmatrix}1\\2\\1\end{pmatrix}$$

分别都是 $\mathbb{R}^3$ 的基，且 $\boldsymbol{\varepsilon}_1,\boldsymbol{\varepsilon}_2,\boldsymbol{\varepsilon}_3$ 是标准正交基. 但 $\boldsymbol{\alpha}_1,\boldsymbol{\alpha}_2,\boldsymbol{\alpha}_3$ 不是标准正交基. 所以欧氏空间中标准正交基是存在的.

若 $\boldsymbol{\varepsilon}_1,\boldsymbol{\varepsilon}_2,\cdots,\boldsymbol{\varepsilon}_n$ 为一组正交基，则由于当 $i\neq j$ 时都有$(\boldsymbol{\varepsilon}_i,\boldsymbol{\varepsilon}_j)=0$，因此其度量矩阵 $\boldsymbol{A}$ 为对角阵. 若 $\boldsymbol{\varepsilon}_1,\boldsymbol{\varepsilon}_2,\cdots,\boldsymbol{\varepsilon}_n$ 为标准正交基，则其度量矩阵为单位矩阵 $\boldsymbol{E}$，因此用标准正交基来计算向量的内

积变得十分方便.

设 $\boldsymbol{\varepsilon}_1,\boldsymbol{\varepsilon}_2,\cdots,\boldsymbol{\varepsilon}_n$ 为标准正交基,

$$\boldsymbol{\alpha}=a_1\boldsymbol{\varepsilon}_1+a_2\boldsymbol{\varepsilon}_2+\cdots+a_n\boldsymbol{\varepsilon}_n,$$

$$\boldsymbol{\beta}=b_1\boldsymbol{\varepsilon}_1+b_2\boldsymbol{\varepsilon}_2+\cdots+b_n\boldsymbol{\varepsilon}_n,$$

则 $\boldsymbol{\alpha}$ 与 $\boldsymbol{\beta}$ 的内积为

$$(\boldsymbol{\alpha},\boldsymbol{\beta})=a_1b_1+a_2b_2+\cdots+a_nb_n.$$

欧氏空间中标准正交基的概念可以看作平面和空间解析几何中直角坐标系概念的推广. 由上面的分析可知, 在研究欧氏空间中有关问题时, 标准正交基用起来特别方便. 在任意一个 n 维欧氏空间中, 可以从一个线性无关的向量组构造出一个与之等价的正交向量组. 从而, 可以从任意一组基出发构造出一组标准正交基.

4.3.3 施密特正交化方法

向量组的正交化与单位化

设 $\boldsymbol{\alpha}_1,\boldsymbol{\alpha}_2,\cdots,\boldsymbol{\alpha}_s$ 是线性无关的向量组($s\geqslant 2$).

(1) 正交化, 令

$$\boldsymbol{\beta}_1=\boldsymbol{\alpha}_1,$$

$$\boldsymbol{\beta}_2=\boldsymbol{\alpha}_2-\frac{(\boldsymbol{\alpha}_2,\boldsymbol{\beta}_1)}{(\boldsymbol{\beta}_1,\boldsymbol{\beta}_1)}\boldsymbol{\beta}_1,$$

$$\boldsymbol{\beta}_3=\boldsymbol{\alpha}_3-\frac{(\boldsymbol{\alpha}_3,\boldsymbol{\beta}_1)}{(\boldsymbol{\beta}_1,\boldsymbol{\beta}_1)}\boldsymbol{\beta}_1-\frac{(\boldsymbol{\alpha}_3,\boldsymbol{\beta}_2)}{(\boldsymbol{\beta}_2,\boldsymbol{\beta}_2)}\boldsymbol{\beta}_2$$

$$\vdots$$

$$\boldsymbol{\beta}_s=\boldsymbol{\alpha}_s-\frac{(\boldsymbol{\alpha}_s,\boldsymbol{\beta}_1)}{(\boldsymbol{\beta}_1,\boldsymbol{\beta}_1)}\boldsymbol{\beta}_1-\cdots-\frac{(\boldsymbol{\alpha}_s,\boldsymbol{\beta}_{s-1})}{(\boldsymbol{\beta}_{s-1},\boldsymbol{\beta}_{s-1})}\boldsymbol{\beta}_{s-1}.$$

则 $\boldsymbol{\beta}_1$, $\boldsymbol{\beta}_2$, $\cdots$, $\boldsymbol{\beta}_s$ 是正交向量组.

(2) 单位化, 令

$$\boldsymbol{\eta}_i=\frac{1}{|\boldsymbol{\beta}_i|}\boldsymbol{\beta}_i\ (i=1,2,\cdots,s),$$

则 $\boldsymbol{\eta}_1,\boldsymbol{\eta}_2,\cdots,\boldsymbol{\eta}_s$ 为标准正交向量组.

其中 $\boldsymbol{\beta}_1,\boldsymbol{\beta}_2,\cdots,\boldsymbol{\beta}_s$ 是正交向量组可以直接验证. $\boldsymbol{\eta}_1,\boldsymbol{\eta}_2,\cdots,\boldsymbol{\eta}_s$ 与 $\boldsymbol{\beta}_1,\boldsymbol{\beta}_2,\cdots,\boldsymbol{\beta}_s$ 是等价向量组, 而 $\boldsymbol{\beta}_1,\boldsymbol{\beta}_2,\cdots,\boldsymbol{\beta}_s$ 与 $\boldsymbol{\alpha}_1,\boldsymbol{\alpha}_2,\cdots,\boldsymbol{\alpha}_s$ 的等价性, 可对向量的个数 s 用数学归纳法得出. 由向量组等价的传递性可得线性无关的向量组 $\boldsymbol{\alpha}_1,\boldsymbol{\alpha}_2,\cdots,\boldsymbol{\alpha}_s$ 与标准正交向量组 $\boldsymbol{\eta}_1,\boldsymbol{\eta}_2,\cdots,\boldsymbol{\eta}_s$ 等价.

如果 $\boldsymbol{\alpha}_1,\boldsymbol{\alpha}_2,\cdots,\boldsymbol{\alpha}_n$ 是 n 维欧氏空间的一组基, 则按照上面的施密特正交化方法就得到了一组标准正交基 $\boldsymbol{\eta}_1,\boldsymbol{\eta}_2,\cdots,\boldsymbol{\eta}_n$, 由于这两个向量组等价, 因此由它们生成的空间是相同的, 即

$$L(\boldsymbol{\alpha}_1,\boldsymbol{\alpha}_2,\cdots,\boldsymbol{\alpha}_n)=L(\boldsymbol{\eta}_1,\boldsymbol{\eta}_2,\cdots,\boldsymbol{\eta}_n).$$

例 4.30　设 $\mathbb{R}^4$ 中线性无关的向量组

$$\boldsymbol{\alpha}_1=\begin{pmatrix}1\\1\\1\\1\end{pmatrix},\ \boldsymbol{\alpha}_2=\begin{pmatrix}3\\3\\-1\\-1\end{pmatrix},\ \boldsymbol{\alpha}_3=\begin{pmatrix}-2\\0\\6\\8\end{pmatrix}.$$

试将 $\boldsymbol{\alpha}_1,\boldsymbol{\alpha}_2,\boldsymbol{\alpha}_3$ 标准正交化.

解：先正交化，令

$$\boldsymbol{\beta}_1=\boldsymbol{\alpha}_1=\begin{pmatrix}1\\1\\1\\1\end{pmatrix},$$

$$\boldsymbol{\beta}_2=\boldsymbol{\alpha}_2-\frac{(\boldsymbol{\alpha}_2,\boldsymbol{\beta}_1)}{(\boldsymbol{\beta}_1,\boldsymbol{\beta}_1)}\boldsymbol{\beta}_1=\begin{pmatrix}3\\3\\-1\\-1\end{pmatrix}-\frac{4}{4}\begin{pmatrix}1\\1\\1\\1\end{pmatrix}=\begin{pmatrix}2\\2\\-2\\-2\end{pmatrix},$$

$$\begin{aligned}\boldsymbol{\beta}_3&=\boldsymbol{\alpha}_3-\frac{(\boldsymbol{\alpha}_3,\boldsymbol{\beta}_1)}{(\boldsymbol{\beta}_1,\boldsymbol{\beta}_1)}\boldsymbol{\beta}_1-\frac{(\boldsymbol{\alpha}_3,\boldsymbol{\beta}_2)}{(\boldsymbol{\beta}_2,\boldsymbol{\beta}_2)}\boldsymbol{\beta}_2\\&=\begin{pmatrix}-2\\0\\6\\8\end{pmatrix}-\frac{12}{4}\begin{pmatrix}1\\1\\1\\1\end{pmatrix}-\frac{-32}{16}\begin{pmatrix}2\\2\\-2\\-2\end{pmatrix}=\begin{pmatrix}-1\\1\\-1\\1\end{pmatrix}.\end{aligned}$$

然后单位化，令

$$\boldsymbol{\eta}_1=\frac{\boldsymbol{\beta}_1}{|\boldsymbol{\beta}_1|}=\frac{1}{2}\begin{pmatrix}1\\1\\1\\1\end{pmatrix},\ \boldsymbol{\eta}_2=\frac{\boldsymbol{\beta}_2}{|\boldsymbol{\beta}_2|}=\frac{1}{2}\begin{pmatrix}1\\1\\-1\\-1\end{pmatrix},\ \boldsymbol{\eta}_3=\frac{\boldsymbol{\beta}_3}{|\boldsymbol{\beta}_3|}=\frac{1}{2}\begin{pmatrix}-1\\1\\-1\\1\end{pmatrix}.$$

则 $\boldsymbol{\eta}_1,\boldsymbol{\eta}_2,\boldsymbol{\eta}_3$ 是与 $\boldsymbol{\alpha}_1,\boldsymbol{\alpha}_2,\boldsymbol{\alpha}_3$ 等价的标准正交向量组.

例 4.31　试求齐次线性方程组

$$\begin{cases}x_1+\ x_2+x_3+\ x_4=0,\\x_1+2x_2-x_3+3x_4=0,\\2x_1+3x_2\qquad+4x_4=0\end{cases}$$

的解空间的一个标准正交基.

解：齐次线性方程组有非零解时，其基础解系是方程组的解空间的基，与其等价的标准正交向量组是方程组的解空间的标准正交基.

求解此线性方程组，由

$$\overline{A}=\begin{pmatrix}1&1&1&1\\1&2&-1&3\\2&3&0&4\end{pmatrix}\longrightarrow\begin{pmatrix}1&0&3&-1\\0&1&-2&2\\0&0&0&0\end{pmatrix}$$

知，方程组的解为

$$\begin{cases}x_1 = -3x_3+x_4,\\ x_2 = 2x_3-2x_4,\\ x_3 = x_3,\\ x_4 = x_4,\end{cases}$$

其中 x_3，x_4 为任意实常数．由此可得基础解系

$$\boldsymbol{\alpha}_1=\begin{pmatrix}-3\\2\\1\\0\end{pmatrix},\ \boldsymbol{\alpha}_2=\begin{pmatrix}1\\-2\\0\\1\end{pmatrix},$$

利用施密特正交化方法得标准正交向量组

$$\boldsymbol{\eta}_1=\frac{1}{\sqrt{14}}\begin{pmatrix}-3\\2\\1\\0\end{pmatrix},\ \boldsymbol{\eta}_2=\frac{1}{\sqrt{10}}\begin{pmatrix}-1\\-2\\1\\2\end{pmatrix},$$

则 $\boldsymbol{\eta}_1,\boldsymbol{\eta}_2$ 是方程组的解空间的标准正交基.

4.3.4　正交矩阵

正交矩阵定义和性质

下面利用正交向量组引出正交矩阵的概念.

定义 4.14　设 $\boldsymbol{A}$ 为 n 阶实矩阵，若 $\boldsymbol{A}$ 的列向量组是标准正交向量组．即若记

$$\boldsymbol{A}=(\boldsymbol{\alpha}_1,\boldsymbol{\alpha}_2,\cdots,\boldsymbol{\alpha}_n),$$

$\boldsymbol{A}$ 的列向量组 $\boldsymbol{\alpha}_1,\boldsymbol{\alpha}_2,\cdots,\boldsymbol{\alpha}_n$ 满足

$$(\boldsymbol{\alpha}_i,\boldsymbol{\alpha}_j)=\begin{cases}0, i\neq j\\1, i=j\end{cases}\quad(i,j=1,2,\cdots,n),$$

则称 $\boldsymbol{A}$ 为**正交矩阵**.

定理 4.3　n 阶实矩阵 $\boldsymbol{A}$ 为正交矩阵的充分必要条件为 $\boldsymbol{A}^{\mathrm{T}}\boldsymbol{A}=\boldsymbol{E}$.

证明：设 $\boldsymbol{A}$ 的列向量组为 $\boldsymbol{\alpha}_1,\boldsymbol{\alpha}_2,\cdots,\boldsymbol{\alpha}_n$，即

$$\boldsymbol{A}=(\boldsymbol{\alpha}_1,\boldsymbol{\alpha}_2,\cdots,\boldsymbol{\alpha}_n),$$

则

$$A^{\mathrm{T}}A=\begin{pmatrix}\boldsymbol{\alpha}_1^{\mathrm{T}}\\ \boldsymbol{\alpha}_2^{\mathrm{T}}\\ \vdots\\ \boldsymbol{\alpha}_n^{\mathrm{T}}\end{pmatrix}(\boldsymbol{\alpha}_1,\boldsymbol{\alpha}_2,\cdots,\boldsymbol{\alpha}_n)$$

$$=\begin{pmatrix}\boldsymbol{\alpha}_1^{\mathrm{T}}\boldsymbol{\alpha}_1 & \boldsymbol{\alpha}_1^{\mathrm{T}}\boldsymbol{\alpha}_2 & \cdots & \boldsymbol{\alpha}_1^{\mathrm{T}}\boldsymbol{\alpha}_n\\ \boldsymbol{\alpha}_2^{\mathrm{T}}\boldsymbol{\alpha}_1 & \boldsymbol{\alpha}_2^{\mathrm{T}}\boldsymbol{\alpha}_2 & \cdots & \boldsymbol{\alpha}_2^{\mathrm{T}}\boldsymbol{\alpha}_n\\ \vdots & \vdots & & \vdots\\ \boldsymbol{\alpha}_n^{\mathrm{T}}\boldsymbol{\alpha}_1 & \boldsymbol{\alpha}_n^{\mathrm{T}}\boldsymbol{\alpha}_2 & \cdots & \boldsymbol{\alpha}_n^{\mathrm{T}}\boldsymbol{\alpha}_n\end{pmatrix}$$

$$=\begin{pmatrix}(\boldsymbol{\alpha}_1,\boldsymbol{\alpha}_1) & (\boldsymbol{\alpha}_1,\boldsymbol{\alpha}_2) & \cdots & (\boldsymbol{\alpha}_1,\boldsymbol{\alpha}_n)\\ (\boldsymbol{\alpha}_2,\boldsymbol{\alpha}_1) & (\boldsymbol{\alpha}_2,\boldsymbol{\alpha}_2) & \cdots & (\boldsymbol{\alpha}_2,\boldsymbol{\alpha}_n)\\ \vdots & \vdots & & \vdots\\ (\boldsymbol{\alpha}_n,\boldsymbol{\alpha}_1) & (\boldsymbol{\alpha}_n,\boldsymbol{\alpha}_2) & \cdots & (\boldsymbol{\alpha}_n,\boldsymbol{\alpha}_n)\end{pmatrix},$$

因此

$$(\boldsymbol{\alpha}_i,\boldsymbol{\alpha}_j)=\begin{cases}0, & i\neq j\\ 1, & i=j\end{cases},\quad (i,j=1,2,\cdots,n)$$

的充要条件是 $\boldsymbol{A}^{\mathrm{T}}\boldsymbol{A}=\boldsymbol{E}$. □

例 4.32　判别下列矩阵是否正交矩阵：

$$\boldsymbol{A}=\begin{pmatrix}1 & -1\\ 1 & 1\end{pmatrix},\ \boldsymbol{B}=\begin{pmatrix}\frac{\sqrt{2}}{2} & \frac{\sqrt{2}}{2}\\ \frac{\sqrt{2}}{2} & \frac{\sqrt{2}}{2}\end{pmatrix},\ \boldsymbol{C}=\begin{pmatrix}-\frac{\sqrt{2}}{2} & \frac{\sqrt{2}}{2}\\ \frac{\sqrt{2}}{2} & \frac{\sqrt{2}}{2}\end{pmatrix}.$$

解：因为 $\boldsymbol{A}$ 的列向量组正交但不是单位向量，$\boldsymbol{B}$ 的列向量组是单位向量但不正交，所以 $\boldsymbol{A}$ 和 $\boldsymbol{B}$ 都不是正交矩阵. 矩阵 $\boldsymbol{C}$ 的列向量组是正交的单位向量，即标准正交向量组. 因此，$\boldsymbol{C}$ 是正交矩阵.

例 4.33　设 $\boldsymbol{\alpha}$ 为 n 维单位实列向量，矩阵 $\boldsymbol{A}=\boldsymbol{E}+x\boldsymbol{\alpha}\boldsymbol{\alpha}^{\mathrm{T}}$，其中 $x\neq0$ 为实数. 试求 x，使 $\boldsymbol{A}$ 为正交矩阵.

解：因为$(\boldsymbol{\alpha},\ \boldsymbol{\alpha})=\boldsymbol{\alpha}^{\mathrm{T}}\boldsymbol{\alpha}=|\boldsymbol{\alpha}|^2\neq0$，又

$$\boldsymbol{A}^{\mathrm{T}}=(\boldsymbol{E}+x\boldsymbol{\alpha}\boldsymbol{\alpha}^{\mathrm{T}})^{\mathrm{T}}=\boldsymbol{E}^{\mathrm{T}}+(x\boldsymbol{\alpha}\boldsymbol{\alpha}^{\mathrm{T}})^{\mathrm{T}}=\boldsymbol{E}+x\boldsymbol{\alpha}\boldsymbol{\alpha}^{\mathrm{T}}=\boldsymbol{A},$$

所以

$$\begin{aligned}\boldsymbol{A}^{\mathrm{T}}\boldsymbol{A}&=(\boldsymbol{E}+x\boldsymbol{\alpha}\boldsymbol{\alpha}^{\mathrm{T}})(\boldsymbol{E}+x\boldsymbol{\alpha}\boldsymbol{\alpha}^{\mathrm{T}})\\ &=\boldsymbol{E}+2x\boldsymbol{\alpha}\boldsymbol{\alpha}^{\mathrm{T}}+x^2\boldsymbol{\alpha}(\boldsymbol{\alpha}^{\mathrm{T}}\boldsymbol{\alpha})\boldsymbol{\alpha}^{\mathrm{T}}\\ &=\boldsymbol{E}+(2x+x^2)\boldsymbol{\alpha}\boldsymbol{\alpha}^{\mathrm{T}}.\end{aligned}$$

由 $x\neq0$ 知，当 $x=-2$ 时，有 $\boldsymbol{A}^{\mathrm{T}}\boldsymbol{A}=\boldsymbol{E}$，即 $\boldsymbol{A}$ 为正交矩阵.

由定理 4.3，不难得到正交矩阵的如下性质.

性质 4.2 正交矩阵有下列性质：

(1) 若 $\boldsymbol{A}$ 为正交矩阵，则 $|\boldsymbol{A}| = \pm 1$；

(2) 实矩阵 $\boldsymbol{A}$ 为正交矩阵的充要条件为 $\boldsymbol{A}^{-1} = \boldsymbol{A}^{\mathrm{T}}$；

(3) 若矩阵 $\boldsymbol{A}$ 为正交矩阵，则 $\boldsymbol{A}^{-1}$ 和 $\boldsymbol{A}^*$ 也是正交矩阵；

(4) 若 n 阶矩阵 $\boldsymbol{A}$ 和 $\boldsymbol{B}$ 都是正交矩阵，则乘积 $\boldsymbol{AB}$ 也是正交矩阵.

这些性质的证明留给有兴趣的读者.

例 4.34 设 $\boldsymbol{A} = (a_{ij})_{3\times 3}$ 为非零实矩阵，且 $a_{ij} = A_{ij}$，其中 A_{ij} 是 $\boldsymbol{A}$ 中元素 a_{ij} 的代数余子式. 证明：$\boldsymbol{A}$ 为正交矩阵.

证明：由 $\boldsymbol{A} = (a_{ij})_{3\times 3} = (A_{ij})_{3\times 3}$ 知 $\boldsymbol{A}^{\mathrm{T}} = \boldsymbol{A}^*$. 因此

$$|\boldsymbol{A}| = |\boldsymbol{A}^{\mathrm{T}}| = |\boldsymbol{A}^*| = |\boldsymbol{A}|^2,$$

即 $|\boldsymbol{A}|$ 的可能取值为 0 或 1.

又 $\boldsymbol{A} \neq \boldsymbol{O}$，则至少有某个 $a_{ij} \neq 0$，$1 \leqslant i, j \leqslant 3$，则

$$\begin{aligned}|\boldsymbol{A}| &= a_{i1}A_{i1} + a_{i2}A_{i2} + a_{i3}A_{i3} \\ &= a_{i1}^2 + a_{i2}^2 + a_{i3}^2 > 0,\end{aligned}$$

故 $|\boldsymbol{A}| = 1$，而 $\boldsymbol{A}^{-1} = \dfrac{1}{|\boldsymbol{A}|}\boldsymbol{A}^* = \boldsymbol{A}^* = \boldsymbol{A}^{\mathrm{T}}$，所以 $\boldsymbol{A}$ 为正交矩阵. □

4.4 线性变换

线性变换是线性空间映到自身的一种映射，它的特点是保持了向量的加法和纯量乘法这两种运算不变. 本节介绍线性变换的概念及简单性质.

4.4.1 线性变换的概念与运算

定义 4.15 设 V 是数域 F 上的线性空间，若 $\mathscr{A}$ 是线性空间 V 到自身的一个映射，即对 $\forall \alpha \in V$，有唯一的向量 $\boldsymbol{\beta} \in V$ 与 $\boldsymbol{\alpha}$ 对应，则称 $\mathscr{A}$ 为 V 的一个**变换**. 进而，若变换 $\mathscr{A}$ 满足：

(1) $\mathscr{A}(\boldsymbol{\alpha} + \boldsymbol{\beta}) = \mathscr{A}(\boldsymbol{\alpha}) + \mathscr{A}(\boldsymbol{\beta})$；

(2) $\mathscr{A}(k\boldsymbol{\alpha}) = k\mathscr{A}(\boldsymbol{\alpha})$，$\forall k \in K$，

则称 $\mathscr{A}$ 为线性空间 V 的一个**线性变换**. 称 $\boldsymbol{\beta}$ 为 $\boldsymbol{\alpha}$ 在线性变换 $\mathscr{A}$ 下的像，记作 $\boldsymbol{\beta} = \mathscr{A}\boldsymbol{\alpha}$ 或 $\boldsymbol{\beta} = \mathscr{A}(\boldsymbol{\alpha})$.

例 4.35 设 V 是数域 F 上的线性空间，k 是数域 F 中的一个固

定的常数，定义 V 的变换 $\mathscr{A}$:

$$\mathscr{A}(\boldsymbol{\alpha})=k\boldsymbol{\alpha}, \forall \boldsymbol{\alpha}\in V,$$

则容易验证 $\mathscr{A}$ 为线性变换，称为**数乘变换**.

特别地，当 $k=1$ 时，称此变换为**恒等变换**，可记为 $\mathscr{A}=\mathrm{id}_V$；当 $k=0$ 时，称此变换为**零变换**，记为 $\mathscr{O}$，即 $\mathscr{O}\boldsymbol{\alpha}=\mathbf{0}$.

例 4.36 设 V 是 n 阶方阵的全体. 若 $\boldsymbol{P}$ 是给定的 n 阶可逆矩阵，对 V 中的任一元素 $\boldsymbol{A}$，令 σ 为如下变换：

$$\sigma: V\to V,$$
$$\sigma(\boldsymbol{A})=\boldsymbol{P}^{-1}\boldsymbol{A}\boldsymbol{P}.$$

试证变换 σ 是 V 的线性变换.

证明：对任意 $\boldsymbol{A},\boldsymbol{B}\in V$，$k\in F$，有

(1) $\sigma(\boldsymbol{A}+\boldsymbol{B})=\boldsymbol{P}^{-1}(\boldsymbol{A}+\boldsymbol{B})\boldsymbol{P}=\boldsymbol{P}^{-1}\boldsymbol{A}\boldsymbol{P}+\boldsymbol{P}^{-1}\boldsymbol{B}\boldsymbol{P}=\sigma(\boldsymbol{A})+\sigma(\boldsymbol{B})$,

(2) $\sigma(k\boldsymbol{A})=\boldsymbol{P}^{-1}(k\boldsymbol{A})\boldsymbol{P}=k\boldsymbol{P}^{-1}\boldsymbol{A}\boldsymbol{P}=k\sigma(\boldsymbol{A})$,

故 σ 是 V 的线性变换. □

称变换 $\sigma(\boldsymbol{A})=\boldsymbol{P}^{-1}\boldsymbol{A}\boldsymbol{P}$ 为 n 阶方阵的**相似变换**，这将在下面第 5 章里专门研究.

例 4.37 设 V 是 n 阶对称矩阵的全体. 若 $\boldsymbol{P}$ 是给定的 n 阶可逆矩阵，对 V 中的任一元素 $\boldsymbol{A}$，令 σ 为如下变换：

$$\sigma: V\to V,$$
$$\sigma(\boldsymbol{A})=\boldsymbol{P}^{\mathrm{T}}\boldsymbol{A}\boldsymbol{P}.$$

试证变换 σ 是 V 的线性变换.

证明：对任意 $\boldsymbol{A},\boldsymbol{B}\in V$，$k\in K$，有

(1) $\sigma(\boldsymbol{A}+\boldsymbol{B})=\boldsymbol{P}^{\mathrm{T}}(\boldsymbol{A}+\boldsymbol{B})\boldsymbol{P}=\boldsymbol{P}^{\mathrm{T}}\boldsymbol{A}\boldsymbol{P}+\boldsymbol{P}^{\mathrm{T}}\boldsymbol{B}\boldsymbol{P}=\sigma(\boldsymbol{A})+\sigma(\boldsymbol{B})$,

(2) $\sigma(k\boldsymbol{A})=\boldsymbol{P}^{\mathrm{T}}(k\boldsymbol{A})\boldsymbol{P}=k\boldsymbol{P}^{\mathrm{T}}\boldsymbol{A}\boldsymbol{P}=k\sigma(\boldsymbol{A})$,

故 σ 是 V 的线性变换. □

称变换 $\sigma(\boldsymbol{A})=\boldsymbol{P}^{\mathrm{T}}\boldsymbol{A}\boldsymbol{P}$ 为 n 阶对称矩阵的**合同变换**，这将在下面第 6 章里专门研究.

定义 4.16 设 $\mathscr{A}$ 为线性空间 V 的线性变换，令

$$\mathrm{Im}(\mathscr{A})=\{\mathscr{A}(\boldsymbol{\xi})\mid \boldsymbol{\xi}\in V\},$$
$$\mathrm{Ker}(\mathscr{A})=\{\boldsymbol{\xi}\in V\mid \mathscr{A}(\boldsymbol{\xi})=0\},$$

则称 $\mathrm{Im}(\mathscr{A})$ 为线性变换 $\mathscr{A}$ 的**值域**，$\mathrm{Ker}(\mathscr{A})$ 为线性变换 $\mathscr{A}$ 的**核**. 令

$$r(\mathscr{A})=\dim(\mathrm{Im}(\mathscr{A})),$$
$$r(\mathrm{Ker}(\mathscr{A}))=\dim(\mathrm{Ker}(\mathscr{A})),$$

则称 $r(\mathscr{A})$ 为线性变换 $\mathscr{A}$ 的**秩**，$r(\mathrm{Ker}(\mathscr{A}))$ 为线性变换 $\mathscr{A}$ 的**零度**.

例 4.38　在 $\mathbb{R}^3$ 中，下列变换是否为线性变换？

$$\sigma\begin{pmatrix}x_1\\x_2\\x_3\end{pmatrix}=\begin{pmatrix}x_1\\x_2+1\\x_3\end{pmatrix}.$$

解：设 $\boldsymbol{\alpha},\boldsymbol{\beta}$ 是 $\mathbb{R}^3$中的任意向量，k 为任意的实数，记

$$\boldsymbol{\alpha}=\begin{pmatrix}a_1\\a_2\\a_3\end{pmatrix},\ \boldsymbol{\beta}=\begin{pmatrix}b_1\\b_2\\b_3\end{pmatrix},$$

因为

$$\sigma(\boldsymbol{\alpha}+\boldsymbol{\beta})=\begin{pmatrix}a_1+b_1\\(a_2+b_2)+1\\a_3\end{pmatrix},$$

$$\sigma(\boldsymbol{\alpha})+\sigma(\boldsymbol{\beta})=\begin{pmatrix}a_1\\a_2+1\\a_3\end{pmatrix}+\begin{pmatrix}b_1\\b_2+1\\b_3\end{pmatrix},$$

故

$$\sigma(\boldsymbol{\alpha}+\boldsymbol{\beta})\neq\sigma(\boldsymbol{\alpha})+\sigma(\boldsymbol{\beta}),$$

所以，σ 不是 $\mathbb{R}^3$ 中的线性变换. □

例 4.39　在 $\mathbb{R}^3$ 定义如下变换 σ：

$$\sigma\begin{pmatrix}x_1\\x_2\\x_3\end{pmatrix}=\begin{pmatrix}x_1-x_2\\x_2\\0\end{pmatrix}.$$

（1）试证明：σ 为一个线性变换；

（2）求线性变换 σ 的值域与核.

（1）证明：设 $\boldsymbol{\alpha},\boldsymbol{\beta}$ 是 $\mathbb{R}^3$ 中的任意向量，k 为任意的实数，记

$$\boldsymbol{\alpha}=\begin{pmatrix}a_1\\a_2\\a_3\end{pmatrix},\ \boldsymbol{\beta}=\begin{pmatrix}b_1\\b_2\\b_3\end{pmatrix},$$

因为

$$\sigma(\boldsymbol{\alpha}+\boldsymbol{\beta})=\begin{pmatrix}(a_1+b_1)-(a_2+b_2)\\a_2+b_2\\0\end{pmatrix}$$

$$= \begin{pmatrix} (a_1 - a_2) + (b_1 - b_2) \\ a_2 + b_2 \\ 0 \end{pmatrix}$$

$$= \begin{pmatrix} a_1 - a_2 \\ a_2 \\ 0 \end{pmatrix} + \begin{pmatrix} b_1 - b_2 \\ b_2 \\ 0 \end{pmatrix}$$

$$= \boldsymbol{\sigma}(\boldsymbol{\alpha}) + \boldsymbol{\sigma}(\boldsymbol{\beta}),$$

$$\boldsymbol{\sigma}(k\boldsymbol{\alpha}) = \begin{pmatrix} ka_1 - ka_2 \\ ka_2 \\ 0 \end{pmatrix} = k\begin{pmatrix} a_1 - a_2 \\ a_2 \\ 0 \end{pmatrix} = k\boldsymbol{\sigma}(\boldsymbol{\alpha}),$$

所以，$\boldsymbol{\sigma}$ 是 $\mathbb{R}^3$ 的线性变换. □

（2）解：取 $\mathbb{R}^3$ 中的一组基 $\boldsymbol{\varepsilon}_1 = \begin{pmatrix} 1 \\ 0 \\ 0 \end{pmatrix}$，$\boldsymbol{\varepsilon}_2 = \begin{pmatrix} 0 \\ 1 \\ 0 \end{pmatrix}$，$\boldsymbol{\varepsilon}_3 = \begin{pmatrix} 0 \\ 0 \\ 1 \end{pmatrix}$，则

$$\boldsymbol{\sigma}(\boldsymbol{\varepsilon}_1) = \begin{pmatrix} 1 \\ 0 \\ 0 \end{pmatrix},\ \boldsymbol{\sigma}(\boldsymbol{\varepsilon}_2) = \begin{pmatrix} -1 \\ 1 \\ 0 \end{pmatrix},\ \boldsymbol{\sigma}(\boldsymbol{\varepsilon}_3) = \begin{pmatrix} 0 \\ 0 \\ 0 \end{pmatrix}.$$

那么线性变换 $\mathscr{A}$ 的值域和核分别为

$$\mathrm{Im}(\mathscr{A}) = \left\{ k_1 \cdot \begin{pmatrix} 1 \\ 0 \\ 0 \end{pmatrix} + k_2 \cdot \begin{pmatrix} 1 \\ -1 \\ 0 \end{pmatrix} \middle| k_1,\ k_2 \in \mathbb{R} \right\},$$

$$\mathrm{Ker}(\mathscr{A}) = \left\{ k_3 \cdot \begin{pmatrix} 0 \\ 0 \\ 1 \end{pmatrix} \middle| k_3 \in \mathbb{R} \right\}.$$

例 4.40 设 $F^{n\times n}$ 是数域 F 上全体 n 阶方阵构成的线性空间，对给定矩阵 $\boldsymbol{C} \in F^{n\times n}$，令 σ 是 $K^{n\times n}$ 的如下的变换：$\forall \boldsymbol{A} \in F^{n\times n}$，$\sigma(\boldsymbol{A}) = \boldsymbol{CA} - \boldsymbol{AC}$. 试证明：

（1）σ 是 $F^{n\times n}$ 的一个线性变换；

（2）对 $\forall \boldsymbol{A}$，$\boldsymbol{B} \in F^{n\times n}$ 都有 $\sigma(\boldsymbol{AB}) = \sigma(\boldsymbol{A})\boldsymbol{B} + \boldsymbol{A}\sigma(\boldsymbol{B})$.

（3）若 $n=2$，取 $\boldsymbol{C} = \begin{pmatrix} 1 & 0 \\ 0 & 2 \end{pmatrix}$，求 σ 的秩和零度.

解：（1）证明：$\forall \boldsymbol{A}, \boldsymbol{B} \in F^{n\times n}$，

$$\begin{aligned} \sigma(\boldsymbol{A}+\boldsymbol{B}) &= \boldsymbol{C}(\boldsymbol{A}+\boldsymbol{B}) - (\boldsymbol{A}+\boldsymbol{B})\boldsymbol{C} \\ &= \boldsymbol{CA} + \boldsymbol{CB} - \boldsymbol{AC} - \boldsymbol{BC} \\ &= \boldsymbol{CA} - \boldsymbol{AC} + \boldsymbol{CB} - \boldsymbol{BC} \\ &= \sigma(\boldsymbol{A}) + \sigma(\boldsymbol{B}), \end{aligned}$$

$\forall \boldsymbol{A} \in F^{n\times n}$,

$$\begin{aligned}\sigma(k\boldsymbol{A}) &= \boldsymbol{C}(k\boldsymbol{A}) - (k\boldsymbol{A})\boldsymbol{C} \\ &= k(\boldsymbol{CA} - \boldsymbol{AC}) \\ &= k\sigma(\boldsymbol{A}),\end{aligned}$$

故 σ 是 $F^{n\times n}$的一个线性变换. □

(2) 证明：由于 $\forall \boldsymbol{A},\boldsymbol{B} \in F^{n\times n}$，$\sigma(\boldsymbol{AB}) = \boldsymbol{C}(\boldsymbol{AB}) - (\boldsymbol{AB})\boldsymbol{C}$，而

$$\begin{aligned}\sigma(\boldsymbol{A})\boldsymbol{B} + \boldsymbol{A}\sigma(\boldsymbol{B}) &= (\boldsymbol{CA} - \boldsymbol{AC})\boldsymbol{B} + \boldsymbol{A}(\boldsymbol{CB} - \boldsymbol{BC}) \\ &= \boldsymbol{CAB} - \boldsymbol{ACB} + \boldsymbol{ACB} - \boldsymbol{ABC} \\ &= \boldsymbol{CAB} - \boldsymbol{ABC} = \sigma(\boldsymbol{AB}),\end{aligned}$$

故对 $F^{n\times n}$中任意的 $\boldsymbol{A},\boldsymbol{B}$ 都有 $\sigma(\boldsymbol{AB}) = \sigma(\boldsymbol{A})\boldsymbol{B} + \boldsymbol{A}\sigma(\boldsymbol{B})$. □

(3) 解：设 $V = F^{2\times 2}$中任一矩阵 $\boldsymbol{A} = \begin{pmatrix} a & b \\ c & d \end{pmatrix}$，则

$$\sigma(\boldsymbol{A}) = \boldsymbol{CA} - \boldsymbol{AC} = \begin{pmatrix} a & b \\ 2c & 2d \end{pmatrix} - \begin{pmatrix} a & 2b \\ c & 2d \end{pmatrix} = \begin{pmatrix} 0 & -b \\ c & 0 \end{pmatrix},$$

因此

$$\operatorname{Ker}(\sigma) = \left\{ \begin{pmatrix} a & 0 \\ 0 & d \end{pmatrix} \middle| \, a,\ d \in F \right\},$$

$$\operatorname{Im}(\sigma) = \left\{ \begin{pmatrix} 0 & b \\ c & 0 \end{pmatrix} \middle| \, b,\ c \in F \right\}.$$

从而 $\dim(\operatorname{Im}(\sigma)) = \dim(\operatorname{Ker}(\sigma)) = 2$，故 σ 的秩和零度都是 2.

下面介绍线性变换的运算.

定义 4.17　设 V 为数域 F 上的线性空间，$k \in F$，$\mathscr{A}$与 $\mathscr{B}$ 为 V 的两个线性变换. 令

$$\begin{aligned}(\mathscr{A}+\mathscr{B})(\boldsymbol{\alpha}) &= \mathscr{A}(\boldsymbol{\alpha}) + \mathscr{B}(\boldsymbol{\alpha}), & \forall \boldsymbol{\alpha} \in V, \\ (k\mathscr{A})(\boldsymbol{\alpha}) &= k(\mathscr{A}(\boldsymbol{\alpha})), & \forall k \in F, \forall \boldsymbol{\alpha} \in V, \\ (\mathscr{A}\mathscr{B})(\boldsymbol{\alpha}) &= \mathscr{A}(\mathscr{B}(\boldsymbol{\alpha})), & \forall \boldsymbol{\alpha} \in V,\end{aligned}$$

则称 $\mathscr{A}+\mathscr{B}$ 为线性变换 $\mathscr{A}$与 $\mathscr{B}$ 的**和**，$k\mathscr{A}$为数 k 与线性变换 $\mathscr{A}$ 的**纯量乘积**，$\mathscr{A}\mathscr{B}$ 为线性变换 $\mathscr{A}$与 $\mathscr{B}$ 的**积**.

定理 4.4　若 V 为数域 F 上的线性空间，$k \in F$，$\mathscr{A}$与 $\mathscr{B}$ 为 V 中的两个线性变换，则 $\mathscr{A}+\mathscr{B}$，$k\mathscr{A}$与 $\mathscr{A}\mathscr{B}$ 都是 V 的线性变换.

证明：对任意 $k \in F$，$\boldsymbol{\alpha},\boldsymbol{\beta} \in V$，有

$$\begin{aligned}(\mathscr{A}+\mathscr{B})(\boldsymbol{\alpha}+\boldsymbol{\beta}) &= \mathscr{A}(\boldsymbol{\alpha}+\boldsymbol{\beta}) + \mathscr{B}(\boldsymbol{\alpha}+\boldsymbol{\beta}) \\ &= \mathscr{A}(\boldsymbol{\alpha}) + \mathscr{A}(\boldsymbol{\beta}) + \mathscr{B}(\boldsymbol{\alpha}) + \mathscr{B}(\boldsymbol{\beta})\end{aligned}$$

$$\begin{aligned}&=(\mathscr{A}+\mathscr{B})(\boldsymbol{\alpha})+(\mathscr{A}+\mathscr{B})(\boldsymbol{\beta}),\\(\mathscr{A}+\mathscr{B})(k\boldsymbol{\alpha})&=\mathscr{A}(k\boldsymbol{\alpha})+\mathscr{B}(k\boldsymbol{\alpha})\\&=k\mathscr{A}(\boldsymbol{\alpha})+k\mathscr{B}(\boldsymbol{\alpha})\\&=k(\mathscr{A}(\boldsymbol{\alpha})+\mathscr{B}(\boldsymbol{\alpha}))\\&=k(\mathscr{A}+\mathscr{B})(\boldsymbol{\alpha}),\end{aligned}$$

因此 $\mathscr{A}+\mathscr{B}$ 是线性变换.

$$\begin{aligned}(k\mathscr{A})(\boldsymbol{\alpha}+\boldsymbol{\beta})&=k(\mathscr{A}(\boldsymbol{\alpha}+\boldsymbol{\beta}))\\&=k(\mathscr{A}(\boldsymbol{\alpha})+\mathscr{A}(\boldsymbol{\beta}))\\&=k(\mathscr{A}(\boldsymbol{\alpha}))+k(\mathscr{A}(\boldsymbol{\beta}))\\&=(k\mathscr{A})(\boldsymbol{\alpha})+(k\mathscr{A})(\boldsymbol{\beta}),\end{aligned}$$

因此 $k\mathscr{A}$ 也是线性变换.

$$\begin{aligned}(\mathscr{A}\mathscr{B})(\boldsymbol{\alpha}+\boldsymbol{\beta})&=\mathscr{A}\mathscr{B}(\boldsymbol{\alpha}+\boldsymbol{\beta})\\&=\mathscr{A}(\mathscr{B}(\boldsymbol{\alpha}+\boldsymbol{\beta}))\\&=\mathscr{A}(\mathscr{B}(\boldsymbol{\alpha}))+\mathscr{A}(\mathscr{B}(\boldsymbol{\beta}))\\&=(\mathscr{A}\mathscr{B}(\boldsymbol{\alpha})+(\mathscr{A}\mathscr{B})(\boldsymbol{\beta}),\\(\mathscr{A}\mathscr{B}(k\boldsymbol{\alpha}))&=\mathscr{A}(\mathscr{B}(k\boldsymbol{\alpha}))\\&=\mathscr{A}(k\mathscr{B}(\boldsymbol{\alpha}))\\&=k\mathscr{A}(\mathscr{B}(\boldsymbol{\alpha}))\\&=k(\mathscr{A}\mathscr{B})(\boldsymbol{\alpha}),\end{aligned}$$

因此 $\mathscr{A}\mathscr{B}$ 也是 V 的线性变换. □

4.4.2 线性变换的性质

性质 4.3 若 $\mathscr{A}$ 是数域 F 上的线性空间 V 的线性变换，则

(1) $\mathscr{A}(\mathbf{0})=0$，$\mathscr{A}(-\boldsymbol{\alpha})=-\mathscr{A}(\boldsymbol{\alpha})$；

(2) 线性变换保持线性关系式不变，即对 $\forall\boldsymbol{\alpha}_1,\boldsymbol{\alpha}_2,\cdots,\boldsymbol{\alpha}_m\in V$，$k_1,k_2,\cdots,k_m\in F$ 有

$$\mathscr{A}(k_1\boldsymbol{\alpha}_1+k_2\boldsymbol{\alpha}_2+\cdots+k_m\boldsymbol{\alpha}_m)=k_1\mathscr{A}(\boldsymbol{\alpha}_1)+k_2\mathscr{A}(\boldsymbol{\alpha}_2)+\cdots+k_m\mathscr{A}(\boldsymbol{\alpha}_m),$$

即

$$\mathscr{A}[(\boldsymbol{\alpha}_1,\boldsymbol{\alpha}_2,\cdots,\boldsymbol{\alpha}_m)\boldsymbol{k}]=(\mathscr{A}\boldsymbol{\alpha}_1,\mathscr{A}\boldsymbol{\alpha}_2,\cdots,\mathscr{A}\boldsymbol{\alpha}_m)\boldsymbol{k},$$

其中 $\boldsymbol{k}=(k_1,k_2,\cdots,k_m)^{\mathrm{T}}$.

证明：由线性空间的性质及线性变换的定义，有

$$\mathscr{A}(\mathbf{0})=\mathscr{A}(0\cdot\boldsymbol{\alpha})=0\cdot\mathscr{A}(\boldsymbol{\alpha})=0.$$

其他性质的证明是明显的，留给读者自行写出. □

由此性质可得如下推论.

推论　线性变换 $\mathscr{A}$ 将 V 中线性相关的向量组 $\boldsymbol{\alpha}_1,\boldsymbol{\alpha}_2,\cdots,\boldsymbol{\alpha}_m$ 变换到线性相关的向量组.

4.5　线性变换的矩阵

线性变换是个抽象的概念，对有限维线性空间，通过给定线性空间中的一组基，可以将线性变换的问题转化为矩阵的问题来研究.

4.5.1　线性变换在给定基下的矩阵

定义 4.18　设 $\boldsymbol{\varepsilon}_1,\boldsymbol{\varepsilon}_2,\cdots,\boldsymbol{\varepsilon}_n$ 是 n 维线性空间 V 的一组基，$\boldsymbol{\varepsilon}_1,\boldsymbol{\varepsilon}_2,\cdots,\boldsymbol{\varepsilon}_n$ 在线性变换 $\mathscr{A}$ 下的像分别为

$$\begin{cases}\mathscr{A}(\boldsymbol{\varepsilon}_1)=a_{11}\boldsymbol{\varepsilon}_1+a_{21}\boldsymbol{\varepsilon}_2+\cdots+a_{n1}\boldsymbol{\varepsilon}_n,\\ \mathscr{A}(\boldsymbol{\varepsilon}_2)=a_{12}\boldsymbol{\varepsilon}_1+a_{22}\boldsymbol{\varepsilon}_2+\cdots+a_{n2}\boldsymbol{\varepsilon}_n,\\ \qquad\vdots\\ \mathscr{A}(\boldsymbol{\varepsilon}_n)=a_{1n}\boldsymbol{\varepsilon}_1+a_{2n}\boldsymbol{\varepsilon}_2+\cdots+a_{nn}\boldsymbol{\varepsilon}_n.\end{cases}\tag{4.22}$$

利用分块矩阵乘法，可将式(4.22)表示为如下形式：

$$\mathscr{A}(\boldsymbol{\varepsilon}_1,\boldsymbol{\varepsilon}_2,\cdots,\boldsymbol{\varepsilon}_n)=(\mathscr{A}(\boldsymbol{\varepsilon}_1),\mathscr{A}(\boldsymbol{\varepsilon}_2),\cdots,\mathscr{A}(\boldsymbol{\varepsilon}_n))=(\boldsymbol{\varepsilon}_1,\boldsymbol{\varepsilon}_2,\cdots,\boldsymbol{\varepsilon}_n)\boldsymbol{A},\tag{4.23}$$

则称矩阵

$$\boldsymbol{A}=(a_{ij})_{n\times n}=\begin{pmatrix}a_{11}&a_{12}&\cdots&a_{1n}\\a_{21}&a_{22}&\cdots&a_{2n}\\\vdots&\vdots&&\vdots\\a_{n1}&a_{n2}&\cdots&a_{nn}\end{pmatrix}$$

为线性变换 $\mathscr{A}$ 在基 $\boldsymbol{\varepsilon}_1,\boldsymbol{\varepsilon}_2,\cdots,\boldsymbol{\varepsilon}_n$ 下的矩阵.

由于在给定基 $\boldsymbol{\varepsilon}_1,\boldsymbol{\varepsilon}_2,\cdots,\boldsymbol{\varepsilon}_n$ 下，向量的坐标是唯一的，因此线性变换在基下的矩阵 $\boldsymbol{A}$ 是唯一确定的. 反之，给定一个 n 阶方阵 $\boldsymbol{A}$，是否存在唯一的线性变换 $\mathscr{A}$，使得它在这组基下的矩阵就是给定的矩阵 $\boldsymbol{A}$ 呢？下面的定理给出了回答.

定理 4.5　设 $\boldsymbol{\varepsilon}_1,\boldsymbol{\varepsilon}_2,\cdots,\boldsymbol{\varepsilon}_n$ 是数域 K 上的 n 维线性空间 V 的一组基，$\boldsymbol{A}=(a_{ij})_{n\times n}$ 是一个 n 阶方阵，那么必存在唯一的线性变换 $\mathscr{A}$，它在基 $\boldsymbol{\varepsilon}_1,\boldsymbol{\varepsilon}_2,\cdots,\boldsymbol{\varepsilon}_n$ 下的矩阵为 $\boldsymbol{A}$.

证明：对任意向量$\boldsymbol{\alpha}\in V$，设在基$\boldsymbol{\varepsilon}_1,\boldsymbol{\varepsilon}_2,\cdots,\boldsymbol{\varepsilon}_n$下的坐标为$\boldsymbol{x}=(x_1,x_2,\cdots,x_n)^{\mathrm{T}}$，即

$$\boldsymbol{\alpha}=x_1\boldsymbol{\varepsilon}_1+x_2\boldsymbol{\varepsilon}_2+\cdots+x_n\boldsymbol{\varepsilon}_n=(\boldsymbol{\varepsilon}_1,\boldsymbol{\varepsilon}_2,\cdots,\boldsymbol{\varepsilon}_n)\boldsymbol{x}.$$

定义V的一个变换$\mathscr{A}$:

$$\mathscr{A}(\boldsymbol{\alpha})=(\boldsymbol{\varepsilon}_1,\boldsymbol{\varepsilon}_2,\cdots,\boldsymbol{\varepsilon}_n)\boldsymbol{A}\boldsymbol{x}. \tag{4.24}$$

下面证明$\mathscr{A}$是V的线性变换.

设

$$\boldsymbol{\alpha}=(\boldsymbol{\varepsilon}_1,\boldsymbol{\varepsilon}_2,\cdots,\boldsymbol{\varepsilon}_n)\boldsymbol{x},$$
$$\boldsymbol{\beta}=(\boldsymbol{\varepsilon}_1,\boldsymbol{\varepsilon}_2,\cdots,\boldsymbol{\varepsilon}_n)\boldsymbol{y},$$

则

$$\begin{aligned}\mathscr{A}(\boldsymbol{\alpha}+\boldsymbol{\beta})&=\mathscr{A}((\boldsymbol{\varepsilon}_1,\boldsymbol{\varepsilon}_2,\cdots,\boldsymbol{\varepsilon}_n)(\boldsymbol{x}+\boldsymbol{y}))\\&=(\boldsymbol{\varepsilon}_1,\boldsymbol{\varepsilon}_2,\cdots,\boldsymbol{\varepsilon}_n)\boldsymbol{A}(\boldsymbol{x}+\boldsymbol{y})\\&=(\boldsymbol{\varepsilon}_1,\boldsymbol{\varepsilon}_2,\cdots,\boldsymbol{\varepsilon}_n)\boldsymbol{A}\boldsymbol{x}+(\boldsymbol{\varepsilon}_1,\boldsymbol{\varepsilon}_2,\cdots,\boldsymbol{\varepsilon}_n)\boldsymbol{A}\boldsymbol{y}\\&=\mathscr{A}(\boldsymbol{\alpha})+\mathscr{A}(\boldsymbol{\beta}).\end{aligned} \tag{4.25}$$

又对任意数$k\in K$，则向量$k\boldsymbol{\alpha}$在$\boldsymbol{\varepsilon}_1,\boldsymbol{\varepsilon}_2,\cdots,\boldsymbol{\varepsilon}_n$下的坐标为$k\boldsymbol{x}$，从而

$$\begin{aligned}\mathscr{A}(k\boldsymbol{\alpha})&=(\boldsymbol{\varepsilon}_1,\boldsymbol{\varepsilon}_2,\cdots,\boldsymbol{\varepsilon}_n)\boldsymbol{A}(k\boldsymbol{x})=k(\boldsymbol{\varepsilon}_1,\boldsymbol{\varepsilon}_2,\cdots,\boldsymbol{\varepsilon}_n)\boldsymbol{A}\boldsymbol{x}\\&=k\mathscr{A}(\boldsymbol{\alpha}).\end{aligned} \tag{4.26}$$

结合式(4.25)与式(4.26)两式可知，$\mathscr{A}$是线性变换.

对$1\leqslant i\leqslant n$有

$$\begin{aligned}\boldsymbol{\varepsilon}_i&=0\cdot\boldsymbol{\varepsilon}_1+\cdots+1\cdot\boldsymbol{\varepsilon}_i+0\cdot\boldsymbol{\varepsilon}_{i+1}+\cdots+0\cdot\boldsymbol{\varepsilon}_n\\&=(\boldsymbol{\varepsilon}_1,\boldsymbol{\varepsilon}_2,\cdots,\boldsymbol{\varepsilon}_n)\begin{pmatrix}0\\\vdots\\0\\1\\0\\\vdots\\0\end{pmatrix}\quad(\text{第 } i \text{ 个}).\end{aligned}$$

因此由式(4.24)得

$$\begin{aligned}\mathscr{A}(\boldsymbol{\varepsilon}_1,\boldsymbol{\varepsilon}_2,\cdots,\boldsymbol{\varepsilon}_n)&=(\mathscr{A}(\boldsymbol{\varepsilon}_1),\mathscr{A}(\boldsymbol{\varepsilon}_2),\cdots,\mathscr{A}(\boldsymbol{\varepsilon}_n))\\&=(\boldsymbol{\varepsilon}_1,\boldsymbol{\varepsilon}_2,\cdots,\boldsymbol{\varepsilon}_n)\boldsymbol{A}.\end{aligned}$$

从而线性变换$\mathscr{A}$在基$\boldsymbol{\varepsilon}_1,\boldsymbol{\varepsilon}_2,\cdots,\boldsymbol{\varepsilon}_n$下的矩阵为$\boldsymbol{A}$.

由于当基向量的像确定之后，任意向量也唯一确定，因此所求的线性变换$\mathscr{A}$由矩阵$\boldsymbol{A}$唯一确定，故定理得证. □

由式(4.22)和定理4.5，就得到了如下定理.

定理 4.6　设 $\boldsymbol{\varepsilon}_1,\boldsymbol{\varepsilon}_2,\cdots,\boldsymbol{\varepsilon}_n$ 是 n 维线性空间 V 的一组基，那么 V 中所有的线性变换 $\mathscr{A}$ 与所有的 n 阶方阵 $\boldsymbol{A}$ 之间存在一一对应的关系，这种关系由

$$(\mathscr{A}(\boldsymbol{\varepsilon}_1),\mathscr{A}(\boldsymbol{\varepsilon}_2),\cdots,\mathscr{A}(\boldsymbol{\varepsilon}_n))=(\boldsymbol{\varepsilon}_1,\boldsymbol{\varepsilon}_2,\cdots,\boldsymbol{\varepsilon}_n)\boldsymbol{A}$$

确定.

例 4.41　已知线性空间 $\mathbb{R}^3$ 的线性变换 σ 把基

$$\boldsymbol{\varepsilon}_1=(1,0,1)^{\mathrm{T}},\ \boldsymbol{\varepsilon}_2=(0,1,0)^{\mathrm{T}},\ \boldsymbol{\varepsilon}_3=(0,0,1)^{\mathrm{T}}$$

变为

$$\boldsymbol{\eta}_1=(1,0,2)^{\mathrm{T}},\ \boldsymbol{\eta}_2=(-1,2,-1)^{\mathrm{T}},\ \boldsymbol{\eta}_3=(1,0,0)^{\mathrm{T}},$$

试求 σ 在基 $\boldsymbol{\varepsilon}_1$，$\boldsymbol{\varepsilon}_2$，$\boldsymbol{\varepsilon}_3$ 下的矩阵.

解法一：可用观察法将基的像分别表示为基的线性组合．由于 $\mathbb{R}^3$ 中基 $\boldsymbol{\varepsilon}_1,\boldsymbol{\varepsilon}_2,\boldsymbol{\varepsilon}_3$ 在线性变换 σ 下的像分别为

$$\begin{aligned}\sigma(\boldsymbol{\varepsilon}_1)&=(1,0,2)^{\mathrm{T}}=\boldsymbol{\varepsilon}_1+\boldsymbol{\varepsilon}_3,\\ \sigma(\boldsymbol{\varepsilon}_2)&=(-1,2,-1)^{\mathrm{T}}=-\boldsymbol{\varepsilon}_1+2\boldsymbol{\varepsilon}_2,\\ \sigma(\boldsymbol{\varepsilon}_3)&=(1,0,0)^{\mathrm{T}}=\boldsymbol{\varepsilon}_1-\boldsymbol{\varepsilon}_3,\end{aligned}$$

即

$$\sigma(\boldsymbol{\varepsilon}_1,\boldsymbol{\varepsilon}_2,\boldsymbol{\varepsilon}_3)=(\boldsymbol{\varepsilon}_1,\boldsymbol{\varepsilon}_2,\boldsymbol{\varepsilon}_3)\begin{pmatrix}1&-1&1\\0&2&0\\1&0&-1\end{pmatrix},$$

故 σ 在基 $\boldsymbol{\varepsilon}_1,\boldsymbol{\varepsilon}_2,\boldsymbol{\varepsilon}_3$ 下的矩阵为

$$\boldsymbol{A}=\begin{pmatrix}1&-1&1\\0&2&0\\1&0&-1\end{pmatrix}.$$

解法二：若不易看出基的像表示为基的线性组合的系数时，常常用解方程组的方法求出．为此设基 $\boldsymbol{\varepsilon}_1,\boldsymbol{\varepsilon}_2,\boldsymbol{\varepsilon}_3$ 在线性变换 σ 下的像分别为

$$\begin{aligned}\sigma(\boldsymbol{\varepsilon}_1)&=x_{11}\boldsymbol{\varepsilon}_1+x_{21}\boldsymbol{\varepsilon}_2+x_{31}\boldsymbol{\varepsilon}_3,\\ \sigma(\boldsymbol{\varepsilon}_2)&=x_{12}\boldsymbol{\varepsilon}_1+x_{22}\boldsymbol{\varepsilon}_2+x_{32}\boldsymbol{\varepsilon}_3,\\ \sigma(\boldsymbol{\varepsilon}_3)&=x_{13}\boldsymbol{\varepsilon}_1+x_{23}\boldsymbol{\varepsilon}_2+x_{33}\boldsymbol{\varepsilon}_3,\end{aligned}$$

将 $\boldsymbol{\varepsilon}_i$，$\boldsymbol{\eta}_j$ 的分量代入上式，解之得

$$x_{11}=x_{13}=x_{31}=1,\ x_{12}=x_{33}=-1,\ x_{21}=x_{23}=x_{32}=0,\ x_{22}=2.$$

即

$$\begin{aligned}\sigma(\boldsymbol{\varepsilon}_1)&=(1,0,2)^{\mathrm{T}}=\boldsymbol{\varepsilon}_1+\boldsymbol{\varepsilon}_3,\\ \sigma(\boldsymbol{\varepsilon}_2)&=(-1,2,-1)^{\mathrm{T}}=-\boldsymbol{\varepsilon}_1+2\boldsymbol{\varepsilon}_2,\\ \sigma(\boldsymbol{\varepsilon}_3)&=(1,0,0)^{\mathrm{T}}=\boldsymbol{\varepsilon}_1-\boldsymbol{\varepsilon}_3,\end{aligned}$$

从而

$$(\sigma(\boldsymbol{\varepsilon}_1),\sigma(\boldsymbol{\varepsilon}_2),\sigma(\boldsymbol{\varepsilon}_3))=(\boldsymbol{\varepsilon}_1,\boldsymbol{\varepsilon}_2,\boldsymbol{\varepsilon}_3)\begin{pmatrix}1&-1&1\\0&2&0\\1&0&-1\end{pmatrix},$$

故 σ 在基 $\boldsymbol{\varepsilon}_1,\boldsymbol{\varepsilon}_2,\boldsymbol{\varepsilon}_3$ 下的矩阵为

$$\boldsymbol{A}=\begin{pmatrix}1&-1&1\\0&2&0\\1&0&-1\end{pmatrix}.$$

例 4.42　设 $(\boldsymbol{\varepsilon}_1,\boldsymbol{\varepsilon}_2)$ 为平面上的一直角坐标系，线性变换 σ 是平面上的向量对第一和第三象限角平分线的垂直投影，求线性变换 σ 在基 $\boldsymbol{\varepsilon}_1,\boldsymbol{\varepsilon}_2$ 下的矩阵.

解：由线性变换 σ 的定义可知

$$\sigma(\boldsymbol{\varepsilon}_1)=\sigma(\boldsymbol{\varepsilon}_2)=\frac{1}{2}\boldsymbol{\varepsilon}_1+\frac{1}{2}\boldsymbol{\varepsilon}_2,$$

故线性变换 σ 在基 $\boldsymbol{\varepsilon}_1,\boldsymbol{\varepsilon}_2$ 下的矩阵为

$$\boldsymbol{A}=\begin{pmatrix}\frac{1}{2}&\frac{1}{2}\\\frac{1}{2}&\frac{1}{2}\end{pmatrix}.$$

例 4.43　设 $V=\mathbb{R}^{2\times2}$，$\boldsymbol{C}$ 为一个固定的 2 阶实数矩阵：

$$\boldsymbol{C}=\begin{pmatrix}a&b\\c&d\end{pmatrix},$$

在 V 中定义变换 σ：对任意 $\boldsymbol{X}\in V$，$\sigma(\boldsymbol{X})=\boldsymbol{C}^{\mathrm{T}}\boldsymbol{X}\boldsymbol{C}$.

（1）证明 σ 是 V 中的一个线性变换；

（2）在 V 中取基

$$\boldsymbol{\varepsilon}_1=\begin{pmatrix}1&0\\0&0\end{pmatrix},\ \boldsymbol{\varepsilon}_2=\begin{pmatrix}0&1\\0&0\end{pmatrix},\ \boldsymbol{\varepsilon}_3=\begin{pmatrix}0&0\\1&0\end{pmatrix},\ \boldsymbol{\varepsilon}_4=\begin{pmatrix}0&0\\0&1\end{pmatrix}.$$

求 σ 在基 $\boldsymbol{\varepsilon}_1,\boldsymbol{\varepsilon}_2,\boldsymbol{\varepsilon}_3,\boldsymbol{\varepsilon}_4$ 下的矩阵.

（1）证明：任取 $\boldsymbol{X}$，$\boldsymbol{Y}\in V$，由于

$$\sigma(\boldsymbol{X}+\boldsymbol{Y})=\boldsymbol{C}^{\mathrm{T}}(\boldsymbol{X}+\boldsymbol{Y})\boldsymbol{C}=\boldsymbol{C}^{\mathrm{T}}\boldsymbol{X}\boldsymbol{C}+\boldsymbol{C}^{\mathrm{T}}\boldsymbol{Y}\boldsymbol{C}=\sigma(\boldsymbol{X})+\sigma(\boldsymbol{Y}),$$

$$\sigma(k\boldsymbol{X})=\boldsymbol{C}^{\mathrm{T}}(k\boldsymbol{X})\boldsymbol{C}=k\boldsymbol{C}^{\mathrm{T}}\boldsymbol{X}\boldsymbol{C}=k\sigma(\boldsymbol{X}),$$

故 σ 是线性变换.　□

（2）解：任取 $\boldsymbol{X}\in V$，$\sigma(\boldsymbol{X})=\boldsymbol{C}^{\mathrm{T}}\boldsymbol{X}\boldsymbol{C}$，故

$$\sigma(\boldsymbol{\varepsilon}_1)=\boldsymbol{C}^{\mathrm{T}}\boldsymbol{\varepsilon}_1\boldsymbol{C}=\begin{pmatrix}a&b\\c&d\end{pmatrix}^{\mathrm{T}}\begin{pmatrix}1&0\\0&0\end{pmatrix}\begin{pmatrix}a&b\\c&d\end{pmatrix}$$

$$=\begin{pmatrix}a&c\\b&d\end{pmatrix}\begin{pmatrix}1&0\\0&0\end{pmatrix}\begin{pmatrix}a&b\\c&d\end{pmatrix}=\begin{pmatrix}a^2&ab\\ab&b^2\end{pmatrix}$$

$$=a^2\boldsymbol{\varepsilon}_1+ab\boldsymbol{\varepsilon}_2+ab\boldsymbol{\varepsilon}_3+b^2\boldsymbol{\varepsilon}_4.$$

同理可得

$$\sigma(\boldsymbol{\varepsilon}_2)=\begin{pmatrix}ac & ad\\ bc & bd\end{pmatrix}=ac\boldsymbol{\varepsilon}_1+ad\boldsymbol{\varepsilon}_2+bc\boldsymbol{\varepsilon}_3+bd\boldsymbol{\varepsilon}_4,$$

$$\sigma(\boldsymbol{\varepsilon}_3)=\begin{pmatrix}ac & bc\\ ad & bd\end{pmatrix}=ac\boldsymbol{\varepsilon}_1+bc\boldsymbol{\varepsilon}_2+ad\boldsymbol{\varepsilon}_3+bd\boldsymbol{\varepsilon}_4,$$

$$\sigma(\boldsymbol{\varepsilon}_4)=\begin{pmatrix}c^2 & cd\\ cd & d^2\end{pmatrix}=c^2\boldsymbol{\varepsilon}_1+cd\boldsymbol{\varepsilon}_2+cd\boldsymbol{\varepsilon}_3+d^2\boldsymbol{\varepsilon}_4.$$

于是线性变换 σ 在基 $\boldsymbol{\varepsilon}_1,\boldsymbol{\varepsilon}_2,\boldsymbol{\varepsilon}_3,\boldsymbol{\varepsilon}_4$ 下的矩阵为

$$\begin{pmatrix}a^2 & ac & ac & c^2\\ ab & ad & bc & cd\\ ab & bc & ad & cd\\ b^2 & bd & bd & d^2\end{pmatrix}.$$

例 4.44　六个函数：

$$\alpha_1=\mathrm{e}^{ax}\cos bx,\qquad \alpha_2=\mathrm{e}^{ax}\sin bx,$$

$$\alpha_3=x\mathrm{e}^{ax}\cos bx,\qquad \alpha_4=x\mathrm{e}^{ax}\sin bx,$$

$$\alpha_5=\frac{1}{2}x^2\mathrm{e}^{ax}\cos bx,\qquad \alpha_6=\frac{1}{2}x^2\mathrm{e}^{ax}\sin bx$$

的所有实系数线性组合构成实数域上的一个 6 维线性空间．求微分变换 D 在基 $\alpha_1,\alpha_2,\alpha_3,\alpha_4,\alpha_5,\alpha_6$ 下的矩阵．

解：基 $\alpha_1,\alpha_2,\alpha_3,\alpha_4,\alpha_5,\alpha_6$ 在微分变换 D 下的像分别为

$$\mathrm{D}\alpha_1=(\mathrm{e}^{ax}\cos bx)'=a\alpha_1-b\alpha_2,$$

$$\mathrm{D}\alpha_2=(\mathrm{e}^{ax}\sin bx)'=b\alpha_1+a\alpha_2,$$

$$\mathrm{D}\alpha_3=(x\mathrm{e}^{ax}\cos bx)'=\alpha_1+a\alpha_3-b\alpha_4,$$

$$\mathrm{D}\alpha_4=(x\mathrm{e}^{ax}\sin bx)'=\alpha_2+b\alpha_3+a\alpha_4,$$

$$\mathrm{D}\alpha_5=\left(\frac{1}{2}x^2\mathrm{e}^{ax}\cos bx\right)'=\alpha_3+a\alpha_5-b\alpha_6,$$

$$\mathrm{D}\alpha_6=\left(\frac{1}{2}x^2\mathrm{e}^{ax}\sin bx\right)'=\alpha_4+b\alpha_5+a\alpha_6,$$

因此微分变换 D 在基 $\alpha_1,\alpha_2,\alpha_3,\alpha_4,\alpha_5,\alpha_6$ 下的矩阵为

$$\boldsymbol{A}=\begin{pmatrix}a & b & 1 & 0 & 0 & 0\\ -b & a & 0 & 1 & 0 & 0\\ 0 & 0 & a & b & 1 & 0\\ 0 & 0 & -b & a & 0 & 1\\ 0 & 0 & 0 & 0 & a & b\\ 0 & 0 & 0 & 0 & -b & a\end{pmatrix}.$$

4.5.2 线性变换在不同基下矩阵间的关系

定理4.7 设 $\boldsymbol{\varepsilon}_1,\boldsymbol{\varepsilon}_2,\cdots,\boldsymbol{\varepsilon}_n$ 和 $\boldsymbol{\eta}_1,\boldsymbol{\eta}_2,\cdots,\boldsymbol{\eta}_n$ 是 n 维线性空间 V 的两组基，V 的线性变换 $\mathscr{A}$ 在这两组基下的矩阵分别为 $\boldsymbol{A}$ 和 $\boldsymbol{B}$，且从 $\boldsymbol{\varepsilon}_1,\boldsymbol{\varepsilon}_2,\cdots,\boldsymbol{\varepsilon}_n$ 到 $\boldsymbol{\eta}_1,\boldsymbol{\eta}_2,\cdots,\boldsymbol{\eta}_n$ 的过渡矩阵为 $\boldsymbol{C}$，那么

$$\boldsymbol{B}=\boldsymbol{C}^{-1}\boldsymbol{A}\boldsymbol{C}.$$

证明：由 $\mathscr{A}$ 在基 $\boldsymbol{\varepsilon}_1,\boldsymbol{\varepsilon}_2,\cdots,\boldsymbol{\varepsilon}_n$ 与基 $\boldsymbol{\eta}_1,\boldsymbol{\eta}_2,\cdots,\boldsymbol{\eta}_n$ 下的矩阵分别为 $\boldsymbol{A}$ 和 $\boldsymbol{B}$，有

$$\mathscr{A}(\boldsymbol{\varepsilon}_1,\boldsymbol{\varepsilon}_2,\cdots,\boldsymbol{\varepsilon}_n)=(\boldsymbol{\varepsilon}_1,\boldsymbol{\varepsilon}_2,\cdots,\boldsymbol{\varepsilon}_n)\boldsymbol{A}, \tag{4.27}$$

$$\mathscr{A}(\boldsymbol{\eta}_1,\boldsymbol{\eta}_2,\cdots,\boldsymbol{\eta}_n)=(\boldsymbol{\eta}_1,\boldsymbol{\eta}_2,\cdots,\boldsymbol{\eta}_n)\boldsymbol{B}. \tag{4.28}$$

又因为从基 $\boldsymbol{\varepsilon}_1$，$\boldsymbol{\varepsilon}_2$，$\cdots$，$\boldsymbol{\varepsilon}_n$ 到 $\boldsymbol{\eta}_1$，$\boldsymbol{\eta}_2$，$\cdots$，$\boldsymbol{\eta}_n$ 的过渡矩阵为 $\boldsymbol{C}$，由基变换公式(4.3)得

$$(\boldsymbol{\eta}_1,\boldsymbol{\eta}_2,\cdots,\boldsymbol{\eta}_n)=(\boldsymbol{\varepsilon}_1,\boldsymbol{\varepsilon}_2,\cdots,\boldsymbol{\varepsilon}_n)\boldsymbol{C}. \tag{4.29}$$

从而

$$\begin{aligned}\mathscr{A}(\boldsymbol{\eta}_1,\boldsymbol{\eta}_2,\cdots,\boldsymbol{\eta}_n)&=\mathscr{A}((\boldsymbol{\varepsilon}_1,\boldsymbol{\varepsilon}_2,\cdots,\boldsymbol{\varepsilon}_n)\boldsymbol{C})=\mathscr{A}(\boldsymbol{\varepsilon}_1,\boldsymbol{\varepsilon}_2,\cdots,\boldsymbol{\varepsilon}_n)\boldsymbol{C}\\&=(\boldsymbol{\varepsilon}_1,\boldsymbol{\varepsilon}_2,\cdots,\boldsymbol{\varepsilon}_n)\boldsymbol{A}\cdot\boldsymbol{C}=(\boldsymbol{\eta}_1,\boldsymbol{\eta}_2,\cdots,\boldsymbol{\eta}_n)\boldsymbol{C}^{-1}\boldsymbol{A}\boldsymbol{C}.\end{aligned}$$

比较式(4.28)，由线性变换在同一组基下矩阵是唯一的，即得 $\boldsymbol{B}=\boldsymbol{C}^{-1}\boldsymbol{A}\boldsymbol{C}$. □

例4.45 设 $\boldsymbol{\varepsilon}_1=(-1,0,-2)^{\mathrm{T}}$，$\boldsymbol{\varepsilon}_2=(0,1,2)^{\mathrm{T}}$，$\boldsymbol{\varepsilon}_3=(1,2,5)^{\mathrm{T}}$，$\boldsymbol{\eta}_1=(-1,1,0)^{\mathrm{T}}$，$\boldsymbol{\eta}_2=(-1,2,2)^{\mathrm{T}}$，$\boldsymbol{\eta}_3=(1,0,1)^{\mathrm{T}}$ 为线性空间 $\mathbb{R}^3$ 的两个基. σ 是 $\mathbb{R}^3$ 上的线性变换，且

$$\sigma(\boldsymbol{\varepsilon}_1)=(2,0,-1)^{\mathrm{T}},\ \sigma(\boldsymbol{\varepsilon}_2)=(0,0,1)^{\mathrm{T}},\ \sigma(\boldsymbol{\varepsilon}_3)=(0,1,2)^{\mathrm{T}}.$$

求线性变换 σ 在基 $\boldsymbol{\varepsilon}_1,\boldsymbol{\varepsilon}_2,\boldsymbol{\varepsilon}_3$ 与 $\boldsymbol{\eta}_1,\boldsymbol{\eta}_2,\boldsymbol{\eta}_3$ 下的矩阵.

解：设 σ 在基 $\boldsymbol{\varepsilon}_1,\boldsymbol{\varepsilon}_2,\boldsymbol{\varepsilon}_3$ 与 $\boldsymbol{\eta}_1,\boldsymbol{\eta}_2,\boldsymbol{\eta}_3$ 下的矩阵分别为 $\boldsymbol{A}$ 和 $\boldsymbol{B}$. 则

$$\sigma(\boldsymbol{\varepsilon}_1,\boldsymbol{\varepsilon}_2,\boldsymbol{\varepsilon}_3)=(\sigma(\boldsymbol{\varepsilon}_1),\sigma(\boldsymbol{\varepsilon}_2),\sigma(\boldsymbol{\varepsilon}_3))=(\boldsymbol{\varepsilon}_1,\boldsymbol{\varepsilon}_2,\boldsymbol{\varepsilon}_3)\boldsymbol{A},$$

即

$$\begin{pmatrix}2&0&0\\0&0&1\\-1&1&2\end{pmatrix}=\begin{pmatrix}-1&0&1\\0&1&2\\-2&2&5\end{pmatrix}\boldsymbol{A},$$

解得

$$\boldsymbol{A}=\begin{pmatrix}-1&0&1\\0&1&2\\-2&2&5\end{pmatrix}^{-1}\begin{pmatrix}2&0&0\\0&0&1\\-1&1&2\end{pmatrix}=\begin{pmatrix}3&-1&0\\-10&2&1\\5&-1&0\end{pmatrix}.$$

设由基 $\boldsymbol{\varepsilon}_1,\boldsymbol{\varepsilon}_2,\boldsymbol{\varepsilon}_3$ 到 $\boldsymbol{\eta}_1,\boldsymbol{\eta}_2,\boldsymbol{\eta}_3$ 的过渡矩阵为 $\boldsymbol{C}$，则

$$(\boldsymbol{\eta}_1,\boldsymbol{\eta}_2,\boldsymbol{\eta}_3)=(\boldsymbol{\alpha}_1,\boldsymbol{\alpha}_2,\boldsymbol{\alpha}_3)\boldsymbol{C},$$

即

$$\begin{pmatrix}-1&-1&1\\1&2&0\\0&2&1\end{pmatrix}=\begin{pmatrix}-1&0&1\\0&1&2\\-2&2&5\end{pmatrix}\boldsymbol{C},$$

得

$$\boldsymbol{C}=\begin{pmatrix}-1&0&1\\0&1&2\\-2&2&5\end{pmatrix}^{-1}\begin{pmatrix}-1&-1&1\\1&2&0\\0&2&1\end{pmatrix}=\begin{pmatrix}1&1&0\\1&2&-2\\0&0&1\end{pmatrix},$$

$$\boldsymbol{C}^{-1}=\begin{pmatrix}2&-1&-2\\-1&1&2\\0&0&1\end{pmatrix},$$

于是

$$\boldsymbol{B}=\boldsymbol{C}^{-1}\boldsymbol{A}\boldsymbol{C}=\begin{pmatrix}4&2&3\\-2&-1&-1\\4&3&2\end{pmatrix}.$$

例 4.46　在所有次数小于 3 的实系数多项式构成的线性空间 $\mathbb{R}[x]_3$ 中，求微分变换 D 在基 $f_1=1+x$，$f_2=2x+x^2$，$f_3=3-x^2$ 下的矩阵.

解：由于 $\mathbb{R}[x]_3$ 中标准基 $\varepsilon_1=1$，$\varepsilon_2=x$，$\varepsilon_3=x^2$ 在微分变换 D 下的像分别为

$$\mathrm{D}\varepsilon_1=0,\ \mathrm{D}\varepsilon_2=1,\ \mathrm{D}\varepsilon_3=2x,$$

$$\mathrm{D}(1,x,x^2)=(0,1,2x)=(1,x,x^2)\begin{pmatrix}0&1&0\\0&0&2\\0&0&0\end{pmatrix},$$

即微分变换 D 在标准基 $\varepsilon_1=1$，$\varepsilon_2=x$，$\varepsilon_3=x^2$ 下的矩阵为

$$\boldsymbol{A}=\begin{pmatrix}0&1&0\\0&0&2\\0&0&0\end{pmatrix},$$

由于

$$(f_1,f_2,f_3)=(\varepsilon_1,\varepsilon_2,\varepsilon_3)\begin{pmatrix}1&0&3\\1&2&0\\0&1&-1\end{pmatrix},$$

因此由基 $\varepsilon_1=1$，$\varepsilon_2=x$，$\varepsilon_3=x^2$ 到基 f_1,f_2,f_3 的过渡矩阵为

$$C=\begin{pmatrix}1&0&3\\1&2&0\\0&1&-1\end{pmatrix}.$$

从而 D 在基 f_1,f_2,f_3 下的矩阵为

$$\begin{aligned}\boldsymbol{B}&=\boldsymbol{C}^{-1}\boldsymbol{A}\boldsymbol{C}\\&=\begin{pmatrix}1&0&3\\1&2&0\\0&1&-1\end{pmatrix}^{-1}\begin{pmatrix}0&1&0\\0&0&2\\0&0&0\end{pmatrix}\begin{pmatrix}1&0&3\\1&2&0\\0&1&-1\end{pmatrix}\\&=\begin{pmatrix}-2&2&-6\\1&0&2\\1&0&2\end{pmatrix}.\end{aligned}$$

例 4.47 设 $x^2,x,1$ 是数域 K 上线性空间 $V=K[x]_3$ 的一组基，已知 V 的线性变换 σ 在基 $x^2,x,1$ 下的矩阵为

$$\boldsymbol{A}=\begin{pmatrix}1&2&3\\-1&0&3\\2&1&5\end{pmatrix},$$

求 σ 在基 x^2,x^2+x,x^2+x+1 下的矩阵.

解：将像在基 x^2,x^2+x,x^2+x+1 下线性表示出来，即可求得线性变换 σ 的矩阵.

由题设条件有

$$\sigma(x^2)=(x^2,x,1)\begin{pmatrix}1\\-1\\2\end{pmatrix}=x^2-x+2,$$

$$\sigma(x)=(x^2,x,1)\begin{pmatrix}2\\0\\1\end{pmatrix}=2x^2+1,$$

$$\sigma(1)=(x^2,x,1)\begin{pmatrix}3\\3\\5\end{pmatrix}=3x^2+3x+5,$$

所以

$$\begin{aligned}\sigma(x^2)&=x^2-x+2\\&=2x^2-3(x^2+x)+2(x^2+x+1),\\\sigma(x^2+x)&=\sigma(x^2)+\sigma(x)=3x^2-x+3\\&=4x^2-4(x^2+x)+3(x^2+x+1),\\\sigma(x^2+x+1)&=\sigma(x^2)+\sigma(x)+\sigma(1)=6x^2+2x+8\\&=4x^2-6(x^2+x)+8(x^2+x+1),\end{aligned}$$

即

$$(\sigma(x^2),\sigma(x^2+x),\sigma(x^2+x+1))=(x^2,x^2+x,x^2+x+1)\begin{pmatrix}2&4&4\\-3&-4&-6\\2&3&8\end{pmatrix},$$

所以 σ 在基 x^2，x^2+x，x^2+x+1 下的矩阵是

$$\boldsymbol{B}=\begin{pmatrix}2&4&4\\-3&-4&-6\\2&3&8\end{pmatrix}.$$

通过以上各例得出，为求某一线性变换在一组基下的矩阵，常用的方法是：

（1）若题中没有给线性变换具体的对应规则，但已知一组基在变换下的像，只要将像在原基上线性表示，即可求得线性变换的对应矩阵.

（2）同一变换在不同基下的矩阵是依靠基之间的过渡矩阵联系起来，因此只要求出两组基之间的过渡矩阵，就可从线性变换在其中一组基下的矩阵求得此线性变换在另一组基下的矩阵.

延展阅读

1. 线性空间的同构

定理 4.8 设 V 和 V' 是数域 F 上的两个线性空间，若 σ 为 V 到 V' 的一个同构映射，则下述性质成立：

（1）设 $\mathbf{0}$，$\mathbf{0}'$ 分别为 V，V' 的零向量，$\boldsymbol{\alpha}$ 为 V 中任意向量，则

$$\sigma(\mathbf{0})=\mathbf{0}',\ \sigma(-\boldsymbol{\alpha})=-\sigma(\boldsymbol{\alpha});$$

（2）对任意 $\boldsymbol{\alpha}_i\in V$，$k_i\in F$，$1\leqslant i\leqslant r$，都有

$$\sigma(k_1\boldsymbol{\alpha}_1+k_2\boldsymbol{\alpha}_2+\cdots+k_r\boldsymbol{\alpha}_r)=k_1\sigma(\boldsymbol{\alpha}_1)+k_2\sigma(\boldsymbol{\alpha}_2)+\cdots+k_r\sigma(\boldsymbol{\alpha}_r);$$

（3）V 中元素 $\boldsymbol{\alpha}_1$，$\boldsymbol{\alpha}_2$，…，$\boldsymbol{\alpha}_r$ 线性相关的充分必要条件是它们的像 $\sigma(\boldsymbol{\alpha}_1),\sigma(\boldsymbol{\alpha}_2),\cdots,\sigma(\boldsymbol{\alpha}_r)$ 线性相关；

（4）V 中元素 $\boldsymbol{\alpha}_1$，$\boldsymbol{\alpha}_2$，…，$\boldsymbol{\alpha}_r$ 线性无关的充分必要条件是它们的像 $\sigma(\boldsymbol{\alpha}_1),\sigma(\boldsymbol{\alpha}_2),\cdots,\sigma(\boldsymbol{\alpha}_r)$ 线性无关；

（5）V 中向量 $\boldsymbol{\alpha}_1$，$\boldsymbol{\alpha}_2$，…，$\boldsymbol{\alpha}_n$ 是 V 的一组基的充分必要条件是它们的像 $\sigma(\boldsymbol{\alpha}_1),\sigma(\boldsymbol{\alpha}_2),\cdots,\sigma(\boldsymbol{\alpha}_n)$ 是 V' 的一组基；

（6）若 W 是 V 的子空间，则 $\sigma(W)$ 是 V' 的子空间，且

$$\dim\sigma(W)=\dim W.$$

设 V 是数域 F 上的任意一个 n 维线性空间，取其一组基为 $\boldsymbol{\varepsilon}_1,\boldsymbol{\varepsilon}_2,\cdots,\boldsymbol{\varepsilon}_n$，记 V 中的元素 $\boldsymbol{\alpha}_1,\boldsymbol{\alpha}_2,\cdots,\boldsymbol{\alpha}_r$ 在基 $\boldsymbol{\varepsilon}_1,\boldsymbol{\varepsilon}_2,\cdots,\boldsymbol{\varepsilon}_n$ 下的坐标为 $\boldsymbol{X}_{\alpha_1},\boldsymbol{X}_{\alpha_2},\cdots,\boldsymbol{X}_{\alpha_r}$，据 V 同构于 F^n，σ：$\boldsymbol{\alpha}\to X_{\alpha}$ 是同构映射，利用定理 4.8 的(3)～(6)，可得如下定理.

定理 4.9 V，F^n 如前所述，则有如下性质：

（1）V 中元素 $\boldsymbol{\alpha}_1,\boldsymbol{\alpha}_2,\cdots,\boldsymbol{\alpha}_s$ 线性相关的充分必要条件是其坐标向量（F^n 中元素）

$X_{\alpha_1},X_{\alpha_2},\cdots,X_{\alpha_s}$线性相关；

(2) V中元素$\alpha_1,\alpha_2,\cdots,\alpha_s$线性无关的充分必要条件是其坐标向量($F^n$中元素)$X_{\alpha_1},X_{\alpha_2},\cdots,X_{\alpha_s}$线性无关；

(3) V中元素$\alpha_1,\alpha_2,\cdots,\alpha_n$为$V$的一组基的充分必要条件是其坐标向量($F^n$中元素)$X_{\alpha_1},X_{\alpha_2},\cdots,X_{\alpha_n}$为$F^n$中的一组基，即

$$|[X_{\alpha_1},X_{\alpha_2},\cdots,X_{\alpha_n}]|\neq 0;$$

(4) $\sigma(L(\alpha_1,\alpha_2,\cdots,\alpha_s))=L(X_{\alpha_1},X_{\alpha_2},\cdots,X_{\alpha_s})$，且$\alpha_1,\alpha_2,\cdots,\alpha_s$为$L(\alpha_1,\alpha_2,\cdots,\alpha_s)$的基的充分必要条件是$X_{\alpha_1},X_{\alpha_2},\cdots,X_{\alpha_s}$为$L(X_{\alpha_1},\cdots,X_{\alpha_2},\cdots,X_{\alpha_s})$的基. 故

$$\dim L(\alpha_1,\alpha_2,\cdots,\alpha_s)=\dim L(X_{\alpha_1},X_{\alpha_2},\cdots,X_{\alpha_s}).$$

利用定理4.9可在一般的抽象线性空间V中解决同样的一系列问题. 这样若将F^n的结构研究清楚了，就可推断出V的结构. 所以说一般抽象的n维线性空间可归结为F^n的研究. 我们可以直接验证线性空间之间的同构关系具有反身性、对称性、传递性. 于是数域F上所有有限维线性空间可按同构分类，由定理4.9知，所有维数相同的线性空间恰为一类. 而在维数为n的线性空间所在类中，可取F^n作为代表，以F^n来推断一般的n维线性空间.

例4.48　在线性空间$\mathbb{R}^{2\times2}$中取

$$\alpha_1=\begin{pmatrix}1&2\\3&4\end{pmatrix},\ \alpha_2=\begin{pmatrix}3&1\\9&12\end{pmatrix},\ \alpha_3=\begin{pmatrix}2&5\\6&8\end{pmatrix},$$
$$\alpha_4=\begin{pmatrix}1&6\\2&3\end{pmatrix},\ \alpha_5=\begin{pmatrix}2&5\\5&7\end{pmatrix}.$$

(1) 试问向量组(Ⅰ)：$\alpha_1,\alpha_2,\alpha_3$；(Ⅱ)：$\alpha_1,\alpha_2,\alpha_4$是线性相关，还是线性无关？

(2) 求$L(\alpha_1,\alpha_2,\alpha_3,\alpha_4,\alpha_5)$的维数与一组基.

解：(1) 在$\mathbb{R}^{2\times2}$中取一组常用基

$$E_{11}=\begin{pmatrix}1&0\\0&0\end{pmatrix},\ E_{12}=\begin{pmatrix}0&1\\0&0\end{pmatrix},$$
$$E_{21}=\begin{pmatrix}0&0\\1&0\end{pmatrix},\ E_{22}=\begin{pmatrix}0&0\\0&1\end{pmatrix},$$

则$\alpha_1,\alpha_2,\alpha_3,\alpha_4$在这组基下的坐标分别为

$$X_{\alpha_1}=(1,2,3,4)^{\mathrm T},\ X_{\alpha_2}=(3,1,9,12)^{\mathrm T},$$
$$X_{\alpha_3}=(2,5,6,8)^{\mathrm T},\ X_{\alpha_4}=(1,6,2,3)^{\mathrm T},$$
$$X_{\alpha_5}=(2,5,5,7)^{\mathrm T}.$$

据定理4.9，只要求出

$$(\text{Ⅰ}'):X_{\alpha_1},X_{\alpha_2},X_{\alpha_3};\ (\text{Ⅱ}'):X_{\alpha_1},X_{\alpha_2},X_{\alpha_4}$$

的线性关系就够了. 为此可对下列矩阵作初等行变换化为阶梯形矩阵

$$\begin{pmatrix}1&3&2&1&2\\2&1&5&6&5\\3&9&6&2&5\\4&12&8&3&7\end{pmatrix}\to\begin{pmatrix}1&3&2&1&2\\0&-5&1&4&1\\0&0&0&-1&-1\\0&0&0&0&0\end{pmatrix}.\tag{4.30}$$

据式(4.30)知，$X_{\alpha_1},X_{\alpha_2},X_{\alpha_3}$线性相关，$X_{\alpha_1},X_{\alpha_2},X_{\alpha_4}$线性无关，从而推知：$\alpha_1,\alpha_2,\alpha_3$线性相关，$\alpha_1,\alpha_2,\alpha_4$线性无关.

(2) 根据定理4.9，只需求出$L(X_{\alpha_1},X_{\alpha_2},X_{\alpha_3},X_{\alpha_4},X_{\alpha_5})$的维数与一组基. 由式(4.30)知，$L(X_{\alpha_1},X_{\alpha_2},X_{\alpha_3},X_{\alpha_4},X_{\alpha_5})$的维数为3，一组基为$X_{\alpha_1},X_{\alpha_2},X_{\alpha_4}$. 从而推知

$$\dim L(\alpha_1,\alpha_2,\alpha_3,\alpha_4,\alpha_5)=3,$$

一组基为$\alpha_1,\alpha_2,\alpha_4$.

例4.49　设$\varepsilon_1,\varepsilon_2,\cdots,\varepsilon_n$是数域$F$上的$n$维线性空间$V$的一组基，$A$是一个$n\times s$矩阵，

$$(\beta_1,\beta_2,\cdots,\beta_s)=(\varepsilon_1,\varepsilon_2,\cdots,\varepsilon_n)A,$$

证明：$L(\beta_1,\beta_2,\cdots,\beta_s)$的维数等于矩阵$A$的秩.

证明：设$\beta_1,\beta_2,\cdots,\beta_s$在基$\varepsilon_1,\varepsilon_2,\cdots,\varepsilon_n$下的坐标分别为$X_{\beta_1},X_{\beta_2},\cdots,X_{\beta_s}\in K^n$，据定理4.9的(4)知

$$\dim L(\beta_1,\beta_2,\cdots,\beta_s)=\dim L(X_{\beta_1},X_{\beta_2},\cdots,X_{\beta_s}),$$

$\dim L(X_{\beta_1},X_{\beta_2},\cdots,X_{\beta_s})$恰为向量组$X_{\beta_1},X_{\beta_2},\cdots,X_{\beta_s}$的秩$r$，而向量组$X_{\beta_1},X_{\beta_2},\cdots,X_{\beta_s}$恰为矩阵$A$

的 s 个列向量，故其秩 r 即为矩阵 $\boldsymbol{A}$ 的秩，此即

$$\dim L(\boldsymbol{\beta}_1,\boldsymbol{\beta}_2,\cdots,\boldsymbol{\beta}_s)=r(\boldsymbol{A}).$$

□

进一步地，也有欧氏空间的同构.

定义 4.19 设 V_1 与 V_2 为两个有限维欧氏空间. 若 σ 是线性空间 V_1 到 V_2 上的一个同构映射，且还满足

$$(\sigma(\boldsymbol{\alpha}),\sigma(\boldsymbol{\beta}))=(\boldsymbol{\alpha},\boldsymbol{\beta}),\quad \forall \boldsymbol{\alpha},\boldsymbol{\beta}\in V_1.$$

则称欧氏空间 V_1 与 V_2 **同构**.

定理 4.10 两个有限维欧氏空间同构的充分必要条件是它们的维数相同.

由上述定理可知，从抽象的观点来看，欧氏空间的结构完全被它的维数决定.

2. 矛盾方程的最小二乘解

当非齐次线性方程组 $\boldsymbol{A}_{m\times n}\boldsymbol{x}=\boldsymbol{b}$ 无解时，此时称它为矛盾方程. 对于矛盾的线性方程组，只能研究其近似解，这时要设法找一个 n 维列向量 $\boldsymbol{x}_0$，使得 $|\boldsymbol{b}-\boldsymbol{A}\boldsymbol{x}_0|^2$ 最小，即这两个向量间距离最短，称 $\boldsymbol{x}_0$ 为线性方程组 $\boldsymbol{A}\boldsymbol{x}=\boldsymbol{b}$ 的最小二乘解. 如何求最小二乘解呢?

我们知道，对任何矩阵 $\boldsymbol{A}$，向量 $\boldsymbol{A}\boldsymbol{x}$ 总是属于 $\boldsymbol{A}$ 的列向量组生成的子空间 $L(\boldsymbol{A})$，要使向量 $\boldsymbol{b}$ 与向量 $\boldsymbol{A}\boldsymbol{x}$ 间距离最短，$\boldsymbol{x}_0$ 应使向量 $\boldsymbol{A}\boldsymbol{x}_0$ 为向量 $\boldsymbol{b}$ 在子空间 $L(\boldsymbol{A})$ 上的正交投影向量，从而需满足 $\boldsymbol{b}-\boldsymbol{A}\boldsymbol{x}_0$ 垂直 $L(\boldsymbol{A})$，即 $\boldsymbol{b}-\boldsymbol{A}\boldsymbol{x}_0$ 与 $\boldsymbol{A}$ 的列向量组作内积等于零，即 $\boldsymbol{A}^{\mathrm{T}}(\boldsymbol{b}-\boldsymbol{A}\boldsymbol{x}_0)=\boldsymbol{0}$，所以 $\boldsymbol{x}_0$ 是线性方程组 $\boldsymbol{A}^{\mathrm{T}}\boldsymbol{A}\boldsymbol{x}=\boldsymbol{A}^{\mathrm{T}}\boldsymbol{b}$ 的解向量，而线性方程组 $\boldsymbol{A}^{\mathrm{T}}\boldsymbol{A}\boldsymbol{x}=\boldsymbol{A}^{\mathrm{T}}\boldsymbol{b}$ 一定有解，从而求到线性方程组 $\boldsymbol{A}\boldsymbol{x}=\boldsymbol{b}$ 的最小二乘解.

例 4.50 设

$$\boldsymbol{A}=\begin{pmatrix}1&1&0\\1&0&1\\1&1&1\\1&2&-1\end{pmatrix},\ \boldsymbol{b}=\begin{pmatrix}1\\2\\0\\-1\end{pmatrix}.$$

求 $\boldsymbol{A}\boldsymbol{x}=\boldsymbol{b}$ 的最小二乘解.

解：由

$$\boldsymbol{A}^{\mathrm{T}}\boldsymbol{A}\boldsymbol{x}=\begin{pmatrix}4&4&1\\4&6&-1\\1&-1&3\end{pmatrix}\begin{pmatrix}x_1\\x_2\\x_3\end{pmatrix}=\begin{pmatrix}2\\-1\\3\end{pmatrix}=\boldsymbol{A}^{\mathrm{T}}\boldsymbol{b},$$

解之得

$$x_1=\frac{17}{6},\ x_2=-\frac{13}{6},\ x_3=-\frac{2}{3}.$$

故 $\boldsymbol{A}\boldsymbol{x}=\boldsymbol{b}$ 的最小二乘解为

$$\boldsymbol{x}_0=\left(\frac{17}{6},-\frac{13}{6},-\frac{2}{3}\right)^{\mathrm{T}}.$$

习题四

（一）

1. 试判断下列集合对所指定的运算是否构成实数域 $\mathbb{R}$ 上的线性空间：

（1）实数域 $\mathbb{R}$ 上的全体 n 阶实对称矩阵的集合，对矩阵的加法和数乘；

（2）平面上不平行于某一向量的全体向量集合，依照二维向量的加法和数乘；

（3）平面上全体向量对于通常的向量加法和数乘 $k\boldsymbol{\alpha}=\boldsymbol{0}$，$k\in\mathbb{R}$；

（4）全体复数集合依照数的加法及数的乘法作数乘.

2. 设 $C(\mathbb{R})$ 是实数域 $\mathbb{R}$ 上所有实函数的集合. 对任意 f，$g\in C(\mathbb{R})$，$\lambda\in\mathbb{R}$，定义

$$(f+g)(x)=f(x)+g(x),\ (\lambda f)(x)=\lambda f(x),\ x\in\mathbb{R}.$$

对于这两种运算，$C(\mathbb{R})$ 构成 $\mathbb{R}$ 上的线性空间. 问下列子集是否是 $C(\mathbb{R})$ 的子空间？为什么？

（1）所有连续函数的集合 W_1；

（2）所有可微函数的集合 W_2；

（3）所有偶函数的集合 W_3；

（4）所有奇函数的集合 W_4；

（5）$W_5=\{f\in C(\mathbb{R})\mid f(0)=f(1)\}$；

(6) $W_6=\{f\in C(\mathbb{R})\mid f(1)=1+f(0)\}$.

3. 在线性空间 $\mathbb{R}^{n\times n}$ 中，取一个固定矩阵 $\boldsymbol{A}$，试证：与 $\boldsymbol{A}$ 可交换的全体矩阵构成 $\mathbb{R}^{n\times n}$ 的一个子空间.

4. 设 W_1 与 W_2 都是 V 的子空间，试证明：$W_1\cup W_2$ 为 V 的子空间的充分必要条件是 $W_1\subseteq W_2$ 或 $W_2\subseteq W_1$.

5. 证明

$$W=\left\{\begin{pmatrix} a & b\\ -b & a\end{pmatrix}\;\middle|\; a,\ b\in\mathbb{R}\right\}$$

是 $\mathbb{R}^{2\times 2}$ 的一个子空间，确定它的维数，并且求出它的一个基.

6. 试求齐次线性方程组

$$\begin{cases}2x_1+x_2-x_3+x_4-3x_5=0,\\ x_1+x_2-x_3\qquad\ \ +\ x_5=0\end{cases}$$

的解空间的维数和一组基.

7. 令

$$\omega=\frac{-1+\sqrt{3}\mathrm{i}}{2},\ Q(\omega)=\{a+b\omega\mid a,\ b\in\mathbb{Q}\},$$

其中 $\mathbb{Q}$ 为有理数域，$Q(\omega)$ 中元素的加法及数乘运算分别为通常数的加法及乘法. 求证：$Q(\omega)$ 关于这两种运算构成 $\mathbb{Q}$ 上的线性空间，并求 $Q(\omega)$ 的维数和一组基.

8. 验证集合

$$\left\{\begin{pmatrix} a_{11} & a_{12}\\ a_{21} & a_{22}\end{pmatrix}\in M^{2\times 2}\;\middle|\; a_{11}+a_{12}+a_{21}+a_{22}=0\right\}$$

是 $M^{2\times 2}$ 的子空间，并且求出它的维数和一组基.

9. 在 $\mathbb{R}^4$ 中，令

$$\boldsymbol{\alpha}_1=(1,1,-1,-1)^{\mathrm{T}},\ \boldsymbol{\alpha}_2=(4,5,-2,-7)^{\mathrm{T}},$$
$$\boldsymbol{\alpha}_3=(0,1,0,-1)^{\mathrm{T}},$$
$$\boldsymbol{\alpha}_4=(3,2,-1,-4)^{\mathrm{T}},\ \boldsymbol{\alpha}_5=(-1,0,0,1)^{\mathrm{T}}.$$

求由 $\boldsymbol{\alpha}_1,\boldsymbol{\alpha}_2,\boldsymbol{\alpha}_3,\boldsymbol{\alpha}_4,\boldsymbol{\alpha}_5$ 生成的子空间 $L(\boldsymbol{\alpha}_1,\boldsymbol{\alpha}_2,\boldsymbol{\alpha}_3,\boldsymbol{\alpha}_4,\boldsymbol{\alpha}_5)$ 的维数和一组基.

10. 设 U 是线性空间 V 的子空间，并且 U 与 V 的维数相等. 证明 $U=V$.

11. 试求实数域上关于矩阵 $\boldsymbol{A}$ 的全体实系数多项式构成的线性空间 V 的一组基及维数，其中

$$\boldsymbol{A}=\begin{pmatrix}1 & 0 & 0\\ 0 & \omega & 0\\ 0 & 0 & \omega^2\end{pmatrix},\ \omega=\frac{-1+\sqrt{3}\mathrm{i}}{2}.$$

12. 求证：$\boldsymbol{\alpha}_1=(1,-1,0)$，$\boldsymbol{\alpha}_2=(2,1,3)$，$\boldsymbol{\alpha}_3=(3,1,2)$ 为 $\mathbb{R}^3$ 的一组基，并求 $\boldsymbol{\beta}_1=(5,0,7)$，$\boldsymbol{\beta}_2=(-9,-8,-13)$ 在这个基下的坐标.

13. 验证

$f_1(x)=2,\ f_2(x)=x-1,\ f_3(x)=(x+1)^2,\ f_4(x)=x^3$ 是线性空间 $\mathbb{R}[x]_4$ 的一组基，求 $g(x)=2x^3-x^2+6x+5$ 在该基下的坐标.

14. 在三维线性空间的基 $\boldsymbol{\alpha}_1,\boldsymbol{\alpha}_2,\boldsymbol{\alpha}_3$ 下，非零向量 $\boldsymbol{\alpha}$ 的坐标为 $(a_1,a_2,a_3)^{\mathrm{T}}$，试选取一组基，使得 $\boldsymbol{\alpha}$ 在这组基下的坐标为 $(1,0,0)^{\mathrm{T}}$.

15. $K[x]_4$ 是数域 K 上次数不超过 3 的多项式全体和零多项式按通常多项式加法与数乘构成的向量空间. 现有两组基：

Σ_1：$p_1=1$，$p_2=1+x$，$p_3=2x^2$，$p_4=x^3$；

Σ_2：$\beta_1=2x^3+x^2+1$，$\beta_2=x^2+2x+2$，

$\beta_3=-2x^3+x^2+x+2$，$\beta_4=x^3+3x^2+x+2$，

求基变换公式.

16. 实线性空间的两组基分别为

$$\boldsymbol{\varepsilon}_1=\begin{pmatrix}1 & 0\\ 0 & 0\end{pmatrix},\ \boldsymbol{\varepsilon}_2=\begin{pmatrix}0 & 1\\ 0 & 0\end{pmatrix},\ \boldsymbol{\varepsilon}_3=\begin{pmatrix}0 & 0\\ 1 & 0\end{pmatrix},\ \boldsymbol{\varepsilon}_4=\begin{pmatrix}0 & 0\\ 0 & 1\end{pmatrix};$$

$$\boldsymbol{\eta}_1=\begin{pmatrix}0 & 1\\ 1 & 1\end{pmatrix},\ \boldsymbol{\eta}_2=\begin{pmatrix}1 & 0\\ 1 & 1\end{pmatrix},\ \boldsymbol{\eta}_3=\begin{pmatrix}1 & 1\\ 0 & 1\end{pmatrix},\ \boldsymbol{\eta}_4=\begin{pmatrix}1 & 1\\ 1 & 0\end{pmatrix}.$$

试求从基 $\boldsymbol{\varepsilon}_1,\boldsymbol{\varepsilon}_2,\boldsymbol{\varepsilon}_3,\boldsymbol{\varepsilon}_4$ 到基 $\boldsymbol{\eta}_1,\boldsymbol{\eta}_2,\boldsymbol{\eta}_3,\boldsymbol{\eta}_4$ 的过渡矩阵，并求矩阵

$$\boldsymbol{\delta}=\begin{pmatrix}0 & 1\\ 2 & 3\end{pmatrix}$$

在这两组基下的坐标.

17. 在 $\mathbb{R}^4$ 中，设

$$\boldsymbol{\alpha}_1=\begin{pmatrix}1\\1\\1\\2\end{pmatrix},\ \boldsymbol{\alpha}_2=\begin{pmatrix}2\\1\\3\\2\end{pmatrix},\ \boldsymbol{\beta}_1=\begin{pmatrix}3\\1\\-1\\0\end{pmatrix},\ \boldsymbol{\beta}_2=\begin{pmatrix}1\\2\\-2\\1\end{pmatrix}.$$

试求：

(1) $(\boldsymbol{\alpha}_1,\boldsymbol{\beta}_1),(\boldsymbol{\alpha}_2,\boldsymbol{\beta}_2)$；

(2) $|\boldsymbol{\alpha}_1|$，$|\boldsymbol{\beta}_1|$，$|\boldsymbol{\alpha}_1-\boldsymbol{\beta}_1|$，$|\boldsymbol{\alpha}_2-\boldsymbol{\beta}_2|$；

(3) $\langle\boldsymbol{\alpha}_1,\boldsymbol{\beta}_1\rangle,\langle\boldsymbol{\alpha}_2,\boldsymbol{\beta}_2\rangle$.

18. 在 $\mathbb{R}^4$ 中，求一个单位向量，使之与下列向量都正交：

$$\boldsymbol{\alpha}_1=\begin{pmatrix}1\\1\\1\\-1\end{pmatrix},\ \boldsymbol{\alpha}_2=\begin{pmatrix}1\\-1\\1\\-1\end{pmatrix},\ \boldsymbol{\alpha}_3=\begin{pmatrix}2\\1\\3\\1\end{pmatrix}.$$

19. 由以下 $\mathbb{R}^3$ 的基，利用施密特正交化构造 $\mathbb{R}^3$ 的标准正交基：

（1）$\boldsymbol{\alpha}_1=\begin{pmatrix}2\\-1\\-3\end{pmatrix}$，$\boldsymbol{\alpha}_2=\begin{pmatrix}-1\\5\\1\end{pmatrix}$，$\boldsymbol{\alpha}_3=\begin{pmatrix}14\\1\\9\end{pmatrix}$；

（2）$\boldsymbol{\alpha}_1=\begin{pmatrix}2\\0\\0\end{pmatrix}$，$\boldsymbol{\alpha}_2=\begin{pmatrix}0\\1\\-1\end{pmatrix}$，$\boldsymbol{\alpha}_3=\begin{pmatrix}5\\6\\0\end{pmatrix}$.

20. 设 $\boldsymbol{\varepsilon}_1$，$\boldsymbol{\varepsilon}_2$，$\boldsymbol{\varepsilon}_3$ 是 $\mathbb{R}^3$ 中的一个标准正交基. 且

$$\boldsymbol{\alpha}=3\boldsymbol{\varepsilon}_1-2\boldsymbol{\varepsilon}_2+\boldsymbol{\varepsilon}_3,\ \boldsymbol{\beta}=\boldsymbol{\varepsilon}_1+\boldsymbol{\varepsilon}_2+2\boldsymbol{\varepsilon}_3,$$

试求：$(\boldsymbol{\alpha},\boldsymbol{\beta})$，$|\boldsymbol{\alpha}|$，$|\boldsymbol{\beta}|$，$<\boldsymbol{\alpha},\boldsymbol{\beta}>$.

21. 设 $\boldsymbol{\alpha}_1,\boldsymbol{\alpha}_2,\cdots,\boldsymbol{\alpha}_n$ 是 $\mathbb{R}^n$ 的基，$\boldsymbol{\beta}\in\mathbb{R}^n$.

（1）若 $\boldsymbol{\beta}\in\mathbb{R}^n$，有 $(\boldsymbol{\alpha}_i,\boldsymbol{\beta})=0\ (i=1,2,\cdots,n)$，则 $\boldsymbol{\beta}=\mathbf{0}$；

（2）若 $\boldsymbol{\alpha}$，$\boldsymbol{\beta}\in\mathbb{R}^n$，对任意 $\boldsymbol{\gamma}\in\mathbb{R}^n$，有 $(\boldsymbol{\alpha},\boldsymbol{\gamma})=(\boldsymbol{\beta},\boldsymbol{\gamma})$，则 $\boldsymbol{\alpha}=\boldsymbol{\beta}$.

22. 设 $\boldsymbol{\varepsilon}_1,\boldsymbol{\varepsilon}_2,\boldsymbol{\varepsilon}_3$ 是数域 K 上三维欧氏空间 V 的一组标准正交基，

$$\boldsymbol{\alpha}=3\boldsymbol{\varepsilon}_1+2\boldsymbol{\varepsilon}_2+4\boldsymbol{\varepsilon}_3,\ \boldsymbol{\beta}=\boldsymbol{\varepsilon}_1-2\boldsymbol{\varepsilon}_2.$$

（1）求与 $\boldsymbol{\alpha}$，$\boldsymbol{\beta}$ 都正交的全部向量；

（2）求与 $\boldsymbol{\alpha}$，$\boldsymbol{\beta}$ 都正交的全部单位向量.

23. 求齐次线性方程组

$$\begin{cases}3x_1-x_2-x_3+x_4=0,\\ x_1+2x_2-x_3-x_4=0\end{cases}$$

解空间的一个标准正交基.

24. 在 $\mathbb{R}^4$ 中，设

$$\boldsymbol{\alpha}_1=\begin{pmatrix}1\\1\\1\\1\end{pmatrix},\ \boldsymbol{\alpha}_2=\begin{pmatrix}1\\-2\\0\\0\end{pmatrix},$$

令

$$S=\{\boldsymbol{\alpha}\in\mathbb{R}^4\mid(\boldsymbol{\alpha},\boldsymbol{\alpha}_1)=0,\ (\boldsymbol{\alpha},\boldsymbol{\alpha}_2)=0\}.$$

（1）求 S 的一个标准正交基；

（2）将（1）中求得的 S 的标准正交基，扩充为 $\mathbb{R}^4$ 的标准正交基.

25. 设 $\boldsymbol{\alpha}_1,\boldsymbol{\alpha}_2,\cdots,\boldsymbol{\alpha}_s$ 是 $\mathbb{R}^n$ 中的向量，L 是由 $\boldsymbol{\alpha}_1,\boldsymbol{\alpha}_2,\cdots,\boldsymbol{\alpha}_s$ 生成的子空间. 若有 $\boldsymbol{\beta}\in\mathbb{R}^n$，$(\boldsymbol{\beta},\boldsymbol{\alpha}_j)=0\ (j=1,2,\cdots,s)$. 证明：$\boldsymbol{\beta}$ 与 L 中的每一个向量都正交.

26. 判断下列矩阵是否正交矩阵：

（1）$\dfrac{1}{6}\begin{pmatrix}6&-3&2\\-3&6&3\\2&3&-6\end{pmatrix}$；

（2）$\dfrac{1}{9}\begin{pmatrix}1&-8&-4\\-8&1&-4\\-4&-4&7\end{pmatrix}$.

27. 求实数 a,b,c，使 $\boldsymbol{A}$ 为正交矩阵. 其中

$$\boldsymbol{A}=\begin{pmatrix}0&1&0\\a&0&c\\b&0&\dfrac{1}{2}\end{pmatrix}$$

28. 设实矩阵 $\boldsymbol{A}$ 为正交矩阵，证明 $\boldsymbol{A}^{-1}$ 和 $\boldsymbol{A}^*$ 都是正交矩阵.

29. 设 $\boldsymbol{A}$ 和 $\boldsymbol{B}$ 都是 n 阶正交矩阵，证明 $\boldsymbol{AB}$ 也是正交矩阵.

30. 设 $\boldsymbol{A}$ 为实对称矩阵，且 $\boldsymbol{A}^2+6\boldsymbol{A}+8\boldsymbol{E}=\boldsymbol{O}$. 证明矩阵 $\boldsymbol{A}+3\boldsymbol{E}$ 是正交矩阵.

31. 设 $\boldsymbol{A}$ 和 $\boldsymbol{B}$ 都是正交矩阵，证明 $\begin{pmatrix}\boldsymbol{A}&\boldsymbol{O}\\\boldsymbol{O}&\boldsymbol{B}\end{pmatrix}$ 也是正交矩阵.

32. 已知向量 $\boldsymbol{\beta}$ 与 $\boldsymbol{\alpha}_1,\boldsymbol{\alpha}_2,\cdots,\boldsymbol{\alpha}_m$ 都正交，证明：$\boldsymbol{\beta}$ 与 $\boldsymbol{\alpha}_1,\boldsymbol{\alpha}_2,\cdots,\boldsymbol{\alpha}_m$ 的任一线性组合都正交.

33. 设 $\boldsymbol{\alpha}_1,\boldsymbol{\alpha}_2,\cdots,\boldsymbol{\alpha}_{n-1}$ 是 $\mathbb{R}^n$ 中线性无关的向量组，又向量 $\boldsymbol{\beta}_1,\boldsymbol{\beta}_2$ 都与 $\boldsymbol{\alpha}_1,\boldsymbol{\alpha}_2,\cdots,\boldsymbol{\alpha}_{n-1}$ 正交，证明：向量 $\boldsymbol{\beta}_1,\boldsymbol{\beta}_2$ 线性相关.

34. 设 $\boldsymbol{A}$ 为 n 阶实矩阵，$\boldsymbol{\alpha},\boldsymbol{\beta}$ 为 n 维实列向量，证明：$(\boldsymbol{A\alpha},\ \boldsymbol{\beta})=(\boldsymbol{\alpha},\ \boldsymbol{A}^{\mathrm{T}}\boldsymbol{\beta})$.

35. 设 $\boldsymbol{A}$ 为实反对称矩阵，$\boldsymbol{\alpha}$ 是 n 维实列向量，且 $\boldsymbol{A\alpha}=\boldsymbol{\beta}$，证明：$\boldsymbol{\alpha}$ 与 $\boldsymbol{\beta}$ 正交.

36. 设 $\mathbb{R}^{n\times n}$ 表示全体 n 阶实矩阵所构成的线性空间，在 $\mathbb{R}^{n\times n}$ 上定义一个二元实函数 $(\ ,\ )$：

$$(\boldsymbol{A},\boldsymbol{B})=\mathrm{tr}(\boldsymbol{AB}^{\mathrm{T}}),\ \boldsymbol{A},\boldsymbol{B}\in\mathbb{R}^{n\times n}.$$

（1）证明 $(\ ,\ )$ 满足内积的条件，从而 $\mathbb{R}^{n\times n}$ 作成一个欧氏空间；

（2）求这个欧氏空间的一组标准正交基.

37. 试考察下列线性空间所定义的变换是否是线性变换：

（1）V 是一线性空间，$\boldsymbol{\alpha}_0$ 是 V 中非零向量，定义

$$\mathscr{A}(\boldsymbol{\alpha})=\boldsymbol{\alpha}+\boldsymbol{\alpha}_0,\ \boldsymbol{\alpha}\in V;$$

（2）V 是一线性空间，$\boldsymbol{\alpha}_0$ 是 V 中非零向量，定义

$$\mathscr{A}(\boldsymbol{\alpha})=(\boldsymbol{\alpha},\boldsymbol{\alpha}_0)\boldsymbol{\alpha}_0,\ \boldsymbol{\alpha}\in V;$$

（3）$F[x]$中，定义

$$\mathscr{A}(p(x))=p(x+1),\ p(x)\in F[x];$$

（4）$F[x]$中，定义

$$\mathscr{A}(p(x))=p(x_0),\ p(x)\in F[x],$$

其中 x_0 是固定的数；

（5）$F[x]$中，定义

$$\mathscr{A}(p(x))=xp(x),\ p(x)\in F[x];$$

（6）$\mathbb{R}^{n\times n}$中，定义

$$\mathscr{A}(\boldsymbol{A})=\boldsymbol{A}^2,\ \boldsymbol{A}\in\mathbb{R}^{n\times n};$$

（7）$\mathbb{R}^3$ 中，**投影变换** $\mathscr{P}$的定义为

$$\mathscr{P}\left(\begin{pmatrix}x_1\\x_2\\x_3\end{pmatrix}\right)=\begin{pmatrix}x_1\\x_2\\0\end{pmatrix},\ \begin{pmatrix}x_1\\x_2\\x_3\end{pmatrix}\in\mathbb{R}^3.$$

38. V是实线性空间 $C[a,\ b]$中由函数

$f_1=\mathrm{e}^{2x}\cos3x$，$f_2=\mathrm{e}^{2x}\sin3x$，$f_3=x\mathrm{e}^{2x}\cos3x$，$f_4=x\mathrm{e}^{2x}\sin3x$ 所生成的子空间.

（1）试证f_1，f_2，f_3，f_4 为 V的一组基.

（2）求微分变换 D 在这组基下的矩阵.

39. $\mathbb{R}^3$ 中，线性变换 $\mathscr{A}$ 将一组基 $\boldsymbol{\alpha}_1$，$\boldsymbol{\alpha}_2$，$\boldsymbol{\alpha}_3$ 变到 $\mathscr{A}\boldsymbol{\alpha}_1$，$\mathscr{A}\boldsymbol{\alpha}_2$，$\mathscr{A}\boldsymbol{\alpha}_3$，这些向量分别是

$$\boldsymbol{\alpha}_1=\begin{pmatrix}-1\\0\\2\end{pmatrix},\ \boldsymbol{\alpha}_2=\begin{pmatrix}0\\1\\1\end{pmatrix},\ \boldsymbol{\alpha}_3=\begin{pmatrix}-3\\-1\\0\end{pmatrix};$$

$$\mathscr{A}(\boldsymbol{\alpha}_1)=\begin{pmatrix}-5\\0\\3\end{pmatrix},\ \mathscr{A}(\boldsymbol{\alpha}_2)=\begin{pmatrix}0\\-1\\6\end{pmatrix},\ \mathscr{A}(\boldsymbol{\alpha}_3)=\begin{pmatrix}-5\\-1\\9\end{pmatrix}.$$

（1）求 $\mathscr{A}$ 在基 $\boldsymbol{\alpha}_1$，$\boldsymbol{\alpha}_2$，$\boldsymbol{\alpha}_3$ 下的矩阵；

（2）求 $\mathscr{A}$ 在基 $\boldsymbol{e}_1$，$\boldsymbol{e}_2$，$\boldsymbol{e}_3$ 下的矩阵，此处

$$\boldsymbol{e}_1=\begin{pmatrix}1\\0\\0\end{pmatrix},\ \boldsymbol{e}_2=\begin{pmatrix}0\\1\\0\end{pmatrix},\ \boldsymbol{e}_3=\begin{pmatrix}0\\0\\1\end{pmatrix};$$

（3）求 $\mathscr{A}(\boldsymbol{x})$的表达式，这里 $\boldsymbol{x}=(x_1,x_2,x_3)^{\mathrm{T}}$.

40. 在 $M^{2\times2}$中，定义线性变换：

$$\mathscr{A}_1(\boldsymbol{P})=\boldsymbol{P}\boldsymbol{M}_0,\ \mathscr{A}_2(\boldsymbol{P})=\boldsymbol{M}_0\boldsymbol{P},\ \boldsymbol{P}\in\boldsymbol{M}^{2\times2},$$

其中 $\boldsymbol{M}_0$ 是一个固定的矩阵，且

$$\boldsymbol{M}_0=\begin{pmatrix}a&b\\c&d\end{pmatrix}.$$

（1）分别求 $\mathscr{A}_1$,$\mathscr{A}_2$ 在基

$$\boldsymbol{\varepsilon}_1=\begin{pmatrix}1&0\\0&0\end{pmatrix},\ \boldsymbol{\varepsilon}_2=\begin{pmatrix}0&1\\0&0\end{pmatrix},\ \boldsymbol{\varepsilon}_3=\begin{pmatrix}0&0\\1&0\end{pmatrix},\ \boldsymbol{\varepsilon}_4=\begin{pmatrix}0&0\\0&1\end{pmatrix}$$

下的矩阵.

（2）分别求 $\mathscr{A}_1$,$\mathscr{A}_2$ 在基

$$\boldsymbol{\xi}_1=\begin{pmatrix}1&1\\1&1\end{pmatrix},\ \boldsymbol{\xi}_2=\begin{pmatrix}1&-1\\1&-1\end{pmatrix},$$

$$\boldsymbol{\xi}_3=\begin{pmatrix}1&1\\-1&-1\end{pmatrix},\ \boldsymbol{\xi}_4=\begin{pmatrix}-1&1\\1&-1\end{pmatrix}$$

下的矩阵.

41. 次数不超过 3 的多项式全体和零多项式按通常多项式加法与数乘构成向量空间 $K[x]_4$. 求微分运算 D 在基 $\alpha_1,\alpha_2,\alpha_3,\alpha_4$ 下的矩阵，此处

$$\alpha_1=x^3+2x^2-x,\ \alpha_2=x^3-x^2+x+1,$$

$$\alpha_3=-x^3+2x^2+x+1,\ \alpha_4=-x^3-x^2+1.$$

42. 在 $\mathbb{R}^3$ 中，T 表示将向量投影到平面的线性变换，即

$$T(x\boldsymbol{i}+y\boldsymbol{j}+z\boldsymbol{k})=x\boldsymbol{i}+y\boldsymbol{j}.$$

（1）取基为 $\boldsymbol{i}$，$\boldsymbol{j}$，$\boldsymbol{k}$，求 T 的矩阵；

（2）取基为 $\boldsymbol{i}$，$\boldsymbol{j}$，$\boldsymbol{i}+\boldsymbol{j}+\boldsymbol{k}$，求 T 的矩阵.

43. 设 V_2 中线性变换 T 在基 $\boldsymbol{\alpha}_1$,$\boldsymbol{\alpha}_2$ 下的矩阵为

$$\begin{pmatrix}a_{11}&a_{12}\\a_{21}&a_{22}\end{pmatrix},$$

求 T 在基 $\boldsymbol{\alpha}_2$,$\boldsymbol{\alpha}_1$ 下的矩阵.

44. 设三维线性空间 V 的线性变换 $\mathscr{A}$ 在基 $\boldsymbol{\varepsilon}_1$，$\boldsymbol{\varepsilon}_2$,$\boldsymbol{\varepsilon}_3$ 下的矩阵为

$$\boldsymbol{A}=\begin{pmatrix}a_{11}&a_{12}&a_{13}\\a_{21}&a_{22}&a_{23}\\a_{31}&a_{32}&a_{33}\end{pmatrix},$$

（1）求 $\mathscr{A}$ 在基 $\boldsymbol{\varepsilon}_3$,$\boldsymbol{\varepsilon}_2$,$\boldsymbol{\varepsilon}_1$ 下的矩阵；

（2）求 $\mathscr{A}$ 在基 $k\boldsymbol{\varepsilon}_1$,$\boldsymbol{\varepsilon}_2$,$\boldsymbol{\varepsilon}_3$ 下的矩阵，其中 k 是一个不等于零的实数；

（3）求 $\mathscr{A}$ 在基 $\boldsymbol{\varepsilon}_1$,$\boldsymbol{\varepsilon}_1+\boldsymbol{\varepsilon}_2$,$\boldsymbol{\varepsilon}_3$ 下的矩阵.

45. 设 V 为四维线性空间，线性变换 $\mathscr{A}$ 在一组基 $\boldsymbol{\alpha}_1$,$\boldsymbol{\alpha}_2$,$\boldsymbol{\alpha}_3$,$\boldsymbol{\alpha}_4$ 下的矩阵为

$$\boldsymbol{A}=\begin{pmatrix}1&0&2&1\\-1&2&1&3\\1&2&5&5\\2&-2&1&-2\end{pmatrix},$$

求 $\mathscr{A}$ 在基 $\boldsymbol{\beta}_1=\boldsymbol{\alpha}_1-2\boldsymbol{\alpha}_2$,$\boldsymbol{\beta}_2=3\boldsymbol{\alpha}_2-\boldsymbol{\alpha}_3-\boldsymbol{\alpha}_4$,$\boldsymbol{\beta}_3=\boldsymbol{\alpha}_3+\boldsymbol{\alpha}_4$,$\boldsymbol{\beta}_4=2\boldsymbol{\alpha}_4$ 下的矩阵.

46. 设 σ 是向量空间 V 的一个线性变换，$\boldsymbol{\xi}\in V$，且 $\boldsymbol{\xi}$，$\sigma(\boldsymbol{\xi})$，$\cdots$，$\sigma^{k-1}(\boldsymbol{\xi})\neq\boldsymbol{0}$，但 $\sigma^n(\boldsymbol{\xi})=\boldsymbol{0}$，试证

$\boldsymbol{\xi}$，$\sigma(\boldsymbol{\xi}),\cdots,\sigma^{k-1}(\boldsymbol{\xi})$线性无关.

47. 在 n 维线性空间中，设有线性变换 $\mathscr{A}$ 与向量 $\boldsymbol{\xi}$ 使得 $\mathscr{A}^{n-1}(\boldsymbol{\xi})\neq\mathbf{0}$，但 $\mathscr{A}^{n}(\boldsymbol{\xi})=\mathbf{0}$. 求证：$\mathscr{A}$ 在某组基下的矩阵是

$$\begin{pmatrix} 0 & 0 & \cdots & 0 & 0 \\ 1 & 0 & \cdots & 0 & 0 \\ 0 & 1 & \cdots & 0 & 0 \\ \vdots & \vdots & & \vdots & \vdots \\ 0 & 0 & \cdots & 1 & 0 \end{pmatrix}.$$

48. 2 阶方阵的全体在矩阵的线性运算下构成的向量空间 V_4 中有基

$$\boldsymbol{A}_1=\begin{pmatrix} 1 & 0 \\ 0 & 0 \end{pmatrix},\ \boldsymbol{A}_2=\begin{pmatrix} 0 & 1 \\ 0 & 0 \end{pmatrix},\ \boldsymbol{A}_3=\begin{pmatrix} 0 & 0 \\ 1 & 0 \end{pmatrix},\ \boldsymbol{A}_4=\begin{pmatrix} 0 & 0 \\ 0 & 1 \end{pmatrix},$$

$\boldsymbol{A}$ 为 V_4 中一固定二阶方阵，定义变换 T 为 $T(\boldsymbol{X})=\boldsymbol{AX}-\boldsymbol{XA}$. 证明：$T$ 是 V_4 中的线性变换，并求此变换在给定基下的矩阵.

49. 令 V 是 $\mathbb{R}$ 上一切 4×1 矩阵所成的集合对通常矩阵的加法和数乘所作成的线性空间，取

$$\boldsymbol{A}=\begin{pmatrix} 1 & -1 & 5 & -1 \\ 1 & 1 & -2 & 3 \\ 3 & -1 & 8 & 1 \\ 1 & 3 & -9 & 7 \end{pmatrix},$$

对于 $\boldsymbol{\xi}\in V$，令 $\sigma(\boldsymbol{\xi})=\boldsymbol{A\xi}$. 求线性变换 σ 核的维数及像的维数.

（二）

50. 复数域 $\mathbb{C}$ 作为实数域 $\mathbb{R}$ 上的线性空间，维数是2. 如果 $\mathbb{C}$ 作为它本身上的线性空间，维数是几？试着证明该结论.

51. 设 V_r 是 n 维线性空间 V_n 的一个子空间，$\boldsymbol{\alpha}_1,\boldsymbol{\alpha}_2,\cdots,\boldsymbol{\alpha}_r$ 是 V_r 的一个基，试证：V_n 中存在元素 $\boldsymbol{\alpha}_{r+1},\cdots,\boldsymbol{\alpha}_n$，使得 $\boldsymbol{\alpha}_1,\cdots,\boldsymbol{\alpha}_r,\boldsymbol{\alpha}_{r+1},\cdots,\boldsymbol{\alpha}_n$ 成为 V_n 的一个基.

52. 验证：主对角线上元素之和为零的 2 阶方阵的全体 V，对于矩阵的加法和数乘运算构成线性空间，并写出此空间的一个基.

53. 设 $\boldsymbol{P}$ 是线性空间 V 的基 $\boldsymbol{\alpha}_1,\boldsymbol{\alpha}_2,\cdots,\boldsymbol{\alpha}_n$ 到基 $\boldsymbol{\beta}_1,\boldsymbol{\beta}_2,\cdots,\boldsymbol{\beta}_n$ 的过渡矩阵. 试证：V 中存在关于前后两基有相同坐标的非零向量的充要条件是 $|\boldsymbol{E}-\boldsymbol{P}|=0$.

54. 设 V 是线性空间，W_1,W_2 都是 V 的真子集和子空间，试证：$\exists\boldsymbol{\alpha}\in V$，$\boldsymbol{\alpha}$ 不属于 W_1，也不属于 W_2.

55. 设 W,W_1,W_2 是线性空间 V 的子空间，其中 $W_1\subseteq W_2$，且 $W\cap W_1=W\cap W_2$，$W_1+W=W_2+W$，试证：$W_1=W_2$.

56. 在欧氏空间 $\mathbb{R}^5$ 中，已知三个向量 $\boldsymbol{\alpha}_1=(1,-2,1,-1,1)$，$\boldsymbol{\alpha}_2=(2,1,-1,2,-3)$，$\boldsymbol{\alpha}_3=(3,-2,-1,1,-2)$. 求两个互相正交的向量 $\boldsymbol{\gamma}_1$，$\boldsymbol{\gamma}_2$，使它们都与 $\boldsymbol{\alpha}_1,\boldsymbol{\alpha}_2,\boldsymbol{\alpha}_3$ 正交.

57. 设有 $n+1$ 个列向量 $\boldsymbol{\alpha}_1,\boldsymbol{\alpha}_2,\cdots,\boldsymbol{\alpha}_n,\boldsymbol{\beta}\in\mathbb{R}^n$,$\boldsymbol{A}$ 是一个 n 阶正定矩阵，如果满足：

（1）$\boldsymbol{\alpha}_j\neq\mathbf{0}$，$j=1,2,\cdots,n$；

（2）$\boldsymbol{\alpha}_i^{\mathrm{T}}\boldsymbol{A}\boldsymbol{\alpha}_j=0$，$i\neq j,j=1,2,\cdots,n$；

（3）$\boldsymbol{\beta}$ 与每一个 $\boldsymbol{\alpha}_j$ 都正交，

证明：$\boldsymbol{\beta}=\mathbf{0}$.

58. 设 $\boldsymbol{C}$ 是 n 阶可逆方阵，$\boldsymbol{A}=\boldsymbol{C}^{\mathrm{T}}\boldsymbol{C}$，在 $\mathbb{R}^n$ 中定义运算

$$(\boldsymbol{x},\boldsymbol{y})=\boldsymbol{x}^{\mathrm{T}}\boldsymbol{A}\boldsymbol{y},\ \forall\boldsymbol{x},\boldsymbol{y}\in\mathbb{R}^n.$$

（1）试证：所定义的运算符合内积的性质，从而 $\mathbb{R}^n$ 在此内积下构成欧氏空间；

（2）写出这个欧氏空间的柯西-施瓦茨不等式的具体形式；

（3）对 $n=3$，试求：

$$\boldsymbol{e}_1=\begin{pmatrix} 1 \\ 0 \\ 0 \end{pmatrix},\ \boldsymbol{e}_2=\begin{pmatrix} 0 \\ 1 \\ 0 \end{pmatrix},\ \boldsymbol{e}_3=\begin{pmatrix} 0 \\ 0 \\ 1 \end{pmatrix}$$

中任意两个的内积$(\boldsymbol{e}_i,\boldsymbol{e}_j)$,$i,j=1,2,3$.

59. 设 V 是 n 维欧氏空间，$\boldsymbol{\gamma}$ 是 V 中一非零向量，试证：

（1）$W=\{\boldsymbol{\alpha}\in V\mid(\boldsymbol{\alpha},\boldsymbol{\gamma})=0\}$ 是 V 的子空间；

（2）W 的维数等于 $n-1$.

60. 证明：对任何实数 $a_1,a_2,\cdots,a_n$ 和 $b_1,b_2,\cdots,b_n$ 有

$$\left(\sum_{i=1}^{n}a_ib_i\right)^2\leqslant\sum_{i=1}^{n}a_i^2\sum_{i=1}^{n}b_i^2.$$

61. 已知向量 $\boldsymbol{\beta}$ 与 $\boldsymbol{\alpha}_1,\boldsymbol{\alpha}_2,\cdots,\boldsymbol{\alpha}_m$ 都正交，证明：$\boldsymbol{\beta}$ 与 $\boldsymbol{\alpha}_1,\boldsymbol{\alpha}_2,\cdots,\boldsymbol{\alpha}_m$ 的任一线性组合都正交.

62. 设 $\boldsymbol{\alpha}_1,\boldsymbol{\alpha}_2,\cdots,\boldsymbol{\alpha}_{n-1}$ 是 $\mathbb{R}^n$ 中线性无关的向量组，又向量 $\boldsymbol{\beta}_1,\boldsymbol{\beta}_2$ 都与 $\boldsymbol{\alpha}_1,\boldsymbol{\alpha}_2,\cdots,\boldsymbol{\alpha}_{n-1}$ 正交，证明：向量 $\boldsymbol{\beta}_1,\boldsymbol{\beta}_2$ 线性相关.

63. 线性空间 K^3 中线性变换 σ_1 为 $\sigma_1(\boldsymbol{\alpha}_1,\boldsymbol{\alpha}_2,\boldsymbol{\alpha}_3)=(2\boldsymbol{\alpha}_1-\boldsymbol{\alpha}_2,\boldsymbol{\alpha}_2-\boldsymbol{\alpha}_3,\boldsymbol{\alpha}_2+\boldsymbol{\alpha}_3)$ 线性变换 σ_2 定义为 $\sigma_2(\boldsymbol{\alpha}_1)=(-5,0,3)$，$\sigma_2(\boldsymbol{\alpha}_2)=(0,-1,6)$，$\sigma_2(\boldsymbol{\alpha}_3)=(-5,-1,0)$，其中 $\boldsymbol{\alpha}_1=(-1,0,2)$，$\boldsymbol{\alpha}_2=(0,1,1)$，$\boldsymbol{\alpha}_3=(3,-1,0)$. 求 $\sigma_1+\sigma_2,\sigma_1,\sigma_2$ 在基 $(1,0,0),(0,1,0),(0,0,1)$ 下的矩阵.

64. 设 $V=\{(x_1,x_2,\cdots,x_n)\mid x_i\in\mathbb{R}\}$ 是 $\mathbb{R}$ 上的 n 维线性空间，定义

$$\sigma(x_1,x_2,\cdots,x_n)=(0,x_1,\cdots,x_{n-1}).$$

(1) 试证：σ 是 V 的一个线性变换，且 $\sigma^n=\theta$，其中 θ 为零变换；

(2) 求 $\mathrm{Ker}(\sigma)$ 及 $\mathrm{Im}(\sigma)$ 的维数.

65. 试求线性空间 $\mathbb{R}^3$ 的线性变换 σ 的像 $\mathrm{Im}(\sigma)$ 及核 $\mathrm{Ker}(\sigma)$，并确定它们的维数，其中 $\sigma((x_1,x_2,x_3))=(x_1-x_3,x_1+x_2,x_2+x_3)$.

66. 自学 MATLAB 中函数作图的相关命令；用变换的观点理解矩阵，演示矩阵在变换中的效果.

前情提要

在前一章里，我们知道，有限维线性空间里的线性变换在一组基下与 n 阶方阵一一对应，这提示我们可以用变换的眼光看待线性方程组。比如，$n\times n$ 的线性方程组 $\boldsymbol{y}=\boldsymbol{A}_{n\times n}\boldsymbol{x}$ 就是向量空间 $\mathbb{R}^n$ 上的一个线性变换. 具体地，取

$$\boldsymbol{A}_1=\begin{pmatrix}1 & 0\\ 0 & -1\end{pmatrix},\ \boldsymbol{A}_2=\begin{pmatrix}2 & 0\\ 0 & 2\end{pmatrix},\ \boldsymbol{x}=(1,2)^{\mathrm{T}},$$

则矩阵 $\boldsymbol{A}_1$，$\boldsymbol{A}_2$ 分别把平面上的二维向量 $\boldsymbol{x}=(1,2)^{\mathrm{T}}$ 变为二维向量 $\boldsymbol{A}_1\boldsymbol{x}=(1,-2)^{\mathrm{T}}$，$\boldsymbol{A}_2\boldsymbol{x}=2(1,2)^{\mathrm{T}}$，即分别把 $(1,2)^{\mathrm{T}}$ 变为它关于 $\boldsymbol{x}$ 轴对称的向量和与之共线的向量. 然而，线性空间里的基不唯一，设线性空间 V_n 里的线性变换 $\mathscr{A}$ 在基 $\boldsymbol{\varepsilon}_1,\boldsymbol{\varepsilon}_2,\cdots,\boldsymbol{\varepsilon}_n$ 与基 $\boldsymbol{\eta}_1,\boldsymbol{\eta}_2,\cdots,\boldsymbol{\eta}_n$ 下的矩阵分别为 $\boldsymbol{A}$ 和 $\boldsymbol{B}$，则有 $\boldsymbol{B}=\boldsymbol{C}^{-1}\boldsymbol{A}\boldsymbol{C}$，其中 $\boldsymbol{C}$ 为基之间的过渡矩阵，称 $\boldsymbol{A}$ 与 $\boldsymbol{B}$ 相似(相似变换). 那么，是否能找到一组合适的基，使得线性变换在这组基下的矩阵更简单呢？对角矩阵是大家公认的结构简单的一类矩阵，因此这相当于讨论是否有 $\boldsymbol{P}^{-1}\boldsymbol{A}\boldsymbol{P}=\boldsymbol{\Lambda}$(对角阵)，即 $\boldsymbol{A}$ 与对角阵相似这就是下面一章即将要讨论的内容：矩阵的相似对角化. 矩阵 $\boldsymbol{A}$ 如何才能与对角阵相似呢？我们把 $\boldsymbol{P}^{-1}\boldsymbol{A}\boldsymbol{P}=\boldsymbol{\Lambda}$ 变形为 $\boldsymbol{A}\boldsymbol{P}=\boldsymbol{P}\boldsymbol{\Lambda}$，记 $\boldsymbol{P}=(\boldsymbol{\alpha}_1,\boldsymbol{\alpha}_2,\cdots,\boldsymbol{\alpha}_n)$，由分块矩阵的乘法及矩阵相等可得 $\boldsymbol{A}\boldsymbol{\alpha}_i=\lambda_i\boldsymbol{\alpha}_i$，$i=1,2,\cdots,n$. 因此我们首先需要考虑这样的线性方程组 $Ax=\lambda x$，λ 为数域 F 里的数. 即矩阵 $\boldsymbol{A}$ 把向量 x 变为与之共线的向量 λx，λ 称为矩阵 $\boldsymbol{A}$ 的特征值，$x\neq 0$ 称为对应的特征向量. 由线性方程组解的判断，需有 $|\lambda\boldsymbol{E}-\boldsymbol{A}|=0$.

称 $|\lambda\boldsymbol{E}-\boldsymbol{A}|=0$ 为矩阵 $\boldsymbol{A}$ 的特征方程，特征方程是由法国数学家柯西(1789—1857)明确给出的，他证明了任意阶实对称矩阵都有实特征值，给出了相似矩阵的概念，并证明了相似矩阵有相同特征值. 1858 年，英国数学家凯莱给出了方阵的特征方程和特征根以及有关矩阵的一些基本结果，这些内容都将在下面这一章里呈现出来.

另一方面，在一些应用问题中，常常需要计算一个方阵的幂. 如果一个方阵 $\boldsymbol{A}_n$ 能和对角矩阵 $\boldsymbol{\Lambda}=\mathbf{diag}(\lambda_1,\lambda_2,\cdots,\lambda_n)$ 相似：$\boldsymbol{A}=\boldsymbol{P}\boldsymbol{\Lambda}\boldsymbol{P}^{-1}$，其中 $\boldsymbol{P}$ 为可逆矩阵，由矩阵的乘法，有 $\boldsymbol{A}^n=\boldsymbol{P}\boldsymbol{\Lambda}^n\boldsymbol{P}^{-1}$，这将有利于计算 $\boldsymbol{A}^n$.

特征值与特征向量的问题在统计学、物理学、化学、机械工程、遗传学和经济学及图像传输等领域都有着重要的应用.

中国创造：慧眼卫星

第 5 章

矩阵的相似对角化

特征值问题在理论和实际中都有着广泛的应用. 本章先讨论特征值、特征向量的概念及其性质，然后利用特征值理论讨论矩阵在相似意义下的对角化问题. 本章所用的数域 F 为复数域.

5.1 矩阵的特征值与特征向量

5.1.1 矩阵的特征值、特征向量的概念

特征值与特征向量的概念与求法

定义 5.1 设 $\boldsymbol{A}$ 为数域 F 上的一个 n 阶方阵，$\lambda \in F$，$\boldsymbol{\alpha}$ 为 F 上的 n 维非零列向量. 若

$$\boldsymbol{A\alpha} = \lambda \boldsymbol{\alpha}, \tag{5.1}$$

则称 λ 为方阵 $\boldsymbol{A}$ 的一个特征值，$\boldsymbol{\alpha}$ 为 $\boldsymbol{A}$ 的对应于特征值 λ 的特征向量.

例 5.1 设 $\boldsymbol{A} = \boldsymbol{E}$，则对任意的非零列向量 $\boldsymbol{\alpha}$ 都有

$$\boldsymbol{A\alpha} = \boldsymbol{E\alpha} = \boldsymbol{\alpha},$$

所以 1 是单位矩阵 $\boldsymbol{E}$ 的特征值，任意的非零列向量 $\boldsymbol{\alpha}$ 是 $\boldsymbol{E}$ 的对应于特征值 1 的特征向量.

例 5.2 设

$$\boldsymbol{A} = \begin{pmatrix} 3 & -1 \\ 5 & -3 \end{pmatrix}, \ \boldsymbol{\alpha} = \begin{pmatrix} a \\ a \end{pmatrix} (a \neq 0),$$

由于 $\boldsymbol{\alpha} \neq \boldsymbol{0}$ 且

$$\boldsymbol{A\alpha} = \begin{pmatrix} 3 & -1 \\ 5 & -3 \end{pmatrix} \begin{pmatrix} a \\ a \end{pmatrix} = \begin{pmatrix} 2a \\ 2a \end{pmatrix} = 2\boldsymbol{\alpha},$$

因此 2 是方阵 $\boldsymbol{A}$ 的一个特征值，$\boldsymbol{\alpha} = \begin{pmatrix} a \\ a \end{pmatrix}$ 是方阵 $\boldsymbol{A}$ 的对应于特征值 2 的特征向量.

把定义式(5.1)移项有

$$(\lambda \boldsymbol{E}-\boldsymbol{A})\boldsymbol{\alpha}=\boldsymbol{0},$$

因此，若 λ 是矩阵 $\boldsymbol{A}$ 的特征值，$\boldsymbol{\alpha}$ 为对应于 λ 的特征向量，则 $\boldsymbol{\alpha}$ 为齐次线性方程组

$$(\lambda \boldsymbol{E}-\boldsymbol{A})\boldsymbol{X}=\boldsymbol{0}$$

的非零解向量. 反之，若存在某个数 λ，使得齐次线性方程组 $(\lambda \boldsymbol{E}-\boldsymbol{A})\boldsymbol{X}=\boldsymbol{0}$ 有非零解，则由式(5.1)知，λ 为矩阵 $\boldsymbol{A}$ 的特征值，齐次线性方程组 $(\lambda \boldsymbol{E}-\boldsymbol{A})\boldsymbol{X}=\boldsymbol{0}$ 的任意一个非零解向量均为 λ 对应的特征向量，从而由齐次线性方程组解的理论可知：

(1) λ 是矩阵 $\boldsymbol{A}$ 的特征值的充分必要条件为 $|\lambda \boldsymbol{E}-\boldsymbol{A}|=0$；

(2) 若 $\boldsymbol{\alpha}_1,\boldsymbol{\alpha}_2,\cdots,\boldsymbol{\alpha}_s$ 是对应于某个特征值 λ_0 的任意 s 个特征向量，则它们的任一非零线性组合 $\sum\limits_{i=1}^{s}k_i\boldsymbol{\alpha}_i$ 也是 $\boldsymbol{A}$ 的对应于 λ_0 的特征向量；

(3) 对应于某个特征值 λ_0 的全体特征向量连同零向量一起组成 n 维向量空间 F^n 的一个子空间，它是齐次线性方程组 $(\lambda_0\boldsymbol{E}-\boldsymbol{A})\boldsymbol{X}=\boldsymbol{0}$ 的解空间，称之为矩阵 $\boldsymbol{A}$ 的对应于特征值 λ_0 的特征子空间，记为 V_{λ_0}.

定义 5.2　特征子空间 V_{λ_0} 的维数称为特征值 λ_0 的几何重数.

定义 5.3　设数域 F 上的 n 阶方阵 $\boldsymbol{A}=(a_{ij})_{n\times n}$，称

$$f(\lambda)=|\lambda \boldsymbol{E}-\boldsymbol{A}|=\begin{vmatrix}\lambda-a_{11} & -a_{12} & \cdots & -a_{1n}\\ -a_{21} & \lambda-a_{22} & \cdots & -a_{2n}\\ \vdots & \vdots & & \vdots\\ -a_{n1} & -a_{n2} & \cdots & \lambda-a_{nn}\end{vmatrix}\tag{5.2}$$

为矩阵 $\boldsymbol{A}$ 的特征多项式，$|\lambda \boldsymbol{E}-\boldsymbol{A}|=0$ 叫作 $\boldsymbol{A}$ 的特征方程.

由 n 阶行列式的定义可知，式(5.2)的展开式 $f(\lambda)$ 为 λ 的 n 次多项式

$$f(\lambda)=\lambda^n-(a_{11}+a_{22}+\cdots+a_{nn})\lambda^{n-1}+\cdots+(-1)^n|\boldsymbol{A}|,\tag{5.3}$$

由代数基本定理，$f(\lambda)$ 在复数域内恰有 n 个根(重根按重数计算)，所以 n 阶方阵在复数域内必有 n 个特征值(重根按重数计算).

定义 5.4　设 n 阶方阵 $\boldsymbol{A}$ 的特征多项式在复数域内的分解式为

$$|\lambda \boldsymbol{E}-\boldsymbol{A}|=(\lambda-\lambda_1)^{n_1}(\lambda-\lambda_2)^{n_2}\cdots(\lambda-\lambda_s)^{n_s},$$

其中 $\lambda_1,\lambda_2,\cdots,\lambda_s$ 两两不同，$n_1+n_2+\cdots+n_s=n$. 称特征值 λ_i 为此特征多项式的 n_i 重根，n_i 叫作 λ_i 的代数重数，$i=1,2,\cdots,s$. 特别地，代数重数为 1 的特征值也称为单特征值或特征多项式的单根.

5.1.2 特征值与特征向量的求法

给定一个 n 阶方阵 $\boldsymbol{A}$，可按如下步骤求它的特征值与特征向量：

(1) 计算 $\boldsymbol{A}$ 的特征多项式 $f(\lambda)=|\lambda\boldsymbol{E}-\boldsymbol{A}|$，并求特征方程 $f(\lambda)=0$ 的所有根，即为 $\boldsymbol{A}$ 的所有特征值. 设 $\boldsymbol{A}$ 有 s 个不同特征值 $\lambda_1,\lambda_2,\cdots,\lambda_s$；

(2) 对每一个特征值 $\lambda_i(i=1,2,\cdots,s)$，求出齐次线性方程组

$$(\lambda_i\boldsymbol{E}-\boldsymbol{A})\boldsymbol{X}=\boldsymbol{0}$$

的一个基础解系 $\boldsymbol{\alpha}_{i1},\boldsymbol{\alpha}_{i2},\cdots,\boldsymbol{\alpha}_{ir_i}$，此基础解系的所有非零线性组合 $\sum_{j=1}^{r_i}k_{ij}\boldsymbol{\alpha}_{ij}$ (k_{ij}不全为零) 即为方阵 $\boldsymbol{A}$ 的对应于 λ_i 的全部特征向量.

例 5.3 求下列二阶方阵的特征值和特征向量.

(1) $\boldsymbol{A}=\begin{pmatrix}a&0\\0&b\end{pmatrix}$，$a\neq b$；(2) $\boldsymbol{A}=\begin{pmatrix}a&b\\b&a\end{pmatrix}$，$b\neq 0$.

解：(1) 由

$$|\lambda\boldsymbol{E}-\boldsymbol{A}|=\begin{vmatrix}\lambda-a&0\\0&\lambda-b\end{vmatrix}=(\lambda-a)(\lambda-b)=0,$$

所以 $\boldsymbol{A}$ 的特征值为 $\lambda_1=a$，$\lambda_2=b$.

不难求得对应于它们的所有特征向量分别为

$$k_1\begin{pmatrix}1\\0\end{pmatrix},\ k_2\begin{pmatrix}0\\1\end{pmatrix},\ k_1,k_2\neq 0.$$

(2) 由

$$|\lambda\boldsymbol{E}-\boldsymbol{A}|=\begin{vmatrix}\lambda-a&-b\\-b&\lambda-a\end{vmatrix}=(\lambda-a)^2-b^2=0,$$

得 $\boldsymbol{A}$ 的特征值为 $\lambda_1=a+b$，$\lambda_2=a-b$.

对特征值 $\lambda_1=a+b$，由

$$\lambda_1\boldsymbol{E}-\boldsymbol{A}=(a+b)\boldsymbol{E}-\begin{pmatrix}a&b\\b&a\end{pmatrix}=\begin{pmatrix}b&-b\\-b&b\end{pmatrix},$$

得齐次线性方程组

$$\begin{pmatrix} b & -b \\ -b & b \end{pmatrix}\begin{pmatrix} x_1 \\ x_2 \end{pmatrix} = \begin{pmatrix} 0 \\ 0 \end{pmatrix}.$$

故得对应于特征值 $\lambda_1 = a + b$ 的特征向量为

$$k\begin{pmatrix} 1 \\ 1 \end{pmatrix},\ k \neq 0.$$

对特征值 $\lambda_2 = a - b$，由

$$\lambda_2 \boldsymbol{E} - \boldsymbol{A} = (a-b)\boldsymbol{E} - \begin{pmatrix} a & b \\ b & a \end{pmatrix} = \begin{pmatrix} -b & -b \\ -b & -b \end{pmatrix},$$

得齐次线性方程组

$$\begin{pmatrix} -b & -b \\ -b & -b \end{pmatrix}\begin{pmatrix} x_1 \\ x_2 \end{pmatrix} = \begin{pmatrix} 0 \\ 0 \end{pmatrix}.$$

因此对应于特征值 $\lambda_2 = a - b$ 的特征向量为

$$k\begin{pmatrix} 1 \\ -1 \end{pmatrix},\ k \neq 0.$$

此例说明如下两点：

（1）对角矩阵的特征值就是对角线上的所有元素，同阶的单位矩阵的列向量可分别看作是它们所对应的一个特征向量；

（2）对行和相等的方阵，这个行和一定是它的一个特征值，而分量均为 1 的列向量必为这个特征值所对应的一个特征向量.

例 5.4　求矩阵 $\boldsymbol{A} = \begin{pmatrix} 0 & 1 \\ -1 & 0 \end{pmatrix}$ 的特征值与特征向量.

解：由

$$|\lambda \boldsymbol{E} - \boldsymbol{A}| = \begin{vmatrix} \lambda & -1 \\ 1 & \lambda \end{vmatrix} = \lambda^2 + 1 = 0,$$

所以 $\boldsymbol{A}$ 的特征值为 $\lambda_1 = \mathrm{i}$，$\lambda_2 = -\mathrm{i}$（其中 i 为虚数单位）.

可以求得对应于它们的所有特征向量分别为

$$k_1\begin{pmatrix} 1 \\ \mathrm{i} \end{pmatrix},\ k_2\begin{pmatrix} 1 \\ -\mathrm{i} \end{pmatrix},\ k_1,\ k_2 \neq 0.$$

此例的结论具有一般性，读者可去探索证明. 这也说明：存在实矩阵，它的特征值为虚数.

例 5.5　设

$$\boldsymbol{A} = \begin{pmatrix} -1 & 1 & 1 \\ 1 & -1 & 1 \\ 1 & 1 & -1 \end{pmatrix},$$

求 $\boldsymbol{A}$ 的特征值与特征向量.

解：$\boldsymbol{A}$ 的特征多项式为

$$f(\lambda)=|\lambda E-A|=\begin{vmatrix}\lambda+1 & -1 & -1\\ -1 & \lambda+1 & -1\\ -1 & -1 & \lambda+1\end{vmatrix}=(\lambda-1)(\lambda+2)^2.$$

因此 A 的全部特征值为 $\lambda_1=1$，$\lambda_2=\lambda_3=-2$.

对 $\lambda_1=1$，解齐次线性方程组

$$\begin{pmatrix}2 & -1 & -1\\ -1 & 2 & -1\\ -1 & -1 & 2\end{pmatrix}\begin{pmatrix}x_1\\ x_2\\ x_3\end{pmatrix}=\begin{pmatrix}0\\ 0\\ 0\end{pmatrix}.$$

得基础解系为

$$\xi_1=\begin{pmatrix}1\\ 1\\ 1\end{pmatrix},$$

因此 A 的对应于特征值 $\lambda_1=1$ 的全部特征向量为

$$\alpha=k\xi=\begin{pmatrix}k\\ k\\ k\end{pmatrix},\quad k\neq 0.$$

对于 $\lambda_2=\lambda_3=-2$，得齐次线性方程组

$$\begin{pmatrix}-1 & -1 & -1\\ -1 & -1 & -1\\ -1 & -1 & -1\end{pmatrix}\begin{pmatrix}x_1\\ x_2\\ x_3\end{pmatrix}=\begin{pmatrix}0\\ 0\\ 0\end{pmatrix},$$

解之得基础解系为

$$\xi_2=\begin{pmatrix}1\\ -1\\ 0\end{pmatrix},\ \xi_3=\begin{pmatrix}1\\ 0\\ -1\end{pmatrix}.$$

因此 A 对应于特征值 $\lambda_2=\lambda_3=-2$ 的全部特征向量为

$$\beta=k\xi_2+l\xi_3=\begin{pmatrix}k+l\\ -k\\ -l\end{pmatrix},\ k\text{ 与 }l\text{ 不同时为零.}$$

例 5.6 设矩阵 A 满足 $A^2=E$（称 A 为对合矩阵），且 A 的特征值全为 1，证明：$A=E$.

证明：由 $A^2=E$ 可得

$$(E-A)(E+A)=O, \tag{5.4}$$

由于 A 的特征值全为 1，所以 -1 不是它的特征值，从而

$$|E+A|=(-1)^n|-E-A|\neq 0,$$

因而 $E+A$ 可逆，用 $(E+A)^{-1}$ 在式(5.4)两边右乘，有 $E-A=O$，故 $A=E$. □

5.1.3 特征值与特征向量的性质

性质 5.1 设 $\lambda_1,\lambda_2,\cdots,\lambda_n$ 为 n 阶方阵 $\boldsymbol{A}=(a_{ij})_{n\times n}$ 的 n 个特征值，则

$$\sum_{j=1}^{n}\lambda_j=\sum_{i=1}^{n}a_{ii}=\mathrm{tr}(\boldsymbol{A}) \tag{5.5}$$

$$\prod_{j=1}^{n}\lambda_j=|\boldsymbol{A}|. \tag{5.6}$$

证明：由式(5.2)和式(5.3)，$\boldsymbol{A}$ 的特征多项式

$$|\lambda\boldsymbol{E}-\boldsymbol{A}|=\lambda^n-(a_{11}+a_{22}+\cdots+a_{nn})\lambda^{n-1}+\cdots+(-1)^n|\boldsymbol{A}|, \tag{5.7}$$

另一方面，若 $\lambda_1,\lambda_2,\cdots,\lambda_n$ 为 n 阶方阵 $\boldsymbol{A}$ 的 n 个特征值，则 $\boldsymbol{A}$ 的特征多项式也可表示为

$$\begin{aligned}|\lambda\boldsymbol{E}-\boldsymbol{A}|&=(\lambda-\lambda_1)(\lambda-\lambda_2)\cdots(\lambda-\lambda_n) \qquad (5.8)\\&=\lambda^n-(\lambda_1+\lambda_2+\cdots+\lambda_n)\lambda^{n-1}+\cdots+\\&\quad(-1)^n\lambda_1\lambda_2\cdots\lambda_n,\end{aligned}$$

由多项式相等，比较式(5.7)和式(5.8)可知

$$\sum_{j=1}^{n}\lambda_j=\sum_{i=1}^{n}a_{ii}=\mathrm{tr}(\boldsymbol{A}),\ \prod_{j=1}^{n}\lambda_j=|\boldsymbol{A}|.$$

故得结论. □

性质 5.2 方阵 $\boldsymbol{A}$ 与 $\boldsymbol{A}^{\mathrm{T}}$ 有相同的特征多项式及相同的特征值.

证明：由于

$$|\lambda\boldsymbol{E}-\boldsymbol{A}^{\mathrm{T}}|=|(\lambda\boldsymbol{E}-\boldsymbol{A})^{\mathrm{T}}|=|\lambda\boldsymbol{E}-\boldsymbol{A}|,$$

故 $\boldsymbol{A}$ 与 $\boldsymbol{A}^{\mathrm{T}}$ 有相同的特征多项式，从而有相同的特征值. □

性质 5.3 设 λ 为方阵 $\boldsymbol{A}$ 的特征值，$\boldsymbol{\alpha}$ 为对应于 λ 的特征向量，则

(1) $k\lambda$ 是方阵 $k\boldsymbol{A}$ 的特征值，$\boldsymbol{\alpha}$ 也为 $k\boldsymbol{A}$ 的对应于特征值 $k\lambda$ 的特征向量，其中 k 为任意常数；

(2) λ^m 是 $\boldsymbol{A}^m$ 的特征值，$\boldsymbol{\alpha}$ 也为方阵 $\boldsymbol{A}^m$ 的对应于特征值 λ^m 的特征向量，其中 m 为任意正整数；

(3) $g(\lambda)$ 是 $g(\boldsymbol{A})$ 的特征值，$\boldsymbol{\alpha}$ 也是 $g(\boldsymbol{A})$ 的对应于特征值 $g(\lambda)$ 的特征向量，其中

$$g(x)=a_mx^m+a_{m-1}x^{m-1}+\cdots+a_1x+a_0$$

为数域 F 上的多项式，m 为正整数.

证明：因为 λ 为矩阵 $\boldsymbol{A}$ 的特征值，$\boldsymbol{\alpha}$ 为 λ 对应的特征向量，则

$$\boldsymbol{A\alpha}=\lambda\boldsymbol{\alpha}.$$

（1）对任意数 k 有

$$(k\boldsymbol{A})\boldsymbol{\alpha}=k(\boldsymbol{A\alpha})=k(\lambda\boldsymbol{\alpha})=(k\lambda)\boldsymbol{\alpha},$$

即 $k\lambda$ 是 $k\boldsymbol{A}$ 的特征值，且 $\boldsymbol{\alpha}$ 为 $k\boldsymbol{A}$ 的对应于特征值 $k\lambda$ 的特征向量.

（2）由于

$$\begin{aligned}\boldsymbol{A}^m\boldsymbol{\alpha}&=\boldsymbol{A}^{m-1}(\boldsymbol{A\alpha})=\boldsymbol{A}^{m-1}(\lambda\boldsymbol{\alpha})=\lambda\boldsymbol{A}^{m-1}\boldsymbol{\alpha}=\lambda\boldsymbol{A}^{m-2}(\boldsymbol{A\alpha})\\&=\lambda\boldsymbol{A}^{m-2}(\lambda\boldsymbol{\alpha})=\lambda^2\boldsymbol{A}^{m-2}\boldsymbol{\alpha}=\cdots=\lambda^m\boldsymbol{\alpha},\end{aligned}$$

因此 λ^m 是 $\boldsymbol{A}^m$ 的特征值，且 $\boldsymbol{\alpha}$ 也为 $\boldsymbol{A}^m$ 的对应于特征值 λ^m 的特征向量.

（3）由

$$\begin{aligned}g(\boldsymbol{A})\boldsymbol{\alpha}&=(a_m\boldsymbol{A}^m+a_{m-1}\boldsymbol{A}^{m-1}+\cdots+a_1\boldsymbol{A}+a_0\boldsymbol{E})\boldsymbol{\alpha}\\&=a_m\boldsymbol{A}^m\boldsymbol{\alpha}+a_{m-1}\boldsymbol{A}^{m-1}\boldsymbol{\alpha}+\cdots+a_1\boldsymbol{A\alpha}+a_0\boldsymbol{\alpha}\\&=a_m\lambda^m\boldsymbol{\alpha}+a_{m-1}\lambda^{m-1}\boldsymbol{\alpha}+\cdots+a_1\lambda\boldsymbol{\alpha}+a_0\boldsymbol{\alpha}\\&=(a_m\lambda^m+a_{m-1}\lambda^{m-1}+\cdots+a_1\lambda+a_0)\boldsymbol{\alpha}\\&=g(\lambda)\boldsymbol{\alpha},\end{aligned}$$

因此 $g(\lambda)$是 $g(\boldsymbol{A})$的特征值，$\boldsymbol{\alpha}$ 是 $g(\boldsymbol{A})$的对应于特征值$g(\lambda)$的特征向量. □

特别说明：从这里我们可以知道，性质 5.3 的(3)中的 $g(\lambda)$一定是 $g(\boldsymbol{A})$的特征值；反之，$g(\boldsymbol{A})$的特征值是否全是 $g(\lambda)$的形式呢？事实上，可以证明：若 n 阶方阵 $\boldsymbol{A}$ 的 n 个特征值为 λ_1，λ_2，…，λ_n，则关于 $\boldsymbol{A}$ 的多项式函数得到的矩阵 $g(\boldsymbol{A})$的全部特征值为 $g(\lambda_1)$，$g(\lambda_2)$，…，$g(\lambda_n)$，且 $g(\lambda)$的代数重数不小于 λ 的代数重数.

性质 5.4 n 阶方阵 $\boldsymbol{A}$ 可逆的充分必要条件为 $\boldsymbol{A}$ 的 n 个特征值全不为零.

证明：由定理 2.2 和性质 5.1，这个性质成立是明显的，留给读者自行写出. □

性质 5.5 设 λ 为可逆矩阵 $\boldsymbol{A}$ 的特征值，$\boldsymbol{\alpha}$ 为 $\boldsymbol{A}$ 的对应于 λ 的特征向量，则

（1）$\dfrac{1}{\lambda}$为其逆矩阵 $\boldsymbol{A}^{-1}$的特征值，且 $\boldsymbol{\alpha}$ 是 $\boldsymbol{A}^{-1}$的对应于特征值$\dfrac{1}{\lambda}$的特征向量；

（2）$\frac{1}{\lambda}\cdot|\boldsymbol{A}|$为其伴随矩阵$\boldsymbol{A}^*$的特征值，$\boldsymbol{\alpha}$也是$\boldsymbol{A}^*$的对应于特征值$\frac{1}{\lambda}\cdot|\boldsymbol{A}|$的特征向量.

证明：由λ为矩阵$\boldsymbol{A}$的特征值，$\boldsymbol{\alpha}$为属于λ的特征向量，因此有

$$\boldsymbol{A\alpha}=\lambda\boldsymbol{\alpha},$$

又因为$\boldsymbol{A}$可逆，由性质 5.4 知$\lambda\neq 0$，从而

$$\boldsymbol{A}^{-1}(\boldsymbol{A\alpha})=\boldsymbol{A}^{-1}(\lambda\boldsymbol{\alpha}),$$

由此得

$$\boldsymbol{A}^{-1}\boldsymbol{\alpha}=\frac{1}{\lambda}\boldsymbol{\alpha},$$

即$\frac{1}{\lambda}$是逆矩阵$\boldsymbol{A}^{-1}$的特征值，$\boldsymbol{\alpha}$为A^{-1}的对应于特征值$\frac{1}{\lambda}$的特征向量.

再由$\boldsymbol{A}^{-1}\boldsymbol{\alpha}=\frac{1}{\lambda}\boldsymbol{\alpha}$两边乘以$|\boldsymbol{A}|$得

$$|\boldsymbol{A}|\boldsymbol{A}^{-1}\boldsymbol{\alpha}=\frac{|\boldsymbol{A}|}{\lambda}\boldsymbol{\alpha},$$

由$\boldsymbol{A}^*=|\boldsymbol{A}|\boldsymbol{A}^{-1}$得

$$\boldsymbol{A}^*\boldsymbol{\alpha}=\frac{1}{\lambda}\cdot|\boldsymbol{A}|\boldsymbol{\alpha},$$

即$\frac{1}{\lambda}\cdot|\boldsymbol{A}|$为$\boldsymbol{A}^*$的特征值，$\boldsymbol{\alpha}$为$\boldsymbol{A}^*$的对应于特征值$\frac{1}{\lambda}\cdot|\boldsymbol{A}|$的特征向量. □

性质 5.6　设λ_0是方阵$\boldsymbol{A}$的一个特征值，它的几何重数和代数重数分别为r和k. 则$r\leqslant k$.

这个性质的证明需要用到下一节的内容，为了行文的流畅，此处略去，把证明放在本章的“延展阅读”里，以供查阅. 由这个性质，下面这个推论是明显的.

推论　设λ_0为方阵$\boldsymbol{A}$的一个单特征值，则$\boldsymbol{A}$的对应于λ_0的线性无关的特征向量有且仅有一个.

例 5.7　设方阵$\boldsymbol{A}$满足$\boldsymbol{A}^2=\boldsymbol{E}$，证明$\boldsymbol{A}$的特征值只能是$\pm 1$.

证明：设λ为$\boldsymbol{A}$的特征值，$\boldsymbol{\alpha}$为对应的特征向量，则

$$\boldsymbol{A\alpha}=\lambda\boldsymbol{\alpha},$$

上式两端左乘$\boldsymbol{A}$，并利用已知条件，得

$$\boldsymbol{A}^2\boldsymbol{\alpha}=\boldsymbol{E}\boldsymbol{\alpha}=\boldsymbol{\alpha}=\lambda\boldsymbol{A}\boldsymbol{\alpha}=\lambda^2\boldsymbol{\alpha},$$

从而

$$(\lambda^2-1)\boldsymbol{\alpha}=\boldsymbol{0}.$$

又因为特征向量$\boldsymbol{\alpha}\neq\boldsymbol{0}$，从而

$$\lambda^2-1=0,$$

即$\lambda=\pm1$. □

例 5.8 设n阶方阵$\boldsymbol{A}$的特征值为$0,1,2,\cdots,n-1$，求$|\boldsymbol{A}+2\boldsymbol{E}|$.

解法一：令$f(x)=x+2$. 因为$\boldsymbol{A}+2\boldsymbol{E}$是矩阵$\boldsymbol{A}$的多项式$f(\boldsymbol{A})=\boldsymbol{A}+2\boldsymbol{E}$，由性质5.3的(3)得$\boldsymbol{A}+2\boldsymbol{E}$的特征值为$f(\lambda)=0+2,1+2,\cdots,n-1+2$,即

$$2,\ 3,\ \cdots,\ n+1.$$

由性质5.1知

$$|\boldsymbol{A}+2\boldsymbol{E}|=2\cdot3\cdot\cdots\cdot(n+1)=(n+1)!.$$

解法二：因为$\boldsymbol{A}$的特征值为$0,1,2,\cdots,n-1$，所以$\boldsymbol{A}$的特征多项式为

$$|\lambda\boldsymbol{E}-\boldsymbol{A}|=\lambda(\lambda-1)(\lambda-2)\cdots(\lambda-(n-1)),$$

从而

$$\begin{aligned}|\boldsymbol{A}+2\boldsymbol{E}|&=(-1)^n|-2\boldsymbol{E}-\boldsymbol{A}|=(-1)^n|\lambda\boldsymbol{E}-\boldsymbol{A}|_{\lambda=-2}\\&=(-1)^n(-2)(-2-1)(-2-2)\cdots(-2-(n-1))\\&=(n+1)!.\end{aligned}$$

例 5.9 设3阶方阵$\boldsymbol{A}$的特征值为$1,2,-3$，求$|\boldsymbol{A}^*+3\boldsymbol{A}+2\boldsymbol{E}|$.

解：设λ为可逆矩阵$\boldsymbol{A}$的特征值，$\boldsymbol{\alpha}$为对应的特征向量，则由性质5.3和性质5.5有

$$(\boldsymbol{A}^*+3\boldsymbol{A}+2\boldsymbol{E})\boldsymbol{\alpha}=\left(\frac{|\boldsymbol{A}|}{\lambda}+3\lambda+2\right)\boldsymbol{\alpha},$$

可知$\dfrac{|\boldsymbol{A}|}{\lambda}+3\lambda+2$为方阵$\boldsymbol{A}^*+3\boldsymbol{A}+2\boldsymbol{E}$的特征值. 又因为$\boldsymbol{A}$的特征值为$1,2,-3$，所以

$$|\boldsymbol{A}|=1\times2\times(-3)=-6,$$

进而$\boldsymbol{A}^*+3\boldsymbol{A}+2\boldsymbol{E}$的三个特征值为

$$\frac{-6}{1}+3\times1+2,\ \frac{-6}{2}+3\times2+2,\ \frac{-6}{-3}+3\times(-3)+2,$$

即$-1,5,-5$. 故

$$|\boldsymbol{A}^*+3\boldsymbol{A}+2\boldsymbol{E}|=(-1)\times5\times(-5)=25.$$

下面接着来看不同特征值的特征向量的性质.

性质 5.7　设 $\lambda_1,\lambda_2,\cdots,\lambda_s$ 为 n 阶方阵 $\boldsymbol{A}$ 的 s 个不同特征值，$\boldsymbol{\alpha}_1,\boldsymbol{\alpha}_2,\cdots,\boldsymbol{\alpha}_s$ 分别是对应它们的特征向量，则 $\boldsymbol{\alpha}_1,\boldsymbol{\alpha}_2,\cdots,\boldsymbol{\alpha}_s$ 线性无关.

证明：考虑方程组

$$\sum_{i=1}^{s} x_i\boldsymbol{\alpha}_i = x_1\boldsymbol{\alpha}_1 + x_2\boldsymbol{\alpha}_2 + \cdots + x_s\boldsymbol{\alpha}_s = \mathbf{0}. \tag{5.9}$$

式(5.9)两边逐次左乘方阵 $\boldsymbol{A},\boldsymbol{A}^2,\cdots,\boldsymbol{A}^{s-1}$，注意到 $\boldsymbol{A}\boldsymbol{\alpha}_i=\lambda_i\boldsymbol{\alpha}_i$，$i=1,2,\cdots,s$，因此

$$\begin{cases} x_1\boldsymbol{\alpha}_1 + x_2\boldsymbol{\alpha}_2 + \cdots + x_s\boldsymbol{\alpha}_s = \mathbf{0}, \\ \lambda_1 x_1\boldsymbol{\alpha}_1 + \lambda_2 x_2\boldsymbol{\alpha}_2 + \cdots + \lambda_s x_s\boldsymbol{\alpha}_s = \mathbf{0}, \\ \quad\vdots \\ \lambda_1^{s-1}x_1\boldsymbol{\alpha}_1 + \lambda_2^{s-1}x_2\boldsymbol{\alpha}_2 + \cdots + \lambda_s^{s-1}x_s\boldsymbol{\alpha}_s = \mathbf{0}. \end{cases} \tag{5.10}$$

将式(5.10)写成矩阵形式

$$(x_1\boldsymbol{\alpha}_1,x_2\boldsymbol{\alpha}_2,\cdots,x_s\boldsymbol{\alpha}_s)\begin{pmatrix} 1 & \lambda_1 & \lambda_1^2 & \cdots & \lambda_1^{s-1} \\ 1 & \lambda_2 & \lambda_2^2 & \cdots & \lambda_2^{s-1} \\ \vdots & \vdots & \vdots & & \vdots \\ 1 & \lambda_s & \lambda_s^2 & \cdots & \lambda_s^{s-1} \end{pmatrix} = \mathbf{0}. \tag{5.11}$$

令

$$\boldsymbol{B} = \begin{pmatrix} 1 & \lambda_1 & \lambda_1^2 & \cdots & \lambda_1^{s-1} \\ 1 & \lambda_2 & \lambda_2^2 & \cdots & \lambda_2^{s-1} \\ \vdots & \vdots & \vdots & & \vdots \\ 1 & \lambda_s & \lambda_s^2 & \cdots & \lambda_s^{s-1} \end{pmatrix},$$

则 $\det(\boldsymbol{B})$ 是一个 s 阶范德蒙德行列式的转置，又因为 $\lambda_1,\lambda_2,\cdots,\lambda_s$ 互不相同，所以

$$\det(\boldsymbol{B}) = \prod_{1\leqslant j<i\leqslant s}(\lambda_i-\lambda_j) \neq 0.$$

因此 $\boldsymbol{B}$ 可逆，从而在式(5.11)两边同时右乘 $\boldsymbol{B}^{-1}$，则得

$$(x_1\boldsymbol{\alpha}_1,x_2\boldsymbol{\alpha}_2,\cdots,x_s\boldsymbol{\alpha}_s) = \mathbf{0},$$

即

$$x_i\boldsymbol{\alpha}_i = \mathbf{0}, \qquad 1\leqslant i\leqslant s.$$

由于 $\boldsymbol{\alpha}_i\neq\mathbf{0}$，故必 $x_i=0$，$1\leqslant i\leqslant s$，即方程组(5.9)只有零解. 因此向量组 $\boldsymbol{\alpha}_1,\boldsymbol{\alpha}_2,\cdots,\boldsymbol{\alpha}_s$ 线性无关. □

性质 5.7 可以进一步加强，得如下推论.

推论 设 $\lambda_1,\lambda_2,\cdots,\lambda_s$ 为 n 阶方阵 $\boldsymbol{A}$ 的 s 个不同特征值，$\boldsymbol{\alpha}_{i1}$，$\boldsymbol{\alpha}_{i2},\cdots,\boldsymbol{\alpha}_{ir_i}$为对应于特征值 λ_i 的 r_i 个线性无关的特征向量，$1\leqslant i\leqslant s$. 则向量组

$$\boldsymbol{\alpha}_{11},\boldsymbol{\alpha}_{12},\cdots,\boldsymbol{\alpha}_{1r_1};\boldsymbol{\alpha}_{21},\boldsymbol{\alpha}_{22},\cdots,\boldsymbol{\alpha}_{2r_2};\cdots;\boldsymbol{\alpha}_{s1},\boldsymbol{\alpha}_{s2},\cdots,\boldsymbol{\alpha}_{sr_s} \tag{5.12}$$

线性无关.

证明：考虑方程组

$$\sum_{j=1}^{r_1}k_{1j}\boldsymbol{\alpha}_{1j}+\sum_{j=1}^{r_2}k_{2j}\boldsymbol{\alpha}_{2j}+\cdots+\sum_{j=1}^{r_s}k_{sj}\boldsymbol{\alpha}_{sj}=\boldsymbol{0}. \tag{5.13}$$

令

$$\sum_{j=1}^{r_i}k_{ij}\boldsymbol{\alpha}_{ij}=\boldsymbol{\alpha}_i,\quad 1\leqslant i\leqslant s, \tag{5.14}$$

若存在某一个 $\boldsymbol{\alpha}_i\neq\boldsymbol{0}$，$1\leqslant i\leqslant s$，则由式(5.13)，至少存在一个$\boldsymbol{\alpha}_j\neq\boldsymbol{0}$，$j\neq i$，$1\leqslant j\leqslant s$，且 $\boldsymbol{\alpha}_i,\boldsymbol{\alpha}_j$ 也分别是对应于特征值 λ_i,λ_j 的特征向量，使得

$$\boldsymbol{\alpha}_i+\boldsymbol{\alpha}_j=\boldsymbol{0}.$$

从而 $\boldsymbol{\alpha}_i,\boldsymbol{\alpha}_j$ 线性相关，这与性质 5.7 矛盾，所以对任何 $i=1,2,\cdots,s$，必有

$$\boldsymbol{\alpha}_i=\boldsymbol{0},\quad 1\leqslant i\leqslant s.$$

由式(5.14)和向量 $\boldsymbol{\alpha}_{i1},\boldsymbol{\alpha}_{i2},\cdots,\boldsymbol{\alpha}_{ir_i}$线性无关，进而得

$$k_{ij}=0,\quad 1\leqslant j\leqslant r_i,\quad 1\leqslant i\leqslant s.$$

方程组(5.13)只有零解，从而向量组(5.12)线性无关. □

5.2 相似矩阵和矩阵的对角化

在这一节里，主要讨论相似矩阵的概念和性质，然后讨论矩阵相似于对角矩阵的条件.

5.2.1 相似矩阵的概念

定义 5.5 设 $\boldsymbol{A}$ 与 $\boldsymbol{B}$ 都是数域 F 上的 n 阶方阵，若存在 F 上的 n 阶可逆矩阵 $\boldsymbol{P}$ 使得

$$\boldsymbol{P}^{-1}\boldsymbol{A}\boldsymbol{P}=\boldsymbol{B}, \tag{5.15}$$

则称方阵 $\boldsymbol{A}$ 与 $\boldsymbol{B}$ 相似，记作 $\boldsymbol{A}\sim\boldsymbol{B}$. 特别地，若 $\boldsymbol{A}$ 相似于对角阵，则称 $\boldsymbol{A}$ 可对角化.

例如，取可逆矩阵 $\boldsymbol{P}=\boldsymbol{E}$，则 $\boldsymbol{E}^{-1}\boldsymbol{A}\boldsymbol{E}=\boldsymbol{A}$，所以任意一个 n 阶方阵 $\boldsymbol{A}$ 都和自身相似.

另一方面，设 $\boldsymbol{A}=\boldsymbol{E}$，对任意的可逆矩阵 $\boldsymbol{P}$，都有 $\boldsymbol{P}^{-1}\boldsymbol{E}\boldsymbol{P}=\boldsymbol{E}$，所以单位矩阵只和自身相似.

相似是 n 阶方阵之间的一种关系，这种关系有如下性质.

命题 5.1　方阵的相似关系是一种等价关系. 即方阵的相似具有：

(1) 反身性. 设 $\boldsymbol{A}\in F^{n\times n}$，则 $\boldsymbol{A}\sim\boldsymbol{A}$；

(2) 对称性. 设 $\boldsymbol{A}$，$\boldsymbol{B}\in F^{n\times n}$，若 $\boldsymbol{A}\sim\boldsymbol{B}$，则 $\boldsymbol{B}\sim\boldsymbol{A}$；

(3) 传递性. 设 $\boldsymbol{A}$，$\boldsymbol{B}$，$\boldsymbol{C}\in F^{n\times n}$，若 $\boldsymbol{A}\sim\boldsymbol{B}$ 且 $\boldsymbol{B}\sim\boldsymbol{C}$，则 $\boldsymbol{A}\sim\boldsymbol{C}$.

证明：(1)(2)的证明是明显的，下面证(3)传递性成立.

(3) 设 $\boldsymbol{A}$，$\boldsymbol{B}$，$\boldsymbol{C}\in F^{n\times n}$，且 $\boldsymbol{A}\sim\boldsymbol{B}$，$\boldsymbol{B}\sim\boldsymbol{C}$，则有可逆矩阵 $\boldsymbol{P}_1$ 与 $\boldsymbol{P}_2$ 使得

$$\boldsymbol{P}_1^{-1}\boldsymbol{A}\boldsymbol{P}_1=\boldsymbol{B},\ \boldsymbol{P}_2^{-1}\boldsymbol{B}\boldsymbol{P}_2=\boldsymbol{C}.$$

把左边第一式代入第二式则有

$$\boldsymbol{P}_2^{-1}\boldsymbol{P}_1^{-1}\boldsymbol{A}\boldsymbol{P}_1\boldsymbol{P}_2=(\boldsymbol{P}_1\boldsymbol{P}_2)^{-1}\boldsymbol{A}(\boldsymbol{P}_1\boldsymbol{P}_2)=\boldsymbol{C},$$

令 $\boldsymbol{P}=\boldsymbol{P}_1\boldsymbol{P}_2$，则 $\boldsymbol{P}$ 为可逆矩阵，所以 $\boldsymbol{A}\sim\boldsymbol{C}$.

因此 n 阶方阵的相似关系是一种等价关系.　□

利用相似关系可对数域 F 上的 n 阶方阵进行分类，使得 $F^{n\times n}$ 中在同一类的两个方阵一定相似，不同类的方阵一定不相似.

5.2.2　相似矩阵的性质

相似矩阵有如下性质.

相似矩阵的性质

性质 5.8　相似矩阵有相同的特征多项式，从而有相同的特征值、相同的行列式和相同的迹.

证明：设 n 阶方阵 $\boldsymbol{A}$ 与 $\boldsymbol{B}$ 相似，则存在 n 阶可逆矩阵 $\boldsymbol{P}$，使 $\boldsymbol{P}^{-1}\boldsymbol{A}\boldsymbol{P}=\boldsymbol{B}$. 从而

$$\begin{aligned}|\lambda\boldsymbol{E}-\boldsymbol{B}|&=|\lambda\boldsymbol{E}-\boldsymbol{P}^{-1}\boldsymbol{A}\boldsymbol{P}|=|\boldsymbol{P}^{-1}(\lambda\boldsymbol{E}-\boldsymbol{A})\boldsymbol{P}|\\&=|\boldsymbol{P}^{-1}|\cdot|\lambda\boldsymbol{E}-\boldsymbol{A}|\cdot|\boldsymbol{P}|=|\lambda\boldsymbol{E}-\boldsymbol{A}|,\end{aligned}$$

即 $\boldsymbol{A}$ 与 $\boldsymbol{B}$ 有相同的特征多项式. 由于方阵的特征值就是它的特征多项式的根，因此 $\boldsymbol{A}$ 与 $\boldsymbol{B}$ 有相同的特征值，由性质 5.1 知，它们有相同的行列式和迹.　□

需要注意的是，性质 5.8 的逆命题不成立，反例如下.

例 5.10　令

$$A=E=\begin{pmatrix}1&&\\&1&\\&&1\end{pmatrix},\ B=\begin{pmatrix}1&&\\0&1&\\0&1&1\end{pmatrix},$$

则

$$|\lambda E-A|=|\lambda E-B|=(\lambda-1)^3.$$

A 与 B 有相同的特征多项式，但 A 与 B 不相似. 因为对任意的可逆矩阵 P，都有 $P^{-1}AP=P^{-1}EP=E\neq B$，所以 B 不相似于 A.

性质 5.9　设 $A\sim B$，且 A 可逆，则 B 可逆，且 $A^{-1}\sim B^{-1}$.

证明：因为 $A\sim B$，则存在 n 阶可逆矩阵 P，使 $P^{-1}AP=B$，由性质 5.8 和 A 可逆知

$$|B|=|A|\neq 0,$$

故方阵 B 可逆. 由 $P^{-1}AP=B$ 两边取逆有

$$P^{-1}A^{-1}P=B^{-1},$$

即 $A^{-1}\sim B^{-1}$. □

性质 5.10　设 $A\sim B$，则

(1) $kA\sim kB$，$k\in F$；

(2) $A^m\sim B^m$，其中 m 是任意正整数；

(3) $g(A)\sim g(B)$，其中

$$g(x)=a_mx^m+a_{m-1}x^{m-1}+\cdots+a_1x+a_0$$

为数域 F 上的 m 次多项式，m 为非负整数.

证明：(1) 因为 $A\sim B$，所以存在 F 上的 n 阶可逆矩阵 P，使得

$$B=P^{-1}AP,\tag{5.16}$$

将式(5.16)两边乘以任意常数 $k\in F$，得

$$kB=kP^{-1}AP=P^{-1}(kA)P,$$

因此 $kA\sim kB$.

(2) 取任意正整数 m，由式(5.16)有

$$\begin{aligned}B^m&=\underbrace{(P^{-1}AP)(P^{-1}AP)\cdots(P^{-1}AP)}_{m个}\\&=P^{-1}\underbrace{A(PP^{-1})A(PP^{-1})\cdots A}_{m个A}P\\&=P^{-1}A^mP,\end{aligned}$$

因此 $A^m\sim B^m$.

(3) 将式(5.16)代入矩阵多项式 $g(B)$ 得

$$\begin{aligned}
g(\boldsymbol{B}) &= a_m\boldsymbol{B}^m + a_{m-1}\boldsymbol{B}^{m-1} + \cdots + a_1\boldsymbol{B} + a_0\boldsymbol{E} \\
&= a_m(\boldsymbol{P}^{-1}\boldsymbol{AP})^m + a_{m-1}(\boldsymbol{P}^{-1}\boldsymbol{AP})^{m-1} + \cdots + a_0(\boldsymbol{P}^{-1}\boldsymbol{EP}) \\
&= a_m(\boldsymbol{P}^{-1}\boldsymbol{A}^m\boldsymbol{P}) + a_{m-1}(\boldsymbol{P}^{-1}\boldsymbol{A}^{m-1}\boldsymbol{P}) + \cdots + a_0(\boldsymbol{P}^{-1}\boldsymbol{EP}) \\
&= \boldsymbol{P}^{-1}(a_m\boldsymbol{A}^m + a_{m-1}\boldsymbol{A}^{m-1} + \cdots + a_1\boldsymbol{A} + a_0\boldsymbol{E})\boldsymbol{P} \\
&= \boldsymbol{P}^{-1}g(\boldsymbol{A})\boldsymbol{P},
\end{aligned}$$

因此 $g(\boldsymbol{A}) \sim g(\boldsymbol{B})$. □

性质 5.11 设 $\boldsymbol{A}$ 与 $\boldsymbol{B}$ 为数域 F 上的分块对角阵

$$\boldsymbol{A} = \begin{pmatrix} \boldsymbol{A}_1 & & & \\ & \boldsymbol{A}_2 & & \\ & & \ddots & \\ & & & \boldsymbol{A}_t \end{pmatrix}, \quad \boldsymbol{B} = \begin{pmatrix} \boldsymbol{B}_1 & & & \\ & \boldsymbol{B}_2 & & \\ & & \ddots & \\ & & & \boldsymbol{B}_t \end{pmatrix}.$$

此处，$\boldsymbol{A}_i$ 与 $\boldsymbol{B}_i$ 都是 n_i 阶方阵，$1 \leqslant i \leqslant t$. 若对所的 i，$1 \leqslant i \leqslant t$，$\boldsymbol{A}_i$ 与 $\boldsymbol{B}_i$ 相似，则 $\boldsymbol{A}$ 与 $\boldsymbol{B}$ 相似.

证明：由于 $\boldsymbol{A}_i$ 与 $\boldsymbol{B}_i$ 相似，故有可逆阵 $\boldsymbol{P}_i$ 使

$$\boldsymbol{P}_i^{-1}\boldsymbol{A}_i\boldsymbol{P}_i = \boldsymbol{B}_i.$$

令

$$\boldsymbol{P} = \begin{pmatrix} \boldsymbol{P}_1 & & & \\ & \boldsymbol{P}_2 & & \\ & & \ddots & \\ & & & \boldsymbol{P}_t \end{pmatrix},$$

则由分块矩阵乘法得

$$\begin{pmatrix} \boldsymbol{P}_1^{-1} & & & \\ & \boldsymbol{P}_2^{-1} & & \\ & & \ddots & \\ & & & \boldsymbol{P}_t^{-1} \end{pmatrix}\begin{pmatrix} \boldsymbol{A}_1 & & & \\ & \boldsymbol{A}_2 & & \\ & & \ddots & \\ & & & \boldsymbol{A}_t \end{pmatrix}\begin{pmatrix} \boldsymbol{P}_1 & & & \\ & \boldsymbol{P}_2 & & \\ & & \ddots & \\ & & & \boldsymbol{P}_t \end{pmatrix}$$

$$= \begin{pmatrix} \boldsymbol{P}_1^{-1}\boldsymbol{A}_1\boldsymbol{P}_1 & & & \\ & \boldsymbol{P}_2^{-1}\boldsymbol{A}_2\boldsymbol{P}_2 & & \\ & & \ddots & \\ & & & \boldsymbol{P}_t^{-1}\boldsymbol{A}_t\boldsymbol{P}_t \end{pmatrix} = \begin{pmatrix} \boldsymbol{B}_1 & & & \\ & \boldsymbol{B}_2 & & \\ & & \ddots & \\ & & & \boldsymbol{B}_t \end{pmatrix},$$

即

$$\boldsymbol{P}^{-1}\boldsymbol{AP} = \boldsymbol{B},$$

从而 $\boldsymbol{A}$ 与 $\boldsymbol{B}$ 相似. □

例 5.11　设 3 阶方阵 $\boldsymbol{A}$ 和 3 维非零列向量 $\boldsymbol{\alpha}$ 满足 $\boldsymbol{\alpha},\boldsymbol{A\alpha},\boldsymbol{A}^2\boldsymbol{\alpha}$ 线性无关，$\boldsymbol{A}^3\boldsymbol{\alpha}=3\boldsymbol{A\alpha}-2\boldsymbol{A}^2\boldsymbol{\alpha}$，记矩阵 $\boldsymbol{P}=(\boldsymbol{\alpha},\boldsymbol{A\alpha},\boldsymbol{A}^2\boldsymbol{\alpha})$.

（1）求三阶方阵 $\boldsymbol{B}$，使得 $\boldsymbol{P}^{-1}\boldsymbol{AP}=\boldsymbol{B}$；

（2）计算 $|\boldsymbol{A}+\boldsymbol{E}|$.

解：（1）由 $\boldsymbol{P}^{-1}\boldsymbol{AP}=\boldsymbol{B}$ 有 $\boldsymbol{AP}=\boldsymbol{PB}$，即可得

$$\boldsymbol{A}(\boldsymbol{\alpha},\boldsymbol{A\alpha},\boldsymbol{A}^2\boldsymbol{\alpha})=(\boldsymbol{A\alpha},\boldsymbol{A}^2\boldsymbol{\alpha},\boldsymbol{A}^3\boldsymbol{\alpha})$$

$$=(\boldsymbol{\alpha},\boldsymbol{A\alpha},\boldsymbol{A}^2\boldsymbol{\alpha})\begin{pmatrix}0&0&0\\1&0&3\\0&1&-2\end{pmatrix}$$

$$=\boldsymbol{P}\begin{pmatrix}0&0&0\\1&0&3\\0&1&-2\end{pmatrix}.$$

又因为 $\boldsymbol{\alpha},\boldsymbol{A\alpha},\boldsymbol{A}^2\boldsymbol{\alpha}$ 线性无关，所以 $\boldsymbol{P}$ 可逆，两边同时左乘 $\boldsymbol{P}$，故

$$\boldsymbol{B}=\begin{pmatrix}0&0&0\\1&0&3\\0&1&-2\end{pmatrix}$$

即为所求.

（2）因为 $\boldsymbol{A}\sim\boldsymbol{B}$，由相似矩阵的性质知

$$\boldsymbol{A}+\boldsymbol{E}\sim\boldsymbol{B}+\boldsymbol{E},$$

从而

$$|\boldsymbol{A}+\boldsymbol{E}|=|\boldsymbol{B}+\boldsymbol{E}|=\begin{vmatrix}1&0&0\\1&1&3\\0&1&-1\end{vmatrix}=-4.$$

一个矩阵能和什么样简单结构的矩阵相似呢？我们首先给出下面的定理，关于这个定理的证明我们放在本章的“延展阅读”里，供有兴趣的读者了解.

定理 5.1　*设 $\boldsymbol{A}=(a_{ij})_{n\times n}$ 为复数域 $\mathbb{C}$ 上的 n 阶方阵，则存在复数域 $\mathbb{C}$ 上的上三角矩阵 $\boldsymbol{B}$ 与矩阵 $\boldsymbol{A}$ 相似.

5.2.3　矩阵相似对角阵的条件

由定理 5.1 可知，复数域上的任何一个 n 阶方阵都相似于一个上三角矩阵，而对角矩阵是比上三角矩阵结构更简单的一类方阵，进一步想，任何一个 n 阶方阵能否相似于对角矩阵呢？我们先看下面一个简单的例子.

例 5.12

$$A=\begin{pmatrix}1 & 1\\ 0 & 1\end{pmatrix}.$$

A 的特征值全为 1，对任意的可逆矩阵 P, $P^{-1}AP\neq E$，因为和单位矩阵相似的只能是单位矩阵，所以 A 不能相似于对角阵.

这个例子说明并非每个方阵都能相似于对角阵，那么一个方阵在什么条件下能相似于对角阵呢？下面给出方阵相似于对角矩阵的充分必要条件.

定理 5.2　设 A 为复数域 $\mathbb{C}$ 上的 n 阶方阵，则 A 相似于对角阵的充分必要条件是 A 有 n 个线性无关的特征向量.

可对角化条件

证明：先证必要性. 设 A 相似于对角阵

$$\Lambda=\begin{pmatrix}\lambda_1 & & & \\ & \lambda_2 & & \\ & & \ddots & \\ & & & \lambda_n\end{pmatrix},$$

即存在可逆阵 P 使得

$$P^{-1}AP=\Lambda. \tag{5.17}$$

将 P 按列分块：

$$P=(\alpha_1,\alpha_2,\cdots,\alpha_n),$$

此处 α_j 表示 P 的第 j 个列向量，则由式(5.17)得

$$AP=P\Lambda=P\begin{pmatrix}\lambda_1 & & & \\ & \lambda_2 & & \\ & & \ddots & \\ & & & \lambda_n\end{pmatrix},$$

即

$$A(\alpha_1,\alpha_2,\cdots,\alpha_n)=(\alpha_1,\alpha_2,\cdots,\alpha_n)\begin{pmatrix}\lambda_1 & & & \\ & \lambda_2 & & \\ & & \ddots & \\ & & & \lambda_n\end{pmatrix}$$

$$=(\lambda_1\alpha_1,\lambda_2\alpha_2,\cdots,\lambda_n\alpha_n).$$

于是得

$$A\alpha_j=\lambda_j\alpha_j,\qquad j=1,2,\cdots,n.$$

由于 P 可逆，因此 α_j 为非零向量且 $\alpha_1,\alpha_2,\cdots,\alpha_n$ 线性无关，即 $\alpha_1,\alpha_2,\cdots,\alpha_n$ 为 A 的 n 个线性无关的特征向量.

再证充分性. 设 $\boldsymbol{A}$ 有 n 个线性无关的特征向量 $\boldsymbol{\alpha}_1,\boldsymbol{\alpha}_2,\cdots,\boldsymbol{\alpha}_n$，它们分别对应于特征值 $\lambda_1,\lambda_2,\cdots,\lambda_n$，即

$$\boldsymbol{A}\boldsymbol{\alpha}_j=\lambda_j\boldsymbol{\alpha}_j,\qquad j=1,2,\cdots,n.$$

将这 n 个式子写成一个式子，则得

$$\begin{aligned}\boldsymbol{A}(\boldsymbol{\alpha}_1,\boldsymbol{\alpha}_2,\cdots,\boldsymbol{\alpha}_n)&=(\boldsymbol{A}\boldsymbol{\alpha}_1,\boldsymbol{A}\boldsymbol{\alpha}_2,\cdots,\boldsymbol{A}\boldsymbol{\alpha}_n)=(\lambda_1\boldsymbol{\alpha}_1,\lambda_2\boldsymbol{\alpha}_2,\cdots,\lambda_n\boldsymbol{\alpha}_n)\\&=(\boldsymbol{\alpha}_1,\boldsymbol{\alpha}_2,\cdots,\boldsymbol{\alpha}_n)\begin{pmatrix}\lambda_1&&&\\&\lambda_2&&\\&&\ddots&\\&&&\lambda_n\end{pmatrix}.\end{aligned}$$

令

$$\boldsymbol{P}=(\boldsymbol{\alpha}_1,\boldsymbol{\alpha}_2,\cdots,\boldsymbol{\alpha}_n),\ \boldsymbol{\Lambda}=\mathbf{diag}(\lambda_1,\lambda_2,\cdots,\lambda_n),$$

由 $\boldsymbol{\alpha}_1,\boldsymbol{\alpha}_2,\cdots,\boldsymbol{\alpha}_n$ 线性无关知 $\boldsymbol{P}$ 可逆，且有 $\boldsymbol{AP}=\boldsymbol{P\Lambda}$，因此得

$$\boldsymbol{P}^{-1}\boldsymbol{AP}=\boldsymbol{\Lambda}=\begin{pmatrix}\lambda_1&&&\\&\lambda_2&&\\&&\ddots&\\&&&\lambda_n\end{pmatrix},$$

即 $\boldsymbol{A}$ 相似于对角阵. □

推论 1 若 n 阶方阵 $\boldsymbol{A}$ 有 n 个不同的特征值，则 $\boldsymbol{A}$ 必可对角化.

证明：因为矩阵 $\boldsymbol{A}_n$ 有 n 个不同的特征值，所以每个特征值均为单特征值，由性质 5.6 推论知，每个单特征值恰有 1 个线性无关的特征向量. 从而由性质 5.7 可得，$\boldsymbol{A}$ 有 n 个线性无关的特征向量，由定理 5.2，故 $\boldsymbol{A}$ 可对角化. □

推论 2 设 n 阶方阵 $\boldsymbol{A}$ 有 s 个不同的特征值 $\lambda_1,\lambda_2,\cdots,\lambda_s$. 对 $1\leqslant i\leqslant s$，λ_i 的代数重数与几何重数分别为 n_i 与 m_i，则方阵 $\boldsymbol{A}$ 相似于对角阵的充分必要条件为

$$m_i=n_i,\ i=1,2,\cdots,s.$$

证明：必要性. 若 $\boldsymbol{A}$ 相似于对角阵，由定理 5.2 和性质 5.7 的推论，则有 $\sum\limits_{i=1}^{s}m_i=n$. 又由性质 5.6 得

$$\sum_{i=1}^{s}m_i\leqslant\sum_{i=1}^{s}n_i=n.\tag{5.18}$$

所以 $m_i=n_i$，$i=1,2,\cdots,s$.

充分性. 若 $m_i=n_i$，$i=1,2,\cdots,s$，由性质 5.7 的推论知 $\boldsymbol{A}$ 共有

$$\sum_{i=1}^{s} m_i = \sum_{i=1}^{s} n_i = n$$

个线性无关的特征向量，从而由定理 5.2 知，$\boldsymbol{A}$ 可对角化.

故推论得证. □

由此可归纳出判断一个方阵 $\boldsymbol{A}_n$ 是否相似于对角阵及求可逆矩阵 $\boldsymbol{P}$，使得 $\boldsymbol{P}^{-1}\boldsymbol{AP}$ 为对角阵的一般步骤为：

(1) 求出方阵 $\boldsymbol{A}$ 的所有特征值 $\lambda_1,\lambda_2,\cdots,\lambda_s$，它们的代数重数分别为 $n_1,n_2,\cdots,n_s$，$\sum_{j=1}^{s} n_j = n$；

(2) 对每个特征值 λ_j，计算 $r(\lambda_j\boldsymbol{E}-\boldsymbol{A})$，若

$$r(\lambda_j\boldsymbol{E}-\boldsymbol{A}) = n-n_j,\ j=1,2,\cdots,s,$$

则 $\boldsymbol{A}$ 可对角化，否则，不能对角化；

(3) 在可对角化的情况下，对每个 λ_j，求出齐次线性方程组 $(\lambda_j\boldsymbol{E}-\boldsymbol{A})\boldsymbol{x}=\boldsymbol{0}$ 的基础解系

$$\boldsymbol{\alpha}_{j1},\boldsymbol{\alpha}_{j2},\cdots,\boldsymbol{\alpha}_{jn_j},\ j=1,2,\cdots,s;$$

(4) 令

$$\boldsymbol{P}=(\boldsymbol{\alpha}_{11},\boldsymbol{\alpha}_{12},\cdots,\boldsymbol{\alpha}_{1n_1},\cdots,\boldsymbol{\alpha}_{s1},\boldsymbol{\alpha}_{s2},\cdots,\boldsymbol{\alpha}_{sn_s}),$$

则 $\boldsymbol{P}$ 可逆，且有

$$\boldsymbol{P}^{-1}\boldsymbol{AP}=\boldsymbol{\Lambda}=\mathbf{diag}(\underbrace{\lambda_1,\cdots,\lambda_1}_{n_1\text{个}},\underbrace{\lambda_2,\cdots,\lambda_2}_{n_2\text{个}}\cdots,\underbrace{\lambda_s,\cdots,\lambda_s}_{n_s\text{个}}).$$

例 5.13　判断下列方阵是否相似于对角阵，若相似于对角阵，求可逆矩阵 $\boldsymbol{P}$，使得 $\boldsymbol{P}^{-1}\boldsymbol{AP}$ 为对角阵.

(1) $\boldsymbol{A}=\begin{pmatrix}2&1&0\\1&3&1\\0&1&2\end{pmatrix}$；　(2) $\boldsymbol{A}=\begin{pmatrix}3&1&0\\-4&-1&0\\4&-8&-2\end{pmatrix}$；

(3) $\boldsymbol{A}=\begin{pmatrix}1&2&-1\\0&0&0\\0&0&0\end{pmatrix}$；(4) $\boldsymbol{A}=\begin{pmatrix}\lambda_0&&&\\1&\lambda_0&&\\&\ddots&\ddots&\\&&1&\lambda_0\end{pmatrix}_{m\times m}$　$(m>1)$.

解：(1) 由

$$|\lambda\boldsymbol{E}-\boldsymbol{A}|=\begin{pmatrix}\lambda-2&-1&0\\-1&\lambda-3&-1\\0&-1&\lambda-2\end{pmatrix}=(\lambda-1)(\lambda-2)(\lambda-4),$$

得 $\boldsymbol{A}$ 的特征值为 $\lambda_1=1$，$\lambda_2=2$，$\lambda_3=4$. 三个特征值均不同，所以 $\boldsymbol{A}$ 可对角化.

当 $\lambda_1=1$ 时得齐次线性方程组 $(\boldsymbol{E}-\boldsymbol{A})\boldsymbol{X}=\boldsymbol{0}$ 即

$$\begin{pmatrix}-1 & -1 & 0\\ -1 & -2 & -1\\ 0 & -1 & -1\end{pmatrix}\begin{pmatrix}x_1\\ x_2\\ x_3\end{pmatrix}=\begin{pmatrix}0\\ 0\\ 0\end{pmatrix},$$

解之得基础解系

$$\boldsymbol{\alpha}_1=\begin{pmatrix}1\\ -1\\ 1\end{pmatrix}.$$

当 $\lambda_2=2$ 时得齐次线性方程组 $(2\boldsymbol{E}-\boldsymbol{A})\boldsymbol{X}=\boldsymbol{0}$ 即

$$\begin{pmatrix}0 & -1 & 0\\ -1 & -1 & -1\\ 0 & -1 & 0\end{pmatrix}\begin{pmatrix}x_1\\ x_2\\ x_3\end{pmatrix}=\begin{pmatrix}0\\ 0\\ 0\end{pmatrix},$$

解之得基础解系

$$\boldsymbol{\alpha}_2=\begin{pmatrix}1\\ 0\\ -1\end{pmatrix}.$$

当 $\lambda_3=4$ 时得齐次线性方程组 $(4\boldsymbol{E}-\boldsymbol{A})\boldsymbol{X}=\boldsymbol{0}$ 即

$$\begin{pmatrix}2 & -1 & 0\\ -1 & 1 & -1\\ 0 & -1 & 2\end{pmatrix}\begin{pmatrix}x_1\\ x_2\\ x_3\end{pmatrix}=\begin{pmatrix}0\\ 0\\ 0\end{pmatrix},$$

解之得基础解系

$$\boldsymbol{\alpha}_3=\begin{pmatrix}1\\ 2\\ 1\end{pmatrix}.$$

令

$$\boldsymbol{P}=(\boldsymbol{\alpha}_1,\boldsymbol{\alpha}_2,\boldsymbol{\alpha}_3)=\begin{pmatrix}1 & 1 & 1\\ -1 & 0 & 2\\ 1 & -1 & 1\end{pmatrix},$$

则 $\boldsymbol{P}$ 可逆且

$$\boldsymbol{AP}=P\cdot\begin{pmatrix}\lambda_1 & & \\ & \lambda_2 & \\ & & \lambda_3\end{pmatrix},$$

即

$$\boldsymbol{P}^{-1}\boldsymbol{AP}=\begin{pmatrix}\lambda_1 & & \\ & \lambda_2 & \\ & & \lambda_3\end{pmatrix}=\begin{pmatrix}1 & & \\ & 2 & \\ & & 4\end{pmatrix}.$$

（2）由

$$|\lambda E-A|=\begin{pmatrix}\lambda-3 & -1 & 0\\ 4 & \lambda+1 & 0\\ -4 & 8 & \lambda+2\end{pmatrix}=(\lambda-1)^2(\lambda+2),$$

得 A 的特征值为

$$\lambda_1=\lambda_2=1,\ \lambda_3=-2.$$

当 $\lambda_1=\lambda_2=1$ 时，

$$(E-A)=\begin{pmatrix}-2 & -1 & 0\\ 4 & 2 & 0\\ -4 & 8 & 3\end{pmatrix}\xrightarrow{\text{初等行变换}}\begin{pmatrix}-2 & -1 & 0\\ 0 & 10 & 3\\ 0 & 0 & 0\end{pmatrix},$$

所以 $r(E-A)=2\neq 3-2=1$，即特征值 $\lambda=1$ 的几何重数 1 不等于它的代数重数 2，因此 A 不能相似于对角阵.

（3）由

$$|\lambda E-A|=\begin{vmatrix}\lambda-1 & -2 & 1\\ 0 & \lambda & 0\\ 0 & 0 & \lambda\end{vmatrix}=\lambda^2(\lambda-1),$$

得 A 的特征值为 $\lambda_1=\lambda_2=0$，$\lambda_3=1$.

当 $\lambda_1=\lambda_2=0$ 时，得齐次线性方程组

$$\begin{pmatrix}-1 & -2 & 1\\ 0 & 0 & 0\\ 0 & 0 & 0\end{pmatrix}\begin{pmatrix}x_1\\ x_2\\ x_3\end{pmatrix}=\begin{pmatrix}0\\ 0\\ 0\end{pmatrix}$$

的一个基础解系为

$$\boldsymbol{\alpha}_1=\begin{pmatrix}1\\ 0\\ 1\end{pmatrix},\ \boldsymbol{\alpha}_2=\begin{pmatrix}0\\ 1\\ 2\end{pmatrix}.$$

因此 $\lambda_1=0$ 的几何重数 = 代数重数 = 2，而 $\lambda_3=1$ 的几何重数必等于其代数重数，所以 A 能相似于对角阵.

当 $\lambda_3=1$ 时，解齐次线性方程组

$$\begin{pmatrix}0 & -2 & 1\\ 0 & 1 & 0\\ 0 & 0 & 1\end{pmatrix}\begin{pmatrix}x_1\\ x_2\\ x_3\end{pmatrix}=\begin{pmatrix}0\\ 0\\ 0\end{pmatrix},$$

得基础解系

$$\boldsymbol{\alpha}_3=\begin{pmatrix}1\\ 0\\ 0\end{pmatrix}.$$

令

$$P=\begin{pmatrix}1&0&1\\0&1&0\\1&2&0\end{pmatrix},$$

则 $\boldsymbol{P}$ 可逆，且得

$$P^{-1}AP=\begin{pmatrix}0&&\\&0&\\&&1\end{pmatrix}.$$

(4) $\boldsymbol{A}$ 的特征值为 λ_0，它的代数重数为 m，下面来计算矩阵 $\lambda_0\boldsymbol{E}-\boldsymbol{A}$ 的秩.

$$(\lambda_0E-A)=\begin{pmatrix}0&&&&\\-1&0&&&\\&-1&0&&\\&&\ddots&\ddots&\\&&&-1&0\end{pmatrix}_{m\times m}.$$

明显地，$r(\lambda_0\boldsymbol{E}-\boldsymbol{A})=m-1$，因此特征值 λ_0 的几何重数为 $m-(m-1)=1$，从而当 $m>1$ 时，$\boldsymbol{A}$ 不能相似于对角阵.

例 5.14 设 n 阶方阵 $\boldsymbol{A}$，$r(\boldsymbol{A})=1$，$\mathrm{tr}(\boldsymbol{A})\neq0$，其中 $n\geqslant2$. 试证：矩阵 $\boldsymbol{A}$ 相似于对角阵.

证明：因为 $r(\boldsymbol{A})=1$，所以 $|\boldsymbol{A}|=0$，从而

$$|0E-A|=(-1)^n|A|=0,$$

即 0 是矩阵 $\boldsymbol{A}$ 的特征值且

$$r(0E-A)=r(A)=1,$$

所以特征值 0 的几何重数为 $n-r(0\boldsymbol{E}-\boldsymbol{A})=n-1$，其代数重数至少为 $n-1$.

另一方面，由 $r(\boldsymbol{A})=1$ 知，存在两个 n 维非零列向量 $\boldsymbol{\alpha}$ 和 $\boldsymbol{\beta}$，使得

$$A=\alpha\beta^{\mathrm{T}}.$$

进一步，

$$A\alpha=\alpha\beta^{\mathrm{T}}\alpha=\mathrm{tr}(A)\alpha,$$

由 $\mathrm{tr}(\boldsymbol{A})\neq0$ 知，矩阵 $\boldsymbol{A}$ 的迹 $\mathrm{tr}(\boldsymbol{A})$ 是它的一个非零特征值. 因此方阵 $\boldsymbol{A}$ 的 n 个特征值为

$$n-1 \text{ 个 } 0 \text{ 和一个 } \mathrm{tr}(A).$$

从而特征值 0 的几何重数等于其代数重数，故方阵 $\boldsymbol{A}$ 能相似于对角阵. □

例 5.15 设 $\boldsymbol{A}$ 是一个 n 阶方阵，满足 $\boldsymbol{A}^2+2\boldsymbol{A}-3\boldsymbol{E}=\boldsymbol{O}$，证明：$\boldsymbol{A}$ 必相似于对角阵.

证明：设 λ 为矩阵 $\boldsymbol{A}$ 的特征值，由 $\boldsymbol{A}^2+2\boldsymbol{A}-3\boldsymbol{E}=\boldsymbol{O}$ 有

$$\lambda^2+2\lambda-3=(\lambda+3)(\lambda-1)=0,$$

所以 $\boldsymbol{A}$ 的特征值为 -3 或 1. 对应于特征值 -3 和 1 的线性无关的特征向量的个数分别为 $n-r(-3\boldsymbol{E}-\boldsymbol{A})$ 和 $n-r(\boldsymbol{E}-\boldsymbol{A})$

另一方面，由已知有 $(\boldsymbol{A}+3\boldsymbol{E})(\boldsymbol{A}-\boldsymbol{E})=\boldsymbol{O}$，可以得到

$$r(\boldsymbol{A}+3\boldsymbol{E})+r(\boldsymbol{A}-\boldsymbol{E})\leqslant n.$$

再由

$$\begin{aligned} r(\boldsymbol{A}+3\boldsymbol{E})+r(\boldsymbol{A}-\boldsymbol{E}) &= r(\boldsymbol{A}+3\boldsymbol{E})+r(\boldsymbol{E}-\boldsymbol{A}) \\ &\geqslant r(A-3\boldsymbol{E}+\boldsymbol{E}-A) \\ &= r(-2\boldsymbol{E})=n, \end{aligned}$$

得到

$$r(\boldsymbol{A}+3\boldsymbol{E})+r(\boldsymbol{A}-\boldsymbol{E})=n.$$

从而矩阵 $\boldsymbol{A}$ 的线性无关的特征向量的个数为

$$\begin{aligned} n-r(-3\boldsymbol{E}-\boldsymbol{A})+n-r(\boldsymbol{E}-\boldsymbol{A}) &= 2n-(r(-3\boldsymbol{E}-\boldsymbol{A})+r(\boldsymbol{E}-\boldsymbol{A})) \\ &= 2n-(r(\boldsymbol{A}+3\boldsymbol{E})+r(\boldsymbol{A}-\boldsymbol{E})) \\ &= 2n-n=n, \end{aligned}$$

表明 $\boldsymbol{A}$ 有 n 个线性无关的特征向量，故 $\boldsymbol{A}$ 相似于对角阵. □

事实上，这个例题的证明方法具有一般性，因此可推广成更一般的题目：设 $\boldsymbol{A}$ 是一个 n 阶方阵，满足 $(\boldsymbol{A}-a\boldsymbol{E})(\boldsymbol{A}-b\boldsymbol{E})=\boldsymbol{O}$，其中 $a\neq b$. 则 $\boldsymbol{A}$ 相似于对角矩阵.

例 5.16　设

$$\boldsymbol{A}=\begin{pmatrix} a & b \\ b & a \end{pmatrix},$$

求 $\boldsymbol{A}^n$.

解：由于

$$\boldsymbol{A}\cdot\begin{pmatrix} 1 \\ 1 \end{pmatrix}=\begin{pmatrix} a & b \\ b & a \end{pmatrix}\begin{pmatrix} 1 \\ 1 \end{pmatrix}=(a+b)\cdot\begin{pmatrix} 1 \\ 1 \end{pmatrix},$$

$$\boldsymbol{A}\cdot\begin{pmatrix} 1 \\ -1 \end{pmatrix}=\begin{pmatrix} a & b \\ b & a \end{pmatrix}\begin{pmatrix} 1 \\ -1 \end{pmatrix}=(a-b)\cdot\begin{pmatrix} 1 \\ -1 \end{pmatrix}.$$

因此 $\lambda_1=a+b$ 与 $\lambda_2=a-b$ 是 $\boldsymbol{A}$ 的两个特征值，$\boldsymbol{\alpha}_1=\begin{pmatrix} 1 \\ 1 \end{pmatrix}$ 与 $\boldsymbol{\alpha}_2=\begin{pmatrix} 1 \\ -1 \end{pmatrix}$ 分别为对应于 λ_1 与 λ_2 的特征向量，$\boldsymbol{A}$ 可对角化. 令

$$\boldsymbol{P}=\begin{pmatrix} 1 & 1 \\ 1 & -1 \end{pmatrix},$$

则 $\boldsymbol{P}$ 可逆且

$$\boldsymbol{P}^{-1}=\frac{1}{2}\begin{pmatrix} 1 & 1 \\ 1 & -1 \end{pmatrix},\ \boldsymbol{P}^{-1}\boldsymbol{A}\boldsymbol{P}=\begin{pmatrix} a+b & 0 \\ 0 & a-b \end{pmatrix}.$$

从而

$$\begin{aligned}\boldsymbol{A}^n &= \boldsymbol{P}\begin{pmatrix} a+b & 0 \\ 0 & a-b \end{pmatrix}^n \boldsymbol{P}^{-1} \\ &= \frac{1}{2}\begin{pmatrix} 1 & 1 \\ 1 & -1 \end{pmatrix}\begin{pmatrix} (a+b)^n & 0 \\ 0 & (a-b)^n \end{pmatrix}\begin{pmatrix} 1 & 1 \\ 1 & -1 \end{pmatrix} \\ &= \begin{pmatrix} x & y \\ y & x \end{pmatrix},\end{aligned}$$

此处

$$x = \frac{(a+b)^n + (a-b)^n}{2},\ y = \frac{(a+b)^n - (a-b)^n}{2}.$$

5.3 实对称矩阵的相似对角化

从上一节我们知道并非每个 n 阶方阵都可对角化，但有一类特殊的方阵——实对称矩阵，由于其特征值、特征向量的特殊性，它一定能对角化，这就是这一节将要讨论的内容.

5.3.1 实对称矩阵的特征值与特征向量

实对称矩阵的正交相似对角阵

实对称矩阵的特征值和特征向量除具有第一节所描述的特征值、特征向量的性质外，还具有如下性质.

性质 5.12　实对称矩阵的特征值全是实数.

证明：设 $\boldsymbol{A}$ 为实对称矩阵，$\boldsymbol{\alpha}$ 是 $\boldsymbol{A}$ 的对应于特征值 λ 的特征向量，则有

$$\boldsymbol{A\alpha} = \lambda\boldsymbol{\alpha}.$$

因为 $\boldsymbol{A}$ 为实对称矩阵，所以 $\overline{\boldsymbol{A}} = \boldsymbol{A}$，$\boldsymbol{A}^{\mathrm{T}} = \boldsymbol{A}$，且 $\overline{\boldsymbol{A\alpha}} = \overline{\lambda\boldsymbol{\alpha}} = \overline{\lambda}\,\overline{\boldsymbol{\alpha}}$. 所以

$$\begin{aligned}\overline{\boldsymbol{\alpha}}^{\mathrm{T}}\boldsymbol{A\alpha} &= \overline{\boldsymbol{\alpha}}^{\mathrm{T}}(\boldsymbol{A\alpha}) = \lambda\,\overline{\boldsymbol{\alpha}}^{\mathrm{T}}\boldsymbol{\alpha}, \\ \overline{\boldsymbol{\alpha}}^{\mathrm{T}}\boldsymbol{A\alpha} &= (\overline{\boldsymbol{A\alpha}})^{\mathrm{T}}\boldsymbol{\alpha} = (\overline{\lambda}\,\overline{\boldsymbol{\alpha}})^{\mathrm{T}}\boldsymbol{\alpha} = \overline{\lambda}\,\overline{\boldsymbol{\alpha}}^{\mathrm{T}}\boldsymbol{\alpha},\end{aligned}$$

从而有

$$(\lambda - \overline{\lambda})\overline{\boldsymbol{\alpha}}^{\mathrm{T}}\boldsymbol{\alpha} = 0. \tag{5.19}$$

设 $\boldsymbol{\alpha} = (a_1, a_2, \cdots, a_n)^{\mathrm{T}}$，由 $\boldsymbol{\alpha} \neq \boldsymbol{0}$，知

$$\overline{\boldsymbol{\alpha}}^{\mathrm{T}}\boldsymbol{\alpha} = \sum_{i=1}^{n} \overline{a}_i a_i = \sum_{i=1}^{n} |a_i|^2 > 0. \tag{5.20}$$

其中，$|a_i|$ 是复数 a_i 的模$(i=1,2,\cdots,n)$. 因此由式(5.19)与式(5.20)得 $\lambda = \overline{\lambda}$，即 λ 为实数. □

性质 5.13　实对称矩阵的属于不同特征值的实特征向量正交.

证明：设 $\boldsymbol{A}$ 为实对称矩阵，λ_1 和 λ_2 是 $\boldsymbol{A}$ 的两个不同的特征值，$\boldsymbol{\alpha}_1$ 与 $\boldsymbol{\alpha}_2$ 分别为属于 λ_1 与 λ_2 的实特征向量，则有

$$\boldsymbol{A}\boldsymbol{\alpha}_1=\lambda_1\boldsymbol{\alpha}_1,\ \boldsymbol{A}\boldsymbol{\alpha}_2=\lambda_2\boldsymbol{\alpha}_2.$$

由

$$\boldsymbol{\alpha}_1^{\mathrm{T}}\boldsymbol{A}\boldsymbol{\alpha}_2=\boldsymbol{\alpha}_1^{\mathrm{T}}(\boldsymbol{A}\boldsymbol{\alpha}_2)=\lambda_2\boldsymbol{\alpha}_1^{\mathrm{T}}\boldsymbol{\alpha}_2,$$
$$\boldsymbol{\alpha}_1^{\mathrm{T}}\boldsymbol{A}\boldsymbol{\alpha}_2=(\boldsymbol{A}\boldsymbol{\alpha}_1)^{\mathrm{T}}\boldsymbol{\alpha}_2=\lambda_1\boldsymbol{\alpha}_1^{\mathrm{T}}\boldsymbol{\alpha}_2,$$

知

$$(\lambda_1-\lambda_2)\boldsymbol{\alpha}_1^{\mathrm{T}}\boldsymbol{\alpha}_2=0.$$

由于 $\lambda_1\neq\lambda_2$，所以一定有

$$\boldsymbol{\alpha}_1^{\mathrm{T}}\boldsymbol{\alpha}_2=(\boldsymbol{\alpha}_1,\boldsymbol{\alpha}_2)=0,$$

因此，特征向量 $\boldsymbol{\alpha}_1$ 与 $\boldsymbol{\alpha}_2$ 正交. □

例 5.17　三阶实对称矩阵 $\boldsymbol{A}$，其特征值为 $\lambda_1=1$，$\lambda_2=2$，$\lambda_3=-1$，且 $\boldsymbol{\alpha}_1=\begin{pmatrix}1\\a+1\\2\end{pmatrix}$，$\boldsymbol{\alpha}_2=\begin{pmatrix}a-1\\-a\\1\end{pmatrix}$分别是 λ_1，λ_2 对应的特征向量，$\boldsymbol{A}$ 的伴随矩阵 $\boldsymbol{A}^*$ 有特征值 λ_0，它所对应的特征向量为 $\boldsymbol{\beta}_0=\begin{pmatrix}2\\-5a\\2a+1\end{pmatrix}$，求 a 及 λ_0 的值.

解：因为 $\boldsymbol{A}$ 为实对称，所以 $\boldsymbol{\alpha}_1$ 与 $\boldsymbol{\alpha}_2$ 正交，即有

$(\boldsymbol{\alpha}_1,\boldsymbol{\alpha}_2)=a-1-a(a+1)+2=0$，得 $a=1$ 或 $a=-1$.

当 $a=1$ 时，

$$\boldsymbol{\alpha}_1=\begin{pmatrix}1\\2\\2\end{pmatrix},\ \boldsymbol{\alpha}_2=\begin{pmatrix}0\\-1\\1\end{pmatrix},\ \boldsymbol{\beta}_0=\begin{pmatrix}2\\-5\\3\end{pmatrix},$$

由于 $\boldsymbol{A}^*$ 的特征向量也是 $\boldsymbol{A}$ 的特征向量，而观察到 $\boldsymbol{\beta}_0$ 既不与 $\boldsymbol{\alpha}_1$ 或 $\boldsymbol{\alpha}_2$ 成比例，也不与 $\boldsymbol{\alpha}_1$ 和 $\boldsymbol{\alpha}_2$ 正交，所以 $a=1$ 不合题意，舍去.

当 $a=-1$ 时，

$$\boldsymbol{\alpha}_1=\begin{pmatrix}1\\0\\2\end{pmatrix},\ \boldsymbol{\alpha}_2=\begin{pmatrix}-2\\1\\1\end{pmatrix},\ \boldsymbol{\beta}_0=\begin{pmatrix}2\\5\\-1\end{pmatrix},$$

注意到 $\boldsymbol{\beta}_0$ 与 $\boldsymbol{\alpha}_1,\boldsymbol{\alpha}_2$ 均正交，所以它是 $\boldsymbol{A}$ 的 λ_3 的特征向量，也是 $\boldsymbol{A}^*$ 的属于特征值$\dfrac{|\boldsymbol{A}|}{\lambda_3}$的特征向量，从而

$$\lambda_0=\frac{|A|}{\lambda_3}=\frac{1\times 2\times(-1)}{-1}=\frac{-2}{-1}=2.$$

故 $a=-1$，$\lambda_0=2$.

既然实对称矩阵 $\boldsymbol{A}$ 的特征值 λ 全是实数，从而 $(\lambda\boldsymbol{E}-\boldsymbol{A})\boldsymbol{x}=\boldsymbol{0}$ 为实系数线性方程组，必可求到 $\boldsymbol{A}$ 的实特征向量，进而可讨论 $\boldsymbol{A}$ 正交相似对角阵的问题.

5.3.2 实对称矩阵正交相似对角阵

定理 5.3 设 $\boldsymbol{A}$ 为 n 阶实对称矩阵，则存在 n 阶正交矩阵 $\boldsymbol{Q}$，使得

$$\boldsymbol{Q}^{-1}\boldsymbol{A}\boldsymbol{Q}=\boldsymbol{Q}^{\mathrm{T}}\boldsymbol{A}\boldsymbol{Q}=\boldsymbol{\Lambda},$$

其中

$$\boldsymbol{\Lambda}=\begin{pmatrix}\lambda_1 & & & \\ & \lambda_2 & & \\ & & \ddots & \\ & & & \lambda_n\end{pmatrix},\ \lambda_1,\ \lambda_2,\ \cdots,\ \lambda_n \text{ 为 } \boldsymbol{A} \text{ 的特征值.}$$

证明：对矩阵 $\boldsymbol{A}$ 的阶数 n 用数学归纳法.

$n=1$ 时，结论显然成立，设结论当 $n=k-1$ 时成立. 当 $n=k$ 时，取 $\boldsymbol{\alpha}_1$ 是 $\boldsymbol{A}$ 的一个实特征向量，且为单位向量，λ_1 是 $\boldsymbol{\alpha}_1$ 对应的特征值，则

$$\boldsymbol{A}\boldsymbol{\alpha}_1=\lambda_1\boldsymbol{\alpha}_1,\ |\boldsymbol{\alpha}_1|=1.$$

由 $\boldsymbol{\alpha}_1$ 可知，存在 $k-1$ 个 k 维线性无关的向量与之正交，再由施密特正交化，存在 k 维实单位列向量 $\boldsymbol{\beta}_2,\boldsymbol{\beta}_3,\cdots,\boldsymbol{\beta}_k$，使得 $\boldsymbol{\alpha}_1,\boldsymbol{\beta}_2,\boldsymbol{\beta}_3,\cdots,\boldsymbol{\beta}_k$ 为两两正交的单位向量组. 令矩阵

$$\boldsymbol{Q}_1=(\boldsymbol{\alpha}_1,\boldsymbol{\beta}_2,\boldsymbol{\beta}_3,\cdots,\boldsymbol{\beta}_k).$$

则 $\boldsymbol{Q}_1$ 为 k 阶正交矩阵，且

$$\boldsymbol{Q}_1^{-1}\boldsymbol{A}\boldsymbol{Q}_1=\boldsymbol{Q}_1^{\mathrm{T}}\boldsymbol{A}\boldsymbol{Q}_1=\begin{pmatrix}\boldsymbol{\alpha}_1^{\mathrm{T}}\\ \boldsymbol{\beta}_2^{\mathrm{T}}\\ \vdots\\ \boldsymbol{\beta}_k^{\mathrm{T}}\end{pmatrix}\boldsymbol{A}(\boldsymbol{\alpha}_1,\boldsymbol{\beta}_2,\cdots,\boldsymbol{\beta}_k)$$

$$=\begin{pmatrix}\boldsymbol{\alpha}_1^{\mathrm{T}}\boldsymbol{A}\boldsymbol{\alpha}_1 & \boldsymbol{\alpha}_1^{\mathrm{T}}\boldsymbol{A}\boldsymbol{\beta}_2 & \cdots & \boldsymbol{\alpha}_1^{\mathrm{T}}\boldsymbol{A}\boldsymbol{\beta}_k\\ \boldsymbol{\beta}_2^{\mathrm{T}}\boldsymbol{A}\boldsymbol{\alpha}_1 & \boldsymbol{\beta}_2^{\mathrm{T}}\boldsymbol{A}\boldsymbol{\beta}_2 & \cdots & \boldsymbol{\beta}_2^{\mathrm{T}}\boldsymbol{A}\boldsymbol{\beta}_k\\ \vdots & \vdots & & \vdots\\ \boldsymbol{\beta}_k^{\mathrm{T}}\boldsymbol{A}\boldsymbol{\alpha}_1 & \boldsymbol{\beta}_k^{\mathrm{T}}\boldsymbol{A}\boldsymbol{\beta}_2 & \cdots & \boldsymbol{\beta}_k^{\mathrm{T}}\boldsymbol{A}\boldsymbol{\beta}_k\end{pmatrix},$$

由

$$\boldsymbol{\alpha}_1^{\mathrm{T}}\boldsymbol{A}\boldsymbol{\alpha}_1=\lambda_1\boldsymbol{\alpha}_1^{\mathrm{T}}\boldsymbol{\alpha}_1=\lambda_1,$$
$$\boldsymbol{\alpha}_1^{\mathrm{T}}\boldsymbol{A}\boldsymbol{\beta}_i=(\boldsymbol{A}\boldsymbol{\alpha}_1)^{\mathrm{T}}\boldsymbol{\beta}_i=\lambda_1\boldsymbol{\alpha}_1^{\mathrm{T}}\boldsymbol{\beta}_i=0(i=1,2,\cdots,k),$$
$$\boldsymbol{\beta}_i^{\mathrm{T}}\boldsymbol{A}\boldsymbol{\alpha}_1=\boldsymbol{\beta}_i^{\mathrm{T}}(\boldsymbol{A}\boldsymbol{\alpha}_1)=\lambda_1\boldsymbol{\beta}_i^{\mathrm{T}}\boldsymbol{\alpha}_1=0(i=1,2,\cdots,k),$$

所以

$$\boldsymbol{Q}_1^{-1}\boldsymbol{A}\boldsymbol{Q}_1=\boldsymbol{Q}_1^{\mathrm{T}}\boldsymbol{A}\boldsymbol{Q}_1=\begin{pmatrix}\lambda_1 & 0\\ 0 & \boldsymbol{B}_1\end{pmatrix},$$

其中

$$\boldsymbol{B}_1=\begin{pmatrix}\boldsymbol{\beta}_2^{\mathrm{T}}\boldsymbol{A}\boldsymbol{\beta}_2 & \boldsymbol{\beta}_2^{\mathrm{T}}\boldsymbol{A}\boldsymbol{\beta}_3 & \cdots & \boldsymbol{\beta}_2^{\mathrm{T}}\boldsymbol{A}\boldsymbol{\beta}_k\\ \boldsymbol{\beta}_3^{\mathrm{T}}\boldsymbol{A}\boldsymbol{\beta}_2 & \boldsymbol{\beta}_3^{\mathrm{T}}\boldsymbol{A}\boldsymbol{\beta}_3 & \cdots & \boldsymbol{\beta}_3^{\mathrm{T}}\boldsymbol{A}\boldsymbol{\beta}_k\\ \vdots & \vdots & & \vdots\\ \boldsymbol{\beta}_k^{\mathrm{T}}\boldsymbol{A}\boldsymbol{\beta}_2 & \boldsymbol{\beta}_k^{\mathrm{T}}\boldsymbol{A}\boldsymbol{\beta}_3 & \cdots & \boldsymbol{\beta}_k^{\mathrm{T}}\boldsymbol{A}\boldsymbol{\beta}_k\end{pmatrix},$$

显然 $\boldsymbol{B}_1$ 是 $\boldsymbol{k}-1$ 阶实对称矩阵. 由归纳假设，存在 $\boldsymbol{k}-1$ 阶正交矩阵 $\boldsymbol{P}$ 使得

$$\boldsymbol{P}^{-1}\boldsymbol{B}_1\boldsymbol{P}=\boldsymbol{P}^{\mathrm{T}}\boldsymbol{B}_1\boldsymbol{P}=\begin{pmatrix}\lambda_2 & & & \\ & \lambda_3 & & \\ & & \ddots & \\ & & & \lambda_k\end{pmatrix}.$$

令

$$\boldsymbol{Q}_2=\begin{pmatrix}1 & 0\\ 0 & \boldsymbol{P}\end{pmatrix},$$

则 $\boldsymbol{Q}_2$ 是正交矩阵. 令 $\boldsymbol{Q}=\boldsymbol{Q}_1\boldsymbol{Q}_2$，则 $\boldsymbol{Q}$ 是 $\boldsymbol{k}$ 阶正交矩阵，且

$$\begin{aligned}\boldsymbol{Q}^{-1}\boldsymbol{A}\boldsymbol{Q}&=\boldsymbol{Q}_2^{-1}(\boldsymbol{Q}_1^{-1}\boldsymbol{A}\boldsymbol{Q}_1)\boldsymbol{Q}_2=\boldsymbol{Q}_2^{-1}\begin{pmatrix}\lambda_1 & 0\\ 0 & \boldsymbol{B}_1\end{pmatrix}\boldsymbol{Q}_2\\ &=\begin{pmatrix}1 & 0\\ 0 & \boldsymbol{P}^{-1}\end{pmatrix}\begin{pmatrix}\lambda_1 & 0\\ 0 & \boldsymbol{B}_1\end{pmatrix}\begin{pmatrix}1 & 0\\ 0 & \boldsymbol{P}\end{pmatrix}\\ &=\begin{pmatrix}\lambda_1 & 0\\ 0 & \boldsymbol{P}^{-1}\boldsymbol{B}_1\boldsymbol{P}\end{pmatrix}=\begin{pmatrix}\lambda_1 & & & \\ & \lambda_2 & & \\ & & \ddots & \\ & & & \lambda_k\end{pmatrix}.\end{aligned}$$

故定理得证. □

由定理 5.3，可得如下推论:

推论 1 n 阶实对称矩阵必有 n 个线性无关的特征向量.

推论 2 n 阶实对称矩阵的每个特征值的几何重数必等于它的代数重数.

例 5.18　判断下面两个矩阵是否相似：

$$A=\begin{pmatrix}1&1&\cdots&1\\1&1&\cdots&1\\\vdots&\vdots&&\vdots\\1&1&\cdots&1\end{pmatrix},\ B=\begin{pmatrix}n&0&\cdots&0\\1&0&\cdots&0\\\vdots&\vdots&&\vdots\\1&0&\cdots&0\end{pmatrix}.$$

解：观察到 A 是实对称矩阵，所以 A 必相似于对角阵．而易得

$$|\lambda E-A|=\lambda^{n-1}(\lambda-n),\ \lambda_1=0(n-1\text{ 重}),\ \lambda_2=n.$$

所以

$$A\sim\begin{pmatrix}0&&&\\&\ddots&&\\&&0&\\&&&n\end{pmatrix};$$

另一方面

$$|\lambda E-B|=\lambda^{n-1}(\lambda-n),\ \lambda_1=0(n-1\text{ 重}),\ \lambda_2=n.$$

由 $r(B)=1$ 知特征值0 有 $n-1$ 个线性无关的特征向量，从而 B 有 n 个线性无关的特征向量，所以 B 可对角化且

$$B\sim\begin{pmatrix}0&&&\\&\ddots&&\\&&0&\\&&&n\end{pmatrix},$$

即 A 与 B 相似于同一个对角阵，由相似的传递性知 A 与 B 相似.

例 5.19　已知三阶实对称矩阵 A 的特征值为 3,3,6，且

$$\alpha_1=\begin{pmatrix}-1\\1\\0\end{pmatrix},\ \alpha_2=\begin{pmatrix}-1\\0\\1\end{pmatrix}$$

为 A 的对应于特征值 3 的特征向量，试求实对称矩阵 A.

解：设 A 的属于特征值 6 的特征向量为 $\alpha_3=(x_1,x_2,x_3)^{\mathrm T}$．因为 A 为实对称矩阵，所以 α_3 与 α_1 和 α_2 都正交，即有

$$\begin{cases}(\alpha,\alpha_1)=-x_1+x_2\qquad=0,\\(\alpha,\alpha_2)=-x_1\qquad+x_3=0,\end{cases}$$

取 $\alpha_3=(1,1,1)^{\mathrm T}$．令

$$P=(\alpha_1,\alpha_2,\alpha_3)=\begin{pmatrix}-1&-1&1\\1&0&1\\0&1&1\end{pmatrix},$$

则 P 为可逆矩阵，且

$$P^{-1}AP=\begin{pmatrix}3&&\\&3&\\&&6\end{pmatrix}=\Lambda,$$

所以

$$A=P\begin{pmatrix}3&&\\&3&\\&&6\end{pmatrix}P^{-1}=\begin{pmatrix}4&1&1\\1&4&1\\1&1&4\end{pmatrix}.$$

对于这个例子，逻辑上，我们事先并不知道 $P\Lambda P^{-1}$ 是对称的，有兴趣的读者可以想一想，为什么 $A=P\Lambda P^{-1}$ 的结果一定是对称的呢？（见“延展阅读”）

5.3.3 求实对称矩阵正交相似对角阵的方法

由定理 5.3 可知，实对称矩阵 A 必能正交相似于对角阵．找出正交矩阵 Q 使得 $Q^{-1}AQ=Q^{T}AQ=\Lambda$（对角阵）的方法如下．

（1）求出实对称矩阵 A 的全部特征值 $\lambda_1,\lambda_2,\cdots,\lambda_s$，它们的代数重数分别为 $n_1,n_2,\cdots,n_s$，$\sum\limits_{i=1}^{s} n_i=n$；

（2）对每个 λ_i，求出齐次线性方程组 $(\lambda_i E-A)x=0$ 的基础解系

$$\alpha_{i1},\alpha_{i2},\cdots,\alpha_{in_i},\ i=1,2,\cdots,s;$$

（3）对 $\alpha_{i1},\alpha_{i2},\cdots,\alpha_{in_i}$ 正交化、单位化得 $\varepsilon_{i1},\varepsilon_{i2},\cdots,\varepsilon_{in_i}$，$i=1,2,\cdots,s$，即

$$\varepsilon_{11},\varepsilon_{12},\cdots,\varepsilon_{1n_1},\cdots,\varepsilon_{s1},\varepsilon_{s2},\cdots,\varepsilon_{sn_s}$$

为两两正交的单位特征向量．

（4）令

$$Q=(\varepsilon_{11},\varepsilon_{12},\cdots,\varepsilon_{1n_1},\cdots,\varepsilon_{s1},\varepsilon_{s2},\cdots,\varepsilon_{sn_s}),$$

则 Q 为正交矩阵，且有

$$Q^{-1}AQ=Q^{T}AQ=\Lambda=\mathrm{diag}(\underbrace{\lambda_1,\cdots,\lambda_1}_{n_1个},\underbrace{\lambda_2,\cdots,\lambda_2}_{n_2个},\cdots,\underbrace{\lambda_s,\cdots,\lambda_s}_{n_s个}).$$

例 5.20　设实对称矩阵

$$A=\begin{pmatrix}2&2&-2\\2&5&-4\\-2&-4&5\end{pmatrix},$$

求正交矩阵 Q，使 $Q^{-1}AQ$ 为对角阵．

解：矩阵 A 的特征多项式

$$f(\lambda)=|\lambda E-A|=\begin{vmatrix}\lambda-2&-2&2\\-2&\lambda-5&4\\2&4&\lambda-5\end{vmatrix}=(\lambda-1)^2(\lambda-10),$$

所以 $\boldsymbol{A}$ 的特征值为 $\lambda_1=\lambda_2=1$，$\lambda_3=10$.

当 $\lambda_1=\lambda_2=1$ 时，得齐次线性方程组 $(\boldsymbol{E}-\boldsymbol{A})\boldsymbol{x}=\boldsymbol{0}$ 的基础解系

$$\boldsymbol{\alpha}_1=\begin{pmatrix}-2\\1\\0\end{pmatrix},\ \boldsymbol{\alpha}_2=\begin{pmatrix}2\\0\\1\end{pmatrix}.$$

正交化、单位化，得 $\boldsymbol{A}$ 的属于 $\lambda_1=\lambda_2=1$ 的单位正交特征向量

$$\boldsymbol{\eta}_1=\frac{1}{\sqrt{5}}\begin{pmatrix}-2\\1\\0\end{pmatrix},\ \boldsymbol{\eta}_2=\frac{1}{3\sqrt{5}}\begin{pmatrix}2\\4\\5\end{pmatrix}.$$

对 $\lambda_3=10$，求解齐次线性方程组 $(10\boldsymbol{E}-\boldsymbol{A})\boldsymbol{x}=\boldsymbol{0}$，得 $\boldsymbol{A}$ 的属于 $\lambda_3=10$ 的特征向量 $\boldsymbol{\alpha}_3=(1,2,-2)^{\mathrm{T}}$. 经单位化，得 $\boldsymbol{A}$ 的属于 $\lambda_3=10$ 的单位特征向量

$$\boldsymbol{\eta}_3=\frac{1}{3}\begin{pmatrix}1\\2\\-2\end{pmatrix}.$$

由定理 5.13 知 $\boldsymbol{\eta}_1$，$\boldsymbol{\eta}_2$，$\boldsymbol{\eta}_3$ 是标准正交向量组. 令矩阵 $\boldsymbol{Q}=(\boldsymbol{\eta}_1,\boldsymbol{\eta}_2,\boldsymbol{\eta}_3)$，即

$$\boldsymbol{Q}=\begin{pmatrix}-\frac{2}{\sqrt{5}} & \frac{2}{3\sqrt{5}} & \frac{1}{3}\\ \frac{1}{\sqrt{5}} & \frac{4}{3\sqrt{5}} & \frac{2}{3}\\ 0 & 3\sqrt{5} & -\frac{2}{3}\end{pmatrix},$$

则 $\boldsymbol{Q}$ 为正交矩阵. 且有

$$\boldsymbol{Q}^{-1}\boldsymbol{A}\boldsymbol{Q}=\boldsymbol{Q}^{\mathrm{T}}\boldsymbol{A}\boldsymbol{Q}=\begin{pmatrix}1 & & \\ & 1 & \\ & & 10\end{pmatrix}.$$

延展阅读

1. 文中性质 5.6 的证明

性质 5.6 设 λ_0 是方阵 $\boldsymbol{A}$ 的一个特征值，它的几何重数和代数重数分别为 r 和 k，则 $r\leqslant k$.

证明：因为 λ_0 的几何重数为 r，即 $\dim V_{\lambda_0}=r$，所以设特征子空间 V_{λ_0} 的一组基为

$$\boldsymbol{\alpha}_1,\boldsymbol{\alpha}_2,\cdots,\boldsymbol{\alpha}_r,$$

扩充 $n-r$ 个线性无关的向量 $\boldsymbol{\beta}_1,\boldsymbol{\beta}_2,\cdots,\boldsymbol{\beta}_{n-r}$ 使得

$$\boldsymbol{\alpha}_1,\boldsymbol{\alpha}_2,\cdots,\boldsymbol{\alpha}_r,\boldsymbol{\beta}_1,\boldsymbol{\beta}_2,\cdots,\boldsymbol{\beta}_{n-r}$$

为向量空间 V 的一组基，从而有

$$\boldsymbol{A}\boldsymbol{\alpha}_i=\lambda_0\boldsymbol{\alpha}_i,\quad i=1,2,\cdots,r,$$

$$A\boldsymbol{\beta}_j = c_{1j}\boldsymbol{\alpha}_1 + c_{2j}\boldsymbol{\alpha}_2 + \cdots + c_{rj}\boldsymbol{\alpha}_r + b_{1j}\boldsymbol{\beta}_1 + b_{2j}\boldsymbol{\beta}_2 + \cdots + b_{n-r,j}\boldsymbol{\beta}_{n-r},\quad j = 1,2,\cdots,n-r.$$

即有

$$\begin{aligned} &A(\boldsymbol{\alpha}_1,\boldsymbol{\alpha}_2,\cdots,\boldsymbol{\alpha}_r,\boldsymbol{\beta}_1,\boldsymbol{\beta}_2,\cdots,\boldsymbol{\beta}_{n-r}) \\ &= (A\boldsymbol{\alpha}_1,A\boldsymbol{\alpha}_2,\cdots,A\boldsymbol{\alpha}_r,A\boldsymbol{\beta}_1,A\boldsymbol{\beta}_2,\cdots,A\boldsymbol{\beta}_{n-r}) \\ &= (\boldsymbol{\alpha}_1,\boldsymbol{\alpha}_2,\cdots,\boldsymbol{\alpha}_r,\boldsymbol{\beta}_1,\boldsymbol{\beta}_2,\cdots,\boldsymbol{\beta}_{n-r}) \begin{pmatrix} \lambda_0 E & C \\ O & B \end{pmatrix}. \end{aligned}$$

其中

$$C = \begin{pmatrix} c_{11} & c_{12} & \cdots & c_{1,n-r} \\ c_{21} & c_{22} & \cdots & c_{2,n-r} \\ \vdots & \vdots & & \vdots \\ c_{r1} & c_{r2} & \cdots & c_{r,n-r} \end{pmatrix},$$

$$B = \begin{pmatrix} b_{11} & b_{12} & \cdots & b_{1,n-r} \\ b_{21} & b_{22} & \cdots & b_{2,n-r} \\ \vdots & \vdots & & \vdots \\ b_{n-r,1} & b_{n-r,2} & \cdots & b_{n-r,n-r} \end{pmatrix}.$$

令

$$P = (\boldsymbol{\alpha}_1,\boldsymbol{\alpha}_2,\cdots,\boldsymbol{\alpha}_r,\boldsymbol{\beta}_1,\boldsymbol{\beta}_2,\cdots,\boldsymbol{\beta}_{n-r}),$$

则 P 可逆，且有

$$AP = P\begin{pmatrix} \lambda_0 E & C \\ O & B \end{pmatrix},$$

得

$$P^{-1}AP = \begin{pmatrix} \lambda_0 E & C \\ O & B \end{pmatrix},$$

所以

$$A \sim \begin{pmatrix} \lambda_0 E & C \\ O & B \end{pmatrix}.$$

因而 A 的特征多项式为

$$|\lambda_0 E - A| = (\lambda - \lambda_0)^r |\lambda E - B|,$$

这表明 λ_0 至少是 A 的特征多项式的 r 重根，故 $r \leqslant k$. □

2. 定理 5.1 的证明

定理 5.1　设 $A = (a_{ij})_{n\times n}$ 为复数域 $\mathbb{C}$ 上的 n 阶方阵，则存在复数域 $\mathbb{C}$ 上的上三角矩阵 B 与矩阵 A 相似.

证明：对矩阵 A 的阶数 n 用数学归纳法.

当 $n=1$ 时，结论显然成立，设结论当 $n=k-1$ 时成立.

则当 $n=k$ 时，设 $\boldsymbol{\alpha}_1$ 是 A 的一个特征向量，λ_1 是 $\boldsymbol{\alpha}_1$ 对应的特征值，即

$$A\boldsymbol{\alpha}_1 = \lambda_1\boldsymbol{\alpha}_1.$$

存在 k 维列向量 $\boldsymbol{\beta}_2,\boldsymbol{\beta}_3,\cdots,\boldsymbol{\beta}_k$，使 $\boldsymbol{\alpha}_1,\boldsymbol{\beta}_2,\boldsymbol{\beta}_3,\cdots,\boldsymbol{\beta}_k$ 为线性无关向量组. 令矩阵

$$P_1 = (\boldsymbol{\alpha}_1,\boldsymbol{\beta}_2,\boldsymbol{\beta}_3,\cdots,\boldsymbol{\beta}_k).$$

则 P_1 为 k 阶可逆矩阵，且有

$$\begin{aligned} AP_1 &= A(\boldsymbol{\alpha}_1,\boldsymbol{\beta}_2,\boldsymbol{\beta}_3,\cdots,\boldsymbol{\beta}_k) \\ &= (A\boldsymbol{\alpha}_1,A\boldsymbol{\beta}_2,A\boldsymbol{\beta}_3,\cdots,A\boldsymbol{\beta}_k) \\ &= (\lambda_1\boldsymbol{\alpha}_1,A\boldsymbol{\beta}_2,A\boldsymbol{\beta}_3,\cdots,A\boldsymbol{\beta}_k) \\ &= (\boldsymbol{\alpha}_1,\boldsymbol{\beta}_2,\boldsymbol{\beta}_3,\cdots,\boldsymbol{\beta}_k) \begin{pmatrix} \lambda_1 & b_{12} & b_{13} & \cdots & b_{1k} \\ 0 & b_{22} & b_{23} & \cdots & b_{2k} \\ \vdots & \vdots & \vdots & & \vdots \\ 0 & b_{k2} & b_{k3} & \cdots & b_{kk} \end{pmatrix} \\ &= P_1\begin{pmatrix} \lambda_1 & \boldsymbol{\theta}^{\mathrm{T}} \\ \mathbf{0} & B_1 \end{pmatrix}, \end{aligned}$$

其中 $\boldsymbol{\theta}^{\mathrm{T}} = (b_{12},b_{13},\cdots,b_{1k})$，$B_1 = \begin{pmatrix} b_{22} & b_{23} & \cdots & b_{2k} \\ \vdots & \vdots & & \vdots \\ b_{k2} & b_{k3} & \cdots & b_{kk} \end{pmatrix}$，因而，

$$P_1^{-1}AP_1 = \begin{pmatrix} \lambda_1 & \boldsymbol{\theta}^{\mathrm{T}} \\ \mathbf{0} & B_1 \end{pmatrix},$$

易见 B_1 是 $k-1$ 阶复矩阵. 由归纳假设，存在 $k-1$ 阶可逆矩阵 P_2，使得

$$P_2^{-1}B_1P_2 = \begin{pmatrix} c_{22} & c_{23} & \cdots & c_{2k} \\ & c_{33} & \cdots & c_{3k} \\ & & \ddots & \vdots \\ & & & c_{kk} \end{pmatrix}.$$

构造 k 阶矩阵

$$P_3 = \begin{pmatrix} 1 & \mathbf{0} \\ \mathbf{0} & P_2 \end{pmatrix},$$

则 $\boldsymbol{P}_3$ 是 k 阶可逆矩阵. 令矩阵 $\boldsymbol{P}=\boldsymbol{P}_1\boldsymbol{P}_3$，则 $\boldsymbol{P}$ 是 k 阶可逆矩阵，且

$$\boldsymbol{P}^{-1}\boldsymbol{A}\boldsymbol{P}=\boldsymbol{P}_3^{-1}(\boldsymbol{P}_1^{-1}\boldsymbol{A}\boldsymbol{P}_1)\boldsymbol{P}_3=\boldsymbol{P}_3^{-1}\begin{pmatrix}\lambda_1 & \boldsymbol{\theta}^{\mathrm{T}}\\ \boldsymbol{0} & \boldsymbol{B}_1\end{pmatrix}\boldsymbol{P}_3$$

$$=\begin{pmatrix}1 & \boldsymbol{0}\\ \boldsymbol{0} & \boldsymbol{P}_2^{-1}\end{pmatrix}\begin{pmatrix}\lambda_1 & \boldsymbol{\theta}^{\mathrm{T}}\\ \boldsymbol{0} & \boldsymbol{B}_1\end{pmatrix}\begin{pmatrix}1 & \boldsymbol{0}\\ \boldsymbol{0} & \boldsymbol{P}_2\end{pmatrix}$$

$$=\begin{pmatrix}\lambda_1 & \boldsymbol{\theta}^{\mathrm{T}}\boldsymbol{P}_2\\ \boldsymbol{0} & \boldsymbol{P}_2^{-1}\boldsymbol{B}_1\boldsymbol{P}_2\end{pmatrix}$$

$$=\begin{pmatrix}\lambda_1 & c_{12} & c_{13} & \cdots & c_{1k}\\ & c_{22} & c_{23} & \cdots & c_{2k}\\ & & c_{33} & \cdots & c_{3k}\\ & & & & \vdots\\ & & & \ddots & c_{kk}\end{pmatrix}.$$

其中 $\boldsymbol{\theta}^{\mathrm{T}}\boldsymbol{P}_2=(c_{12},c_{13},\cdots,c_{1k})$.

由归纳法原理知，结论对任意正整数成立. □

3. 文中例 5.19 的注记

我们可以这样想：把 $\boldsymbol{\alpha}_1$ 和 $\boldsymbol{\alpha}_2$ 正交化、单位化，$\boldsymbol{\alpha}_3$ 直接单位化，得 $\boldsymbol{\eta}_1,\boldsymbol{\eta}_2,\boldsymbol{\eta}_3$，令 $\boldsymbol{Q}=(\boldsymbol{\eta}_1,\boldsymbol{\eta}_2,\boldsymbol{\eta}_3)$，则 $\boldsymbol{Q}$ 为正交矩阵，且有 $\boldsymbol{Q}^{-1}\boldsymbol{A}\boldsymbol{Q}=\boldsymbol{\Lambda}$，从而

$$\boldsymbol{A}=\boldsymbol{Q}\boldsymbol{\Lambda}\boldsymbol{Q}^{-1}=\boldsymbol{Q}\boldsymbol{\Lambda}\boldsymbol{Q}^{\mathrm{T}}.$$

由此可判断 $\boldsymbol{A}$ 为对称矩阵.

事实上，由于实对称矩阵属于不同特征值的特征向量是正交的，所以只需对同一特征值的特征向量正交化，从而由正交化和单位化过程可知

$$\boldsymbol{Q}=\boldsymbol{P}\boldsymbol{B},$$

其中 $\boldsymbol{B}$ 为可逆的上三角矩阵，且为分块对角阵，$\boldsymbol{\Lambda}$ 为分块对角阵且每个块为数量矩阵，因而有 $\boldsymbol{\Lambda}\boldsymbol{B}=\boldsymbol{B}\boldsymbol{\Lambda}$，所以

$$\begin{aligned}\boldsymbol{A}&=\boldsymbol{P}\boldsymbol{\Lambda}\boldsymbol{P}^{-1}=\boldsymbol{Q}\boldsymbol{B}^{-1}\boldsymbol{\Lambda}\boldsymbol{B}\boldsymbol{Q}^{-1}\\&=\boldsymbol{Q}\boldsymbol{B}^{-1}\boldsymbol{B}\boldsymbol{\Lambda}\boldsymbol{Q}^{-1}\\&=\boldsymbol{Q}\boldsymbol{\Lambda}\boldsymbol{Q}^{-1}=\boldsymbol{Q}\boldsymbol{\Lambda}\boldsymbol{Q}^{\mathrm{T}}.\end{aligned}$$

故所求的 $\boldsymbol{A}=\boldsymbol{P}\boldsymbol{\Lambda}\boldsymbol{P}^{-1}$ 必为实对称矩阵.

4. 非对称的实矩阵 $\boldsymbol{A}_n$ 若能对角化，一定不能正交相似于对角阵

若实矩阵 $\boldsymbol{A}_n$ 可对角化，即存在可逆矩阵 $\boldsymbol{P}$，使得 $\boldsymbol{P}^{-1}\boldsymbol{A}\boldsymbol{P}$ 为对角阵. 由此我们知道 $\boldsymbol{P}$ 中的 n 个列向量是 $\boldsymbol{A}$ 的 n 个线性无关的特征向量. $\boldsymbol{A}$ 不一定能正交相似于对角阵是基于下列原因：

（1）$\boldsymbol{A}$ 的属于不同特征值的特征向量可能不正交；

（2）即使把 $\boldsymbol{A}$ 的 n 个线性无关的特征向量正交化，由于不同特征值的特征向量正交化后得到的结果不再是 $\boldsymbol{A}$ 的特征向量，从而 $\boldsymbol{A}$ 没有 n 个正交的单位特征向量，所以 $\boldsymbol{A}_n$ 不一定能找到正交矩阵使之对角化. 另一方面，若 A 正交相似于对角阵，则 A 一定为对称矩阵，所以非对称的实矩阵一定不能正交相似于对角阵.

5. 矩阵的相似关系及其分类问题

从更深刻的理论方面，我们也可说，在这一章里引进了另一类重要的关系（变换）——方阵的相似关系，它也是一种等价关系，利用它我们可将数域 F 上 n 阶方阵按相似关系进行分类，相似的矩阵在同一类，然后从各类中挑选一个合适的矩阵作代表，这就是方阵的相似标准形. 我们希望用作标准形的矩阵的结构尽可能简单，而对角矩阵可以认为是结构最简单的一类方阵，但由书中的例子可知，并非每一个方阵都相似于对角矩阵，所以我们要讨论一个方阵相似于对角阵的条件. 对于不能相似于对角阵的矩阵，我们知道，它一定能相似于一个上三角矩阵，这就是若尔当标准形的问题，因此要把所有的 n 阶方阵按相似关系进行完全的分类就必须了解清

楚若尔当标准形的结构，而这部分内容已超出一般工科学生学习的“线性代数”课程的范围，所以这里只讨论其中一部分内容：矩阵的相似对角化及其分类问题.

习题五

（一）

1. 选择题：

（1）设 3 阶矩阵 $\boldsymbol{A}$ 的特征值为 $-2,-1,2$，矩阵 $\boldsymbol{B}=\boldsymbol{A}^3-3\boldsymbol{A}^2+2\boldsymbol{E}$，则 $|\boldsymbol{B}|=$（　　）.

（A）-4；　（B）-16；

（C）-36；　（D）-72.

（2）设 $\lambda=2$ 是非奇异（或可逆）矩阵 $\boldsymbol{A}$ 的一个特征值，则矩阵 $\left(\frac{1}{3}\boldsymbol{A}^2\right)^{-1}$ 有一个特征值等于（　　）.

（A）$\frac{4}{3}$；　（B）$\frac{3}{4}$；

（C）$\frac{1}{2}$；　（D）$\frac{1}{4}$.

（3）设矩阵

$$\boldsymbol{A}=\begin{pmatrix}1&2&2\\2&1&-2\\2&-2&1\end{pmatrix},$$

则 $\boldsymbol{A}$ 的全部特征值为（　　）.

（A）3，3 −3；　（B）1，1，7；

（C）3，1，−1；　（D）3，1，7.

（4）设 $\boldsymbol{A}$ 为 3 阶矩阵，且已知

$|3\boldsymbol{A}+2\boldsymbol{E}|=0$，$|\boldsymbol{A}-\boldsymbol{E}|=0$，$|3\boldsymbol{E}-2\boldsymbol{A}|=0$，

则 $|\boldsymbol{A}^*-\boldsymbol{E}|=$（　　）.

（A）$\frac{5}{3}$；　（B）$\frac{2}{3}$；

（C）$-\frac{2}{3}$；　（D）$-\frac{5}{3}$.

（5）设 n 阶矩阵 $\boldsymbol{A}$ 可逆，$\boldsymbol{\alpha}$ 是 $\boldsymbol{A}$ 的属于特征值 λ 的特征向量，则下列结论中不正确的是（　　）.

（A）$\boldsymbol{\alpha}$ 是矩阵 $-2\boldsymbol{A}$ 的属于特征值 -2λ 的特征向量；

（B）$\boldsymbol{\alpha}$ 是矩阵 $\left(\frac{1}{2}\boldsymbol{A}^2\right)^{-1}$ 的属于特征值 $\frac{2}{\lambda^2}$ 的特征向量；

（C）$\boldsymbol{\alpha}$ 是矩阵 $\boldsymbol{A}^*$ 的属于特征值 $\frac{|\boldsymbol{A}|}{\lambda}$ 的特征向量；

（D）$\boldsymbol{\alpha}$ 是矩阵 $\boldsymbol{A}^{\mathrm{T}}$ 的属于特征值 λ 的特征向量.

（6）设矩阵

$$\boldsymbol{B}=\begin{pmatrix}0&0&0&0\\0&3&0&0\\0&0&-1&2\\0&0&2&2\end{pmatrix},$$

矩阵 $\boldsymbol{A}\sim\boldsymbol{B}$，则 $r(\boldsymbol{A}-\boldsymbol{E})+r(\boldsymbol{A}-3\boldsymbol{E})=$（　　）.

（A）7；　（B）6；

（C）5；　（D）4.

2. 求下列矩阵的特征值和特征向量：

（1）$\begin{pmatrix}2&-1&2\\5&-3&3\\-1&0&-2\end{pmatrix}$；（2）$\begin{pmatrix}1&2&3\\2&1&3\\3&3&6\end{pmatrix}$；

（3）$\begin{pmatrix}0&0&0&1\\0&0&1&0\\0&1&0&0\\1&0&0&0\end{pmatrix}$；　（4）$\begin{pmatrix}0&-2&-2\\2&2&-2\\-2&-2&2\end{pmatrix}$.

3. 设 $\boldsymbol{A}$ 为 n 阶矩阵，证明 $\boldsymbol{A}^{\mathrm{T}}$ 与 $\boldsymbol{A}$ 的特征值相同.

4. 设 $\boldsymbol{A}^2-3\boldsymbol{A}+2\boldsymbol{E}=\boldsymbol{O}$，证明 $\boldsymbol{A}$ 的特征值只能取 1 或 2.

5. 设 $\lambda\neq0$ 是 m 阶矩阵 $\boldsymbol{A}_{m\times n}\boldsymbol{B}_{n\times m}$ 的特征值，证明 λ 也是 n 阶矩阵 $\boldsymbol{BA}$ 的特征值.

6. 已知 3 阶矩阵 $\boldsymbol{A}$ 的特征值为 1，2，3，求 $|\boldsymbol{A}^3-5\boldsymbol{A}^2+7\boldsymbol{A}|$.

7. 已知 3 阶矩阵 $\boldsymbol{A}$ 的特征值为 1，2，−3，求 $|\boldsymbol{A}^*+3(\boldsymbol{A}^{-1})^2+2\boldsymbol{E}|$.

8. 设 $\boldsymbol{\alpha}=(a_1,a_2,\cdots,a_n)^{\mathrm{T}}$，$a_1\neq0$，$\boldsymbol{A}=\boldsymbol{\alpha}\boldsymbol{\alpha}^{\mathrm{T}}$.

（1）证明 $\lambda=0$ 是 $\boldsymbol{A}$ 的 $n-1$ 重特征值；

（2）求 $\boldsymbol{A}$ 的非零特征值及 n 个线性无关的特征向量.

9. 设向量 $\boldsymbol{\alpha}=(a_1,a_2,\cdots,a_n)^{\mathrm{T}}$，$\boldsymbol{\beta}=(b_1,b_2,\cdots,b_n)^{\mathrm{T}}$ 都是非零向量，且满足条件 $\boldsymbol{\alpha}^{\mathrm{T}}\boldsymbol{\beta}=0$. 记 n 阶矩阵 $\boldsymbol{A}=\boldsymbol{\alpha}\boldsymbol{\beta}^{\mathrm{T}}$. 求：

（1）A^2；

（2）矩阵A的特征值与特征向量.

10. 若4阶矩阵A与B相似，矩阵A的特征值为$\frac{1}{2}$，$\frac{1}{3}$，$\frac{1}{4}$，$\frac{1}{5}$，求行列式$|B^{-1}-E|$.

11. 已知矩阵A相似于对角矩阵$\begin{pmatrix}\lambda_1&&&\\&\lambda_2&&\\&&\ddots&\\&&&\lambda_n\end{pmatrix}$，$g(\lambda)$是$\lambda$的多项式，求$|g(A)|$.

12. 设α_1,α_2分别是矩阵A对应于特征值λ_1，λ_2的特征向量，且$\lambda_1\neq\lambda_2$，$\alpha=a\alpha_1+b\alpha_2$，$a,b$为常数，且$a\neq0$，$b\neq0$. 证明$\alpha$不是$A$的特征向量.

13. 设A,B均为n阶矩阵，且$A\sim B$（A与B相似），则（　　）.

（A）$\lambda E-A=\lambda E-B$；

（B）A与B有相同的特征值和特征向量；

（C）A与B都相似于同一个对角矩阵；

（D）对任意常数t，必有$tE-A\sim tE-B$.

14. 设矩阵A与B相似，其中

$$A=\begin{pmatrix}-2&0&0\\2&x&2\\3&1&1\end{pmatrix},\ B=\begin{pmatrix}-1&0&0\\0&2&0\\0&0&y\end{pmatrix},$$

求x和y的值.

15. 设矩阵

$$A=\begin{pmatrix}2&0&0\\0&2&0\\0&0&3\end{pmatrix},$$

则下列矩阵中，与A相似的矩阵为（　　）.

（A）$A_1=\begin{pmatrix}2&1&0\\0&2&1\\0&0&3\end{pmatrix}$；　（B）$A_2=\begin{pmatrix}2&1&0\\0&2&0\\0&0&3\end{pmatrix}$；

（C）$A_3=\begin{pmatrix}2&0&1\\0&2&0\\0&0&3\end{pmatrix}$；　（D）$A_4=\begin{pmatrix}2&0&0\\1&2&0\\1&1&3\end{pmatrix}$.

16. 设A,B均为n阶矩阵，且$A\sim B$，判断下列结论是否正确. 若正确，请说明理由，若错误，请给出反例.

（1）$A^{\mathrm T}\sim B^{\mathrm T}$；

（2）A,B有相同的特征值与特征向量；

（3）存在对角矩阵D，使A,B都相似于D；

（4）$r(A)=r(B)$；

（5）$A^k\sim B^k$（k为正整数）；

（6）若A可逆，则B可逆，且$A^{-1}\sim B^{-1}$；

（7）$kA\sim kB$.

17. 若$P^{-1}A_1P=B_1$，$P^{-1}A_2P=B_2$，则$A_1+A_2\sim B_1+B_2$，$A_1A_2\sim B_1B_2$.

18. 证明：若A可逆，则$AB\sim BA$.

19. 若矩阵$A_i\sim B_i$，$i=1,2,\cdots,s$. 证明：$\mathrm{diag}(A_1,A_2,\cdots,A_s)\sim\mathrm{diag}(B_1,B_2,\cdots,B_s)$.

20. 设矩阵A满足$A^2=A$，证明：$3E-A$可逆.

21. 若$|A-A^2|=0$，则0和1至少有一个是A的特征值.

22. 设$A=(a_{ij})_{5\times5}$，$\lambda=-2$是A的四重特征值，$\lambda=1$是A的单特征值. 求A的特征多项式.

23. 设A为n阶矩阵，若存在正整数k，使得$A^k=O$，则称A为幂零矩阵. 证明：幂零矩阵的特征值只能是0.

24. 设A为n阶矩阵，λ是A的特征值，α是对应的特征向量，证明：

$$g(\lambda)=a_0\lambda^m+a_1\lambda^{m-1}+\cdots+a_{m-1}\lambda+a_m$$

是矩阵$g(A)=a_0A^m+a_1A^{m-1}+\cdots+a_{m-1}A+a_mE$的特征值，$\alpha$是对应的特征向量.

25. 设α是n阶对称矩阵A对应于特征值λ的特征向量，P为n阶可逆矩阵，求矩阵$(P^{-1}AP)^{\mathrm T}$对应于特征值λ的特征向量.

26. 设二阶实矩阵A的行列式$|A|<0$，证明：A能相似于对角阵.

27. 已知

$$A=\begin{pmatrix}1&1\\0&1\end{pmatrix},\ M=\begin{pmatrix}2&1\\3&2\end{pmatrix},$$

求$(M^{-1}AM)^n$（n为正整数）.

28. 求A^{100}，A^{101}，其中

（1）$A=\begin{pmatrix}0&1&-1\\-2&0&2\\-1&1&0\end{pmatrix}$；

（2）$A=\begin{pmatrix}0&-1&1\\1&0&2\\-1&-2&0\end{pmatrix}$.

29. 设矩阵 $A=\begin{pmatrix}0&2&-1\\-2&5&-2\\-4&8&-3\end{pmatrix}$，求 A^n，其中 n 为正整数.

30. 若 A 与 B 都是对角矩阵，证明 A 相似于 B 的充分必要条件是 A 与 B 的主对角元除了排列次序外是完全相同的.

31. 已知矩阵 $A=\begin{pmatrix}-2&0&0\\2&x&2\\3&1&1\end{pmatrix}$ 与矩阵 $B=\begin{pmatrix}-1&0&0\\0&2&0\\0&0&y\end{pmatrix}$ 相似.

(1) 求 x 与 y；

(2) 求可逆矩阵 P，使得 $P^{-1}AP=B$.

32. 设 $\lambda_1,\lambda_2,\lambda_3$ 是三阶矩阵 A 的特征值，对应的特征向量分别为

$$\begin{pmatrix}1\\1\\1\end{pmatrix},\ \begin{pmatrix}0\\1\\1\end{pmatrix},\ \begin{pmatrix}0\\0\\1\end{pmatrix},$$

求 $(A^n)^{\mathrm{T}}$，其中 n 是正整数.

33. 设三阶矩阵 A 的特征值为 $\lambda_1=1$，$\lambda_2=0$，$\lambda_3=-1$，对应的特征向量分别为

$$\begin{pmatrix}1\\2\\2\end{pmatrix},\ \begin{pmatrix}-2\\-1\\2\end{pmatrix},\ \begin{pmatrix}2\\-2\\1\end{pmatrix},$$

求矩阵 A.

34. 设矩阵

$$A=\begin{pmatrix}1&0&0&0\\a&1&0&0\\2&b&2&0\\2&3&c&2\end{pmatrix},$$

问 a,b,c 取何值时，A 可相似于对角矩阵？求出它的相似对角矩阵.

35. 证明正交矩阵的实特征值的可能取值为 1 或 -1.

36. 求正交矩阵 Q，使 $Q^{-1}AQ$ 为对角矩阵.

(1) $A=\begin{pmatrix}2&0&0\\0&3&2\\0&2&3\end{pmatrix}$；　(2) $A=\begin{pmatrix}-1&2&0\\2&0&2\\0&2&1\end{pmatrix}$.

37. 设 3 阶实对称矩阵 A 的特征值为 -1，-1，8，且 A 对应的特征值 -1 有特征向量

$$\boldsymbol{\alpha}_1=\begin{pmatrix}1\\-2\\0\end{pmatrix},\ \boldsymbol{\alpha}_2\begin{pmatrix}1\\0\\-1\end{pmatrix}.$$

试求矩阵 A.

38. 设 A 为实对称矩阵，若 A 正交相似于 B，证明：B 为实对称矩阵.

（二）

39. 设 A，B 为 n 阶矩阵，且 AB 有 n 个不相等的特征值，证明：AB 与 BA 相似于同一个对角阵.

40. 设 $\boldsymbol{\alpha}=(a_1,a_2,\cdots,a_n)$，$\boldsymbol{\beta}=(b_1,b_2,\cdots,b_n)$，$n>2$ 是两个非零的正交向量，且

$$A=\begin{pmatrix}a_1b_1&a_1b_2&\cdots&a_1b_n\\a_2b_1&a_2b_2&\cdots&a_2b_n\\\vdots&\vdots&&\vdots\\a_nb_1&a_nb_2&\cdots&a_nb_n\end{pmatrix},$$

证明：

(1) $A=\boldsymbol{\alpha}^{\mathrm{T}}\boldsymbol{\beta}$；

(2) $A^2=O$；

(3) $A^*=O$；

(4) A 的所有特征值都等于零.

41. 已知 A_1，A_2，A_3 是三个非零的三阶矩阵，且 $A_i^2=A_i(i=1,2,3)$，$A_iA_j=O(i\neq j,i,j=1,2,3)$，证明：

(1) A_i 属于 1 的特征向量是 A_i 属于 0 的特征向量；

(2) 若 $\boldsymbol{\alpha}_1,\boldsymbol{\alpha}_2,\boldsymbol{\alpha}_3$ 分别是 A_1,A_2,A_3 属于特征值 1 的特征向量，则 $\boldsymbol{\alpha}_1,\boldsymbol{\alpha}_2,\boldsymbol{\alpha}_3$ 线性无关.

42. 设 a_0，a_1，$\cdots$，a_{n-1} 是 n 个实数，矩阵

$$A=\begin{pmatrix}0&1&0&\cdots&0&0\\0&0&1&\cdots&0&0\\0&0&0&\cdots&0&0\\\vdots&\vdots&\vdots&&\vdots&\vdots\\0&0&0&\cdots&0&1\\-a_0&-a_1&-a_2&\cdots&-a_{n-2}&-a_{n-1}\end{pmatrix}.$$

(1) 若 λ 是 A 的特征值，证明：$\boldsymbol{\alpha}=(1,\lambda,\lambda^2,\cdots,\lambda^{n-1})$ 是对应于 λ 的特征向量；

(2) 若 A 的特征值两两互异，求可逆矩阵 P，使得 $P^{-1}AP$ 为对角矩阵.

43. 设$\boldsymbol{A}$和$\boldsymbol{B}$都是n阶实对称矩阵，且有正交阵$\boldsymbol{Q}$，使$\boldsymbol{Q}^{-1}\boldsymbol{A}\boldsymbol{Q}$和$\boldsymbol{Q}^{-1}\boldsymbol{B}\boldsymbol{Q}$都是对角矩阵，证明：$\boldsymbol{AB}$也是实对称矩阵.

44. 证明：矩阵$\boldsymbol{A}$只与自身相似的充分必要条件是$\boldsymbol{A}$是数量矩阵.

45. 设n阶矩阵$\boldsymbol{A}$满足$\boldsymbol{A}^2=\boldsymbol{A}$，证明：$\boldsymbol{A}$必能相似于对角矩阵. 写出$\boldsymbol{A}$的相似对角矩阵的形式.

46. 设n阶矩阵$\boldsymbol{A}$满足$\boldsymbol{A}^2-\boldsymbol{A}-3\boldsymbol{E}=\boldsymbol{O}$，证明：$\boldsymbol{A}$必能相似于对角矩阵. 写出$\boldsymbol{A}$的相似对角矩阵的形式.

47. 证明：若$\boldsymbol{A}$为正交矩阵，则$\boldsymbol{A}$的特征值的模为1.

48. 若矩阵$\boldsymbol{A}$与矩阵$\boldsymbol{B}$是同阶的正交矩阵，

$$\boldsymbol{A}+\boldsymbol{B}$$

是否为正交矩阵？若是，证明你的结论；若不是，举出一个反例.

49. 设$\boldsymbol{\varepsilon}_1,\boldsymbol{\varepsilon}_2,\boldsymbol{\varepsilon}_3,\boldsymbol{\varepsilon}_4$是4维线性空间$V$的一组基，$V$上的线性变换$\sigma$在这组基下的矩阵为

$$\boldsymbol{A}=\begin{pmatrix}5&-2&-4&3\\3&-1&-3&2\\-3&\frac{1}{2}&\frac{9}{2}&-\frac{5}{2}\\-10&3&11&-7\end{pmatrix}.$$

(1) 求σ在基

$$\begin{cases}\boldsymbol{\eta}_1=\boldsymbol{\varepsilon}_1+2\boldsymbol{\varepsilon}_2+\boldsymbol{\varepsilon}_3+\boldsymbol{\varepsilon}_4,\\\boldsymbol{\eta}_2=2\boldsymbol{\varepsilon}_1+3\boldsymbol{\varepsilon}_2+\boldsymbol{\varepsilon}_3,\\\boldsymbol{\eta}_3=\boldsymbol{\varepsilon}_3,\\\boldsymbol{\eta}_4=\boldsymbol{\varepsilon}_4\end{cases}$$

下的矩阵；

(2) 求σ的全部特征值和特征向量；

(3) 求V的一组基，使σ在这组基下的矩阵是对角阵.

50. 查找文献、资料自学数学软件MATLAB中求矩阵特征值、特征向量的各种命令.

前情提要

由前面的章节里，我们知道实对称矩阵可以正交相似于对角阵. 作为实对称矩阵这一性质的应用，我们将进一步讨论实二次型(二次齐次函数)经正交变换化为标准二次型(只含平方项)的问题，这将是下面这一章要讨论的中心内容.

二次型问题的系统研究是从 18 世纪开始的，它起源于对二次曲线和二次曲面的分类问题的讨论：将二次曲线和二次曲面的方程变形，选有主轴方向(特征向量方向)的轴作为坐标轴以简化方程的形状，这在力学、物理学以及数学的其他分支中是常常需要解决的问题，以使所研究的问题简化. 法国数学家柯西在其著作中给出结论：当方程是标准形时，二次曲面用二次项的符号来进行分类. 然而，那时并不太清楚，在化简成标准形时为何总得到同样数目的正项和负项. 英国数学家西尔维斯特回答了这个问题，他给出了 n 个变量的二次型的惯性定理，但没有给出证明. 这个定理后来被德国数学家雅可比重新发现和证明. 1801 年，“数学王子”高斯在《算术研究》中引进了二次型的正定、负定、半正定和半负定等术语. 这些内容都将在第 6 章里呈现出来.

第 6 章 实二次型

正如前情提要中说到的，二次型问题源于二次曲线(曲面)方程的标准化及二次曲线(曲面)的分类. 平面上二次曲线的方程经平移替换，总可表示为关于变量 x 和 y 的二次齐次式

$$ax^2+by^2+cxy=d.$$

在本章中，称含有 n 个变量的二次齐次式为二次型，首先建立二次型与对称矩阵的对应关系. 然后，利用矩阵的合同变换和二次型的惯性指数讨论二次型的标准和分类.

6.1 二次型的基本概念及化二次型为标准形

本节介绍二次型的基本概念及其矩阵表示，利用非奇异的线性替换求二次型的标准形，并给出矩阵的合同变换.

二次型的概念及其表示方法

6.1.1 二次型及其矩阵表示

定义 6.1 称含 n 个变量 x_1, x_2, $\cdots$, x_n 的二次齐次函数

$$f(x_1,x_2,\cdots,x_n)=a_{11}x_1^2+2a_{12}x_1x_2+\cdots+2a_{1n}x_1x_n+a_{22}x_2^2+\cdots+2a_{2n}x_2x_n+\cdots+a_{nn}x_n^2$$

为一个 n 元**二次型**，简称**二次型**. 当系数 a_{ij} 为实数时，称为一个**实二次型**；当系数 a_{ij} 为复数时，称为一个**复二次型**.

只含平方项的二次型

$$f(x_1,x_2,\cdots,x_n)=a_{11}x_1^2+a_{22}x_2^2+\cdots+a_{nn}x_n^2$$

称为**标准二次型**.

如果标准二次型中各项的系数为 1, −1 或 0，例如

$$f(x_1,x_2,\cdots,x_n)=x_1^2+x_2^2+\cdots+x_p^2-x_{p+1}^2-\cdots-x_r^2 \quad (r\leqslant n),$$

则称其为**规范二次型**.

本章我们只讨论实二次型，除非特别声明.

设 $a_{ij}=a_{ji}(i,j=1,2,\cdots,n)$，则二次型可表示为

二次型的矩阵和秩

$$
\begin{aligned}
f &= a_{11}x_1^2 + a_{12}x_1x_2 + \cdots + a_{1n}x_1x_n + a_{21}x_2x_1 + a_{22}x_2^2 + \cdots + \\
&\quad a_{2n}x_2x_n + \cdots + a_{n1}x_nx_1 + a_{n2}x_nx_2 + \cdots + a_{nn}x_n^2 \\
&= \sum_{i=1}^{n}\sum_{j=1}^{n} a_{ij}x_ix_j.
\end{aligned}
$$

又设矩阵

$$
\boldsymbol{A} = \begin{pmatrix} a_{11} & a_{12} & \cdots & a_{1n} \\ a_{21} & a_{22} & \cdots & a_{2n} \\ \vdots & \vdots & & \vdots \\ a_{n1} & a_{n2} & \cdots & a_{nn} \end{pmatrix}, \quad \boldsymbol{x} = \begin{pmatrix} x_1 \\ x_2 \\ \vdots \\ x_n \end{pmatrix},
$$

则 $\boldsymbol{A}$ 为实对称矩阵，且

$$
f = \sum_{i=1}^{n}\sum_{j=1}^{n} a_{ij}x_ix_j = \boldsymbol{x}^{\mathrm{T}}\boldsymbol{A}\boldsymbol{x}. \tag{6.1}
$$

我们称式(6.1)为二次型 f 的矩阵表示式. 由式(6.1)可知，二次型 f 与实对称矩阵 $\boldsymbol{A}$ 一一对应. 称实对称阵 $\boldsymbol{A}$ 为二次型 f 的矩阵. 又称 $\boldsymbol{A}$ 的秩 $r(\boldsymbol{A})$ 为 f 的秩，记作 $r(f)$，即

$$
r(f) = r(\boldsymbol{A}).
$$

标准二次型和规范二次型的矩阵，分别为如下对角矩阵 $\boldsymbol{A}_1$ 和 $\boldsymbol{A}_2$：

$$
\boldsymbol{A}_1 = \begin{pmatrix} a_{11} & & & \\ & a_{22} & & \\ & & \ddots & \\ & & & a_{nn} \end{pmatrix}, \quad \boldsymbol{A}_2 = \begin{pmatrix} \boldsymbol{E}_p & & \\ & -\boldsymbol{E}_{r-p} & \\ & & \boldsymbol{O} \end{pmatrix},
$$

其中 $r = r(\boldsymbol{A}_2) = r(f)$.

例 6.1 已知二次型

$$
f(x,y,z) = x^2 + 2xy + 4xz + 3y^2 - 2yz + 7z^2,
$$

试写出 f 的矩阵 $\boldsymbol{A}$，并求 f 的秩.

解：由式(6.1)，得

$$
\boldsymbol{A} = \begin{pmatrix} 1 & 1 & 2 \\ 1 & 3 & -1 \\ 2 & -1 & 7 \end{pmatrix},
$$

又 $r(\boldsymbol{A}) = 3$，所以 $r(f) = r(\boldsymbol{A}) = 3$.

例 6.2 已知实对称矩阵

$$\boldsymbol{A}=\begin{pmatrix}0&1&1\\1&0&1\\1&1&0\end{pmatrix},$$

试写出 $\boldsymbol{A}$ 对应的二次型 $f(x_1,x_2,x_3)$.

解：由式(6.1)，得

$$f(x_1,x_2,x_3)=2x_1x_2+2x_1x_3+2x_2x_3.$$

6.1.2 二次型的非奇异线性替换

定义 6.2 设 $\boldsymbol{x},\boldsymbol{y}$ 为 n 维向量，n 阶方阵 $\boldsymbol{P}$ 为可逆矩阵，称

$$\boldsymbol{x}=\boldsymbol{P}\boldsymbol{y} \tag{6.2}$$

为非奇异(非退化)的线性替换.

一个二次型在非奇异线性替换下能发生什么样的变化呢？

例如，平面二次曲线 $ax^2+2bxy+cy^2=d$，经非奇异线性替换

$$\begin{cases}x=x'\cos\theta-y'\sin\theta,\\y=x'\sin\theta+y'\cos\theta\end{cases}\quad 即\begin{pmatrix}x\\y\end{pmatrix}=\begin{pmatrix}\cos\theta&-\sin\theta\\\sin\theta&\cos\theta\end{pmatrix}\begin{pmatrix}x'\\y'\end{pmatrix} \tag{6.3}$$

可化为标准方程

$$a'x'^2+b'y'^2=d,$$

此标准方程仍代表了一个二次型.

一般地，n 个变量的二次型(6.1)在非奇异线性替换(6.2)下有

$$f=\boldsymbol{x}^{\mathrm{T}}\boldsymbol{A}\boldsymbol{x}=(\boldsymbol{P}\boldsymbol{y})^{\mathrm{T}}\boldsymbol{A}\boldsymbol{P}\boldsymbol{y}=\boldsymbol{y}^{\mathrm{T}}(\boldsymbol{P}^{\mathrm{T}}\boldsymbol{A}\boldsymbol{P})\boldsymbol{y}, \tag{6.4}$$

因为矩阵 $\boldsymbol{A}$ 为实对称矩阵，所以 $\boldsymbol{P}^{\mathrm{T}}\boldsymbol{A}\boldsymbol{P}$ 为实对称矩阵，从而 $\boldsymbol{y}^{\mathrm{T}}(\boldsymbol{P}^{\mathrm{T}}\boldsymbol{A}\boldsymbol{P})\boldsymbol{y}$ 仍为一个实二次型，设此二次型的矩阵为 $\boldsymbol{B}$，则这两个二次型的矩阵有如下关系：

$$\boldsymbol{B}=\boldsymbol{P}^{\mathrm{T}}\boldsymbol{A}\boldsymbol{P}.$$

我们称具有这样关系的两个矩阵 $\boldsymbol{A}$，$\boldsymbol{B}$ 是合同的，它的一般定义如下.

定义 6.3 设 $\boldsymbol{A}$ 和 $\boldsymbol{B}$ 为 n 阶方阵，若存在可逆矩阵 $\boldsymbol{P}$，使 $\boldsymbol{P}^{\mathrm{T}}\boldsymbol{A}\boldsymbol{P}=\boldsymbol{B}$，则称矩阵 $\boldsymbol{A}$ 与 $\boldsymbol{B}$ 合同.

由定义，可知矩阵的合同关系有如下性质：

(1) **反身性**：$\boldsymbol{A}$ 合同于 $\boldsymbol{A}$；

(2) **对称性**：若 $\boldsymbol{A}$ 合同于 $\boldsymbol{B}$，则 $\boldsymbol{B}$ 也合同于 $\boldsymbol{A}$；

(3) **传递性**：若 $\boldsymbol{A}$ 合同于 $\boldsymbol{B}$，$\boldsymbol{B}$ 又合同于 $\boldsymbol{C}$，则 $\boldsymbol{A}$ 也合同于 $\boldsymbol{C}$.

(4) 若 $\boldsymbol{A}$ 合同于 $\boldsymbol{B}$，则 $r(\boldsymbol{A})=r(\boldsymbol{B})$.

(5) 若 $\boldsymbol{A}$ 合同于 $\boldsymbol{B}$ 且 $\boldsymbol{A}$ 为对称阵，则 $\boldsymbol{B}$ 也是对称阵.

矩阵的合同关系

由上面性质(1)(2)与(3)知，矩阵的合同关系是一个等价关系.

上面的讨论可归结为如下定理.

定理 6.1 一个二次型 $f=\boldsymbol{x}^{\mathrm{T}}\boldsymbol{A}\boldsymbol{x}$ 经非奇异线性替换 $\boldsymbol{x}=\boldsymbol{P}\boldsymbol{y}$ 仍变为一个二次型 $f=\boldsymbol{y}^{\mathrm{T}}(\boldsymbol{P}^{\mathrm{T}}\boldsymbol{A}\boldsymbol{P})\boldsymbol{y}=\boldsymbol{y}^{\mathrm{T}}\boldsymbol{B}\boldsymbol{y}$，且它们的矩阵合同.

6.1.3 化二次型为标准二次型的方法

二次型 $f=\boldsymbol{x}^{\mathrm{T}}\boldsymbol{A}\boldsymbol{x}$ 化为标准二次型的问题等同于把实对称矩阵 $\boldsymbol{A}$ 合同到对角矩阵的问题. 由第 5 章我们知道，实对称矩阵 $\boldsymbol{A}$ 必正交相似于对角阵，从而 $\boldsymbol{A}$ 必合同到对角阵，即存在正交矩阵 $\boldsymbol{Q}$，使得 $\boldsymbol{Q}^{\mathrm{T}}\boldsymbol{A}\boldsymbol{Q}=\boldsymbol{\Lambda}$(对角阵)，因而取非奇异线性替换为 $\boldsymbol{x}=\boldsymbol{Q}\boldsymbol{y}$ 可将二次型 $f=\boldsymbol{x}^{\mathrm{T}}\boldsymbol{A}\boldsymbol{x}$ 化为标准二次型. 于是可得下面的定理.

定理 6.2 任何一个二次型 $f=\boldsymbol{x}^{\mathrm{T}}\boldsymbol{A}\boldsymbol{x}$ 必存在正交线性替换 $\boldsymbol{x}=\boldsymbol{Q}\boldsymbol{y}$，$\boldsymbol{Q}$ 为正交矩阵，使得新变量的二次型 $\boldsymbol{y}^{\mathrm{T}}(\boldsymbol{Q}^{\mathrm{T}}\boldsymbol{A}\boldsymbol{Q})\boldsymbol{y}=\boldsymbol{y}^{\mathrm{T}}\boldsymbol{\Lambda}\boldsymbol{y}$ 为标准二次型. 即

$$f=\boldsymbol{x}^{\mathrm{T}}\boldsymbol{A}\boldsymbol{x}\xlongequal{\boldsymbol{x}=\boldsymbol{Q}\boldsymbol{y}}\lambda_1y_1^2+\lambda_2y_2^2+\cdots+\lambda_ny_n^2,$$

其中 λ_1，λ_2，…，λ_n 是实对称矩阵 $\boldsymbol{A}$ 的特征值.

用正交变换化二次型为标准形

下面我们通过例题来呈现用正交替换法将二次型化为标准形的步骤.

例 6.3 设二次型

$$f(x_1,x_2,x_3,x_4)=2x_1x_2+2x_1x_3-2x_1x_4-2x_2x_3+2x_2x_4+2x_3x_4,$$

求正交替换 $\boldsymbol{x}=\boldsymbol{Q}\boldsymbol{y}$，将 f 化为标准形.

解：二次型 f 的矩阵

$$\boldsymbol{A}=\begin{pmatrix}0&1&1&-1\\1&0&-1&1\\1&-1&0&1\\-1&1&1&0\end{pmatrix},$$

由

$$f(\lambda)=|\lambda \boldsymbol{E}-\boldsymbol{A}|=\begin{vmatrix}\lambda & -1 & -1 & 1\\ -1 & \lambda & 1 & -1\\ -1 & 1 & \lambda & -1\\ 1 & -1 & -1 & \lambda\end{vmatrix}$$

$$=(\lambda-1)^3(\lambda+3)=0,$$

得 $\boldsymbol{A}$ 的特征值

$$\lambda_1=\lambda_2=\lambda_3=1,\quad \lambda_4=-3.$$

对应 $\lambda_1=\lambda_2=\lambda_3=1$，由齐次线性方程组 $(\boldsymbol{E}-\boldsymbol{A})\boldsymbol{x}=\boldsymbol{0}$，可得 $\boldsymbol{A}$ 对应特征值 1 的线性无关的特征向量

$$\boldsymbol{\alpha}_1=\begin{pmatrix}1\\1\\0\\0\end{pmatrix},\ \boldsymbol{\alpha}_2=\begin{pmatrix}1\\0\\1\\0\end{pmatrix},\ \boldsymbol{\alpha}_3=\begin{pmatrix}-1\\0\\0\\1\end{pmatrix}.$$

利用施密特正交化，得 $\boldsymbol{A}$ 的对应特征值 1 的正交单位特征向量为

$$\boldsymbol{\eta}_1=\frac{1}{\sqrt{2}}\begin{pmatrix}1\\1\\0\\0\end{pmatrix},\ \boldsymbol{\eta}_2=\frac{1}{\sqrt{6}}\begin{pmatrix}1\\-1\\2\\0\end{pmatrix},\ \boldsymbol{\eta}_3=\frac{1}{2\sqrt{3}}\begin{pmatrix}-1\\1\\1\\3\end{pmatrix}.$$

对应 $\lambda_4=-3$，由齐次线性方程组 $(-3\boldsymbol{E}-\boldsymbol{A})\boldsymbol{x}=\boldsymbol{0}$，可得 $\boldsymbol{A}$ 对应特征值 -3 的特征向量 $\boldsymbol{\alpha}_4=(1,-1,-1,1)^{\mathrm{T}}$，经单位化得 $\boldsymbol{A}$ 对应特征值 -3 的单位特征向量

$$\boldsymbol{\eta}_4=\frac{1}{2}\begin{pmatrix}1\\-1\\-1\\1\end{pmatrix}.$$

令

$$\boldsymbol{Q}=(\boldsymbol{\eta}_1,\boldsymbol{\eta}_2,\boldsymbol{\eta}_3,\boldsymbol{\eta}_4)=\begin{pmatrix}\frac{1}{\sqrt{2}} & \frac{1}{\sqrt{6}} & -\frac{1}{2\sqrt{3}} & \frac{1}{2}\\ \frac{1}{\sqrt{2}} & -\frac{1}{\sqrt{6}} & \frac{1}{2\sqrt{3}} & -\frac{1}{2}\\ 0 & \frac{2}{\sqrt{6}} & \frac{1}{2\sqrt{3}} & -\frac{1}{2}\\ 0 & 0 & \frac{3}{2\sqrt{3}} & \frac{1}{2}\end{pmatrix},$$

则 $\boldsymbol{Q}$ 为正交矩阵. 经正交替换 $\boldsymbol{x}=\boldsymbol{Q}\boldsymbol{y}$ 有

$$f\xlongequal{\boldsymbol{x}=\boldsymbol{Q}\boldsymbol{y}}y_1^2+y_2^2+y_3^2-3y_4^2,$$

其中正交替换 $\boldsymbol{x}=\boldsymbol{Q}\boldsymbol{y}$ 为

$$\begin{cases} x_1 = \frac{1}{\sqrt{2}}y_1 + \frac{1}{\sqrt{6}}y_2 - \frac{1}{2\sqrt{3}}y_3 + \frac{1}{2}y_4, \\ x_2 = \frac{1}{\sqrt{2}}y_1 - \frac{1}{\sqrt{6}}y_2 + \frac{1}{2\sqrt{3}}y_3 - \frac{1}{2}y_4, \\ x_3 = \qquad\quad \frac{2}{\sqrt{6}}y_2 + \frac{1}{2\sqrt{3}}y_3 - \frac{1}{2}y_4, \\ x_4 = \qquad\qquad\qquad \frac{3}{2\sqrt{3}}y_3 + \frac{1}{2}y_4. \end{cases}$$

二次型经正交替换法化为标准形时，标准形各项的关系在不计顺序的情况下是唯一的，它们是二次型矩阵的特征值. 另一方面，由于正交变换保持向量的内积不变，因此在几何上，体现为二次曲线方程经正交替换化为标准方程时，曲线的度量是不会改变的，从而不改变几何图形的形状.

除了正交替换法可以把二次型化为标准形外，大家所熟知的配方法也可把二次型化为标准形.

例 6.4　用配方法将二次型

$$f=f(x_1, x_2, x_3)=x_1^2+2x_2^2+3x_3^2+2x_1x_2+2x_1x_3+6x_2x_3$$

化为标准形.

用配方法化二次型为标准形

解：本题二次型 f 中含变量的平方项，所以可直接运用配方法. 如 x_1^2 的系数不为零，可选中含 x_1 的项，利用配方法，将 f 改写为

$$\begin{aligned} f &= [x_1^2+2x_1(x_2+x_3)+(x_2+x_3)^2]-(x_2+x_3)^2+2x_2^2+3x_3^2+6x_2x_3 \\ &= (x_1+x_2+x_3)^2+x_2^2+4x_2x_3+2x_3^2. \end{aligned}$$

上式中除了含 x_1 的平方项 $(x_1+x_2+x_3)^2$ 外，其余的项构成的二次型中不含 x_1，是关于 x_2 与 x_3 的二元二次型. 又因为 x_2^2 的系数不为零，集中含 x_2 的项后配方，得

$$f=(x_1+x_2+x_3)^2+(x_2+2x_3)^2-2x_3^2.$$

令

$$\begin{cases} y_1 = x_1 + x_2 + x_3, \\ y_2 = \qquad x_2 + 2x_3, \\ y_3 = \qquad\qquad x_3, \end{cases}$$

得非奇异线性替换 $\boldsymbol{x}=\boldsymbol{P}\boldsymbol{y}$ 为

$$\begin{cases} x_1 = y_1 - y_2 + y_3, \\ x_2 = \qquad y_2 - 2y_3, \\ x_3 = \qquad\qquad y_3, \end{cases}$$

其中

$$x = \begin{pmatrix} x_1 \\ x_2 \\ x_3 \end{pmatrix},\ y = \begin{pmatrix} y_1 \\ y_2 \\ y_3 \end{pmatrix},\ P = \begin{pmatrix} 1 & -1 & 1 \\ 0 & 1 & -2 \\ 0 & 0 & 1 \end{pmatrix},$$

$\boldsymbol{P}$ 为可逆矩阵. 二次型 f 经非奇异线性替换 $\boldsymbol{x}=\boldsymbol{P}\boldsymbol{y}$ 化为标准形

$$f = y_1^2 + y_2^2 - 2y_3^2.$$

例 6.5 用配方法将二次型

$$f = f(x_1, x_2, x_3, x_4) = 2x_1x_2 + 2x_1x_3 - 2x_1x_4 - 2x_2x_3 + 2x_2x_4 + 2x_3x_4$$

化为标准形.

解：本题二次型 f 的所有平方项的系数都为零，不能直接用配方法. 由于 f 中 x_1x_2 的系数不为零，因此可先作非奇异性替换

$$\begin{cases} x_1 = y_1 + y_2, \\ x_2 = y_1 - y_2, \\ x_3 = y_3, \\ x_4 = y_4, \end{cases}$$

记作 $\boldsymbol{x}=\boldsymbol{P}_1\boldsymbol{y}$，其中

$$P_1 = \begin{pmatrix} 1 & 1 & 0 & 0 \\ 1 & -1 & 0 & 0 \\ 0 & 0 & 1 & 0 \\ 0 & 0 & 0 & 1 \end{pmatrix},\ x = \begin{pmatrix} x_1 \\ x_2 \\ x_3 \\ x_4 \end{pmatrix},\ y = \begin{pmatrix} y_1 \\ y_2 \\ y_3 \\ y_4 \end{pmatrix}.$$

则经 $\boldsymbol{x}=\boldsymbol{P}_1\boldsymbol{y}$，有

$$f = 2y_1^2 - 2y_2^2 + 4y_2y_3 - 4y_2y_4 + 2y_3y_4.$$

此时，f 有平方项的系数不为零. 利用例 6.4 的方法. 经配方得

$$f = 2y_1^2 - 2(y_2 - y_3 + y_4)^2 + 2\left(y_3 - \frac{1}{2}y_4\right)^2 + \frac{3}{2}y_4^2.$$

令

$$\begin{cases} z_1 = y_1, \\ z_2 = y_2 - y_3 + y_4, \\ z_3 = y_3 - \frac{1}{2}y_4, \\ z_4 = y_4, \end{cases}$$

得非奇异线性替换 $\boldsymbol{y}=\boldsymbol{P}_2\boldsymbol{z}$，其中

$$P_2 = \begin{pmatrix} 1 & 0 & 0 & 0 \\ 0 & 1 & 1 & -\frac{1}{2} \\ 0 & 0 & 1 & \frac{1}{2} \\ 0 & 0 & 0 & 1 \end{pmatrix},$$

即

$$\begin{cases} y_1 = z_1, \\ y_2 = z_2 + z_3 - \frac{1}{2}z_4, \\ y_3 = z_3 + \frac{1}{2}z_4, \\ y_4 = z_4, \end{cases}$$

经 $\boldsymbol{x} = \boldsymbol{P}\boldsymbol{z}$ 得

$$\begin{aligned} f &= 2y_1^2 - 2y_2^2 + 4y_2y_3 - 4y_2y_4 + 2y_3y_4 \\ &= 2z_1^2 - 2z_2^2 + 2z_3^2 + \frac{3}{2}z_4^2. \end{aligned}$$

令 $\boldsymbol{x} = \boldsymbol{P}_1\boldsymbol{P}_2\boldsymbol{z}$，其中

$$\boldsymbol{P} = \boldsymbol{P}_1\boldsymbol{P}_2 = \begin{pmatrix} 1 & 1 & 1 & -\frac{1}{2} \\ 1 & -1 & -1 & \frac{1}{2} \\ 0 & 0 & 1 & \frac{1}{2} \\ 0 & 0 & 0 & 1 \end{pmatrix},$$

即

$$\begin{cases} x_1 = z_1 + z_2 + z_3 - \frac{1}{2}z_4, \\ x_2 = z_1 - z_2 - z_3 + \frac{1}{2}z_4, \\ x_3 = z_3 + \frac{1}{2}z_4, \\ x_4 = z_4, \end{cases}$$

则经非奇异线性替换 $\boldsymbol{x} = \boldsymbol{P}\boldsymbol{z}$，得

$$f = 2z_1^2 - 2z_2^2 + 2z_3^2 + \frac{3}{2}z_4^2.$$

一般地，若二次型 f 中平方项的系数不全为零时，可用例 6.4 的方法，通过配方，使余下的二次型为不含 x_i 的 $n-1$ 元二次型. 若二次型 f 中所有平方项的系数都为零，而 x_ix_j 的项的系数不为零，则可用例 6.5 的方法，使得 f 中出现系数不为零的平方项，然后利用例 6.4 的方法，使余下的二次型为 $n-1$ 元的. 由归纳法，总可得非奇异的线性替换，将 f 化为标准形.

定理 6.3 设二次型 $f = \boldsymbol{x}^{\mathrm{T}}\boldsymbol{A}\boldsymbol{x}$，则存在非奇异线性替换 $\boldsymbol{x} = \boldsymbol{P}\boldsymbol{y}$ 化 f 为标准二次型.

从这里还看到，二次型经配方法化为标准形时，标准形各项的系数可以是不唯一的，它们不必是二次型矩阵的特征值，与所作的非退化线性替换有关，在几何上，体现为二次曲线方程经非奇异线性替换化为标准形方程时，曲线的度量(大小和形状)可能会改变.

6.2 惯性定理与正定二次型

经过前面的讨论，我们知道一个二次型经不同的非奇异线性替换化为标准形时，标准形的系数可以不相同. 但这些标准形的项数总是等于二次型的秩，且它们的正项和负项的个数也是相同的. 这就是二次型的惯性定理. 本节我们将引入二次型的惯性指数，并利用惯性指数对二次型进行分类.

实二次型的正惯性指数

6.2.1 惯性定理

定理 6.4 (惯性定理)任何实二次型必存在非奇异线性替换化二次型为规范标准形，且规范标准形是唯一的.

证明：设 n 元二次型 $f=\boldsymbol{x}^{\mathrm{T}}\boldsymbol{A}\boldsymbol{x}$，且 $r(f)=r$. 由定理 6.3 可知，必存在非奇异线性替换将其化为标准形，再适当交换变量的标号(也是非奇异的线性代换)使得标准形为

$$f=d_1y_1^2+\cdots+d_py_p^2-d_{p+1}y_{p+1}^2-\cdots-d_ry_r^2, \tag{6.5}$$

其中 d_1，d_2，…，d_r 为正数. 然后作非奇异的线性代换：

$$\begin{cases} y_1 = \dfrac{1}{\sqrt{d_1}}z_1, \\ \vdots \qquad \ddots \\ y_r = \dfrac{1}{\sqrt{d_r}}z_r, \\ y_{r+1} = z_{r+1}, \\ \vdots \qquad \ddots \\ y_n = z_n, \end{cases}$$

则式(6.5)可进一步化为规范标准形

$$f=z_1^2+\cdots+z_p^2-z_{p+1}^2-\cdots-z_r^2.$$

下证唯一性.

设二次型 f 经非奇异线性替换 $\boldsymbol{x}=\boldsymbol{P}_1\boldsymbol{y}$，$\boldsymbol{x}=\boldsymbol{P}_2\boldsymbol{z}$ 分别化为规范标准形

$$f=\boldsymbol{x}^{\mathrm{T}}\boldsymbol{A}\boldsymbol{x}=y_1^2+\cdots+y_p^2-y_{p+1}^2-\cdots-y_r^2, \tag{6.6}$$

$$f=\boldsymbol{x}^{\mathrm{T}}\boldsymbol{A}\boldsymbol{x}=z_1^2+\cdots+z_q^2-z_{q+1}^2-\cdots-z_r^2, \tag{6.7}$$

其中

$$\boldsymbol{x}=\begin{pmatrix}x_1\\x_2\\\vdots\\x_n\end{pmatrix},\ \boldsymbol{y}=\begin{pmatrix}y_1\\y_2\\\vdots\\y_n\end{pmatrix},\ \boldsymbol{z}=\begin{pmatrix}z_1\\z_2\\\vdots\\z_n\end{pmatrix}.$$

下面我们用反证法证明 $p=q$.

假设 $p\neq q$，不妨设 $p<q$. 记 $\boldsymbol{y}=\boldsymbol{P}_1^{-1}\boldsymbol{x}$ 和 $\boldsymbol{z}=\boldsymbol{P}_2^{-1}\boldsymbol{x}$ 中矩阵

$$\boldsymbol{P}_1^{-1}=(d_{ij})_{n\times n},\ \boldsymbol{P}_2^{-1}=(l_{ij})_{n\times n}.$$

考察 n 元齐次线性方程组

$$\begin{cases}y_1 = d_{11}x_1+d_{12}x_2+\cdots+d_{1n}x_n=0,\\ y_2 = d_{21}x_1+d_{22}x_2+\cdots+d_{2n}x_n=0,\\ \quad\vdots\\ y_p = d_{p1}x_1+d_{p2}x_2+\cdots+d_{pn}x_n=0,\\ z_{q+1}=l_{q+1,1}x_1+l_{q+1,2}x_2+\cdots+l_{q+1,n}x_n=0,\\ \quad\vdots\\ z_n = l_{n1}x_1+l_{n2}x_2+\cdots+l_{nn}x_n=0.\end{cases}$$

此方程组有 n 个未知量，有 $p+(n-q)=n+(p-q)<n$ 个方程. 因此，此方程组有非零解. 设 $\boldsymbol{x}^*$ 为其一个非零解，则 $\boldsymbol{y}^*=\boldsymbol{P}_1^{-1}\boldsymbol{x}^*\neq\boldsymbol{0}$，$\boldsymbol{z}^*=\boldsymbol{P}_2^{-1}\boldsymbol{x}^*\neq\boldsymbol{0}$. 记

$$\boldsymbol{x}^*=\begin{pmatrix}x_1^*\\x_2^*\\\vdots\\x_n^*\end{pmatrix},\ \boldsymbol{y}^*=\begin{pmatrix}y_1^*\\y_2^*\\\vdots\\y_n^*\end{pmatrix},\ \boldsymbol{z}^*=\begin{pmatrix}z_1^*\\z_2^*\\\vdots\\z_n^*\end{pmatrix}.$$

由方程组的构造可得

$$y_1^*=y_2^*=\cdots=y_p^*=0,\ y_{p+1}^*,\ y_{p+2}^*,\ \cdots,\ y_n^*\ 不全为零;$$

$$z_{q+1}^*=z_{q+2}^*=\cdots=z_n^*=0,\ z_1^*,\ z_2^*,\ \cdots,\ z_q^*\ 不全为零.$$

由式(6.6)

$$\boldsymbol{x}^{\mathrm{T}}\boldsymbol{A}\boldsymbol{x}=-(y_{p+1}^*)^2-(y_{p+2}^*)^2-\cdots-(y_r^*)^2\leqslant 0,$$

又由式(6.7)

$$\boldsymbol{x}^{\mathrm{T}}\boldsymbol{A}\boldsymbol{x}=(z_1^*)^2+(z_2^*)^2+\cdots+(z_q^*)^2>0,$$

二者矛盾. 同理 $p>q$ 也不可能，这就证明了 $p=q$. □

惯性定理的几何意义就是二次曲线(二次曲面)方程经非奇异线性替换化为标准方程时，标准方程的系数与所作的线性替换有

关，但曲线(曲面)的类型(如椭圆型，双曲型等)是不会因所作的线性替换不同而改变.

定义 6.4　设二次型$f=\boldsymbol{x}^{\mathrm{T}}\boldsymbol{A}\boldsymbol{x}$，$r(f)=r$，经非奇异线性替换化$f$为标准形．若$f$的标准形有$p$个正项，则称$p$为二次型$f$或实对称矩阵$\boldsymbol{A}$的**正惯性指数**．又称$q=r-p$和$s=p-q$分别为二次型$f$或实对称矩阵$\boldsymbol{A}$的**负惯性指数**和**符号差**.

由惯性定理 6.4 知，二次型的正惯性指数、负惯性指数和符号差与所作的非奇异线性替换无关，而且不难得到以下推论.

推论 1　任何实对称矩阵$\boldsymbol{A}_n$都合同于对角矩阵

$$\mathbf{diag}(\underbrace{1,\cdots,1}_{p\text{个}},\underbrace{-1,\cdots,-1}_{r-p\text{个}},\underbrace{0,\cdots,0}_{n-r\text{个}})=\begin{pmatrix}\boldsymbol{E}_p & & \\ & -\boldsymbol{E}_{r-p} & \\ & & \boldsymbol{0}\end{pmatrix}_n,$$

其中$r=r(\boldsymbol{A})$，p为$\boldsymbol{A}$的正惯性指数.

推论 2　两个n元二次型$f=\boldsymbol{x}^{\mathrm{T}}\boldsymbol{A}\boldsymbol{x}$与$g=\boldsymbol{y}^{\mathrm{T}}\boldsymbol{B}\boldsymbol{y}$有相同的秩及正惯性指数的充要条件为存在非奇异线性替换$\boldsymbol{x}=\boldsymbol{P}\boldsymbol{y}$，使

$$f=\boldsymbol{x}^{\mathrm{T}}\boldsymbol{A}\boldsymbol{x}\xlongequal{\boldsymbol{x}=\boldsymbol{P}\boldsymbol{y}}\boldsymbol{y}^{\mathrm{T}}\boldsymbol{B}\boldsymbol{y}=g.$$

推论 3　n阶实对称矩阵$\boldsymbol{A}$合同于$\boldsymbol{B}$的充要条件为$r(\boldsymbol{A})=r(\boldsymbol{B})$，且$\boldsymbol{A}$和$\boldsymbol{B}$的正惯性指数相等.

这些推论的证明留给读者练习.

6.2.2　正定二次型

利用二次型的惯性指数可对二次型进行分类．下面我们主要讨论一类重要的二次型——正定二次型.

▶正定矩阵的性质

定义 6.5　设n元二次型

$$f(x_1,x_2,\cdots,x_n)=\boldsymbol{x}^{\mathrm{T}}\boldsymbol{A}\boldsymbol{x},$$

若对任意非零向量$\boldsymbol{x}_0=(c_1,c_2,\cdots,c_n)^{\mathrm{T}}$，都有

$$f(c_1,c_2,\cdots,c_n)=\boldsymbol{x}_0^{\mathrm{T}}\boldsymbol{A}\boldsymbol{x}_0>0,$$

则称二次型f为**正定二次型**，并称其矩阵$\boldsymbol{A}$为**正定矩阵**.

例如，二次型

$$f_1(x_1,x_2,x_3)=x_1^2+2x_2^2+3x_3^2$$

是正定的，因为只要$(x_1,x_2,x_3)^{\mathrm{T}}=(c_1,c_2,c_3)^{\mathrm{T}}\neq\mathbf{0}$，则

$$f_1(c_1,c_2,c_3)=c_1^2+2c_2^2+3c_3^2>0.$$

如何判断一个二次型的正定性呢？由此可知，如果一个二次型是标准二次型，则容易判断它的正定性．于是有下面的定理.

正定二次型

定理 6.5　n 个变量的标准二次型$f(x_1,x_2,\cdots,x_n)=k_1x_1^2+k_2x_2^2+\cdots+k_nx_n^2$ 正定的充分必要条件为 $k_i>0$，$i=1,2,\cdots,n$.

证明：必要性．因为二次型$f(x_1,x_2,\cdots,x_n)=k_1x_1^2+k_2x_2^2+\cdots+k_nx_n^2$ 正定，取非零向量$\boldsymbol{x}_i=(0,\cdots,\underbrace{1}_{\text{第}i\text{个位置}},\cdots,0)$代入二次型，有

$$f=\boldsymbol{x}_i^{\mathrm{T}}\boldsymbol{A}\boldsymbol{x}_i=k_i>0,\ i=1,2,\cdots,n.$$

必要性得证.

充分性．由于 $k_i>0$，$i=1$，2，$\cdots$，n，所以

$$f(x_1,x_2,\cdots,x_n)=k_1x_1^2+k_2x_x^2+\cdots+k_nx_n^2\geqslant0.$$

对任意的$\boldsymbol{x}=(x_1,x_2,\cdots,x_n)^{\mathrm{T}}\neq\mathbf{0}$，明显地有

$$f(x_1,x_2,\cdots,x_n)=k_1x_1^2+k_2x_2^2+\cdots+k_nx_n^2>0.$$

故二次型为正定二次型.　□

另一方面我们知道，任何一个实二次型都存在非退化线性替换将其化为标准二次型，因此我们需要下面这个中间桥梁，从而把判断一般二次型的正定性归结到判断它的标准二次型的正定性.

定理 6.6　实二次型$f(x_1,x_2,\cdots,x_n)=\boldsymbol{x}^{\mathrm{T}}\boldsymbol{A}\boldsymbol{x}$ 经非奇异线性替换后其正定性不改变.

证明：设二次型$f(x_1,x_2,\cdots,x_n)=\boldsymbol{x}^{\mathrm{T}}\boldsymbol{A}\boldsymbol{x}$ 经非奇异线性替换$\boldsymbol{x}=\boldsymbol{P}\boldsymbol{y}$ 后变为

$$f=\boldsymbol{x}^{\mathrm{T}}\boldsymbol{A}\boldsymbol{x}\xlongequal{\boldsymbol{x}=\boldsymbol{P}\boldsymbol{y}}\boldsymbol{y}^{\mathrm{T}}(\boldsymbol{P}^{\mathrm{T}}\boldsymbol{A}\boldsymbol{P})\boldsymbol{y}\xlongequal{\text{令}}\boldsymbol{y}^{\mathrm{T}}\boldsymbol{B}\boldsymbol{y}=g(y_1,y_2,\cdots,y_n).$$

现设二次型$f=\boldsymbol{x}^{\mathrm{T}}\boldsymbol{A}\boldsymbol{x}$ 正定，即$\forall\boldsymbol{x}\neq\mathbf{0}$，$\boldsymbol{x}^{\mathrm{T}}\boldsymbol{A}\boldsymbol{x}>0$．那么$\forall\boldsymbol{y}_0\neq\mathbf{0}$，因为 $\boldsymbol{P}$ 可逆，有 $\boldsymbol{x}_0=\boldsymbol{P}\boldsymbol{y}_0\neq\mathbf{0}$，从而

$$g=\boldsymbol{y}_0^{\mathrm{T}}\boldsymbol{B}\boldsymbol{y}_0=\boldsymbol{y}_0^{\mathrm{T}}(\boldsymbol{P}^{\mathrm{T}}\boldsymbol{A}\boldsymbol{P})\boldsymbol{y}_0=\boldsymbol{x}_0^{\mathrm{T}}\boldsymbol{A}\boldsymbol{x}_0>0.$$

所以二次型 $g=\boldsymbol{y}^{\mathrm{T}}\boldsymbol{B}\boldsymbol{y}$ 正定.

反之，若变换后的二次型 $g=\boldsymbol{y}^{\mathrm{T}}\boldsymbol{B}\boldsymbol{y}$ 正定．那么$\forall\boldsymbol{x}_0\neq\mathbf{0}$，因为 $\boldsymbol{P}$ 可逆，有 $\boldsymbol{y}_0=\boldsymbol{P}^{-1}\boldsymbol{x}_0\neq\mathbf{0}$，从而

$$f=\boldsymbol{x}_0^{\mathrm{T}}\boldsymbol{A}\boldsymbol{x}_0=\boldsymbol{y}_0^{\mathrm{T}}(\boldsymbol{P}^{\mathrm{T}}\boldsymbol{A}\boldsymbol{P})\boldsymbol{y}_0=\boldsymbol{y}_0^{\mathrm{T}}\boldsymbol{B}\boldsymbol{y}_0>0.$$

所以二次型$f=\boldsymbol{x}^{\mathrm{T}}\boldsymbol{A}\boldsymbol{x}$ 正定．故定理得证.　□

由正定二次型的定义可知，判断一个二次型的正定性也等价于判断它的实对称矩阵是否为正定矩阵，因此还有下述判定定理.

正定矩阵的等价条件

定理 6.7 设 $\boldsymbol{A}$ 为 n 阶实对称矩阵，则下述命题等价：

(1) $\boldsymbol{A}$ 为正定矩阵；

(2) $\boldsymbol{A}$ 的特征值全大于零；

(3) $\boldsymbol{A}$ 合同于单位矩阵 $\boldsymbol{E}$；

(4) 存在非奇异矩阵 $\boldsymbol{M}$，使得 $\boldsymbol{A}=\boldsymbol{M}^{\mathrm{T}}\boldsymbol{M}$.

证明：(1) ⇒(2).

因为实对称矩阵 $\boldsymbol{A}$ 为正定矩阵，所以二次型 $f=\boldsymbol{x}^{\mathrm{T}}\boldsymbol{A}\boldsymbol{x}$ 为正定二次型. 由定理 6.6，取正交线性替换 $\boldsymbol{x}=\boldsymbol{Q}\boldsymbol{y}$，得它的标准二次型

$$f=\boldsymbol{x}^{\mathrm{T}}\boldsymbol{A}\boldsymbol{x}\xlongequal{\boldsymbol{x}=\boldsymbol{Q}\boldsymbol{y}}\boldsymbol{y}^{\mathrm{T}}(\boldsymbol{Q}^{\mathrm{T}}\boldsymbol{A}\boldsymbol{Q})\boldsymbol{y}=\lambda_1y_1^2+\lambda_2y_2^2+\cdots+\lambda_ny_n^2$$

为正定二次型，其中 λ_i，$i=1,2,\cdots,n$ 为 $\boldsymbol{A}$ 的特征值. 由定理 6.5 知，$\lambda_i>0$，$i=1,2,\cdots,n$.

(2)⇒(3).

因为 $\boldsymbol{A}$ 的特征值全大于零，所以 $\boldsymbol{A}$ 的正惯性指数为 n，由定理 6.4 的推论 1 知，$\boldsymbol{A}$ 合同于单位矩阵.

(3)⇒(4).

因为矩阵 $\boldsymbol{A}$ 合同于单位矩阵，所以存在可逆矩阵 $\boldsymbol{P}$ 使得 $\boldsymbol{P}^{\mathrm{T}}\boldsymbol{A}\boldsymbol{P}=\boldsymbol{E}$，由此 $\boldsymbol{A}=(\boldsymbol{P}^{\mathrm{T}})^{-1}\boldsymbol{P}^{-1}$，令 $\boldsymbol{M}=\boldsymbol{P}^{-1}$，则 $\boldsymbol{M}$ 为非奇异矩阵且 $\boldsymbol{A}=\boldsymbol{M}^{\mathrm{T}}\boldsymbol{M}$.

(4)⇒(1).

对任意非零列向量 $\boldsymbol{x}\neq\boldsymbol{0}$，因为 $\boldsymbol{M}$ 非奇异，所以列向量 $\boldsymbol{M}\boldsymbol{x}\neq\boldsymbol{0}$，从而

$$\boldsymbol{x}^{\mathrm{T}}\boldsymbol{A}\boldsymbol{x}=\boldsymbol{x}^{\mathrm{T}}(\boldsymbol{M}^{\mathrm{T}}\boldsymbol{M})\boldsymbol{x}=(\boldsymbol{M}\boldsymbol{x})^{\mathrm{T}}(\boldsymbol{M}\boldsymbol{x})>0.$$

故二次型 $\boldsymbol{x}^{\mathrm{T}}\boldsymbol{A}\boldsymbol{x}$ 为正定二次型，即实对称矩阵 $\boldsymbol{A}$ 为正定矩阵. □

推论 n 阶实对称矩阵 $\boldsymbol{A}$ 正定，则 $|\boldsymbol{A}|>0$.

例 6.6 证明若实对称矩阵 $\boldsymbol{A}$ 为正定矩阵，则 $\boldsymbol{A}$ 为可逆阵，且 $\boldsymbol{A}^{-1}$，$\boldsymbol{A}^{*}$ 与 $\boldsymbol{A}^{m}$(m 为正整数)都是正定矩阵.

证明：因为 $\boldsymbol{A}$ 是实对称的，所以由矩阵运算性质知 $\boldsymbol{A}^{-1}$，$\boldsymbol{A}^{*}$ 与 $\boldsymbol{A}^{m}$ 均为实对称矩阵.

设 λ 为实对称矩阵 $\boldsymbol{A}$ 的任一特征值，因为 $\boldsymbol{A}$ 正定，由定理 6.7 知 $\lambda>0$ 且 $|\boldsymbol{A}|>0$. 从而

$$\frac{1}{\lambda}>0,\ \frac{|\boldsymbol{A}|}{\lambda}>0,\ \lambda^m>0$$

分别为 $\boldsymbol{A}^{-1}$，$\boldsymbol{A}^*$ 和 $\boldsymbol{A}^m$ 的特征值，即它们的特征值全大于零.

故 $\boldsymbol{A}$ 可逆且 $\boldsymbol{A}^{-1}$，$\boldsymbol{A}^*$ 和 $\boldsymbol{A}^m$ 均正定. □

例 6.7　设 n 阶实对称矩阵 $\boldsymbol{A}$ 和 $\boldsymbol{B}$ 都是正定矩阵，证明 $\boldsymbol{A}+\boldsymbol{B}$ 仍为正定矩阵.

证明：由题设知，对任意 $\boldsymbol{x}\neq\boldsymbol{0}$，$\boldsymbol{x}^{\mathrm{T}}\boldsymbol{A}\boldsymbol{x}>0$，$\boldsymbol{x}^{\mathrm{T}}\boldsymbol{B}\boldsymbol{x}>0$. 因为

$$(\boldsymbol{A}+\boldsymbol{B})^{\mathrm{T}}=\boldsymbol{A}^{\mathrm{T}}+\boldsymbol{B}^{\mathrm{T}}=\boldsymbol{A}+\boldsymbol{B},$$

即 $\boldsymbol{A}+\boldsymbol{B}$ 为实对称矩阵，且对任意 $\boldsymbol{x}\neq\boldsymbol{0}$，有

$$\boldsymbol{x}^{\mathrm{T}}(\boldsymbol{A}+\boldsymbol{B})\boldsymbol{x}=\boldsymbol{x}^{\mathrm{T}}\boldsymbol{A}\boldsymbol{x}+\boldsymbol{x}^{\mathrm{T}}\boldsymbol{B}\boldsymbol{x}>0.$$

所以 $\boldsymbol{A}+\boldsymbol{B}$ 为正定矩阵. □

定义 6.6　设矩阵 $\boldsymbol{A}=(a_{ij})_{n\times n}$，则称由 $\boldsymbol{A}$ 的前 k 行前 k 列构成的 k 阶行列式($1\leqslant k\leqslant n$)

$$\begin{vmatrix} a_{11} & a_{12} & \cdots & a_{1k} \\ a_{21} & a_{22} & \cdots & a_{2k} \\ \vdots & \vdots & & \vdots \\ a_{k1} & a_{k2} & \cdots & a_{kk} \end{vmatrix}$$

为矩阵 $\boldsymbol{A}$ 的 k 阶**顺序主子式**.

定理 6.8　n 元二次型

$$f(x_1,x_2,\cdots,x_n)=\sum_{i=1}^{n}\sum_{j=1}^{n}a_{ij}x_ix_j$$

是正定二次型的充分必要条件为其矩阵 $\boldsymbol{A}=(a_{ij})_{n\times n}$ 的各阶顺序主子式全大于零. 即

$$|a_{11}|>0,\ \begin{vmatrix} a_{11} & a_{12} \\ a_{21} & a_{22} \end{vmatrix}>0,\ \begin{vmatrix} a_{11} & a_{12} & a_{13} \\ a_{21} & a_{22} & a_{23} \\ a_{31} & a_{32} & a_{33} \end{vmatrix}>0,\ \cdots,$$

$$\begin{vmatrix} a_{11} & a_{12} & \cdots & a_{1,n-1} \\ a_{21} & a_{22} & \cdots & a_{2,n-1} \\ \vdots & \vdots & & \vdots \\ a_{n-1,1} & a_{n-1,2} & \cdots & a_{n-1,n-1} \end{vmatrix}>0,\ \begin{vmatrix} a_{11} & a_{12} & \cdots & a_{1n} \\ a_{21} & a_{22} & \cdots & a_{2n} \\ \vdots & \vdots & & \vdots \\ a_{n1} & a_{n2} & \cdots & a_{nn} \end{vmatrix}>0.$$

本定理的必要性不难得到，充分性可用归纳法证明，限于篇幅，此处略去. 其证明放在“延展阅读”里，以供有兴趣的读者查阅.

例 6.8　设二次型

$$f(x_1,x_2,x_3)=5x_1^2+x_2^2+5x_3^2+4x_1x_2-8x_1x_3-4x_2x_3,$$

试判别其是否为正定二次型.

解：我们用不同的方法求解.

解法一：因为二次型的矩阵为

$$\boldsymbol{A}=\begin{pmatrix}5&2&-4\\2&1&-2\\-4&-2&5\end{pmatrix},$$

$\boldsymbol{A}$ 的顺序主子式

$$|5|=5>0,\quad \begin{vmatrix}5&2\\2&1\end{vmatrix}=1>0,\quad \begin{vmatrix}5&2&-4\\2&1&-2\\-4&-2&5\end{vmatrix}=|\boldsymbol{A}|=1>0.$$

顺序主子式全大于零，由定理 6.8 得 f 为正定二次型.

解法二：由配方法，得

$$f=5\left(x_1+\frac{2}{5}x_2-\frac{4}{5}x_3\right)^2+\frac{1}{5}(x_2-2x_3)^2+x_3^2,$$

即 f 的正惯性指数 $p=3$，由定理 6.7 得 f 为正定二次型.

在二次型中，利用二次型的取值区分，除了正定二次型外还有负定二次型，半正(负)定二次型及不定二次型，它们的定义如下：

定义 6.7　设 n 元二次型 $f(x_1,x_2,\cdots,x_n)=\sum\limits_{i=1}^{n}\sum\limits_{j=1}^{n}a_{ij}x_ix_j$，若对任意非零列向量 $\boldsymbol{x}_0=(c_1,c_2,\cdots,c_n)^{\mathrm{T}}$，都有

$$f(c_1,c_2,\cdots,c_n)=\boldsymbol{x}_0^{\mathrm{T}}\boldsymbol{A}\boldsymbol{x}_0<0(\geqslant 0,\leqslant 0),$$

则称二次型 f 为**负定二次型(半正定二次型，半负定二次型)**，并称其矩阵 $\boldsymbol{A}$ 为**负定矩阵(半正定矩阵，半负定矩阵)**；若存在非零向量

$\boldsymbol{x}_1=(c_1,c_2,\cdots,c_n)^{\mathrm{T}}\neq\boldsymbol{0}$ 和 $\boldsymbol{x}_2=(d_1,d_2,\cdots,d_n)^{\mathrm{T}}\neq\boldsymbol{0}$ 使

$$f(c_1,c_2,\cdots,c_n)=\boldsymbol{x}_1^{\mathrm{T}}\boldsymbol{A}\boldsymbol{x}_1>0,$$

$$f(d_1,d_2,\cdots,d_n)=\boldsymbol{x}_2^{\mathrm{T}}\boldsymbol{A}\boldsymbol{x}_2<0,$$

则称 f 为**不定二次型**，并称其矩阵 $\boldsymbol{A}$ 为**不定矩阵**.

例如，二次型

$$f(x_1,x_2,x_3)=x_1^2+2x_2^2$$

是半正定的；

二次型

$$f(x_1,x_2,x_3) = -x_1^2-2x_2^2-3x_3^2$$

是负定的；

二次型

$$f(x_1,x_2,x_3) = -x_1^2-2x_2^2$$

是半负定的；

二次型

$$f(x_1,x_2,x_3) = x_1^2+2x_2^2-3x_3^2$$

是不定二次型.

显然，f 是(半)负定二次型的充要条件是 $-f$ 为(半)正定二次型. 因此，可以像正定二次型那样讨论它们的相关性质，这里不再展开，留给读者去探讨，我们也把相应的判定定理放在延展阅读中，方便读者比较学习.

易知，f 为不定二次型的充要条件为其正惯性指数 p 满足$0<p<r(f)$.

例 6.9　设 n 元二次型

$$f(x_1,x_2,\cdots,x_n) = \sum_{i=1}^{n}\sum_{j=1}^{n} a_{ij}x_ix_j.$$

证明：若 f 为不定二次型，则存在非零向量 $\boldsymbol{x}_0=(c_1,c_2,\cdots,c_n)^{\mathrm{T}}\neq\boldsymbol{0}$ 使

$$f(c_1,c_2,\cdots,c_n)=\boldsymbol{x}_0^{\mathrm{T}}\boldsymbol{A}\boldsymbol{x}_0=0.$$

证明：二次型 f 为不定二次型，其正惯性指数 p 满足 $0<p<r(f)=r$. 因此，存在非奇异线性替换 $\boldsymbol{x}=\boldsymbol{P}\boldsymbol{y}$，化 f 为规范型

$$f=\boldsymbol{x}^{\mathrm{T}}\boldsymbol{A}\boldsymbol{x}\overset{\boldsymbol{x}=\boldsymbol{P}\boldsymbol{y}}{=\!=\!=}y_1^2+y_2^2+\cdots+y_p^2-y_{p+1}^2-y_{p+2}^2-\cdots-y_r^2,$$

规范标准形中有至少一个正项和一个负项，取向量

$$\boldsymbol{y}_0=\begin{pmatrix}1\\0\\\vdots\\0\\1\\0\\\vdots\\0\end{pmatrix}\begin{matrix}\\\\\\\\\leftarrow p+1,\\\\\\\\\end{matrix}$$

则 $\boldsymbol{y}_0\neq\boldsymbol{0}$，且

$$x_0 = Py_0 = \begin{pmatrix} c_1 \\ c_2 \\ \vdots \\ c_n \end{pmatrix} \neq \mathbf{0},$$

从而

$$f(c_1, c_2, \cdots, c_n) = x_0^{\mathrm{T}} A x_0 \xlongequal{x_0 = Py_0} 1^2 + 0^2 + \cdots + 0^2 - 1^2 - 0^2 - \cdots - 0^2 = 0.$$

□

延展阅读

1. 初等变换法化二次型为标准二次型

把二次型化为标准二次型，除了文中所介绍的正交替换法和配方法外，还可用初等变换法来实现. 为方便有兴趣的读者了解这种方法，我们把它写在这里.

设 A 为实对称矩阵，P 为可逆矩阵，且 $P^{\mathrm{T}}AP = \Lambda$(对角阵). 由于任一可逆矩阵可表成初等矩阵的乘积，因此存在一系列初等矩阵 $P_1, P_2, \cdots, P_n$，使得 $P = P_1, P_2 \cdots P_n$，所以有

$$P_n^{\mathrm{T}} \cdots (P_1^{\mathrm{T}} A P_1) \cdots P_n = \Lambda,$$

即对 A 施行一次初等行变换后，紧接着对 A 施行一次同样的初等列变换，称为一对相应的初等变换，这样一对一对施行，直至把 A 变为对角矩阵，同时单位矩阵 E 经相同的列变换就变为了可逆矩阵 P. 具体操作如下：

$$\begin{pmatrix} A \\ \cdots\cdots \\ E \end{pmatrix} \xrightarrow{\text{若干对相应的初等变换}} \begin{pmatrix} \Lambda \\ \cdots\cdots \\ P \end{pmatrix}.$$

2. 二次型的分类

合同是 n 阶方阵之间的一种等价关系，我们可以按合同关系对 n 阶实对称矩阵进行分类. 我们已知 n 阶实对称矩阵 A 和 B 合同于同一个合同标准形矩阵的充要条件为：A 和 B 有相同的秩和正惯性指数. 因此全体 n 阶实对称矩阵以合同关系进行分类，即合同的 n 阶实对称矩阵作为同一类，其类型的个数就是 n 阶不同的合同标准形矩阵的个数，因为当合同标准形矩阵的秩为 $r(r=0,1,2,\cdots,n)$ 时，其正惯性指数可分别取 $0,1,2,\cdots,r$. 所以 n 阶不同的合同标准形矩阵的个数为

$$1+2+3+\cdots+(n+1) = \frac{1}{2}(n+1)(n+2).$$

例如，当 $n=2$ 时，不同的合同标准形矩阵有 6 个，它们为

$$\begin{pmatrix} 0 & 0 \\ 0 & 0 \end{pmatrix}, \begin{pmatrix} 1 & 0 \\ 0 & 0 \end{pmatrix}, \begin{pmatrix} -1 & 0 \\ 0 & 0 \end{pmatrix}, \begin{pmatrix} 1 & 0 \\ 0 & 1 \end{pmatrix},$$

$$\begin{pmatrix} 1 & 0 \\ 0 & -1 \end{pmatrix}, \begin{pmatrix} -1 & 0 \\ 0 & -1 \end{pmatrix}.$$

定理 6.9 n 阶实对称矩阵按合同关系分类共有 $\frac{1}{2}(n+1)(n+2)$ 类.

在全体 n 元二次型中，若把经非奇异线性替换可化为同一个规范形的二次型归为同一类，由实对称矩阵与二次型的对应关系，可得：

定理 6.10 n 元二次型中，若以秩和正惯性指数都相等的二次型作为一类，则共有 $\frac{1}{2}(n+1)(n+2)$ 类.

易见，规范二次型就是所处的类中最简洁者，故可作为二次型分类中的代表元.

3. 定理6.8的证明

定理6.8 n 元二次型

$$f(x_1,x_2,\cdots,x_n)=\sum_{i=1}^{n}\sum_{j=1}^{n}a_{ij}x_ix_j$$

是正定二次型的充分必要条件为其矩阵 $\boldsymbol{A}=(a_{ij})_{n\times n}$ 的各阶顺序主子式全大于零.

证明：必要性. 因为 $\boldsymbol{A}$ 为 n 阶正定矩阵，所以 $\forall \boldsymbol{x}=(x_1,x_2,\cdots,x_n)^{\mathrm{T}}\neq\boldsymbol{0}$，有 $\boldsymbol{x}^{\mathrm{T}}\boldsymbol{A}\boldsymbol{x}>0$. 设 $\boldsymbol{A}$ 的 k 阶顺序主子式对应的 k 阶实对称矩阵为 $\boldsymbol{A}_k$. $\forall \boldsymbol{y}_k=(x_1,x_2,\cdots,x_k)^{\mathrm{T}}\neq\boldsymbol{0}$，取

$$\boldsymbol{x}=(\boldsymbol{y}_k,\boldsymbol{0})^{\mathrm{T}}=(x_1,x_2,\cdots,x_k,0,\cdots,0)\neq\boldsymbol{0},$$

有

$$\boldsymbol{x}^{\mathrm{T}}\boldsymbol{A}\boldsymbol{x}=\boldsymbol{y}_k^{\mathrm{T}}\boldsymbol{A}_k\boldsymbol{y}_k>0,$$

即实对称矩阵 $\boldsymbol{A}_k$ 正定，从而 $|\boldsymbol{A}_k|>0$，$k=1,2,\cdots,n$.

充分性. 对 $\boldsymbol{A}$ 的阶数 n 用数学归纳法.

当 $n=1$，$a_{11}>0$ 时，$\boldsymbol{A}=(a_{11})$，$f(x_1)=a_{11}x_1^2$，显然为正定二次型.

设对 $n-1$ 阶实对称矩阵结论成立，则对 n 阶实对称矩阵 $\boldsymbol{A}=(a_{ij})_n$，把 $\boldsymbol{A}$ 进行分块并施行分块矩阵的初等变换：

$$\boldsymbol{A}=\begin{pmatrix}\boldsymbol{A}_{n-1} & \boldsymbol{\alpha}\\ \boldsymbol{\alpha}^{\mathrm{T}} & a_{nn}\end{pmatrix}\xrightarrow{\text{初等变换}}\begin{pmatrix}\boldsymbol{A}_{n-1} & \boldsymbol{0}\\ \boldsymbol{0} & a_{nn}-\boldsymbol{\alpha}^{\mathrm{T}}\boldsymbol{A}_{n-1}^{-1}\boldsymbol{\alpha}\end{pmatrix},$$

其中 $\boldsymbol{A}_{n-1}$ 是 $\boldsymbol{A}$ 的 $n-1$ 阶顺序主子式对应的矩阵. 即存在可逆矩阵 $\boldsymbol{P}$ 使得

$$\boldsymbol{P}^{\mathrm{T}}\boldsymbol{A}\boldsymbol{P}=\begin{pmatrix}\boldsymbol{A}_{n-1} & \boldsymbol{0}\\ \boldsymbol{0} & a_{nn}-\boldsymbol{\alpha}^{\mathrm{T}}\boldsymbol{A}_{n-1}^{-1}\boldsymbol{\alpha}\end{pmatrix},$$

从而

$|\boldsymbol{P}^{\mathrm{T}}\boldsymbol{A}\boldsymbol{P}|=|\boldsymbol{P}|^2|\boldsymbol{A}|=|\boldsymbol{A}_{n-1}|(a_{nn}-\boldsymbol{\alpha}^{\mathrm{T}}\boldsymbol{A}_{n-1}^{-1}\boldsymbol{\alpha})>0$，

所以 $a_{nn}-\boldsymbol{\alpha}^{\mathrm{T}}\boldsymbol{A}_{n-1}^{-1}\boldsymbol{\alpha}>0$. $\forall \boldsymbol{x}=\begin{pmatrix}\boldsymbol{y}_{n-1}\\ x_n\end{pmatrix}\neq\boldsymbol{0}$，有

$$\boldsymbol{x}^{\mathrm{T}}\boldsymbol{P}^{\mathrm{T}}\boldsymbol{A}\boldsymbol{P}\boldsymbol{x}=\boldsymbol{x}^{\mathrm{T}}\begin{pmatrix}\boldsymbol{A}_{n-1} & \boldsymbol{0}\\ \boldsymbol{0} & a_{nn}-\boldsymbol{\alpha}^{\mathrm{T}}\boldsymbol{A}_{n-1}^{-1}\boldsymbol{\alpha}\end{pmatrix}\boldsymbol{x}=$$

$\boldsymbol{y}_{n-1}^{\mathrm{T}}\boldsymbol{A}_{n-1}\boldsymbol{y}_{n-1}+(a_{nn}-\boldsymbol{\alpha}^{\mathrm{T}}\boldsymbol{A}_{n-1}^{-1}\boldsymbol{\alpha})x_n^2>0$，

即 $\boldsymbol{P}^{\mathrm{T}}\boldsymbol{A}\boldsymbol{P}$ 为正定矩阵，由定理6.6，故 $\boldsymbol{A}$ 正定. □

4. 负定、半正定和半负定二次型的判定.

(1) 以下命题是等价的：

1) $f=\boldsymbol{x}^{\mathrm{T}}\boldsymbol{A}\boldsymbol{x}$ 是负定二次型；

2) f 的负惯性指数 $q=n$；

3) 实对称矩阵 $\boldsymbol{A}$ 合同于 $-\boldsymbol{E}$；

4) 实对称矩阵 $\boldsymbol{A}$ 的奇数阶顺序主子式都小于零，偶数阶顺序主子式都大于零.

(2) 半正定二次型.

易知，以下命题是等价的：

1) $f=\boldsymbol{x}^{\mathrm{T}}\boldsymbol{A}\boldsymbol{x}$ 是半正定二次型；

2) f 的正惯性指数 $p=r(f)\leqslant n$.

(3) 半负定二次型.

显然，f 是半负定二次型的充要条件为 $-f$ 为半正定二次型. 因此，以下命题是等价的.

(1) $f=\boldsymbol{x}^{\mathrm{T}}\boldsymbol{A}\boldsymbol{x}$ 是半负定二次型；

(2) f 的负惯性指数 $q=r(f)\leqslant n$.

习题六

（一）

1. 求下列二次型的矩阵并求出二次型的秩：

(1) $f(x,y,z)=x^2+4y^2+z^2+4xy+2xz+4yz$；

(2) $f(x_1,x_2,x_3)=x_1^2+2x_2^2+x_3^2-2x_1x_2-2x_1x_3+2x_2x_3$；

(3) $f(x_1,x_2,\cdots,x_n)=\sum\limits_{i=1}^{n-1}(x_i-x_{i+1})^2$.

2. 设 $\boldsymbol{A}=(a_{ij})_{n\times n}$ 为实矩阵，n 元二次型

$$f(x_1,x_2,\cdots,x_n)=\sum_{i=1}^{n}(a_{i1}x_1+a_{i2}x_2+\cdots+a_{in}x_n)^2.$$

证明：二次型 f 的矩阵为 $\boldsymbol{A}^{\mathrm{T}}\boldsymbol{A}$.

3. 已知二次型的矩阵如下，试写出对应的二次型：

（1）$\begin{pmatrix}2&5&8\\5&3&1\\8&1&0\end{pmatrix}$；（2）$\begin{pmatrix}0&1&-2\\1&0&-1\\-2&-1&0\end{pmatrix}$；

（3）$\begin{pmatrix}1&0&-1&0&\cdots&0&0&0\\0&1&0&-1&\cdots&0&0&0\\-1&0&1&0&\cdots&0&0&0\\0&-1&0&1&\cdots&0&0&0\\\vdots&\vdots&\vdots&\vdots&&\vdots&\vdots&\vdots\\0&0&0&0&\cdots&1&0&-1\\0&0&0&0&\cdots&0&1&0\\0&0&0&0&\cdots&-1&0&1\end{pmatrix}$.

4. 用正交替换化下列二次型为标准形，并求出所用的正交替换.

（1）$f(x_1,x_2,x_3)=2x_1^2+3x_2^2+x_3^2+4x_1x_2-4x_1x_3$；

（2）$f(x_1,x_2,x_3)=2x_1x_2+2x_1x_3+2x_2x_3$；

（3）$f(x_1,x_2,x_3)=x_1^2+4x_2^2+x_3^2-4x_1x_2-8x_1x_3-4x_2x_3$.

5. 用配方法化下列二次型为标准形，并求出所作的非奇异线性替换：

（1）$f(x_1,x_2,x_3)=x_1^2-x_3^2+2x_1x_2+2x_2x_3$；

（2）$f(x_1,x_2,x_3)=x_1x_2+x_1x_3+x_2x_3$；

（3）$f(x_1,x_2,\cdots,x_n)=x_1^2+x_n^2+2\sum\limits_{i=2}^{n-1}x_i^2-\sum\limits_{i=1}^{n-1}x_ix_{i+1}$.

6. 设对称矩阵 $\boldsymbol{A}$ 合同于 $\boldsymbol{B}$，证明 $\boldsymbol{B}$ 是对称矩阵.

7. 设矩阵 $\boldsymbol{A}$ 和 $\boldsymbol{B}$ 都合同于 $\boldsymbol{C}$，证明矩阵 $\boldsymbol{A}$ 合同于 $\boldsymbol{B}$.

8. 证明任一实对称矩阵都合同于对角矩阵.

9. 设矩阵 $\boldsymbol{A}_1$ 合同于 $\boldsymbol{B}_1$，$\boldsymbol{A}_2$ 合同于 $\boldsymbol{B}_2$，则 $\begin{pmatrix}\boldsymbol{A}_1&\boldsymbol{O}\\\boldsymbol{O}&\boldsymbol{A}_2\end{pmatrix}$合同于$\begin{pmatrix}\boldsymbol{B}_1&\boldsymbol{O}\\\boldsymbol{O}&\boldsymbol{B}_2\end{pmatrix}$.

10. 证明：任一 n 阶实对称矩阵 $\boldsymbol{A}$ 都合同于对角阵

$$\begin{pmatrix}\boldsymbol{E}_p&&\\&-\boldsymbol{E}_{r-p}&\\&&\boldsymbol{O}\end{pmatrix},$$

其中 $r=r(\boldsymbol{A})$，p 为 $\boldsymbol{A}$ 的正惯性指数.

11. 证明：n 阶实对称矩阵 $\boldsymbol{A}$ 合同于 $\boldsymbol{B}$ 的充分必要条件为 $r(\boldsymbol{A})=r(\boldsymbol{B})$，且 $\boldsymbol{A}$ 和 $\boldsymbol{B}$ 的正惯性指数相等.

12. 证明二次型 f 的符号差 s 与 f 的秩 r 的奇偶性相同.

13. 判断下列二次型是否为正定二次型：

（1）$f(x_1,x_2,x_3)=x_1^2+2x_2^2-3x_3^2+4x_1x_2+2x_2x_3$；

（2）$f(x_1,x_2,x_3)=3x_1^2+3x_2^2+3x_3^2+2x_1x_2+2x_1x_3+2x_2x_3$；

（3）$f(x_1,x_2,x_3)=\sum\limits_{i=1}^{n}x_i^2+\sum\limits_{i=1}^{n-1}x_i\,x_{i+1}$.

14. 判断下列实对称矩阵是否为正定矩阵：

（1）$\begin{pmatrix}10&4&12\\4&2&-14\\12&-14&1\end{pmatrix}$；（2）$\begin{pmatrix}1&1&1\\1&2&2\\1&2&3\end{pmatrix}$；

（3）$\begin{pmatrix}2&1&0&0&\cdots&0&0\\1&2&1&0&\cdots&0&0\\0&1&2&1&\cdots&0&0\\\vdots&\vdots&\vdots&\vdots&&\vdots&\vdots\\0&0&0&0&\cdots&1&0\\0&0&0&0&\cdots&2&1\\0&0&0&0&\cdots&1&2\end{pmatrix}$.

15. 讨论参数 t 满足什么条件时，下列二次型是正定二次型：

（1）$f(x_1,x_2,x_3)=x_1^2+4x_2^2+2x_3^2+2tx_1x_2+2x_1x_3$；

（2）$f(x_1,x_2,x_3)=5x_1^2+x_2^2+tx_3^2+4x_1x_2-2x_1x_3-2x_2x_3$；

（3）$f(x_1,x_2,x_3)=tx_1^2+x_2^2+5x_3^2-4x_1x_2-2tx_1x_3+4x_2x_3$.

16. 证明实对称矩阵 $\boldsymbol{A}$ 为正定矩阵的充分必要条件为 $\boldsymbol{A}$ 合同于 $\boldsymbol{E}$.

17. 设 $\boldsymbol{A}$ 为正定矩阵，$\boldsymbol{A}$ 合同于 $\boldsymbol{B}$，证明 $\boldsymbol{B}$ 也是正定矩阵.

18. 设 $\boldsymbol{A}$ 和 $\boldsymbol{B}$ 为 n 阶正定矩阵，k 和 l 为正实数. 证明矩阵 $k\boldsymbol{A}+l\boldsymbol{B}$ 为正定矩阵.

19. 设 $\boldsymbol{A}$ 为正定矩阵，证明：

（1）$\boldsymbol{A}^2,\boldsymbol{A}^3,\cdots,\boldsymbol{A}^m$（$m\geqslant 2$，正整数）都是正定矩阵；

（2）$\boldsymbol{E}+\boldsymbol{A}+\boldsymbol{A}^2+\cdots+\boldsymbol{A}^m$ 是正定矩阵；

（3）$3\boldsymbol{A}^2+\boldsymbol{A}+2\boldsymbol{E}$ 是正定矩阵.

20. 设 $\boldsymbol{A}$ 为 $m\times n$ 实矩阵，证明 $r(\boldsymbol{A})=n$ 的充要条件为 $\boldsymbol{A}^{\mathrm{T}}\boldsymbol{A}$ 为正定矩阵.

21. 设 $\boldsymbol{A}=(a_{ij})_{n\times n}$是正定矩阵，证明矩阵

$$\boldsymbol{B}=(b_ib_ja_{ij})_{n\times n}$$

是正定矩阵，其中 $b_i(i=1,2,\cdots,n)$是非零实常数.

22. 设 $\boldsymbol{A}$ 为实对称矩阵，t 为实数. 证明：t 充分大之后，矩阵 $t\boldsymbol{E}+\boldsymbol{A}$ 为正定矩阵.

23. 证明：正交矩阵 $\boldsymbol{A}$ 是正定矩阵的充分必要条件为 $\boldsymbol{A}$ 是单位矩阵.

24. 证明：实对称矩阵 $\boldsymbol{A}$ 是正定矩阵的充分必要条件为 $\boldsymbol{A}$ 的特征值都大于零.

25. 设 $\boldsymbol{A}$ 为实对称矩阵，且满足 $\boldsymbol{A}^2-3\boldsymbol{A}+2\boldsymbol{E}=\boldsymbol{O}$. 证明：$\boldsymbol{A}$ 为正定矩阵.

26. 若 $\boldsymbol{A}$ 是正定矩阵，证明：存在正定矩阵 $\boldsymbol{B}$，使 $\boldsymbol{A}=\boldsymbol{B}^2$.

27. 设 $\boldsymbol{A}$ 为 n 阶实对称矩阵，且 $\boldsymbol{A}^2=\boldsymbol{A}$，则

$$\boldsymbol{B}=\boldsymbol{E}+\boldsymbol{A}+\boldsymbol{A}^2+\cdots+\boldsymbol{A}^m\ (m\text{ 为正整数})$$

是正定矩阵.

28. 设 $\boldsymbol{A}=(a_{ij})$是 n 阶实矩阵，如果 $\mathbb{R}^n$ 对于内积

$$(\boldsymbol{\alpha},\boldsymbol{\beta})=\boldsymbol{\alpha}^{\mathrm{T}}\boldsymbol{A}\boldsymbol{\beta},\ \boldsymbol{\alpha},\boldsymbol{\beta}\in\mathbb{R}^n$$

作成一个欧氏空间，证明 $\boldsymbol{A}$ 必是正定矩阵.

（二）

29. 已知二次型

$$f(x_1,x_2,x_3)=5x_1^2+5x_2^2+ax_3^2-2x_1x_2+6x_1x_3-6x_2x_3$$

的秩为 2，试求：

（1）参数 a 的值；

（2）$f(x_1,x_2,x_3)$在正交替换下的标准形.

30. 证明：对任何实数 $a_1,a_2,\cdots,a_n$ 和 $b_1,b_2,\cdots,b_n$ 有

$$\left(\sum_{i=1}^n a_ib_i\right)^2\leqslant\sum_{i=1}^n a_i^2\sum_{i=1}^n b_i^2.$$

31. 设矩阵

$$\boldsymbol{A}=\begin{pmatrix}1&-10&10\\0&-2&8\\0&0&3\end{pmatrix},$$

试判断二次型 $f=\boldsymbol{x}^{\mathrm{T}}(\boldsymbol{A}^{\mathrm{T}}\boldsymbol{A})\boldsymbol{x}$ 是否正定.

32. 设 $\boldsymbol{A}$ 为 $m\times n$ 实矩阵，证明：矩阵 $\boldsymbol{A}^{\mathrm{T}}\boldsymbol{A}$ 是正定矩阵的充分必要条件为 $r(\boldsymbol{A})=n$.

33. 设 $\boldsymbol{A}$ 和 $\boldsymbol{B}$ 为 n 阶正定矩阵，证明：矩阵 $\boldsymbol{AB}$ 为正定矩阵的充分必要条件为 $\boldsymbol{AB}=\boldsymbol{BA}$.

34. 设 $\boldsymbol{A}$ 和 $\boldsymbol{B}$ 为 n 阶实对称矩阵，并且 $\boldsymbol{A}$ 是正定矩阵，证明：存在 n 阶实可逆矩阵 $\boldsymbol{P}$，使得 $\boldsymbol{P}^{\mathrm{T}}\boldsymbol{AP}$ 与 $\boldsymbol{P}^{\mathrm{T}}\boldsymbol{BP}$ 都是对角阵.

35. 设 $\boldsymbol{A}$ 和 $\boldsymbol{B}$ 为 n 阶正定矩阵，且方程 $|x\boldsymbol{A}-\boldsymbol{B}|=0$ 的根是 1. 证明：$\boldsymbol{A}=\boldsymbol{B}$.

36. 设二次型

$$f(x_1,x_2,x_3)=(1-\lambda)x_1^2+(1-\lambda)x_2^2+2(1-\lambda)x_1x_2+2x_3^2.$$

已知 $r(f)=2$，试求：

（1）参数 λ 的值；

（2）正交替换 $\boldsymbol{x}=\boldsymbol{Q}\boldsymbol{y}$，将 f 化为标准形；

（3）$f=0$ 的解.

37. 用正交替换化二次型

$$f=\sum_{i=1}^n x_i^2+\sum_{1\leqslant i<j\leqslant n}x_ix_j$$

为标准形.

38. 设矩阵

$$\boldsymbol{A}=\begin{pmatrix}a_{11}&a_{12}&\cdots&a_{1n}\\a_{21}&a_{22}&\cdots&a_{2n}\\\vdots&\vdots&&\vdots\\a_{n1}&a_{n2}&\cdots&a_{nn}\end{pmatrix}$$

是正定矩阵，证明：二次型

$$f(x_1,x_2,\cdots,x_n)=\begin{vmatrix}0&x_1&x_2&\cdots&x_n\\x_1&a_{11}&a_{12}&\cdots&a_{1n}\\x_2&a_{21}&a_{22}&\cdots&a_{2n}\\\vdots&\vdots&\vdots&&\vdots\\x_n&a_{n1}&a_{n2}&\cdots&a_{nn}\end{vmatrix}$$

是负定二次型.

39. 证明：二次型 $f(x_1,x_2,\cdots,x_n)$能分解为两个实一次齐次式乘积的充要条件是 f 的秩为 2，且符号差 $s=0$，或者 f 的秩为 1.

40. 设 $\boldsymbol{\alpha}_1,\boldsymbol{\alpha}_2,\cdots,\boldsymbol{\alpha}_n$ 是标准正交列向量组，k 为实数，矩阵 $\boldsymbol{H}=\boldsymbol{E}-k\boldsymbol{\alpha}_1\boldsymbol{\alpha}_1^{\mathrm{T}}$，证明：

（1）$\boldsymbol{H}$ 是实对称矩阵；

（2）$\boldsymbol{\alpha}_1$ 是 $\boldsymbol{H}$ 的特征向量，并求出其对应的特征值；

(3) $\boldsymbol{\alpha}_2,\boldsymbol{\alpha}_3,\cdots,\boldsymbol{\alpha}_n$ 也是 $\boldsymbol{H}$ 的特征向量，并求出它们对应的特征值；

(4) $k=0$ 或 $k=2$ 时，$\boldsymbol{H}$ 为正交矩阵；

(5) $k\neq1$ 时，$\boldsymbol{H}$ 为可逆矩阵；

(6) $k<1$ 时，$\boldsymbol{H}$ 为正定矩阵.

41. 自学并能熟练利用数学软件 MATLAB 中的相关命令求矩阵的特征值和特征向量.

附录

软件应用练习题

借助数学软件 MATLAB 完成以下应用练习题.

1. 确定比赛的胜负问题

设有 5 个球队进行单循环赛，已知它们的比赛结果为：1 队胜 2、3 队；2 队胜 3、4、5 队；4 队胜 1、3、5 队；5 队胜 1、3 队，设按胜的次数多少排名次．若两队胜的次数相同，则按直接胜与间接胜的次数之和排名次．所谓间接胜，即若 1 队胜 2 队，2 队胜 3 队，则称 1 队间接胜 3 队．试为这 5 个队排出比赛名次．若参数队伍很多，给出一般的解决办法.

2. 简单匹配搜索引擎的原理

假设数据库有下列书，题目分别是：B1. 应用线性代数，B2. 初等线性代数，B3. 初等线性代数及应用，B4. 线性代数和它的应用，B5. 线性代数及应用，B6. 矩阵代数及应用，B7. 矩阵理论．它们的关键词按顺序排列如下：代数、应用、初等、线性、矩阵、理论．如果搜索“线性代数应用”，请给出相匹配的搜索结果.

3. 平板的稳态温度分布问题

在热传导研究中，需要确定某一块平板的稳态温度分布，设附图 1 所示的平板代表一条金属梁的截面，忽略垂直方向的热传导．内部节点的温度近似等于与它最接近的上下左右节点温度的平均值．

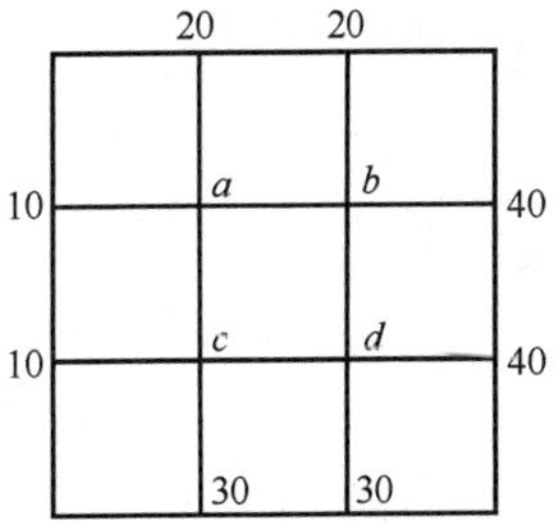

附图 1

(1) 写出内部节点 a,b,c,d 所满足的方程组；

(2) 求解此方程组.

4. 交通流量的计算

设某地区的公路交通图(见附图 2)，所有道路都是单行道，且道上不能停车，通行方向用箭头标明，数字代表某时段进出交通网络的车辆数．假设进入每一个交叉点的车辆数等于离开该交叉点的车辆数．请求出该时段经过各路线的车辆数.

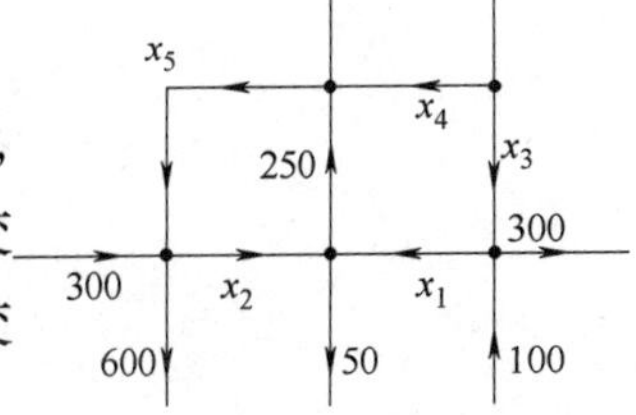

附图 2

5. 营养学中的减肥配方的实现

设三种食物每 100g 中蛋白质、碳水化合物和脂肪的含量见附

表1，如果用这三种食物作为每天的主要食物，那么它们的用量应各取多少才能全面准确地实现这个营养要求？

附表 1

营养	每100g 食物所含营养/g			减肥所要求的每日营养量/g
	脱脂牛奶	大豆面粉	乳清	
蛋白质	36	51	13	33
碳水化合物	52	34	74	45
脂肪	0	7	1.1	3

6. 电阻电路的计算

如附图 3 所示的电路中，已知 $R_1=2\Omega$，$R_2=4\Omega$，$R_3=12\Omega$，$R_4=4\Omega$，$R_5=12\Omega$，$R_6=4\Omega$，$R_7=2\Omega$，设电压源 $u_s=10\text{V}$. 求 i_c，u_4，u_7.

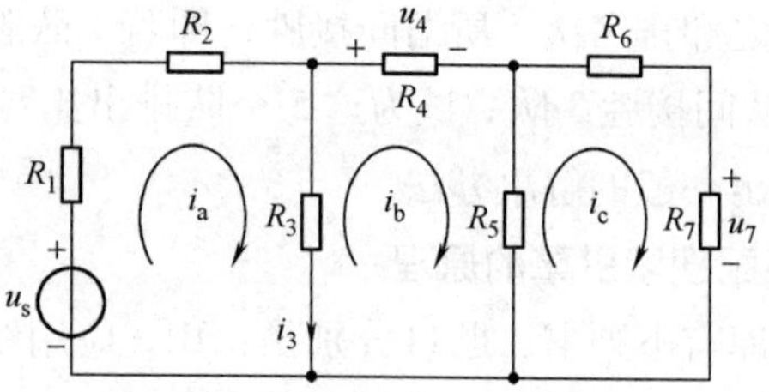

附图 3

7. 经济中的投入产出分析问题

一个城镇有三个主要生产企业：煤矿、电厂和地方铁路. 已知生产价值一元的煤，需消耗 0.25 元的电和 0.35 元的运输费；生产价值一元的电，需消耗 0.40 元的煤、0.05 元的电和 0.10 元的运输费；而提供价值一元的铁路运输费，需消耗 0.45 元的煤、0.10 元的电和 0.10 元的运输费. 假设在某个星期内，除了这三个企业间彼此需求，煤矿得到 50000 元的订单，电厂得到 25000 元的电量供应要求，地方铁路得到价值 30000 元的运输要求.

(1) 试问：该星期这三个企业各应生产多少产值才能满足内外需求？

(2) 除了外部需求，试求该星期各企业间的消耗需求，同时求出各企业新创造的价值.

(3) 如果煤矿需要增加总产值 10000 元，它对各个企业的产品或服务的完全需求是多少？

8. 杂交育种的稳定性问题

假设某农场的试验场中某种植物的基因型为 AA，Aa 和 aa 三种基因型各占 1/3. 已知基因型为 AA 的植物属于优良品种，试分析下列三种方案中的哪一种方案有利于培养出优良品种?

方案(Ⅰ):采用 AA 型的植物与每种基因型植物相杂交的方法培育植物后代;

方案(Ⅱ):采用 Aa 型的植物与每种基因型植物相杂交的方法培育植物后代;

方案(Ⅲ):将具有相同基因型植物相结合. 后代可能的基因型概率见附表 2.

附表 2

后代的基因型	亲本的基因					
	AA-AA	AA-Aa	AA-aa	Aa-aa	Aa-aa	aa-aa
AA	1	$\frac{1}{2}$	0	$\frac{1}{4}$	0	0
Aa	0	$\frac{1}{2}$	1	$\frac{1}{2}$	$\frac{1}{2}$	0
aa	0	0	0	$\frac{1}{4}$	$\frac{1}{2}$	1

9. 艺术建筑模型问题

假定一艺术建筑的局部为一个二次曲面, 其在某空间直角坐标系下的方程为

$$3x^2+4y^2+5z^2+4xy+4yz-1=0,$$

试判断这个二次曲面的类型, 并写出所用的变换.

10. 用特征方程解斐波那契数列问题

斐波那契数列于 1200 年左右被发现, 在现代物理、准晶体结构、化学等领域都有直接的应用, 它把 0 和 1 作为初始项 F_0 和 F_1, 以后的每一项为其前两项的和, $F_{k+2}=F_{k+1}+F_k$, 于是得到数列 1,1,2,3,5,8,13,21,…. 求出斐波那契数列的通项.

部分习题答案

习题一

1. (1) 否. 存在 $m,n\in K_1$，但 $\dfrac{m}{n}\notin K_1$，除法不封闭.　(2) 是.

(3) 否. 存在 $m,n\in K_3$，但 $\dfrac{m}{n}\notin K_3$.　(4) 是.

2. (1) $\begin{pmatrix} a_{11} & a_{11} & \cdots & a_{11} \\ a_{21} & a_{21} & \cdots & a_{21} \\ \vdots & \vdots & & \vdots \\ a_{n1} & a_{n1} & \cdots & a_{n1} \end{pmatrix}$；(2) $\begin{pmatrix} 0 & 0 \\ 0 & 0 \\ 0 & 1 \end{pmatrix}$；(3) $\begin{pmatrix} 2 & -1 & 0 & 0 \\ -1 & 2 & -1 & 0 \\ 0 & -1 & 2 & -1 \\ 0 & 0 & -1 & 2 \end{pmatrix}$；(4) $\begin{pmatrix} 1 & 0 & 0 & 0 \\ 1 & 1 & 0 & 0 \\ 1 & 1 & 1 & 0 \\ 1 & 1 & 1 & 1 \end{pmatrix}$.

3. $a=0$，$b=2$，$c=1$，$d=2$.

4. (1) $\begin{pmatrix} 1 & 0 & 0 & 5 \\ 0 & 1 & 1 & -3 \\ 0 & 0 & 0 & 0 \end{pmatrix}$；(2) $\begin{pmatrix} 0 & 1 & 0 & 5 \\ 0 & 0 & 1 & 3 \\ 0 & 0 & 0 & 0 \end{pmatrix}$；(3) $\begin{pmatrix} 1 & -1 & 0 & 2 & 0 \\ 0 & 0 & 1 & -2 & 0 \\ 0 & 0 & 0 & 0 & 1 \\ 0 & 0 & 0 & 0 & 0 \end{pmatrix}$

(4) $\begin{pmatrix} 1 & 0 & 2 & 0 & -2 \\ 0 & 1 & -1 & 0 & 3 \\ 0 & 0 & 0 & 1 & 4 \\ 0 & 0 & 0 & 0 & 0 \end{pmatrix}$；(5) $\begin{pmatrix} 1 & 0 & 0 & -2 \\ 0 & 1 & 0 & 3 \\ 0 & 0 & 1 & 0 \end{pmatrix}$；(6) $\begin{pmatrix} 1 & 0 & 0 & 0 \\ 0 & 1 & 0 & 0 \\ 0 & 0 & 1 & 0 \\ 0 & 0 & 0 & 1 \end{pmatrix}$；

(7) $\begin{pmatrix} 1 & 0 & 2 & -1 \\ 0 & 1 & -1 & 2 \\ 0 & 0 & 0 & 0 \\ 0 & 0 & 0 & 0 \end{pmatrix}$；(8) $\begin{pmatrix} 1 & 0 & 1 \\ 0 & 1 & 2 \\ 0 & 0 & 0 \end{pmatrix}$.

5. (1) 有唯一解；(2) 无解；(3) 有无穷多解；(4) 无解；(5) $a\neq\dfrac{10}{3}$；(6) $a=\pm 3$.

6. (1) $\begin{cases} x_1=\dfrac{4}{3}x_4, \\ x_2=-3x_4, \\ x_3=\dfrac{4}{3}x_4, \\ x_4=x_4, \end{cases}$ x_4 为自由未知量，$x_4\in F$；(2) $\begin{cases} x_1=-2x_2+x_4, \\ x_2=x_2, \\ x_3=0, \\ x_4=x_4, \end{cases}$ x_2，$x_4\in F$；

（3）$x_1=x_2=x_3=x_4=0$；（4）$\begin{cases}x_1=\dfrac{3}{17}x_3-\dfrac{13}{17}x_4,\\ x_2=\dfrac{19}{17}x_3-\dfrac{20}{17}x_4,\\ x_3=x_3,\\ x_4=x_4,\end{cases}$ x_3，$x_4\in F$.

7.（1）$\begin{pmatrix}1\\0\\0\end{pmatrix}$；（2）$\begin{pmatrix}5\\0\\3\end{pmatrix}$；（3）无解；（4）$\begin{cases}x_1=-1-2x_3,\\ x_2=2+x_3,\\ x_3=x_3,\end{cases}$ $x_3\in F$；

（5）$\begin{cases}x_1=\dfrac{1}{2}-\dfrac{1}{2}x_2+\dfrac{1}{2}x_3,\\ x_2=x_2,\\ x_3=x_3,\\ x_4=0,\end{cases}$ x_2，$x_3\in F$；（6）$\begin{cases}x_1=\dfrac{6}{7}+\dfrac{1}{7}x_3+\dfrac{1}{7}x_4,\\ x_2=\dfrac{5}{7}x_3-\dfrac{9}{7}x_4-\dfrac{5}{7},\\ x_3=x_3,\\ x_4=x_4,\end{cases}$ x_3，$x_4\in F$.

8.（1）$p\neq1$ 且 $p\neq-2$ 时无解；$p=1$ 时有无穷多解，$x_1=k+1$，$x_2=k$，$x_3=k$，k 为任意常数；$p=-2$ 时有无穷多解，$x_1=k$，$x_2=k$，$k_3=k-2$.

（2）$q\neq2$ 时无解；$q=2$，$p\neq1$ 时有唯一解，$x_1=-1$，$x_2=2$，$x_3=0$；$q=2$，$p=1$ 时有无穷多解，$x_1=-2k-1$，$x_2=k+2$，$x_3=k$，k 为任意常数.

（3）$p=-2$ 时无解；$p=1$ 时有无穷多解，$x_1=k_1$，$x_2=k_2$，$x_3=1-k_1-k_2$，k_1，k_2 为任意常数；$p\neq-2$ 且 $p\neq1$ 时有唯一解，$x_1=\dfrac{-(p+1)}{p+2}$，$x_2=\dfrac{1}{p+2}$，$x_3=\dfrac{(p+1)^2}{p+2}$.

（4）$p=-3$ 时无解；$p=0$ 时有无穷多解，$x_1=k_1$，$x_2=k_2$，$x_3=-k_1-k_2$；$p\neq0$ 且$p\neq-3$ 时有唯一解，$x_1=\dfrac{-(p+1)}{p+3}$，$x_2=\dfrac{2}{p+3}$，$x_3=\dfrac{p^2+2p-1}{p+3}$.

9～14. 略.

15.（1）无解或唯一解；（2）必有解.

16. 略.

习题二

1. $\boldsymbol{A}+\boldsymbol{B}=\begin{pmatrix}-1&3\\1&-1\\1&4\end{pmatrix}$，$\boldsymbol{A}-\boldsymbol{B}+\boldsymbol{C}=\begin{pmatrix}2&5\\-1&2\\5&-1\end{pmatrix}$，$-\boldsymbol{A}+3\boldsymbol{B}+2\boldsymbol{C}=\begin{pmatrix}-9&1\\11&-1\\-1&-6\end{pmatrix}$.

2.（1）$\boldsymbol{X}=\begin{pmatrix}3&1&1&-1\\-4&0&-4&0\\-1&-3&-3&-5\end{pmatrix}$；（2）$\boldsymbol{Y}=\begin{pmatrix}\frac{10}{3}&\frac{10}{3}&2&2\\0&\frac{4}{3}&0&\frac{4}{3}\\\frac{2}{3}&\frac{2}{3}&2&2\end{pmatrix}$；

(3) $\boldsymbol{X}=\begin{pmatrix}\frac{5}{3}&\frac{5}{3}&1&1\\0&\frac{2}{3}&0&\frac{2}{3}\\\frac{1}{3}&\frac{1}{3}&1&1\end{pmatrix}$, $\boldsymbol{Y}=\begin{pmatrix}-\frac{7}{3}&-\frac{4}{3}&-1&0\\2&-\frac{1}{3}&2&-\frac{1}{3}\\\frac{1}{3}&\frac{4}{3}&1&2\end{pmatrix}$.

3. $x=-3$, $y=-5$, $u=3$, $v=-1$.

4. 略.

5. (1) $\begin{pmatrix}7&24&3\\7&-8&13\\7&40&-2\end{pmatrix}$; (2) $\begin{pmatrix}-8\\-2\\10\end{pmatrix}$; (3) 2; (4) $\begin{pmatrix}3&-1&2\\-6&2&-4\\9&-3&6\end{pmatrix}$;

(5) $(a_{11}x_1y_1+a_{21}x_2y_1+a_{31}x_3y_1+a_{12}x_1y_2+a_{22}x_2y_2+a_{32}x_3y_2)$.

6. 略.

7. (1) $\boldsymbol{AB}=\begin{pmatrix}10&0&6\\3&4&4\\3&0&2\end{pmatrix}$, $\boldsymbol{BA}=\begin{pmatrix}1&0&3\\0&4&3\\3&0&11\end{pmatrix}$;

(2) $\boldsymbol{A}^2-\boldsymbol{B}^2=\begin{pmatrix}0&0&6\\-3&0&-1\\-9&0&-3\end{pmatrix}$, $(\boldsymbol{A}+\boldsymbol{B})(\boldsymbol{A}-\boldsymbol{B})=\begin{pmatrix}-9&0&3\\-6&0&-2\\-9&0&6\end{pmatrix}$.

8. (1) $\begin{pmatrix}1&0\\n\lambda&1\end{pmatrix}$; (2) $\begin{pmatrix}\cos n\theta&-\sin n\theta\\\sin n\theta&\cos n\theta\end{pmatrix}$;

(3) $(a_1b_1+a_2b_2+a_3b_3)^{n-1}\begin{pmatrix}a_1b_1&a_1b_2&a_1b_3\\a_2b_1&a_2b_2&a_2b_3\\a_3b_1&a_3b_2&a_3b_3\end{pmatrix}=3^{n-1}\begin{pmatrix}1&\frac{1}{2}&\frac{1}{3}\\2&1&\frac{2}{3}\\3&\frac{3}{2}&1\end{pmatrix}$;

(4) $4^k\begin{pmatrix}1&-1&-1&-1\\-1&1&-1&-1\\-1&-1&1&-1\\-1&-1&-1&1\end{pmatrix}$, $n=2k+1$; 4^kE_4, $n=2k(k\in\mathbb{Z})$; (5) 0.

9. (1) $\begin{pmatrix}x+y&x\\0&y\end{pmatrix}$, x,y 为任意实数; (2) $\begin{pmatrix}a&b&c&d\\0&a&b&c\\0&0&a&b\\0&0&0&a\end{pmatrix}$, a,b,c,d 为任意实数.

10. $\begin{pmatrix}0&1\\0&0\end{pmatrix}$.

11. (1) $\begin{pmatrix}-3&-2\\4&1\end{pmatrix}$; (2) $\begin{pmatrix}-24&-30\\60&36\end{pmatrix}$.

12. （1）$f(\boldsymbol{A})=\begin{pmatrix}0&0\\0&0\end{pmatrix}$；（2）$f(\boldsymbol{A})=\begin{pmatrix}14&3&9\\0&5&3\\10&6&12\end{pmatrix}$.

13 ~ 16. 略.

17. $\begin{cases}z_1=10x_1+19x_2+6x_3,\\z_2=x_1+6x_2-14x_3,\\z_3=-3x_1+x_2-20x_3.\end{cases}$

18. （1）0；（2）x^3-x^2-1；（3）-18；（4）0；（5）120；（6）-120.

19. $x=1$ 或 $x=3$.

20. （1）$1+x^2+y^2+z^2$；（2）$-2(x^3+y^3)$；（3）0；（4）$x^4+y^4+z^4-2x^2y^2-2x^2z^2-2y^2z^2$.

21. $x=1,-1,2$.

22. $D=15$.

23. （1）0；（2）-4.

24. $\boldsymbol{B}=\begin{pmatrix}2&4&-6\\0&-4&8\\0&0&2\end{pmatrix}$.

25. （1）$\begin{pmatrix}-7&5\\3&-2\end{pmatrix}$；（2）$\begin{pmatrix}\cos\theta&\sin\theta\\-\sin\theta&\cos\theta\end{pmatrix}$；（3）$\begin{pmatrix}\frac{1}{5}&0&0\\0&3&-4\\0&-2&3\end{pmatrix}$；

（4）$\begin{pmatrix}\frac{3}{5}&-\frac{3}{5}&-\frac{1}{5}\\\frac{2}{5}&\frac{3}{5}&-\frac{4}{5}\\-\frac{1}{5}&\frac{1}{5}&\frac{2}{5}\end{pmatrix}$；（5）$\begin{pmatrix}1&0&0&0\\-\frac{1}{2}&\frac{1}{2}&0&0\\-\frac{1}{2}&-\frac{1}{6}&\frac{1}{3}&0\\\frac{1}{8}&-\frac{5}{24}&-\frac{1}{12}&\frac{1}{4}\end{pmatrix}$；（6）$\begin{pmatrix}1&-a&0&0\\0&1&-a&0\\0&0&1&-a\\0&0&0&1\end{pmatrix}$.

26. （1）$x_1=3$，$x_2=4$，$x_3=5$；

（2）当 $a\neq0$，3，-3 时，有唯一解：$x_1=\dfrac{a+1}{a(a+3)}$，$x_2=\dfrac{a^2-6a-3}{a(a^2-9)}$，$x_3=\dfrac{a^2+3}{a(a^2-9)}$；

（3）$x_1=\dfrac{31}{63}$，$x_2=-\dfrac{5}{21}$，$x_3=\dfrac{1}{9}$，$x_4=-\dfrac{1}{21}$，$x_5=\dfrac{1}{63}$；

（4）$x_1=\dfrac{11}{4}$，$x_2=\dfrac{7}{4}$，$x_3=\dfrac{3}{4}$，$x_4=-\dfrac{1}{4}$，$x_5=-\dfrac{5}{4}$.

27. （1）$\lambda=0,1,3$ （2）$\lambda=-1,1,2$.

28. （1）略；（2）$\begin{pmatrix}1&0&0\\2&0&0\\6&1&1\end{pmatrix}$.

29. $A=\begin{pmatrix}\frac{1}{3} & \frac{2}{3} & -\frac{1}{3}\\ -\frac{1}{3} & \frac{1}{3} & \frac{1}{3}\\ -\frac{1}{3} & -\frac{5}{3} & \frac{4}{3}\end{pmatrix}$; $A^*=\frac{1}{3}A^{-1}$, $(A^*)^{-1}=\begin{pmatrix}1 & 2 & -1\\ -1 & 1 & 1\\ -1 & -5 & 4\end{pmatrix}$;

$$(A^*)^*=\begin{pmatrix}\frac{1}{9} & \frac{2}{9} & -\frac{1}{9}\\ -\frac{1}{9} & \frac{1}{9} & \frac{1}{9}\\ -\frac{1}{9} & -\frac{5}{9} & \frac{4}{9}\end{pmatrix}.$$

30. $\begin{pmatrix}-2 & 0 & 0\\ 1 & -2 & 0\\ 1 & 1 & -2\end{pmatrix}$.

31 ~ 37. 略.

38. $|A^*|=\frac{1}{16}$, $|(2A)^{-1}+3A^*|=64$.

39. 5.

40. (1) $\begin{pmatrix}7 & 7\\ 3 & 5\\ -4 & 9\\ -2 & 1\end{pmatrix}$; (2) $\begin{pmatrix}2 & 0 & 0 & 0\\ 4 & 0 & 0 & 0\\ -1 & 0 & 0 & 0\\ 0 & 0 & 5 & -6\end{pmatrix}$.

41. (1) $\begin{pmatrix}5 & 3 & 0 & 0 & 0\\ -3 & -2 & 0 & 0 & 0\\ 0 & 0 & \frac{1}{2} & 0 & 0\\ 0 & 0 & 0 & 2 & -5\\ 0 & 0 & 0 & -3 & 8\end{pmatrix}$; (2) $\begin{pmatrix}0 & 0 & 1 & -1 & 1\\ 0 & 0 & 0 & 1 & -1\\ 0 & 0 & 0 & 0 & 1\\ -3 & 2 & 0 & 0 & 0\\ 2 & -1 & 0 & 0 & 0\end{pmatrix}$.

42. $\begin{pmatrix}1 & 0\\ -2 & 1\end{pmatrix}$. $\begin{pmatrix}1 & 0\\ 0 & -2\end{pmatrix}$. $\begin{pmatrix}1 & 1\\ 0 & 1\end{pmatrix}$.

43. (1) 变换 A^{-1} 的 i, j 两列;

(2) 将 A^{-1} 的第 i 列 $\frac{1}{k}$ 倍;

(3) 第 j 列的 $-\lambda$ 倍加到第 i 列.

44. (1) $P=\begin{pmatrix}\frac{1}{2} & -1 & \frac{1}{2}\\ -5 & 5 & -1\\ \frac{7}{2} & -3 & \frac{1}{2}\end{pmatrix}$; (2) $Q=\begin{pmatrix}\frac{1}{2} & -5 & \frac{1}{2} & 0\\ -1 & 5 & -3 & 0\\ \frac{1}{2} & -1 & \frac{1}{2} & 0\\ 2 & -3 & 0 & 1\end{pmatrix}$.

45. $a\neq 2$ 且 $a\neq -2(n-1)$.

46. （1）$a\neq-\frac{1}{3}$且$a\neq1$；（2）$a=-\frac{1}{3}$；（3）$a=1$.

47. $a=1$

48. （1）2；（2）3；（3）3；（4）1或0.

49. （1）$r=2$，$\begin{pmatrix}3&1\\1&-1\end{pmatrix}$；（2）$r=3$，$\begin{pmatrix}3&2&-1\\2&-1&-3\\7&0&-8\end{pmatrix}$；（3）$r=3$，$\begin{pmatrix}2&1&7\\2&-3&-5\\3&-2&0\end{pmatrix}$；

（4）$r=2$，$\begin{pmatrix}1&2\\2&-1\end{pmatrix}$；（5）$r=3$，$\begin{pmatrix}1&3&2\\2&-1&3\\3&2&1\end{pmatrix}$.

50. （1）$\begin{pmatrix}\frac{7}{6}&\frac{2}{3}&-\frac{3}{2}\\-1&-1&2\\-\frac{1}{2}&0&\frac{1}{2}\end{pmatrix}$；（2）$\begin{pmatrix}1&1&-2&-4\\0&1&0&-1\\-1&-1&3&6\\2&1&-6&-10\end{pmatrix}$；

（3）$\begin{pmatrix}\frac{1}{4}&\frac{1}{4}&\frac{1}{4}&\frac{1}{4}\\\frac{1}{4}&\frac{1}{4}&-\frac{1}{4}&-\frac{1}{4}\\\frac{1}{4}&-\frac{1}{4}&\frac{1}{4}&-\frac{1}{4}\\\frac{1}{4}&-\frac{1}{4}&-\frac{1}{4}&\frac{1}{4}\end{pmatrix}$；（4）$\begin{pmatrix}1&0&0&0\\-2&1&0&0\\1&-2&1&0\\0&1&-2&1\end{pmatrix}$.

51. （1）$\begin{pmatrix}2&-23\\0&8\end{pmatrix}$；（2）$\begin{pmatrix}-12&18\\17&-25\end{pmatrix}$；（3）$\begin{pmatrix}5&2&4\\2&0&1\\-3&-1&-1\end{pmatrix}$；（4）$\begin{pmatrix}1&2&5\\0&1&2\\0&0&1\end{pmatrix}$.

52. （1）$\begin{pmatrix}\boldsymbol{A}&\boldsymbol{\alpha}\boldsymbol{E}_n\\\boldsymbol{O}&b|\boldsymbol{A}|-\boldsymbol{\alpha}^{\mathrm{T}}\boldsymbol{A}^*\boldsymbol{\alpha}\end{pmatrix}$；（2）略.

53. 略

54. （1）$-2(n-2)!$；（2）$n!$；（3）$x^n+(-1)^{n+1}y^n$；（4）$\left(x+\frac{n(n+1)}{2}\right)x^{n-1}$.

55. 略.

56. （1）$\begin{pmatrix}0&0&\cdots&&\frac{1}{a_1}\\\frac{1}{a_2}&0&\cdots&&0\\&\frac{1}{a_3}&\cdots&&0\\&&\ddots&&\vdots\\&&&\frac{1}{a_n}&0\end{pmatrix}$；（2）$\begin{pmatrix}0&\cdots&0&\frac{1}{a_{n+1}}&&\\\vdots&&\vdots&\vdots&\ddots&\\0&\cdots&0&0&\cdots&\frac{1}{a_{2n}}\\0&\cdots&\frac{1}{a_n}&0&\cdots&0\\\vdots&⋰&&\vdots&&\vdots\\\frac{1}{a_1}&&&0&\cdots&0\end{pmatrix}$.

57 ~65. 略.

66. $f(x)=2x^3-5x^2+7$.

67. 略.

68. $\boldsymbol{P}_1\boldsymbol{P}_2\boldsymbol{A}=\boldsymbol{B}$.

69 ~73. 略.

习题三

1. $\boldsymbol{\gamma}=\left(\frac{4}{3},-\frac{1}{3},-\frac{1}{2},\frac{1}{6}\right)$.

2. $\boldsymbol{\beta}=-\boldsymbol{\alpha}_1-2\boldsymbol{\alpha}_2+4\boldsymbol{\alpha}_3$.

3. $\boldsymbol{\alpha}_3$.

4. （1）$a=\frac{3}{2}(1-b)$，$a\neq0$，$b\neq1$；$\boldsymbol{\beta}=-5\boldsymbol{\alpha}_1+\boldsymbol{\alpha}_2+3\boldsymbol{\alpha}_3$.

（2）$a=0$ 或 $b=1$ 或 $a\neq0$，$b\neq1$，且 $a\neq\frac{3}{2}(1-b)$.

5. （1）$a=-1$ 且 $b\neq0$；

（2）$a\neq-1$，$\boldsymbol{\beta}=-\frac{2b}{a+1}\boldsymbol{\alpha}_1+\frac{a+b+1}{a+1}\boldsymbol{\alpha}_2+\frac{b}{a+1}\boldsymbol{\alpha}_3$；

（3）$a=-1$ 且 $b=0$，$\boldsymbol{\beta}=(-2k_1+k_2)\boldsymbol{\alpha}_1+(1+k_1-2k_2)\boldsymbol{\alpha}_2+k_1\boldsymbol{\alpha}_3+k_2\boldsymbol{\alpha}_4$.

6. （1）线性相关；（2）线性相关；（3）线性无关；（4）线性无关.

7. （1）线性无关；（2）$k=-6$ 时线性相关，$k\neq-6$ 时线性无关.

8. （1）错误；（2）错误；（3）正确；（4）错误；（5）正确；（6）错误.

9. s 为奇数时线性无关，s 为偶数时线性相关.

10. $lm\neq1$.

11 ~18. 略

19. （1）极大无关组为 $\boldsymbol{\alpha}_1,\boldsymbol{\alpha}_2,\boldsymbol{\alpha}_3,\boldsymbol{\alpha}_4$；秩为 4.

（2）极大无关组为 $\boldsymbol{\alpha}_1,\boldsymbol{\alpha}_2,\boldsymbol{\alpha}_3,\boldsymbol{\alpha}_5$ 或 $\boldsymbol{\alpha}_1,\boldsymbol{\alpha}_2,\boldsymbol{\alpha}_4,\boldsymbol{\alpha}_5$ 或 $\boldsymbol{\alpha}_2,\boldsymbol{\alpha}_3,\boldsymbol{\alpha}_4,\boldsymbol{\alpha}_5$；秩为 4.

20. （1）极大无关组为 $\boldsymbol{\alpha}_1,\boldsymbol{\alpha}_2$；秩为 2，$\boldsymbol{\alpha}_3=\frac{1}{2}\boldsymbol{\alpha}_1+\boldsymbol{\alpha}_2$，$\boldsymbol{\alpha}_4=\boldsymbol{\alpha}_1+\boldsymbol{\alpha}_2$.

（2）极大无关组为 $\boldsymbol{\alpha}_1,\boldsymbol{\alpha}_2,\boldsymbol{\alpha}_4$；秩为 3，$\boldsymbol{\alpha}_3=\boldsymbol{\alpha}_1-5\boldsymbol{\alpha}_2$.

21 ~23. 略.

24. （1）$c\begin{pmatrix}11\\1\\-7\end{pmatrix}$，$c$ 为任意常数；

（2）$c_1\begin{pmatrix}1\\-2\\1\\0\\0\end{pmatrix}+c_2\begin{pmatrix}1\\-2\\0\\1\\0\end{pmatrix}+c_3\begin{pmatrix}5\\-6\\0\\0\\1\end{pmatrix}$，$c_1,c_2,c_3$ 为任意常数；

（3）无解；

（4）$\begin{pmatrix}-1\\1\\0\\0\end{pmatrix}+c_1\begin{pmatrix}8\\-6\\1\\0\end{pmatrix}+c_2\begin{pmatrix}-7\\5\\0\\1\end{pmatrix}$，$c_1,c_2$ 为任意常数；

（5）$\begin{pmatrix}0\\-1\\0\\-1\\0\end{pmatrix}+c\begin{pmatrix}1\\1\\0\\1\\-2\end{pmatrix}$，$c$ 为任意常数.

25. 不能构成基础解系，去掉第二、第四两列，补充$\begin{pmatrix}1\\-2\\0\\0\\1\end{pmatrix}$即可.

26.（1）方程组（Ⅰ）的基础解系为$\begin{pmatrix}0\\0\\1\\0\end{pmatrix}$，$\begin{pmatrix}-1\\1\\0\\1\end{pmatrix}$；

（2）方程组（Ⅰ）与方程组（Ⅱ）的公共非零解为$c\begin{pmatrix}1\\-1\\-1\\-1\end{pmatrix}$，$c$ 为任意非零常数.

27.（1）$k=-2$ 时无解；$k\neq1,-2$ 时有唯一解；

$k=1$ 时有无穷多解：$\begin{pmatrix}1\\0\\0\end{pmatrix}+c_1\begin{pmatrix}-1\\1\\0\end{pmatrix}+c_2\begin{pmatrix}-1\\0\\1\end{pmatrix}$，$c_1,c_2$ 为任意常数.

（2）$k\neq1$，-2 时无解；无唯一解；

$k=1$ 时有无穷多解；$\begin{pmatrix}1\\0\\0\end{pmatrix}+c_1\begin{pmatrix}1\\1\\1\end{pmatrix}$，$c_1$ 为任意常数；$k=-2$ 时有无穷多解；

$\begin{pmatrix}2\\2\\0\end{pmatrix}+c_2\begin{pmatrix}1\\1\\1\end{pmatrix}$，$c_2$ 为任意常数.

28.（1）$b=0$ 或 $a=1$，$b\neq\frac{1}{2}$时无解；

$a\neq1$，$b\neq0$ 时有唯一解；$x=\frac{1-2b}{b(1-a)}$，$y=\frac{1}{b}$，$z=\frac{4b-2ab-1}{b(1-a)}$；

$a=1$，$b=\frac{1}{2}$时有无穷多解：$\begin{pmatrix}x\\y\\z\end{pmatrix}=\begin{pmatrix}2\\2\\0\end{pmatrix}+c\begin{pmatrix}-1\\0\\1\end{pmatrix}$，$c$ 为任意常数.

（2）$a=1$，$b\neq-1$ 时无解；

$a\neq1$ 时有唯一解：$\begin{pmatrix}\frac{b-a+2}{a-1}\\\frac{a-2b-3}{a-1}\\\frac{b+1}{a-1}\\0\end{pmatrix}$；

$a=1$，$b=-1$ 时有无穷多解：$\begin{pmatrix}-1\\1\\0\\0\end{pmatrix}+c_1\begin{pmatrix}1\\-2\\1\\0\end{pmatrix}+c_2\begin{pmatrix}1\\-2\\0\\1\end{pmatrix}$，$c_1,c_2$ 为任意常数.

29. （1）略；（2）$\begin{pmatrix}-1\\1\\1\end{pmatrix}+c\begin{pmatrix}-1\\0\\1\end{pmatrix}$，$c$ 为任意常数.

30. （1）错误；（2）错误；（3）错误；（4）正确；（5）正确；（6）错误.

31～50. 略.

习题四

1. （1）是；（2）否；（3）否；（4）是.
2. （1）是；（2）是；（3）是；（4）是；（5）是；（6）否.
3. 略.
4. 略.
5. 2；$\begin{pmatrix}1&0\\0&1\end{pmatrix}$；$\begin{pmatrix}0&1\\-1&0\end{pmatrix}$.
6. 3；$(0,1,1,0,0)$，$(-1,1,0,1,0)$，$(4,-5,0,0,1)$.
7. 2；1，w.
8. 3；$\begin{pmatrix}1&-1\\0&0\end{pmatrix}$，$\begin{pmatrix}1&0\\-1&0\end{pmatrix}$，$\begin{pmatrix}1&0\\0&-1\end{pmatrix}$.
9. 3；$\boldsymbol{\alpha}_1,\boldsymbol{\alpha}_2,\boldsymbol{\alpha}_3$（基答案不唯一）.
10. 略.
11. 3；$\boldsymbol{E},\boldsymbol{A},\boldsymbol{A}^2$.
12. $\begin{pmatrix}2\\3\\-1\end{pmatrix}$，$\begin{pmatrix}3\\-3\\2\end{pmatrix}$.

13. $\begin{pmatrix} 7 \\ 8 \\ -1 \\ 2 \end{pmatrix}$.

14. 略.

15. $(\boldsymbol{\beta}_1,\boldsymbol{\beta}_2,\boldsymbol{\beta}_3,\boldsymbol{\beta}_4)=(p_1,p_2,p_3,p_4)\begin{pmatrix} 1 & 0 & 1 & 1 \\ 0 & 2 & 1 & 1 \\ \frac{1}{2} & \frac{1}{2} & \frac{1}{2} & \frac{3}{2} \\ 2 & 0 & -2 & 1 \end{pmatrix}$.

16. $\begin{pmatrix} 0 & 1 & 1 & 1 \\ 1 & 0 & 1 & 1 \\ 1 & 1 & 0 & 1 \\ 1 & 1 & 1 & 0 \end{pmatrix}$, $\begin{pmatrix} 0 \\ 1 \\ 2 \\ 3 \end{pmatrix}$, $\begin{pmatrix} 2 \\ 1 \\ 0 \\ -1 \end{pmatrix}$.

17. (1) $3,0$; (2) $\sqrt{7}$, $\sqrt{11}$, $2\sqrt{3}$, $2\sqrt{7}$; (3) $\arccos\frac{3}{17}$, $\frac{\pi}{2}$.

18. $\pm\frac{1}{26}(4,0,-3,1)^{\mathrm{T}}$.

19. (1) $\frac{1}{14}(2,-1,-3)^{\mathrm{T}}$, $\frac{1}{973}(3,30,-8)^{\mathrm{T}}$, $\frac{1}{206}(14,1,9)^{\mathrm{T}}$;

(2) $\begin{pmatrix} 1 \\ 0 \\ 0 \end{pmatrix}$, $\frac{1}{\sqrt{2}}\begin{pmatrix} 0 \\ 1 \\ -1 \end{pmatrix}$, $\frac{1}{\sqrt{2}}\begin{pmatrix} 0 \\ 1 \\ 1 \end{pmatrix}$.

20. 3, $\sqrt{14}$, $\sqrt{6}$, $\arccos\frac{3}{\sqrt{84}}$.

21. 略.

22. (1) $k\begin{pmatrix} -2 \\ -1 \\ 2 \end{pmatrix}$, $k\in F$; (2) $\pm\frac{1}{3}\begin{pmatrix} -2 \\ -1 \\ 2 \end{pmatrix}$.

23. $\frac{1}{\sqrt{62}}(3,2,7,0)^{\mathrm{T}}$, $\frac{1}{\sqrt{5146}}(-11,17,-5,62)^{\mathrm{T}}$.

24. (1) $\frac{1}{\sqrt{14}}(-2,-1,0,3)^{\mathrm{T}}$, $\frac{1}{\sqrt{266}}(-6,-3,14,-5)^{\mathrm{T}}$;

(2) $\frac{1}{\sqrt{14}}(-2,-1,0,3)^{\mathrm{T}}$, $\frac{1}{\sqrt{266}}(-6,-3,14,-5)^{\mathrm{T}}$, $\frac{1}{2}(1,1,1,1)^{\mathrm{T}}$, $\frac{1}{\sqrt{76}}(5,-7,1,1)^{\mathrm{T}}$.

25. 略.

26. (1) 否; (2) 是.

27. $(a,b,c)=\left(\frac{1}{2},\frac{\sqrt{3}}{2},-\frac{\sqrt{3}}{2}\right)$; $(a,b,c)=\left(\frac{1}{2},-\frac{\sqrt{3}}{2},\frac{\sqrt{3}}{2}\right)$;

$(a,b,c)=\left(-\frac{1}{2},-\frac{\sqrt{3}}{2},-\frac{\sqrt{3}}{2}\right)$; $(a,b,c)=\left(-\frac{1}{2},\frac{\sqrt{3}}{2},-\frac{\sqrt{3}}{2}\right)$.

28～36. 略.

37. (1) 否; (2) 是; (3) 是; (4) 是; (5) 是; (6) 否; (7) 是.

38. (1) 略. (2) $\begin{pmatrix} 2 & 3 & 1 & 0 \\ -3 & 2 & 0 & 1 \\ 0 & 0 & 2 & 3 \\ 0 & 0 & 3 & 2 \end{pmatrix}$.

39. (1) $\begin{pmatrix} \frac{4}{5} & \frac{21}{5} & 5 \\ \frac{7}{5} & -\frac{12}{5} & -1 \\ \frac{7}{5} & -\frac{7}{5} & 0 \end{pmatrix}$; (2) $\begin{pmatrix} 1 & 2 & -2 \\ \frac{4}{5} & -\frac{7}{5} & \frac{2}{5} \\ -\frac{27}{5} & \frac{36}{5} & -\frac{6}{5} \end{pmatrix}$; (3) $\begin{pmatrix} x_1+2x_2-2x_3 \\ \frac{4}{5}x_1-\frac{7}{5}x_2+\frac{2}{5}x_3 \\ \frac{27}{5}x_1+\frac{36}{5}x_2-\frac{6}{5}x_3 \end{pmatrix}$.

40. (1) $\begin{pmatrix} a & c & 0 & 0 \\ b & d & 0 & 0 \\ 0 & 0 & a & c \\ 0 & 0 & b & d \end{pmatrix}$, $\begin{pmatrix} a & 0 & b & 0 \\ 0 & a & 0 & b \\ c & 0 & d & 0 \\ 0 & c & 0 & d \end{pmatrix}$;

(2) $\frac{1}{2}\begin{pmatrix} a+b+c+d & a+b-c-d & 0 & 0 \\ a-b+c-d & a-b-c+d & 0 & 0 \\ 0 & 0 & a+b+c+d & -a-b+c+d \\ 0 & 0 & -a+b-c+d & a-b-c+d \end{pmatrix}$,

$\frac{1}{2}\begin{pmatrix} a+b+c+d & 0 & a+b-c-d & 0 \\ 0 & a+b+c+d & 0 & -a+b-c+d \\ a+b-c-d & 0 & a-b-c+d & 0 \\ 0 & -a-b+c+d & 0 & a-b-c+d \end{pmatrix}$.

41. $\frac{1}{13}\begin{pmatrix} -23 & 23 & 25 & 6 \\ 5 & -5 & 19 & -3 \\ 24 & 2 & 8 & -17 \\ -42 & 16 & -14 & 20 \end{pmatrix}$.

42. (1) $\begin{pmatrix} 1 & 0 & 0 \\ 0 & 1 & 0 \\ 0 & 0 & 0 \end{pmatrix}$; (2) $\begin{pmatrix} 1 & 0 & 1 \\ 0 & 1 & 1 \\ 0 & 0 & 0 \end{pmatrix}$.

43. $\begin{pmatrix} a_{22} & a_{21} \\ a_{12} & a_{11} \end{pmatrix}$.

44. (1) $\begin{pmatrix} a_{33} & a_{32} & a_{31} \\ a_{23} & a_{22} & a_{21} \\ a_{13} & a_{12} & a_{11} \end{pmatrix}$; (2) $\begin{pmatrix} a_{11} & \frac{1}{k}a_{12} & \frac{1}{k}a_{13} \\ ka_{21} & a_{22} & a_{23} \\ ka_{31} & a_{32} & a_{33} \end{pmatrix}$;

(3) $\begin{pmatrix} a_{11}-a_{21} & a_{11}+a_{12}-a_{21}-a_{22} & a_{13}-a_{23} \\ a_{21} & a_{21}+a_{22} & a_{23} \\ a_{31} & a_{31}+a_{32} & a_{33} \end{pmatrix}$.

45. $\begin{pmatrix} 1 & -3 & 3 & 2 \\ -1 & -\frac{4}{3} & \frac{10}{3} & \frac{10}{3} \\ -4 & -\frac{16}{3} & \frac{40}{3} & \frac{40}{3} \\ \frac{9}{2} & -\frac{1}{2} & -\frac{11}{2} & -7 \end{pmatrix}$.

46. 略.

47. 略.

48. $\begin{pmatrix} 0 & -a_{21} & a_{12} & 0 \\ -a_{12} & a_{11}-a_{22} & 0 & a_{12} \\ a_{21} & 0 & a_{22}-a_{11} & -a_{21} \\ 0 & a_{21} & -a_{12} & 0 \end{pmatrix}$.

49. 2，2.

50 ~ 55. 略.

56. $(0,0,1,1,0)$，$\left(1,0,-\frac{5}{2},\frac{5}{2},4\right)$.

57. 略.

58. (1) 略. (2) $\left|\sum_{i=1}^{n}\sum_{j=1}^{n} a_{ij}x_iy_i\right| \leqslant \sqrt{\sum_{i,j=1}^{n} a_{ij}x_ix_j}\sqrt{\sum_{i,j=1}^{n} a_{ij}y_iy_j}$；(3) $(\boldsymbol{e}_i,\boldsymbol{e}_j)=a_{ij}$，$i,j=1,2,3$.

59 ~ 62. 略.

63. $\frac{1}{7}\begin{pmatrix} 7 & 9 & -6 \\ -2 & 6 & -1 \\ 12 & -7 & 1 \end{pmatrix}$，$\frac{1}{7}\begin{pmatrix} 2 & 9 & 9 \\ -2 & 12 & 0 \\ 6 & -1 & 1 \end{pmatrix}$，$\frac{1}{7}\begin{pmatrix} 5 & 0 & -15 \\ 0 & -6 & -1 \\ 6 & -6 & 0 \end{pmatrix}$.

64. (1) 略. (2) 1，$n-1$.

65. 2，1.

66. 略.

习题五

1. (1) D；(2) B；(3) A；(4) A；(5) D；(6) B.

2. (1) 特征值 $\lambda_1=\lambda_2=\lambda_3=-1$，

对应的全部特征向量为 $k(-1,-1,1)^{\mathrm{T}}$，k 为任意非零常数；

(2) $\lambda_1=9$，对应的全部特征向量为 $k(1,1,2)^{\mathrm{T}}$，k 为任意非零常数；

$\lambda_2=0$，对应的全部特征向量为 $k(1,1,-1)^{\mathrm{T}}$，k 为任意非零常数；

$\lambda_3=-1$，对应的全部特征向量为 $k(-1,1,0)^{\mathrm{T}}$，k 为任意非零常数；

(3) $\lambda_1=\lambda_2=1$，

对应的全部特征向量为 $k_1(0,1,1,0)^{\mathrm{T}}+k_2(1,0,0,1)^{\mathrm{T}}$，$k_1$，$k_2$ 不同时为零；$\lambda_3=\lambda_4=-1$，

对应的全部特征向量为 $k_1(0,-1,1,0)^{\mathrm{T}}+k_2(-1,0,0,1)^{\mathrm{T}}$，$k_1$，$k_2$ 不同时为零；

(4) $\lambda_1=\lambda_2=0$，

对应的全部特征向量为 $k(2,-1,1)^{\mathrm{T}}$，k 为任意非零常数；

$\lambda_3=4$，对应的全部特征向量为 $k(0,-1,1)^{\mathrm{T}}$，k 为任意非零常数.

3 ~5. 略.

6. 18.

7. -341.

8. (1) 略；

(2) $\boldsymbol{A}$ 的非零特征值为 $a_1^2+a_2^2+\cdots+a_n^2$，$\boldsymbol{A}$ 的 n 个线性无关的特征向量为 $\boldsymbol{\alpha}$ 以及方程组 $\boldsymbol{\alpha}^{\mathrm{T}}\boldsymbol{x}=\boldsymbol{0}$ 的基础解系中 $n-1$ 个线性无关的解.

9. (1) $\boldsymbol{A}^2=\boldsymbol{O}$；(2) $\boldsymbol{A}$ 的特征值为 0，代数重数为 n，对应于特征值 0 的全体特征向量为：方程组 $\boldsymbol{\beta}^{\mathrm{T}}\boldsymbol{x}=0$ 的全体非零解.

10. 24.

11. $g(\lambda_1)g(\lambda_2)\cdots g(\lambda_n)$.

12. 略.

13. D.

14. $x=0$，$y=-2$.

15. C.

16 ~21. 略.

22. $\boldsymbol{A}$ 的特征多项式为 $(\lambda-1)(\lambda+2)^4$.

23. 略.

24. 略.

25. $\boldsymbol{P}^{\mathrm{T}}\boldsymbol{\alpha}$.

26. 略.

27. $\begin{pmatrix}1+6n & 4n\\ -9n & 1-6n\end{pmatrix}$.

28. (1) $\boldsymbol{A}^{100}=\begin{pmatrix}-1 & -1 & 2\\ -2 & 0 & 2\\ -2 & -1 & 3\end{pmatrix}$，$\boldsymbol{A}^{101}=\boldsymbol{A}$；

(2) $\boldsymbol{A}^{100}=(-6)^{49}\begin{pmatrix}-2 & -2 & -2\\ -2 & -5 & 1\\ -2 & 1 & -5\end{pmatrix}$，$\boldsymbol{A}^{101}=(-6)^{50}\boldsymbol{A}$.

29. $\boldsymbol{A}^n=\boldsymbol{A}$.

30. 略.

31. (1) $x=0$，$y=-2$；(2) $\boldsymbol{P}=\begin{pmatrix}0 & 0 & -1\\ -2 & 1 & 0\\ 1 & 1 & 1\end{pmatrix}$.

32. $(\boldsymbol{A}^n)^{\mathrm{T}}=\begin{pmatrix}\lambda_1^n & \lambda_1^n-\lambda_2^n & \lambda_1^n-\lambda_2^n\\ 0 & \lambda_2^n & \lambda_2^n-\lambda_3^n\\ 0 & 0 & \lambda_3^n\end{pmatrix}$.

33. $\boldsymbol{A}=\dfrac{1}{3}\begin{pmatrix}-1 & 2 & 0\\ 2 & 0 & 2\\ 0 & 2 & 1\end{pmatrix}$.

34. $a=c=0$，b 取任意实数时，$\boldsymbol{A}$ 相似于对角矩阵$\begin{pmatrix}1&0&0&0\\0&1&0&0\\0&0&2&0\\0&0&0&2\end{pmatrix}$.

35. 略.

36. （1）$\boldsymbol{Q}=\begin{pmatrix}0 & 1 & 0\\ -\dfrac{1}{\sqrt{2}} & 0 & \dfrac{1}{\sqrt{2}}\\ \dfrac{1}{\sqrt{2}} & 0 & \dfrac{1}{\sqrt{2}}\end{pmatrix}$，$\boldsymbol{Q}^{-1}\boldsymbol{AQ}=\begin{pmatrix}1&0&0\\0&2&0\\0&0&5\end{pmatrix}$；

（2）$\boldsymbol{Q}=\dfrac{1}{3}\begin{pmatrix}-2 & 1 & -2\\ -1 & 2 & 2\\ 2 & 2 & -1\end{pmatrix}$，$\boldsymbol{Q}^{-1}\boldsymbol{AQ}=\begin{pmatrix}0&0&0\\0&3&0\\0&0&-3\end{pmatrix}$.

37. $\boldsymbol{A}=\begin{pmatrix}3&2&4\\2&0&2\\4&2&3\end{pmatrix}$.

38～41. 略.

42. （1）略；（2）$\boldsymbol{P}=\begin{pmatrix}1 & 1 & \cdots & 1\\ \lambda_1 & \lambda_2 & \cdots & \lambda_n\\ \vdots & \vdots & & \vdots\\ \lambda_1^{n-1} & \lambda_2^{n-1} & \cdots & \lambda_n^{n-1}\end{pmatrix}$.

43～48. 略.

49. （1）$\begin{pmatrix}0 & 0 & 6 & -5\\ 0 & 0 & -5 & 4\\ 0 & 0 & \dfrac{7}{2} & -\dfrac{3}{2}\\ 0 & 0 & 5 & -2\end{pmatrix}$；

（2）$\lambda_1=\lambda_2=0$，特征向量为 $k_1\boldsymbol{\eta}_1+k_2\boldsymbol{\eta}_2$，$k_1,k_2$ 不同时为0；

$\lambda_3=1$，特征向量为 $k\left(-\dfrac{7}{5}\boldsymbol{\eta}_1+\boldsymbol{\eta}_2+\dfrac{3}{5}\boldsymbol{\eta}_3+\boldsymbol{\eta}_4\right)$，$k\neq 0$；

$\lambda_4=\dfrac{1}{2}$，特征向量为 $k\left(-4\boldsymbol{\eta}_1+3\boldsymbol{\eta}_2+\dfrac{1}{2}\boldsymbol{\eta}_3+\boldsymbol{\eta}_4\right)$，$k\neq 0$；

(3) 在基 $\boldsymbol{\eta}_2,\boldsymbol{\eta}_1,-4\boldsymbol{\eta}_1+3\boldsymbol{\eta}_2+\frac{1}{2}\boldsymbol{\eta}_3+\boldsymbol{\eta}_4,-\frac{7}{5}\boldsymbol{\eta}_1+\boldsymbol{\eta}_2+\frac{3}{5}\boldsymbol{\eta}_3+\boldsymbol{\eta}_4$ 下的矩阵为对角矩阵

$$\begin{pmatrix}0&0&0&0\\0&0&0&0\\0&0&\frac{1}{2}&0\\0&0&0&1\end{pmatrix}.$$

50. 略.

习题六

1. (1) $\begin{pmatrix}1&2&1\\2&4&2\\1&2&1\end{pmatrix}$, $r(f)=1$; (2) $\begin{pmatrix}1&-1&-1\\-1&2&1\\-1&1&1\end{pmatrix}$, $r(f)=2$;

(3) $\boldsymbol{A}^{\mathrm{T}}\boldsymbol{A}$, 其中 $\boldsymbol{A}$ 为 $n\times n$ 矩阵, 且

$$\boldsymbol{A}=\begin{pmatrix}1&-1&0&\cdots&0&0\\0&1&-1&\cdots&0&0\\0&0&1&\cdots&0&0\\\vdots&\vdots&\vdots&&\vdots&\vdots\\0&0&0&\cdots&-1&0\\0&0&0&\cdots&1&-1\end{pmatrix},\ r(f)=n-1.$$

2. 令 $y_i=a_{i1}x_1+\cdots+a_{in}x_n$, 则 $\boldsymbol{y}=\boldsymbol{A}\boldsymbol{x}$, $f(x_1,x_2,\cdots,x_n)=\sum\limits_{i=1}^{n}y_i^2=\boldsymbol{y}^{\mathrm{T}}\boldsymbol{y}=(\boldsymbol{A}\boldsymbol{x})^{\mathrm{T}}(\boldsymbol{A}\boldsymbol{x})=\boldsymbol{x}^{\mathrm{T}}(\boldsymbol{A}^{\mathrm{T}}\boldsymbol{A})\boldsymbol{x}$.

3. (1) $f(x_1,x_2,x_3)=2x_1^2+3x_2^2+10x_1x_2+16x_1x_3+2x_2x_3$;

(2) $f(x_1,x_2,x_3)=2x_1x_2-4x_1x_3-2x_2x_3$; (3) $f(x_1,x_2,\cdots,x_n)=\sum\limits_{i=1}^{n}x_i^2-2\sum\limits_{i=1}^{n-2}x_ix_{i+2}$.

4. (1) $\boldsymbol{x}=\boldsymbol{Q}\boldsymbol{y}$, 有 $f=-y_1^2+2y_2^2+5y_3^2$, 正交替换为

$$\begin{cases}x_1=\frac{1}{3}(2y_1-y_2+2y_3),\\x_2=\frac{1}{3}(-y_1+2y_2+2y_3),\\x_3=\frac{1}{3}(2y_1+2y_2-y_3);\end{cases}$$

(2) $\boldsymbol{x}=\boldsymbol{Q}\boldsymbol{y}$, 有 $f=-y_1^2-y_2^2+2y_3^2$, 所作的正交替换为

$$\begin{cases}x_1=-\frac{\sqrt{2}}{2}y_1-\frac{1}{\sqrt{6}}y_2+\frac{1}{\sqrt{3}}y_3,\\x_2=\sqrt{\frac{2}{3}}y_2+\frac{1}{\sqrt{3}}y_3,\\x_3=\frac{\sqrt{2}}{2}y_1-\frac{1}{\sqrt{6}}y_2+\frac{1}{\sqrt{3}}y_3;\end{cases}$$

（3）$\boldsymbol{x}=\boldsymbol{Q}\boldsymbol{y}$，有 $f=5y_1^2+5y_2^2-4y_3^2$，所作的正交替换为

$$\begin{cases} x_1 = -\dfrac{\sqrt{2}}{2}y_1 - \dfrac{1}{3\sqrt{2}}y_2 + \dfrac{2}{3}y_3, \\ x_2 = \qquad \dfrac{2\sqrt{2}}{3}y_2 + \dfrac{1}{3}y_3, \\ x_3 = \dfrac{\sqrt{2}}{2}y_1 - \dfrac{1}{3\sqrt{2}}y_2 + \dfrac{2}{3}y_3. \end{cases}$$

5. （1）$f(x_1,x_2,x_3)=y_1^2-y_2^2$. 所作的线性替换为 $\begin{cases} x_1 = y_1 - y_2 - y_3, \\ x_2 = \quad y_2 + y_3, \\ x_3 = \quad y_3, \end{cases}$ 显然这是非奇异线性替换；

（2）$f(x_1,x_2,x_3)=z_1^2-z_2^2-z_3^2$，所作线性替换为 $\begin{cases} x_1 = z_1 - z_2 - z_3, \\ x_2 = z_1 + z_2 - z_3, \\ x_3 = \quad z_3, \end{cases}$ 该替换对应矩阵为 $\boldsymbol{C}=\begin{pmatrix} 1 & -1 & -1 \\ 1 & 1 & -1 \\ 0 & 0 & 1 \end{pmatrix}$，因为 $|\boldsymbol{C}|\neq 0$，所以是非奇异线性替换.

（3）$f=\sum\limits_{i=1}^{n-1}y_i^2$，所作的线性替换是 $\begin{cases} x_1 = y_1 + y_2 + \cdots + y_n, \\ x_2 = \quad y_2 + y_3 + \cdots + y_n, \\ \quad\vdots \\ x_{n-1} = \quad y_{n-1} + y_n, \\ x_n = \quad y_n, \end{cases}$ 是非奇异线性替换.

6～12. 略.

13. （1）不正定；（2）正定；（3）正定.

14. （1）不正定；（2）正定；（3）正定.

15. （1）$-\sqrt{2}<t<\sqrt{2}$；（2）$t>2$；（3）$4<t<5$.

16～28. 略.

29. （1）$a=-3$；（2）$f=4y_1^2+3y_2^2$.

30. 略.

31. 正定.

32. ～35. 略.

36. （1）$\lambda\neq 1$；（2）$\begin{cases} x_1 = \dfrac{1}{\sqrt{2}}y_1 - \dfrac{1}{\sqrt{2}}y_3, \\ x_2 = \dfrac{1}{\sqrt{2}}y_1 + \dfrac{1}{\sqrt{2}}y_3, \\ x_3 = y_2, \end{cases}$ $f=2(1-\lambda)y_1^2+2y_2^2$；（3）$\boldsymbol{x}=k\begin{pmatrix} -1 \\ 1 \\ 0 \end{pmatrix}$.

37. ～41. 略.

参考文献

[1] 上海交通大学数学系. 线性代数[M]. 3 版. 北京：科学出版社，2014.

[2] 上海交通大学数学系. 线性代数课程组. 大学数学——线性代数[M]. 2 版. 北京：高等教育出版社，2012.

[3] 陈怀琛，高淑萍，杨威. 工程线性代数：MATLAB 版[M]. 北京：电子工业出版社，2007.

[4] 陈建龙，周建华，韩瑞珠，等. 线性代数[M]. 北京：科学出版社，2007.

[5] LAY D C. 线性代数及其应用：原书第 3 版[M]. 刘深泉，洪毅，等译. 北京：机械工业出版社，2006.

[6] 俄亥俄大学，卡内基梅隆大学. 线性代数：英文版[M]. 北京：机械工业出版社，2007.

[7] 费伟劲，梁治安. 线性代数[M]. 上海：复旦大学出版社，2007.

[8] JOHNSON L W，RIESS R D，ARNOLD J T. 线性代数引论：英文版・原书第 5 版[M]. 北京：机械工业出版社，2002.

[9] 孟道骥. 高等代数与解析几何[M]. 3 版. 北京：科学出版社，2014.

[10] 丘维生. 高等代数——大学高等代数课程创新教材[M]. 北京：清华大学出版社，2010.

[11] LEON S J. 线性代数：英文版[M]. 北京：机械工业出版社，2002.

[12] 苏育才，姜翠波，张跃辉. 矩阵理论[M]. 北京：科学出版社，2007.